现代食品深加工技术丛书

“十三五”国家重点出版物出版规划项目

乳蛋白功能配料加工及应用

周　鹏　主编

科学出版社

北京

内 容 简 介

本书系统介绍了常见乳蛋白功能配料的种类、加工技术、质量控制及其应用，可以对我国乳蛋白功能配料的研制和应用起到借鉴与促进作用。本书主要内容共分三部分：第一部分介绍乳蛋白的基本组成与性质（第 1 章）；第二部分介绍大宗乳蛋白配料，包括乳粉（第 2 章）、浓缩乳蛋白粉（第 3 章）、乳清蛋白粉（第 4 章）和酪蛋白粉（第 5 章）；第三部分介绍特殊功能乳蛋白配料，包括乳白蛋白（第 6 章）、乳铁蛋白（第 7 章）、免疫球蛋白（第 8 章）、乳脂肪球膜蛋白（第 9 章）和乳活性多肽（第 10 章）。

本书既可作为科研院所、高等院校食品科学与工程专业及乳制品加工专业的教科资料，也可作为乳制品加工企业技术与管理人员的重要参考书。

图书在版编目（CIP）数据

乳蛋白功能配料加工及应用/周鹏主编. —北京：科学出版社，2019.6
（现代食品深加工技术丛书）
"十三五"国家重点出版物出版规划项目
ISBN 978-7-03-061477-3
Ⅰ. ①乳… Ⅱ. ①周… Ⅲ. ①乳蛋白-加工 Ⅳ. ①TS252.9
中国版本图书馆 CIP 数据核字（2019）第 110127 号

责任编辑：贾 超 侯亚薇 / 责任校对：杜子昂
责任印制：吴兆东 / 封面设计：东方人华

科 学 出 版 社 出版
北京东黄城根北街 16 号
邮政编码：100717
http://www.sciencep.com

北京中石油彩色印刷有限责任公司 印刷
科学出版社发行 各地新华书店经销
*
2019年6月第 一 版 开本：720 × 1000 B5
2020年1月第二次印刷 印张：19 3/4
字数：400 000
定价：98.00 元
（如有印装质量问题，我社负责调换）

丛书编委会

本书编委会

丛 书 序

食品加工是指直接以农、林、牧、渔业产品为原料进行的谷物磨制、食用油提取、制糖、屠宰及肉类加工、水产品加工、蔬菜加工、水果加工、坚果加工等。食品深加工其实就是食品原料进一步加工，改变了食材的初始状态，例如，把肉做成罐头等。现在我国有机农业尚处于初级阶段，产品单调、初级产品多；而在发达国家，80%都是加工产品和精深加工产品。所以，这也是未来一个很好的发展方向。随着人民生活水平的提高、科学技术的不断进步，功能性的深加工食品将成为我国居民消费的热点，其需求量大、市场前景广阔。

改革开放 30 多年来，我国食品产业总产值以年均 10%以上的递增速度持续快速发展，已经成为国民经济中十分重要的独立产业体系，成为集农业、制造业、现代物流服务业于一体的增长最快、最具活力的国民经济支柱产业，成为我国国民经济发展极具潜力的、新的经济增长点。2012 年，我国规模以上食品工业企业 33 692 家，占同期全部工业企业的 10.1%，食品工业总产值达到 8.96 万亿元，同比增长 21.7%，占工业总产值的 9.8%。预计 2020 年食品工业总产值将突破 15 万亿元。随着社会经济的发展，食品产业在保持持续上扬势头的同时，仍将有很大的发展潜力。

民以食为天。食品产业是关系到国民营养与健康的民生产业。随着国民经济的发展和人民生活水平的提高，人民对食品工业提出了更高的要求，食品加工的范围和深度不断扩展，所利用的科学技术也越来越先进。现代食品已朝着方便、营养、健康、美味、实惠的方向发展，传统食品现代化、普通食品功能化是食品工业发展的大趋势。新型食品产业又是高技术产业。近些年，具有高技术、高附加值特点的食品精深加工发展尤为迅猛。国内食品加工中小企业多、技术相对落后，导致产品在市场上的竞争力弱。有鉴于此，我们组织国内外食品加工领域的专家、教授，编著了“现代食品深加工技术丛书”。

本套丛书由多部专著组成。不仅包括传统的肉品深加工、稻谷深加工、水产品深加工、禽蛋深加工、乳品深加工、水果深加工、蔬菜深加工，还包含了新型食材及其副产品的深加工、功能性成分的分离提取，以及现代食品综合加工利用新技术等。

各部专著的作者由工作在食品加工、研究开发第一线的专家担任。所有作者都根据市场的需求，详细论述食品工程中最前沿的相关技术与理念。不求面面俱到，但求精深、透彻，将国际上前沿、先进的理论与技术实践呈现给读者，同时还附有便于读者进一步查阅信息的参考文献。每一部对于大学、科研机构的学生或研究者来说，都是重要的参考。希望能拓宽食品加工领域科研人员和企业技术人员的思路，推进食品技术创新和产品质量提升，提高我国食品的市场竞争力。

中国工程院院士

2014年3月

序　言

乳作为亿万年来哺乳动物进化后的产物，曾被西方医学之父希波克拉底称为人类“最接近完美的食品”。生鲜乳原料的供给和市场对相应乳基原料的需求之间往往存在着空间和时间上的不匹配，协调这一矛盾的重要方法是将生鲜乳按组分分离，并进一步脱水加工成各种功能性乳基配料。固态的乳基配料更耐储藏，更容易运输，而且功能性更专一。乳蛋白配料在赋予食品各种功能和感官特性的同时，还能为人类生命提供营养基础，是乳基配料中应用范围最广且经济价值最高的一个大类。我国乳品市场种类丰富，产业链逐渐健全，乳业已成为我国现代化农业和食品加工业的重要组成部分。我国农业部与国家发展和改革委员会等五部门于 2016 年 12 月发布了《全国奶业发展规划(2016—2020 年)》，提出了奶业的首要战略定位为“健康中国、强壮民族不可或缺的产业”，同时将“推动乳制品加工业发展”列为主要任务。随着国民经济的快速发展和人民生活水平的不断提高，我国居民的人均乳制品消费量也逐渐增加。我国乳制品加工业的发展既面临重大机遇，也存在困难和挑战，如乳蛋白配料的进口依赖性加剧、消费者对国产乳制品的信心不足等。对于提升我国乳制品加工业的国际竞争力，乳制品的创新创制是关键，乳蛋白配料的研发与生产是核心。因此，为满足我国居民对高质量和新类型乳制品日益增长的消费需求，同时也为促进乳蛋白配料的国内工业化生产，亟待开展基于乳蛋白配料研发与生产的相关技术研究。

《乳蛋白功能配料加工及应用》是作者在参阅大量文献资料的基础上，结合多年的科研成果和实践经验编著而成。其中很多相关的研究成果已在 *Journal of Dairy Science*、*Food Hydrocolloids*、*Food Chemistry*、*Journal of Agricultural and Food Chemistry*、*Journal of Food Engineering* 等国际学术期刊发表。这些成果主要由作者主持的“十三五”国家重点研发计划课题(2017YFD0400600)、教育部科学技术基础研究项目(113032A)、教育部新世纪优秀人才支持计划(NCET-11-0666)及多项国家自然科学基金项目资助，相关研究在乳蛋白功能配料的基础理论、结构功能特性、加工技术开发、质量控制等方面取得了一系列的成果。本书主要论述了乳及乳蛋白组成，乳粉、浓缩乳蛋白粉、乳清蛋白粉、酪蛋白粉等大宗乳蛋白配料，以及乳白蛋白、乳铁蛋白、免疫球蛋白、乳脂肪球膜蛋白、乳活性多肽等特殊功能乳蛋白配料在结构、功能与稳定性、质量控制等方面的相关基础理论及最新研究进展，希望能为乳品科学的教学、研究及产品开发提供借鉴。

周鹏

2019 年 6 月于江南大学

目　录

第1章　乳蛋白的基本组成与性质

1.1　酪　蛋　白

美国乳品科学协会最初将牛乳中酪蛋白定义为在20℃时通过酸化至pH 4.6从原料乳中沉淀出来的磷蛋白(Jenness et al.，1960)。该协会此后建议，可以根据酪蛋白在碱性聚丙烯酰胺或含有尿素的淀粉凝胶中(含有或不含有β-巯基乙醇)的相对电泳迁移率来区分酪蛋白(Rose et al.，1976)。近来也有研究指出，可以根据初级氨基酸序列来进一步区分酪蛋白(Eigel et al.，1984)。

1.1.1　酪蛋白的种类

牛乳中酪蛋白占总蛋白的比例为75%～80%，其中，α_{s1}-酪蛋白、α_{s2}-酪蛋白、β-酪蛋白和κ-酪蛋白是主要的四种酪蛋白成分，这四种酪蛋白的浓度通常分别是12～15g/L、3～4g/L、9～11g/L和2～4g/L，每种酪蛋白又有多种遗传变体。酪蛋白缺少后代生长所需的含二硫键的氨基酸(如甲硫氨酸和半胱氨酸)，同时，酪蛋白具有松散的结构，这也与它缺少半胱氨酸二硫键相关。在牛乳中，α_s-酪蛋白、β-酪蛋白和κ-酪蛋白含硫氨基酸的比例占2.9%～3.7%，而哺乳动物要想达到最好的生长，需要摄入4%～6%的含硫氨基酸。其中，α_{s1}-酪蛋白、α_{s2}-酪蛋白、β-酪蛋白是钙敏感蛋白，它们能够与钙结合并且被高浓度钙体系沉淀，同时，这些蛋白质除了有钙结合所需的保守信号肽和磷酸化位点外，还表现出高的氨基酸取代率，这可能是因为大多数位点的氨基酸交换既不破坏结构也不破坏功能。

1. α_{s1}-酪蛋白

α_{s1}-酪蛋白(α_{s1}-CN)约占牛乳中酪蛋白总量的40%，α_{s1}-CN B-8P是α_{s1}-酪蛋白家族的参考蛋白质(Grosclaude et al.，1973)。α_{s1}-酪蛋白不含半胱氨酸，α_{s1}-CN B-8P由199个氨基酸残基组成，16个Ser残基中有8个被磷酸化，即Ser_{45}、Ser_{47}、Ser_{64}、Ser_{66}、Ser_{67}、Ser_{68}、Ser_{75}和Ser_{115}(Grosclaude et al.，1973)。在α_{s1}-CN B-9P(α_{s0}-酪蛋白)中有两个磷酸化中心，即$f_{41\sim51}$，包括Ser_{41}(仅在9P中有变体)、Ser_{45}和Ser_{47}，以及$f_{61\sim70}$，包括Ser_{64}、Ser_{66}、Ser_{67}和Ser_{68}(Manson et al.，1977)，这些磷酸化中心对酪蛋白胶束中磷酸钙纳米簇的稳定至关重要。基于α_{s1}-酪蛋白的氨基酸组成，在发生翻译后修饰前的α_{s1}-酪蛋白分子质量约为23.6kDa，基于一级序列

可估算 α_{s1}-酪蛋白的 pI，约为 4.9，但是 8 个 Ser 残基磷酸化后，其 pI 降低约 0.5 个 pH 单位。这与相关研究报道的 α_{s1}-酪蛋白的 pI 在 4.4～4.8 变化的结论一致（Eigel et al.，1984；Trieu-Cuot and Gripon，1981）。而从脂肪族指数、平均亲水性和疏水性来看，α_{s1}-酪蛋白属于中度疏水蛋白。

目前，大量研究已经使用不同的方法对 α_{s1}-酪蛋白的二级结构进行了研究，Byler 和 Susi（1986）用傅里叶变换红外光谱检测，未在 α_{s1}-酪蛋白中检测出二级结构，而其他研究报道了 α_{s1}-酪蛋白中存在不同程度的二级结构。不同研究报道的结果略有差异，例如，α_{s1}-酪蛋白中 α 螺旋的比例为 5%～15%（Herskovits，1966）、8%～13%（Byler et al.，1988）、20%（Creamer et al.，1981）或 13%～15%（Malin et al.，2005）；β 折叠的比例为 17%～20%（Byler et al.，1988；Creamer et al.，1981），但是 Malin 等报道了 α_{s1}-酪蛋白中 β 折叠延伸结构比例达到 34%～46%（Malin et al.，2005）；Byler 等报道了 α_{s1}-酪蛋白的 β 翻转比例可达 29%～35%（Byler et al.，1988）。此外，在拉曼光学活性光谱中可以明显看出 α_{s1}-酪蛋白中存在聚脯氨酸二级结构（Smyth et al.，2001）。

当讨论 α_{s1}-酪蛋白和钙的相互作用时，应从两个方面考虑，即钙与蛋白质结合作用和钙诱导的蛋白质沉淀作用。α_{s1}-酪蛋白是钙敏感酪蛋白，在 $CaCl_2$ 浓度为 3～8mmol/L 时，α_{s1}-酪蛋白发生沉淀（Farrell，1988；Dalgleish and Parker，1980；Bingham et al.，1972），且 α_{s1}-CN B 比 α_{s1}-CN A 更容易发生沉淀（Farrell et al.，1988）。当 $CaCl_2$ 浓度超过 0.1mmol/L 时，α_{s1}-酪蛋白在盐溶作用下溶解度增加（Farrell，1988）。钙诱导的 α_{s1}-酪蛋白的沉淀物易溶解于 4mol/L 的尿素中，这表明存在非钙诱导的蛋白质交联，且在没有静电的情况下，钙诱导结合是由氢键和疏水相互作用排斥所驱动的（Dalgleish and Parker，1980）。Dalgleish 和 Parker（1980）进一步研究发现，α_{s1}-酪蛋白与蛋白质的结合随着离子的增加而减弱；另外，诱导 α_{s1}-酪蛋白沉淀的钙浓度随着离子强度的增加而增加，但结合诱导的 α_{s1}-酪蛋白沉淀随着离子强度增加而降低。当 pH 降低至 7.0 以下时，α_{s1}-酪蛋白与钙的结合降低，但不断下降的 pH 会使得诱导 α_{s1}-酪蛋白沉淀的钙浓度增加（Dalgleish et al.，1981）。

2. α_{s2}-酪蛋白

α_{s2}-酪蛋白（α_{s2}-CN）家族占牛奶酪蛋白总量的 10%，α_{s2}-酪蛋白家族的参考蛋白质是 α_{s2}-CN A-11P，α_{s2}-酪蛋白含有两个半胱氨酸残基，并表现出不同程度的磷酸化（Farrell et al.，2009）。在 α_{s2}-酪蛋白中已鉴定出三个磷酸化中心，即 $f_{8\sim16}$，包括磷酸化残基 Ser_8、Ser_9、Ser_{10} 和 Ser_{16}；$f_{56\sim63}$，包括磷酸化残基 Ser_{56}、Ser_{57}、Ser_{58} 和 Ser_{61}；$f_{126\sim133}$，包含磷酸化残基 Ser_{129} 和 Ser_{131}（De Kruif and Holt，2003）。α_{s2}-CN A-11P 的一级序列含有两个 Cys 残基，即 Cys_{36} 和 Cys_{40}，它们存在于内部

和外部分子间二硫键中。基于氨基酸组成，在翻译后修饰之前 α_{s2}-酪蛋白的分子质量约为 24.3kDa，11 个 Ser 残基被磷酸化后，分子质量增加至 25.2kDa。对于 α_{s2}-酪蛋白非磷酸化多肽链，预测的 pI 约为 8.3，但 11 个 Ser 残基发生磷酸化修饰后，pI 显著降低至 4.9 左右。由于带电残留物含量高，即 33 个残基能够带正电荷，39 个残基能够带负电荷，α_{s2}-酪蛋白一般被认为是最亲水的酪蛋白。

研究人员已经使用许多不同的方法研究了 α_{s2}-酪蛋白的二级结构。Hoagland 等鉴定出 24%～32%的 α 螺旋、27%～37%的 β 折叠、24%～31%的 β 翻转和 9%～22%的不明确结构(Hoagland et al.，2001)；Tauzin 等鉴定出 45%的 α 螺旋、6%的 β 折叠和 49%的不明确结构(Tauzin et al., 2003)；Farrell 等报道了 46%的 α 螺旋、9%的 β 折叠、12%的 β 翻转、19%的非连续 α 螺旋或 β 折叠、7%的不明确结构和 7%的聚脯氨酸二级结构(Farrell et al.，2009)。Adzhubei 和 Sernberg 报道了 15%的聚脯氨酸二级结构 (Adzhubei and Sternberg，1993)。

在所有酪蛋白中，α_{s2}-酪蛋白是含磷酸化残基数量最高的酪蛋白，并且对钙最为敏感。在钙浓度小于 2mmol/L 时就可以引发钙诱导的 α_{s2}-酪蛋白沉淀(Aoki et al.，1985；Toma and Nakai，1973)，而钙诱导的 α_{s2}-酪蛋白沉淀很容易溶解在 4mol/L 的尿素中，这表明没有钙诱导的蛋白质发生交联，并且在缺失静电排斥作用的情况下，钙诱导相互作用驱动力是由疏水相互作用和氢键作用引起的(Aoki et al.，1985)。在中性 pH 条件下，蛋白质净电荷含量低，这可能是导致 α_{s2}-酪蛋白去磷酸化进而使蛋白质不溶的原因。

3. *β*-酪蛋白

β-酪蛋白(*β*-CN)家族约占牛乳中酪蛋白总量的 35%，*β*-酪蛋白家族参考蛋白质是 *β*-CN A^2-5P。*β*-酪蛋白由 209 个氨基酸残基组成，不含半胱氨酸，209 个氨基酸组成的 *β*-酪蛋白在翻译后修饰之前的分子质量约为 23.6kDa，经磷酸化修饰后，其分子质量增加至 24.0kD 左右。基于一级序列，*β*-酪蛋白的预期 pI 约为 5.1，在发生磷酸化修饰后，pI 降低至 4.7 左右。*β*-酪蛋白是一种两亲性蛋白质，*β*-酪蛋白的 N 端残基 1～40，包含了蛋白质分子所有的净电荷并且具有低疏水性，这部分还包含 5 个被磷酸化的 Ser 残基，分别为 Ser_{15}、Ser_{17}、Ser_{18}、Ser_{19} 和 Ser_{35}，其中前 4 个形成磷酸化中心(De Kruif and Holt，2003)；*β*-酪蛋白的中间部分，即残基 41～135，含有少量电荷并且具有中等强度的疏水性；而 C 端残基 136～209，含有许多非极性残基，带有很少量电荷并且具有高度疏水性。*β*-酪蛋白的一些特性与它的强两亲性相关。

Graham 等的报道中，α 螺旋的数量从 7%到 25%不等(Graham et al.，1984)。研究者发现 *β*-酪蛋白中还存在 15%～33%的 β 折叠和 20%～30%的 β 翻转(Qi et al.，2005；Graham et al.，1984；Creamer et al.，1981)。随后的研究确证，*β*-酪蛋白中

存在20%～25%的聚脯氨酸二级结构(Qi et al., 2004；Syme et al., 2002)。

与α_{s1}-酪蛋白和α_{s2}-酪蛋白相比，β-酪蛋白对钙敏感性较差。37℃时，当Ca^{2+}浓度在8～15mmol/L的范围内，β-酪蛋白发生沉淀(Farrell et al., 1988；Parker and Dalgleish, 1981)。然而，在1℃时，β-酪蛋白在$CaCl_2$浓度高达400mmol/L时仍然处于可溶状态(Farrell et al., 1988)。在生理条件下，1分子的β-酪蛋白能够结合大约7个钙离子。β-酪蛋白对钙的结合随着温度的升高而增加，随着离子强度的增加而降低，随着pH的降低而降低(Parker and Dalgleish, 1981)。诱导β-酪蛋白发生沉淀所需要的钙浓度随着温度升高而减少，而温度升高结合的钙量减少。β-酪蛋白的去磷酸化和糖基化能够增强钙诱导产生的β-酪蛋白沉淀的稳定性(Darewicz et al., 1999)。

β-酪蛋白比完整的酪蛋白和α_s-酪蛋白更容易水解，因此在婴儿补充营养和临床营养方面具有重要的应用前景。

4. κ-酪蛋白

κ-酪蛋白(κ-CN)家族约占牛乳中酪蛋白总量的10%，κ-CN A-1P是κ-酪蛋白家族的参考蛋白。κ-酪蛋白含有两个半胱氨酸残基，仅在Ser_{149}发生了单磷酸化，在Ser_{149}和Ser_{121}处发生了双磷酸化，在Thr_{145}处发生了三磷酸化。κ-酪蛋白中的糖基化位点位于Thr_{121}、Thr_{131}、Thr_{133}、Thr_{142}、Thr_{145}和Thr_{165}残基上(Minikiewicz et al., 1996；Pisano et al., 1994)。仅在Thr_{131}发生单糖基化，在Thr_{131}和Thr_{142}发生二糖基化，以及在Thr_{131}、Thr_{133}和Thr_{142}发生三糖基化，在Thr_{145}处发生四糖基化(Holland et al., 2005)。一般来说，κ-CN B比κ-CN A糖基化程度更大，也表现出更为复杂和多变的糖基化模式(Coolbear et al., 1996)。研究已经证明，多种聚糖可以连接到κ-酪蛋白上，这些糖都与Thr残基相连。这些聚糖包括半乳糖、*N*-乙酰氨基葡萄糖和*N*-乙酰神经氨酸。

不考虑翻译后修饰，κ-酪蛋白的分子质量约为19.0kDa，根据氨基酸序列，可推测κ-CN A的pI约为5.9。然而，实验测得的κ-酪蛋白pI低于5.9，为3.5(Holland et al., 2006)，这是由翻译后磷酸化和糖基化修饰引起的蛋白质负电荷增加导致的。在二维电泳中发现，非糖基化的单磷酸化的κ-CN A和κ-CN B变体pI分别为5.56和5.81，同时pI随着磷酸化和糖基化程度的增加而下降(Holland et al., 2004)。

研究人员已经使用许多不同的方法研究了κ-酪蛋白的二级结构，在κ-酪蛋白中鉴定出了10%～20%的α螺旋、20%～30%的β折叠、15%～25%的β翻转，其中α螺旋的数量随着温度的升高而增加，而β折叠和β翻转的数量则随着温度的升高而减少。此外，醇的存在也会导致κ-酪蛋白中α螺旋的数量增加，同时，κ-酪蛋白也存在聚脯氨酸二级螺旋。

酪蛋白中，κ-酪蛋白表现出一些非常独特的特征。它是所有酪蛋白中最小的蛋白质，磷酸化水平较低，对钙的敏感性低，并且是所有酪蛋白中唯一发生糖基化的蛋白质，糖基化程度差异与 *N*-乙酰神经氨酸残基负电荷的数量有关。κ-酪蛋白是热不敏感蛋白，且其基因结构和氨基酸组成变体较少，这可能与其在稳定胶束体系方面具有重要作用相关。

5. 其他酪蛋白

除了上述提及的基因产物，还有由牛乳内源性酶纤溶酶水解 β-酪蛋白和 α_{s1}-酪蛋白得到的 γ-酪蛋白和 λ-酪蛋白。

1.1.2　酪蛋白的修饰

酪蛋白显示出相当大的异质性，这主要是由翻译后修饰引起的，所有酪蛋白都发生了不同程度的磷酸化修饰，而仅有 κ-酪蛋白发生了糖基化。酪蛋白的磷酸化是在高尔基体中发生的翻译后修饰，由识别氨基酸三联体的特定激酶催化，其中决定簇是二羧酸残基(主要是 Glu)或磷酸残基(Mercier，1981)。Ser-X-Glu/SerP 三联体是酪蛋白磷酸化的必要非充分条件。局部环境的特征、二级结构和空间位阻、激酶不足等都是导致酪蛋白不完全磷酸化的原因。有别于反刍动物，人乳和马乳酪蛋白表现出不同的复杂磷酸化模式，牛乳中的 β-酪蛋白和 α_{s1}-酪蛋白主要以单一的磷酸化形式存在，包括 5 个或 8 个磷酸基团，其他哺乳动物有更多种的磷酸化形式。

在所有物种中，牛乳的酪蛋白表现出最强的异质性，这与酪蛋白的高度多聚磷酸化相关，酪蛋白有 9～12 个磷酸基团在合成的过程中发生磷酸化，与磷酸钙纳米簇中的磷结合，聚合形成含钙的胶束。α_s-酪蛋白、β-酪蛋白、κ-酪蛋白参与形成胶束，特别值得注意的是，κ-酪蛋白在分泌乳汁过程中对稳定胶束体系发挥着重要的作用。酪蛋白是运输钙和磷的主要载体，而钙和磷是新生后代骨骼发育、皮肤生长的必需矿质元素，同时和细胞代谢也息息相关(如作为 ATP 和其他磷酸化组分的高能化合物)。

所有酪蛋白都发生了磷酸化修饰，但是磷酸化的程度不同，如表 1.1 所示。

表 1.1　酪蛋白磷酸化修饰程度

酪蛋白	每摩尔被磷酸化的残基数量/个
α_{s1}-酪蛋白	8，偶尔 9
α_{s2}-酪蛋白	10，11，12，13
β-酪蛋白	5，偶尔 4
κ-酪蛋白	1，偶尔 2 或 3

此外，κ-酪蛋白是酪蛋白家族中唯一发生糖基化修饰的蛋白质，它含有半乳糖、*N*-乙酰半乳糖胺和 *N*-乙酰神经氨酸，这些糖以三糖或四糖的形式存在，每个蛋白质上这些糖的数量从 0 个到 4 个不等。

但在食物蛋白开发过程中，酪蛋白的一些功能性质有一定局限性，使其在食品工业中的应用受到了一定限制，为了进一步扩大酪蛋白在食品工业中的应用范围，采用适度酶法改性或化学改性对酪蛋白进行人工修饰，可使其原有的功能特性更适合于食品加工。

酶法改性的作用点是蛋白链的肽键，化学改性的作用点是氨基酸残基的侧链。在化学改性中，可以通过酰基化、烷基化和氧化还原等反应对酪蛋白中氨基酸残基的侧链进行修饰，常见的修饰方法就是氨基酸残基的酰基化，特别是赖氨酸残基氨基的酸化。糖基化也是一种常见的修饰手段，糖基化酪蛋白实际上是一种糖蛋白，其溶解性、黏度、表面特性及加热稳定性都能得到提高，同时，改性后酪蛋白的水溶性在等电点附近得到提高，在酰化度达到 40%以上时乳化能力增强。而以化学方法添加带负电荷的磷酸基，增加了酪蛋白的溶解性、乳化能力、发泡能力、持水能力，故在众多化学方法中，磷酸化改性尤其引人注意。

酪蛋白的等电点在 pH 4.5 左右，在该范围内，酪蛋白的溶解性、泡沫稳定性、乳化性最弱，因而难以应用于酸性食品，如饮料、咖啡等，然而这些功能性质可以用食品工业接受的磷酸化方法得到提高和扩展。Medina 等（1996）用磷酰氯对酪蛋白进行磷酸化，结果使其 pI 附近的溶解度有所增加，而在其他碱性和酸性 pH 条件下，溶解度反而降低。在 pH＜pI 时，蛋白质分子带正电荷，磷酸化后其溶解度降低，这可能是磷酸基的增加使改性后酪蛋白所带的净正电荷降低。在 pH＞pI 时，蛋白质分子带负电荷，磷酸化结合的磷酸基增加了蛋白质的净负电荷，使之具有更开放的结构，疏水基团充分暴露，溶解度降低。此外还有可能是因为磷酰氯作为磷酸化试剂会导致蛋白质分子之间发生交联，这些交联键的存在是蛋白质溶解性降低的原因，但是可以通过磷酰氯改性蛋白质来提高蛋白质的黏度及胶凝性（Medina et al., 1996）。改性还可以提高其营养价值，例如，牛乳中酪蛋白：乳清蛋白为 80：20，而人乳中两者之比为 40：60，在母乳化奶粉生产中需添加价格昂贵的乳清粉以降低牛乳中酪蛋白的相对含量，如将牛乳中酪蛋白改性，即可经济实惠地达到这一目的。另外 α-酪蛋白不易被婴儿消化吸收，而改性的酪蛋白消化率有一定的提高。因此，利用磷酸化提高酪蛋白的食用价值和应用领域，具有重要的意义。

但是，食物中化学修饰蛋白的使用，也引发了人们关于改性后蛋白质营养和安全性的担忧，特别是必需氨基酸形成衍生物的情况。这些遗留的问题，不仅有修饰后蛋白质的安全性问题，如对消费者是否有毒性作用，还有在修饰过程中的化学残留问题，如难以从终产物中去除未反应试剂等。这些问题都有待食品学家做进一步的研究。

1.1.3　酪蛋白随生理作用变化

研究发现，乳中的酪蛋白和乳清蛋白的比例在哺乳期内并不是固定不变的，而是呈现动态变化，人乳中的酪蛋白和乳清蛋白的比例随着哺乳期的延长而增加。在前期变化最为明显，到成熟乳时两者比例趋于稳定。此外，有报道显示，β-酪蛋白和 κ-酪蛋白在牛初乳蛋白中的浓度与百分比分别为 2.6g/L、14.3%和 1.2g/L、6.5%，在过渡乳中的浓度和百分比分别为 4.4g/L、33.2%和 1.3g/L、9.5%，从第 3 周到第 8 周以不同的速率降低，在哺乳期第 3 个月结束时保持稳定，分别为 2.7g/L、25.3%和 0.9g/L、8.5%。初乳中的 β-酪蛋白与 κ-酪蛋白的比例（0.61）高于过渡和成熟牛乳（均为 0.30），这可能与新生儿在出生后头几天对初乳酪蛋白胶束有更好的消化率有关。此外，还有研究报道显示，α_{s2}-酪蛋白的相对含量和浓度随着泌乳时间的延长而降低，这与其对蛋白质水解的敏感性一致。随着哺乳期的延长，纤溶酶 β-酪蛋白的分解产物 γ-酪蛋白的相对含量与牛奶产量呈高度负相关，反映了腺体在此过程中发生了逐渐退化。在泌乳高峰期后，κ-酪蛋白的相对含量增加了 50%，并且其浓度在泌乳结束时几乎翻了一番。

1.1.4　酪蛋白随物理化学作用变化

1. 热稳定性

酪蛋白具有很好的热稳定性，在 pH 6.7 时，于 100℃加热 24h 或 140℃加热 20～25min 都不会发生凝结；酪蛋白酸钠水溶液稳定性更强，在 140℃加热数小时都不会有明显的变化。酪蛋白之所以有很强的热稳定性，与它们缺乏二级和三级结构相关，而酪蛋白缺乏稳定的二级结构、不能形成稳定的三级结构主要原因是具有结构破坏性的氨基酸——脯氨酸，且含量很高，β-酪蛋白的脯氨酸含量尤其高（17%），209 个残基中有 35 个脯氨酸。此外，所有酪蛋白都缺乏分子内二硫键，而这会降低分子的灵活性。酪蛋白较好的热稳定性有利于生产具有高热稳定性的乳产品，且在热加工过程中物化性质不会发生很大改变。

2. 溶解性

酪蛋白在 pH 4～5 时几乎完全不溶，当 pH＞5.5 时高度溶解，在 pH＜3.5 时也可溶，但是在此 pH 条件下比中性条件下更黏稠。κ-酪蛋白在 Ca^{2+}存在下可溶，当与钙敏感的 α_s-酪蛋白和 β-酪蛋白混合时，可以使这两种蛋白质稳定而免受 Ca^{2+} 的干扰，形成和稳定酪蛋白胶束，起到保护胶体的作用。

1.1.5　酪蛋白的分离

等电沉淀法是广泛使用的分离酪蛋白和乳清蛋白的方法，其他几种技术可以在某些情况下使用，如下所述。

1. 等电沉淀法

将牛乳的 pH 降至约 4.6 时，酪蛋白发生聚合，如果在静止条件下酸化则形成凝固物。在任意温度下酪蛋白都可以发生聚合，但在温度小于 6℃左右时聚合效果最好，并且酪蛋白能够以悬浮状态存在。通过低速离心，酪蛋白可以沉淀下来。在较高的温度(30～35℃)下，聚合物仍然可以很容易地从溶液中沉淀出来。当温度大于 45℃左右时，沉淀物趋于黏稠并且很难沉淀下来。在实验室，通常使用盐酸进行酸化，偶尔也会使用乳酸或乙酸的方法进行等电沉淀。在工业上，盐酸是使用最广泛的酸度调节剂，新西兰主要的酪蛋白工业化生产商也会使用乳酸菌发酵生产的乳酸调节牛乳的 pH，使酪蛋白沉淀下来。

不同于牛乳，人乳和马乳通过等电沉淀达到酪蛋白和乳清蛋白最佳分离效果的 pH 不是 4.6。马奶的酪蛋白在 pH 4.2 时溶解度最小(Uniacke-Lowe and Fox，2011)，而人乳中的酪蛋白和乳清蛋白在 pH 4.3 下分离效果最佳(Kunz and Bo，1992)。

2. 超速离心法

酪蛋白胶束分子质量非常大(10^8～10^9Da)，牛奶中大多数酪蛋白(90%～95%)在 100 000g 条件下离心 1h 可以被沉淀下来。在 35℃的沉降比在 0～4℃更为彻底，这是因为在低温下，一些酪蛋白(特别是 β-酪蛋白)会从胶束中解离出来，因此在超速离心时无法被沉淀下来(Rose，1968)。分子分散或以小的低聚物存在的乳清蛋白无法被沉降下来而仍然保留在上清液中。超速离心得到的酪蛋白仍含有原始水平的磷酸钙，因此用合适的缓冲液重新分散仍然可以获取与原始胶束性质接近的胶束体系。用这种方式制备的胶束对于研究去除乳清蛋白条件下的酪蛋白的特性非常有用。

3. 用钙富集后离心

加入 $CaCl_2$ 至 0.2mol/L 左右会引起酪蛋白聚集，通过低速离心这部分聚集的酪蛋白，可以使其沉淀下来。如果钙强化牛乳被加热到 90℃左右，那么在未经离心的条件下酪蛋白也会发生聚集和沉淀。乳清蛋白在加热到 90℃的条件下发生变性，和酪蛋白一起沉淀得到乳清蛋白-酪蛋白共沉淀产品。乳清蛋白-酪蛋白共沉淀物经过商业化规模的生产，但并没有取得显著的商业效果，主要是因为这种共沉淀物的溶解性较差。

4. 盐析方法

酪蛋白可以被任意几种盐从溶液中沉淀出来。向牛乳中加入 $(NH_4)_2SO_4$ 至

260g/L 可以使酪蛋白完全沉淀，同时一些乳清蛋白[免疫球蛋白(Ig)]也会被沉淀下来。用饱和 $MgSO_4$ 或 NaCl 沉淀牛乳中的酪蛋白，Ig 也会被一起沉淀。饱和 NaCl 可以从变性的乳清蛋白中分离酪蛋白、Ig 和变性乳白蛋白。有争议的是，盐析方法导致的变性蛋白要比等电沉淀法少，但后者是用于分离乳清蛋白和酪蛋白更为常用的方法(Mckenzie，1971)。

5. 膜过滤

所有乳蛋白都能被小孔半透膜截留，它可以用于从牛乳或乳清中分离酪蛋白或乳清蛋白；蛋白质在渗余物中，而乳糖、可溶性盐等小分子在渗透物中，这个过程称为超滤。这种方法在工业上被广泛用于生产乳清蛋白浓缩物(WPC)，也会用于生产牛乳蛋白浓缩物(MPC)。中间孔径(0.1～1.0μm)的微滤膜可用于分离乳清蛋白中的酪蛋白胶束。使用这种技术生产的酪蛋白部分称为磷酸化酪蛋白、天然胶束酪蛋白或牛乳酪蛋白浓缩物，而乳清部分则称为天然、理想乳清蛋白(Rizvi and Brandsma，2002；Kelly et al.，2000；Pierre et al.，1992)。这些富含酪蛋白和乳清蛋白的成分在奶酪营养强化、婴儿营养、临床营养和优质的物理化学功能方面(如高凝胶强度)表现出较大的应用潜力。孔径更大(1～2μm)的微滤膜则被用于去除细菌、孢子和其他颗粒物质，酪蛋白和乳清蛋白则保存在滤出液中。这项技术用于去除牛奶中的微生物(>99.9%)，以生产货架期较长的乳饮料和奶酪，也用于在生产脱脂牛乳蛋白浓缩物和乳清分离蛋白(WPI)时去除乳清中的脂蛋白颗粒。

6. 凝胶过滤

研究人员基于电荷、分子质量和疏水相互作用已经开发了不同的色谱方法用于乳蛋白的分级和分离。凝胶过滤色谱用于从脱脂乳中分离全酪蛋白和乳清蛋白，分子质量大的蛋白质在凝胶过滤中快速地洗脱出来，用 pH 7.0 的磷酸缓冲溶液和通过 Sephadex G200 柱可以从脱脂乳中先分离出 κ-酪蛋白、β-酪蛋白和 α_s-酪蛋白三种酪蛋白的混合物，随后是 β-乳球蛋白和 α-乳白蛋白。酪蛋白在尿素和还原剂存在的条件下，被分解成的单体，分子质量分布在 19～25kDa，这些蛋白质的分子质量太接近，难以被有效分离。而乳清蛋白用凝胶过滤色谱可以对其组分进行成功分离，用 Superose12 柱可以依次分离出免疫球蛋白、牛血清白蛋白、β-乳球蛋白、α-乳白蛋白。羟基磷灰石柱色谱可以对酪蛋白进行有效分离，其分离原理是基于磷酸盐的含量，κ-酪蛋白磷酸基团含量最少，α_{s2}-酪蛋白磷酸基团含量最高。

凝胶过滤色谱或其他合适的媒介可以将酪蛋白与乳清蛋白分离，但凝胶过滤方法不适用于工业大规模生产。这种方法也有可能分解个别乳清蛋白，这在实验室规模上会限制蛋白质组分的制备和变性乳清蛋白的分析、量化和评估(Lišková et al.，2010；Kehoe et al.，2007；Roufik et al.，2005；Wang and Lucey，2003)。

7. 乙醇沉淀

酪蛋白可以被浓度约为 40%的乙醇沉淀出来，而乳清蛋白仍然处在可溶的状态。当使用较低浓度的乙醇时，相应的 pH 也应该调低。酪蛋白以胶束的形式沉淀，在水或缓冲液中能够被重新分散(Hewedi et al.，1985)。关于牛乳的乙醇稳定性基础研究始于 Horne 等 (2003) 的研究，乙醇沉淀暂时在实验室作为研究方法，工业上没有规模性应用，但这方面的研究为理解和优化奶油、利口酒产品的稳定性奠定了基础。

8. 冷沉淀

在冻乳和−10℃的浓缩乳中，酪蛋白胶束可能会失稳并发生沉淀。pH 下降、由此引起的可溶性 $CaHPO_4$ 和 $Ca(H_2PO_4)_2$ 沉淀生成 $Ca_3(PO_4)_2$ 过程中释放的 H^+ 以及引起的 Ca^{2+}浓度的增加都会使酪蛋白胶束沉淀。据报道，和其他实验室常用方法相比，冷沉淀的酪蛋白具有良好的溶解性和凝乳形成性，但和酪蛋白酸钠及酪蛋白酸钙相比表现出较差的乳化性。目前冷沉淀的酪蛋白还没有实现工业化的生产。

9. 凝乳凝固

酪蛋白胶束在特定限制酶的作用下会失稳或者在 Ca^{2+}存在时会发生交联。通过这种方式沉淀的酪蛋白和等电沉淀的酪蛋白性质差异较大(Mulvihill and Ennis，2003)。凝乳酶酪蛋白的一些性质使其非常适合应用于某些食品中(如人工奶酪制造)(O’Sullivan and Mulvihill，2001；Ennis and Mulvihill，1999)。

早期分离酪蛋白中不同成分的方法主要是化学试剂法，现在已经逐渐被分离效果更好的离子交换色谱取代。实验室科研通常使用阴离子交换色谱将酪蛋白分级，使用含有还原剂的缓冲液(常为 *β*-巯基乙醇)和高浓度的尿素溶液(5～6mol/L)破坏解离胶束结构。

1.1.6 酪蛋白的应用

酪蛋白在食物中具有广泛的功能性，可以起到脂肪乳化、质地构建和营养强化的功能，这与酪蛋白分子非常柔韧的性质相关，而这主要是酪蛋白缺乏二级和三级结构所引起的。

酶凝酪蛋白、酸性酪蛋白和酪蛋白酸钠与植物油、乳化盐、食品级酸和水以适当比例混合，并在干酪蒸煮器中加热可以生产与天然干酪性质类似的干酪。酪蛋白也可以应用于肉糜制品(如牛肉糜饼、汉堡夹心肉糜饼、香肠)，起到乳化脂肪、结合水和构建质地的作用。在饮料中，添加酪蛋白酸盐可以起到脂肪乳化和稳定的作用；在糖果产品中，酪蛋白用于生产太妃糖、奶糖、软糖和蜜饯等，起到构建质地、乳化脂肪的作用，获得一种坚固、有弹性、耐嚼、黏度适中的基质；在冰淇淋、奶油等产品中，添加酪蛋白可以提高产品的搅打性质和泡沫稳定性。酪蛋白酸盐还被用作营养强化剂添加到各类食品中，如焙烤制品、膨化食品、快餐食品等。

此外，酸性酪蛋白和酪蛋白酸盐也被应用到制药和医学领域。例如，高酪蛋白饮食可以改善肠道和蛋白质代谢紊乱，加速创伤患者和外科手术患者康复。酪蛋白还可以用于生产保健产品，如康补宁、速瘦等，用于代替部分或全部肉食作为减肥食品，或者帮助运动人群辅助训练后肌肉的恢复。此外，酪蛋白酸盐产品和酪蛋白水解产物以特殊组成形式可用来开发无乳糖婴儿食品或低过敏原的婴儿食品。

1.2　酪蛋白胶束

酪蛋白在牛乳中的浓度约为 25g/kg。在牛乳中四种酪蛋白(α_{s1}-酪蛋白、α_{s2}-酪蛋白、β-酪蛋白和 κ-酪蛋白)的比例约为 4∶1∶3.5∶1.5。有些物种的酪蛋白胶束可能没有其中的一种或一种以上的酪蛋白，或者说各种酪蛋白的相对或者绝对比例是不同的。对于同一种酪蛋白而言，其氨基酸的序列也存在差异。例如，人乳中酪蛋白的含量约为 4g/kg，占人乳中蛋白质总量的 30%～50%。人乳中的酪蛋白以 β-酪蛋白为主，α_s-酪蛋白几乎没有。

学术界对于牛乳中胶束结构的关注已经持续了很多年。研究胶束结构具有重要意义，因为胶束经历的反应是许多乳品加工业务的核心，如灭菌稳定性，甜味浓缩奶、重组奶、冷冻奶产品和奶酪的生产等；从学术角度来看，酪蛋白胶束的四级结构是一种有趣而复杂的现象。

早期，人们就认识到牛乳中的酪蛋白以大的胶体颗粒存在，并且关于这些颗粒结构以及它们如何稳定存在一些猜测。1958 年，Waugh 首先尝试描述酪蛋白的结构胶束(Waugh，1958)。自此，大量的研究工作得到开展，致力于阐明酪蛋白胶束的结构。

1.2.1　酪蛋白胶束结构模型

由于目前的研究手段与技术是无法直接检测和观察酪蛋白胶束的内部结构的，所以酪蛋白胶束的结构一直处于理论假设和模型建立的阶段。这些模型中，比较著名的理论结构模型有套核结构模型、内部结构模型、亚单元结构模型、霍尔特(Holt)结构模型和双结合模型。

1. 套核结构模型

Waugh 提出了第一个酪蛋白结构模型，他认为胶粒的核由 α_s-酪蛋白和 β-酪蛋白形成的球体颗粒构成，κ-酪蛋白构成外表面，即套，是一种玫瑰花形的放射状聚合体(Waugh，1958)。Payenst 等以酪蛋白聚合的数据为依据也提出了套核结构模型，在这种模型中胶粒的核是由紧密折叠的 β-酪蛋白分子连接较松散构型的 β-酪蛋白以细丝状态形成网目结构，κ-酪蛋白位于胶粒表面，磷酸钙(CCP)既存在于胶粒外部也存在于它的内部(Pyne and Mcgann，1960)。

2. 内部结构模型

该理论最初由 Rose 提出，他认为胶粒形成首先是 β-酪蛋白一端连一端的聚合，然后在 α_s-酪蛋白结合 κ-酪蛋白的过程中，α_s-酪蛋白的分子结合到 β-酪蛋白多聚体上，形成有限大小的聚合体，再通过磷酸钙的交联，最终这些酪蛋白聚合物形成胶束，其中，离子按一定方向定向，κ-酪蛋白定向于胶体粒子的表面(Rose，1968)。

Carnier 和 Dumas 假定酪蛋白胶体呈蛋白质聚合物的三维孔式架构，这种结构中 κ-酪蛋白分子作“结”，“枝”由 α_s-酪蛋白、β-酪蛋白构成。这个模型没有说明磷酸钙的作用，仅假定其结合于酪蛋白的架构上。

3. 亚单元结构模型

Morr 最早提出了亚单元模型，这个模型中酪蛋白胶粒与磷酸钙连接起来的酪蛋白粒子相似，每个亚单元中有一个由 α_s-酪蛋白、κ-酪蛋白包裹的表面，所有胶粒中的亚单元由相同蛋白质组成(Morr，1967)。另外有人研究证明，酪蛋白确实存在亚单元，他们认为这与酪蛋白是由类似于酪蛋白盐粒子大小的球体以六方体紧密堆积的形式而形成胶粒的假定模型相一致。Kumosinisk 等的研究也属于这一学说(Yamauchi et al.，1967)。

Slattery 提出了由不同组成的亚单元构成胶体粒子的模型，这个模型中一部分亚单元含有 α_s-酪蛋白、β-酪蛋白，其余的除含有两者之外，还含有 κ-酪蛋白。α_s-酪蛋白、β-酪蛋白的存在能够使亚单元表面形成疏水性区域，疏水性区域负责胶粒亚单元之间的结合，κ-酪蛋白聚集在表面的亲水性区域，亲水性的 κ-酪蛋白暴露于溶剂中，当胶粒表面被亲水性的 κ-酪蛋白覆盖时，胶体粒子的生长结束。据此，研究人员认为可利用 κ-酪蛋白的含量确定胶粒的粒径大小的分布谱。

显然，这些研究已经进一步认识到磷酸钙对酪蛋白胶体形成的重要性，但磷酸钙在胶体中未被当作单独相考虑。钙通过亚单元间的疏水作用而结合在酪蛋白上，无机磷酸盐在相邻酪蛋白分子的磷酸酯间形成磷酸钙桥，静电相互作用使亚单元相结合(图 1.1)。

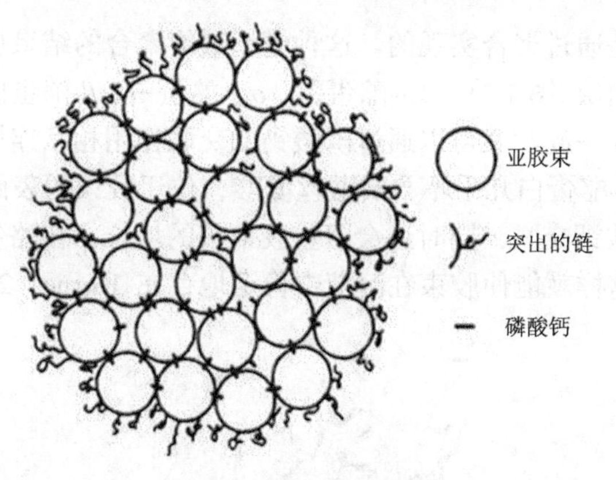

图 1.1　亚单元结构模型

4. Holt 结构模型

Holt 结构模型是 Holt 等在进一步分析亚单元结构模型的缺陷之后提出的，并把它称为纳米簇结构模型(图 1.2)。这个模型显示了酪蛋白胶粒是一种球状的、酪蛋白分子与磷酸钙缠绕在一起的微粒，磷酸钙分布在胶粒的内部，在核内部，多肽链被磷酸钙的纳米簇结构连接起来，在一个外部的较低密度片段区域上形成毛发层结构，它提供静电相互作用或电荷，维持了酪蛋白粒子的稳定性。该模型在前人的研究基础上，通过大量的试验结果而得出，是与亚单元结构不同的结构模型，但是对于磷酸钙和 κ-酪蛋白在胶粒中的作用，理论上与亚单元结构模型是一致的。Holt 认为这个结构模型可能是在更先进的研究手段出现之前，能够认识到酪蛋白胶束的最确切的结构(Holt et al.，1975)。

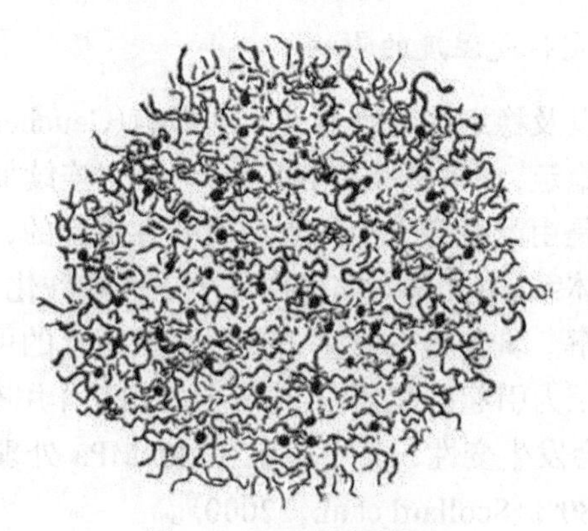

图 1.2　Holt 结构模型

5. 双结合模型

双结合模型是 Horne 于 1998 年在 Holt 基础上提出的。在双结合模型中，胶粒的集结和生长是通过聚合实现的。这种模型最终聚合的结果也是在酪蛋白胶粒表面形成 κ-酪蛋白层(图 1.3)。α_{s1}-酪蛋白、α_{s2}-酪蛋白、β-酪蛋白之间既可以通过疏水作用力结合在一起，又可以通过磷酸钙的交联作用相互连接，形成酪蛋白胶束的核心部分，κ-酪蛋白几乎不含磷酸丝氨酸，位于胶束的表面，因此它不但不能与胶束中的磷酸钙交联，同时还会阻止胶束核的增长，在酪蛋白胶束的表面形成一层保护壳，这样就能使胶束在溶液中稳定地存在(Horne，2003)。

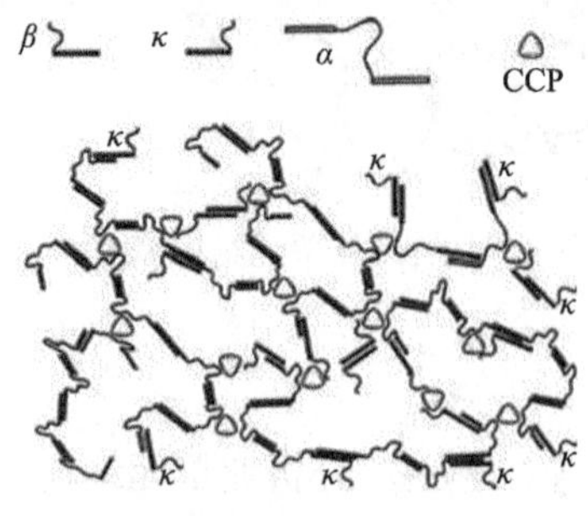

图 1.3 双结合模型

关于酪蛋白胶束结构的研究仍然是一个活跃而令人兴奋的研究领域，随着分析方法的进步，人们将进一步加深对酪蛋白胶束结构和稳定性的认识。

1.2.2 酪蛋白胶束的稳定性

酪蛋白胶束对于牛奶制品的几种主要加工过程都较为稳定，下面从温度、外界力、均质、压力、pH、离子等方面讨论这些因素对酪蛋白胶束稳定性的影响。

1. 酪蛋白胶束稳定性受温度的影响

酪蛋白胶束尺寸以及稳定性的改变受温度影响(Gaucheron et al.，1997)。酪蛋白胶束在高温下非常稳定，在牛乳原有 pH 下于 140℃连续加热 15～20min 才会发生凝结。这种凝结不是由严格意义上的蛋白质变性引起的，而是因为乳糖高温分解成各种酸致使牛乳体系 pH 下降、酪蛋白发生了去磷酸化、κ-酪蛋白富含碳水化合物的部分发生了裂解、乳清蛋白发生了变性、胶束上的可溶性磷酸盐发生了沉淀。此外，温度对由压力引起的酪蛋白-乳清蛋白相互作用有影响，α-乳白蛋白和 β-乳球蛋白在高压下会发生变性，其中牛乳在 400MPa 处理后发生变性的 β-乳球蛋白含量高达 70%～80%(Scollard et al.，2000)。

降低温度会对酪蛋白产生解离作用。将脱脂牛乳冷却至 0～5℃，约 20%的 β-酪蛋白将从酪蛋白胶束中解离出来(Creamer et al.，1977；Downey and Murphy，1970；Rose，1968)。降低温度对 β-酪蛋白产生的解离作用可能是由 β-酪蛋白或其他酪蛋白之间的疏水相互作用力减弱导致的，而这种作用力是维持酪蛋白胶束结构完整性的一种作用力（Swaisgood，2003）。

2. 酪蛋白胶束稳定性受外界力的影响

酪蛋白胶束对于外界离心力也较为稳定，经超高速离心获得的酪蛋白胶束沉淀物通过温和的搅拌可以重新分散。

3. 酪蛋白胶束稳定性受均质的影响

酪蛋白胶束对于传统的商业均质较为稳定，但是在高压均质时其结构会被破坏。相关研究发现，在 41～350MPa 的单级高压均质下酪蛋白胶束的尺寸将减小（Roach and Harte，2008；Sandra and Dalgleish，2005）。

4. 酪蛋白胶束稳定性受压力的影响

酪蛋白胶束对于高压加工不稳定，尤其是当压力超过 200MPa，而当压力在 250～600MPa 时，高达 50%左右的酪蛋白胶束的大小会发生改变（Needs et al.，2000；Gaucheron et al.，1997；Desobry-Banon et al.，1994）。酪蛋白胶束尺寸的减小主要和高压引起的部分磷酸钙解体有关（Huppertz et al.，2005），而酪蛋白胶束尺寸的增加则主要和酪蛋白聚集相关（Huppertz et al.，2004）。

5. 酪蛋白胶束稳定性受 pH 的影响

通过超滤、蒸发和喷雾干燥浓缩牛乳会引发酪蛋白胶束的不稳定，且不稳定的程度通常随浓度的增加而增加，这主要是因为 $Ca(H_2PO_4)_2$ 和 $CaHPO_4$ 释放 H^+ 生成 $Ca_3(PO_4)_2$ 沉淀，会引起酪蛋白胶束紧密堆积（Fox and Brodkorb，2008；Karlsson et al.，2007；Havea，2006；Oldfield et al.，2005）。

当 pH 降低至酪蛋白的等电点（pH 4.6）时，酪蛋白发生聚集并从溶液中沉淀。在该 pH 下的沉淀具有温度依赖性，即温度＜5℃时不会发生沉淀，较高温度下沉淀会发生在较宽的 pH 范围内（3.0～5.5）；由于磷酸钙和其他因素，在 pH＜5 时胶束可能无法存在。随着牛乳 pH 的降低，磷酸钙溶解并在 pH 为 4.9 时完全溶解，将冷牛乳（4℃）酸化至 pH 4.6，然后对牛乳进行透析，是一种广泛用于改变牛乳中磷酸钙含量的技术（Pyne and Mcgann，1960）。如果未透析，将酸化的冷牛乳重新调节至 pH 6.7，胶束可以在 pH 未降至 5.2 以下时重新形成。该性质似乎表明大多数磷酸钙可以在不破坏胶束结构的情况下被溶解（去除）。

在室温下，酪蛋白胶束在 pH 6.7、乙醇浓度约为 40%时失稳，如果 pH 降低则酪蛋白胶束会在更低浓度的乙醇溶液中失稳（Horne，2003）。但是，如果将体系加热到 70℃左右，沉淀物会重新溶解，体系变成半透明状态；当体系再被冷却后，牛乳又会恢复白色的外观；如果乙醇牛乳混合物维持在 4℃，特别是在使用浓缩（＞2×）牛乳时，会形成凝胶。

6. 酪蛋白胶束稳定性受离子的影响

酪蛋白胶束对高 Ca^{2+}浓度稳定，在高达 50℃的温度、200mmol/L 的 Ca^{2+}环境中保持稳定，但酪蛋白胶束可以被 5mol/L 尿素、十二烷基硫酸钠（SDS）解离，被乙二胺四乙酸（EDTA）螯合，将 pH 升高至＞9 也能解离酪蛋白胶束，但是不会产生分子水平的解离，解离片段的直径为 10～15nm（De Kruif and Holt，2003；Lefebvre-Cases et al.，1998；Mcgann and Fox，1974）。同时，通过透析去除尿素，可以重新形成胶束（Mcgann and Fox，1974）。

1.2.3　酪蛋白胶束的结构功能特性

牛乳中存在的所有酪蛋白几乎都存在于酪蛋白胶束中，并结合一些高比例可利用钙和无机磷酸盐。胶束平均分子质量约为 10^8kDa，平均直径约为 100nm（50～600nm），这些胶束是完全开放、高度水合的结构，典型水化值为 2～3gH_2O/g 蛋白质，这些结构不是严格固定的，而是动态变化的。

在 pH 影响下，酪蛋白胶束的凝结过程分为四个阶段：第一个阶段 pH 为 5.8～6.7，胶束脱去矿物质，溶解性降低；第二个阶段 pH 为 5.2～5.8，胶束呈熔融状态，胶态磷酸钙溶解；第三个阶段 pH 为 4.7～5.2，酪蛋白颗粒重新形成，胶态磷酸钙溶解；第四个阶段乳凝胶形成。酸奶的制作就利用此原理。继续加强酸，如硫酸，则生成硫酸酪蛋白而再溶解。但在乳中不允许添加强酸。乳酸的添加不会使酪蛋白溶解，因此乳酸是沉淀酪蛋白的最佳用酸。如果乳中残存微生物，这些微生物也会利用乳糖产酸使产品 pH 降低，使酪蛋白胶束受到破坏，出现酸包、胀包的现象。

酪蛋白在蛋白酶的作用下可以发生水解并凝乳。在干酪制作过程中，皱胃酶等凝乳酶的加入使酪蛋白胶束的毛发层被酶解，减少了胶束的空间位阻，稳定性遭到破坏，形成了干酪凝乳。用胰酶或胰蛋白酶特异性水解酪蛋白可以制得酪蛋白磷酸肽（CPP），大量试验证明，CPP 能有效地促进人体对钙、铁、锌等二价矿质营养素的吸收和利用。而非特异性水解，如在乳制品生产中，一些微生物产生的酶和乳自身的蛋白酶部分水解酪蛋白后，造成产品变苦、蛋白质凝结成絮状沉淀等，应该通过控制原料乳的品质、避免污染、严格灭菌等方式来减少产品的劣变。

此外，牛乳呈现的白色主要是由酪蛋白胶束对光的散射引起的。不同物种的胶束都产生白色，但是只有 15 个物种的酪蛋白胶束被研究过。酪蛋白胶束的大小从人乳的～50nm 到牛乳的～500nm 不等。酪蛋白胶束的结构、性质和稳定性对于乳品加工技术具有重要意义。

1.3　乳清蛋白

乳清蛋白是指牛乳在 pH 4.6 等电沉淀酪蛋白后，存在于溶液中的非酪蛋白成分。在牛乳中，乳清蛋白占总蛋白的 20%，浓度约为牛乳的 0.7%。乳清中也存在一些来自于酪蛋白的磷酸化肽段(即 CPP)，这部分应归类为酪蛋白组成成分。和酪蛋白相比，乳清蛋白有较为规则的二级、三级结构，且大多数为球蛋白。乳清蛋白主要包括 α-乳白蛋白、β-乳球蛋白、血清蛋白，也包括一些铁结合蛋白(乳铁蛋白)、溶菌酶、乳过氧化物酶、生长因子、免疫球蛋白等，这些蛋白大部分来自血浆而非直接由乳腺合成分泌，因此这些蛋白并不是牛乳中的特异性蛋白。

1.3.1　乳清蛋白的种类

1. *β-乳球蛋白*

β-乳球蛋白是大多数反刍动物中主要的乳清蛋白，在反刍动物中约占乳清蛋白的 50%，约占牛乳总蛋白的 12%，除了向后代提供氨基酸以外，具有重要的生物学作用。当 pH 为 3.5～5.2 时，特别是在 pH 4.6 时，牛乳 β-乳球蛋白 A 形成分子质量约为 144kDa 的八聚体，而其他动物的 β-乳球蛋白无法形成二聚体。

牛乳中的 β-乳球蛋白一级结构由 162 个氨基酸组成，分子质量约为 18.3kDa，其含有丰富的含硫氨基酸，因此其生物学价值可达 110，能在残基 66～160、119～121 或 106～119 之间形成两个二硫键，含有 5 个半胱氨酸残基，半胱氨酸残基再和 κ-酪蛋白形成分子间二硫键，这与牛乳的热稳定性和凝乳酶作用的凝结有很大关系(O'Connell and Fox，2003)，这也和加热牛乳时产生的风味物质相关。牛乳中 β-乳球蛋白的等电点约为 5.2，当 pH 在 3～7 时，其自缔合形成二聚体。

相关研究表明，β-乳球蛋白结构与视黄醇结合蛋白相似，因此推测 β-乳球蛋白具有运输维生素 A、维生素 D、脂肪酸和其他亲脂性化合物的作用，同时，在小肠中发挥着促进这些成分吸收的功能(Yang et al.，2009；Pérez and Calvo，1995；Pervaiz and Brew，1985)。但是，在反刍动物中，维生素 A 和脂肪球膜相关，而非和 β-乳球蛋白相结合；在猪和马中，β-乳球蛋白不结合视黄醇(维生素 A)和脂肪酸(Yang et al.，2009)；在基因改造的小鼠中，β-乳球蛋白能够协助维生素 D 的吸收，但是小鼠乳汁缺少 β-乳球蛋白，若幼崽需要这种蛋白质用以吸收维生素 D，则它们会因此产生维生素 D 缺乏症。可见，如果 β-乳球蛋白在某些情况下起运输成分和在小肠中吸收这些成分的作用，它们既不必要也不普遍(Pérez and Calvo，1995)。此外，许多哺乳动物的乳汁中不含有 β-乳球蛋白，包括实验室小鼠和大鼠、豚鼠、家养兔子、骆驼和人类。常见的说法是啮齿动物乳缺乏 β-乳球蛋白，但这只是基于 2200 多种啮齿动物中的 3 种动物得出的结论，因此该结论准确性尚不得而知。在灵长类动物中，人乳缺乏 β-乳球蛋白，但 3 种猕猴的乳汁中含有 β-乳球蛋白(Hall et al.，2001)。

β-乳球蛋白和视黄醇结合蛋白都是小细胞外蛋白家族中的一员，称为脂质运载蛋白，两者具有相似的三级结构和氨基酸序列(Flower，1996)。这种古老的蛋白家族是从细菌蛋白衍生而来的，其特征是一个桶状的亲脂洞穴周围环绕着 8 个 β 链，且其中一端是开放的状态(Ganfornina et al.，2005)。

最初研究 β-乳球蛋白的方法是通过离心，从鲜乳中分离脂肪和酪蛋白，随后在 35～40℃酸化到 pH 4.5 左右，澄清的乳清蛋白组分可变浑浊，再于 20℃左右调节 pH 至 2.5～3.0，并加入 NaCl 溶液使其浓度至 7%(质量浓度)。除 β-乳球蛋白以外，大多数蛋白质形成一种疏松的沉淀。通过渗析或加入 30%的 NaCl 可以使 β-乳球蛋白从剩余的乳清中分离出来。近年来，研究人员逐渐使用凝胶过滤、膜过滤、超滤、层析、色谱等方法来提取 β-乳球蛋白。

由于 β-乳球蛋白具有高度有序的二级和三级结构，因而其在自然状态下对蛋白酶具有很强的抵抗作用(Guo et al.，1995)，这同样也暗示了 β-乳球蛋白的首要作用不是提供营养，同时因为其他乳清蛋白都具有一定的生物学活性功能，因此 β-乳球蛋白也被认为具有生物活性作用，主要包括以下两方面：

(1) β-乳球蛋白能够结合或作为转运视黄醇的载体。β-乳球蛋白能够在疏水性口袋区结合视黄醇，防止视黄醇被氧化，同时输送视黄醇通过胃到达小肠，在小肠视黄醇与视黄醇结合蛋白发生结合，该蛋白质与 β-乳球蛋白具有相似的结构。但是悬而未决的问题是视黄醇如何从脂肪球中心转移到 β-乳球蛋白上的？同时人类是如何在缺乏 β-乳球蛋白的条件下存活下来的？β-乳球蛋白能够和很多疏水性的分子结合，因此它和视黄醇的结合可能只是随机发生的，且除了 β-乳球蛋白，脂质运载蛋白家族中的另外 13 种蛋白质都可以和疏水性分子结合(Flower et al.，2000)。

(2) β-乳球蛋白能够与脂肪酸结合，因而其能够模拟脂肪酶活性功能，具有生理活性功能。对婴儿来说，最具有过敏性的牛乳蛋白是 β-乳球蛋白，这可能是因为人乳中缺乏 β-乳球蛋白，其过敏性可以通过蛋白质水解降低(El-Agamy，2007)。

β-乳球蛋白是牛乳中主要的乳清蛋白组分，可溶性强，支链氨基酸含量丰富，是乳清蛋白中半胱氨酸和甲硫氨酸的主要来源，具有很强的凝胶和乳化功能，因此，β-乳球蛋白可作为辅助性配料用于乳制品、焙烤食品及运动饮料等食品工业。例如，酸奶中加入含有 β-乳球蛋白的乳清蛋白，可以改善产品的风味、质构，促进营养物质的吸收。由于 β-乳球蛋白具有良好的持水性，其凝胶性优于卵白蛋白，已替代动物脂肪用于强化脱脂食品中。β-乳球蛋白为食品工业开发新产品提供了新机会，具有很高的市场价值和潜力。但是，天然 β-乳球蛋白的理化性质并不利于它在食品工业中进一步的加工利用。例如，β-乳球蛋白的 Cys_{121} 上游离的—SH 残基在牛乳加工过程中会产生异味，加热加压也会导致 β-乳球蛋白的转运功能显著降低，并造成过敏性反应进而影响其生理功能。加热不仅影响 β-乳球蛋白的生理功能，也对乳清蛋白中的 β-乳球蛋白含量产生影响，经过热处理的牛乳中 β-乳球蛋白含量明显低于生鲜乳。研究表明，牛乳经 72.5℃、10s 热处理时，β-乳球蛋白含量最高；85℃、25s 热处理时，β-乳球蛋白含量最低；在同一时间下，加热温度越高，牛乳中 β-乳球蛋白含量越低；同一温度下，加热时间越长，牛乳中 β-乳球蛋白含量越低。研究还发现，加热温度为 80℃时，加热时间对牛乳中 β-乳球蛋白含量影响比较显著。β-乳球蛋白在乳糖溶液中加热时，最初与 Lys_{47} 发生反应，但在乳粉等干燥产品中，没有显示任何特异性。赖氨酸残基数量稍许降低基本不影响蛋白质的营养价值，但是在高热处理或在温和温度下延长反应时间会使得赖氨酸严重损失。

2. α-乳白蛋白

α-乳白蛋白广泛存在于哺乳动物和人的乳汁中，α-乳白蛋白在牛乳中的含量约为 1.2g/L，是牛乳乳清中第二丰富的蛋白质，为总蛋白的 3.5%，乳清蛋白的 20%左右。而 α-乳白蛋白是人乳中主要的蛋白质成分，因此有报道认为在婴幼儿配方奶粉中强化 α-乳白蛋白可以使牛乳更接近人乳（Heine et al.，1991）。

α-乳白蛋白分子质量为 14186Da，是乳清蛋白中分子质量最小的蛋白质分子，首次分离于 60 多年前。其单个多肽链包含 123 个氨基酸残基，其中包括通过 4 个二硫键共价连接的 8 个半胱氨酸残基，每个 α-乳白蛋白分子在位点 6～120、28～111、61～77、73～91 发生二硫键连接，形成 4 个二硫键。α-乳白蛋白中色氨酸含量丰富，每个分子中含有 4 个色氨酸残基，没有半胱氨酸和磷酸残基，等电点约为 4.88，在 pH 4.8 的 0.5mol/L NaCl 溶液中 α-乳白蛋白溶解度最小。大约 10%的牛乳 α-乳白蛋白是糖蛋白，一些哺乳动物的 α-乳白蛋白具有极高比例的糖基化分子，如鼠，而母乳中的 α-乳白蛋白未被糖基化。

α-乳白蛋白为结构紧密的球蛋白，其三级结构与溶菌酶相似（Naveen et al.，1998）。α-乳白蛋白为金属结合蛋白，分子中的 4 个天冬氨酸可结合一分子的 Ca^{2+}（Hiraoka et al.，1980），其影响着 α-乳白蛋白的结构和稳定性，含 Ca^{2+}的 α-乳白蛋白热稳定性高，变性后可以复性，但是通过螯合剂长时间处理或降低 pH 到 5 以下都能除去 Ca^{2+}，破坏结构，使蛋白质失稳，变性后无法复性（Permyakov et al.，1985）。此外，α-乳白蛋白也能与其他金属离子结合，如 Mg^{2+}、Na^{+}、K^{+}、Mn^{2+}，这四种离子与 Ca^{2+}竞争结合位点，会导致 α-乳白蛋白结构改变，如果竞争成功，会使 α-乳白蛋白稳定性下降，发生聚合。

α-乳白蛋白是乳糖合成酶系的调节物，在乳糖的生物合成中起重要作用（Hill and Brew，1975）。此外，许多研究表明 α-乳白蛋白具有调节产乳（Mckenzie and White，1987）、细胞溶解活性、诱导细胞生长和凋亡等功能（Markus et al.，2000）。

此外，*α*-乳白蛋白含有丰富的色氨酸(Markus et al.，2000)，大量研究表明食用高色氨酸的蛋白质有助于提高血液中复合胺的释放(Svensson et al.，2003)。

3. 乳铁蛋白

乳铁蛋白是一种结合铁的非血红素糖蛋白，1939年在牛乳中被发现(Sørensen M and Sørensen S P L，1939)，但直到20世纪60年代初才被分离出来(Johanson，1960)。人乳含有丰富的乳铁蛋白，初乳中的浓度为 1～16g/L，成熟乳中的浓度为1g/L；牛初乳中乳铁蛋白含量为0.2～5g/L，常乳中减少到0.1g/L(Metz-Boutigue et al.，2005)；而在乳腺炎时分泌的乳汁中乳铁蛋白含量升高数倍。乳铁蛋白是由约700个氨基酸组成的单链糖蛋白(Spik et al.，1988)，牛乳乳铁蛋白的分子质量约为 80kDa，人乳乳铁蛋白的分子质量为 77～82kDa；乳铁蛋白的等电点较高，约为8.7(Baker and Lindley，1992)；每个乳铁蛋白分子可以结合两个 Fe^{3+}，与铁的结合能力是转铁蛋白的300倍，乳铁蛋白对铁的结合力非常高且非常牢固，即使在pH 3的酸性介质中结合依然不会被破坏(Anderson et al.，1989)。除铁之外，乳铁蛋白还可以结合其他金属离子，如铜、钴、锌和锰(Ainscough et al.，1979)。

在过去的30年中，乳铁蛋白的潜在生物学作用已经得到了广泛的研究。最初，乳铁蛋白被认为是一种抗菌剂，后来这种糖蛋白显示出了更多的生物功能，目前了解的主要活性功能有：抗菌(Rainard，1986)、抗病毒、激活免疫系统(Kimber et al.，2002)、抗癌(Sekine et al.，2010；Ushida et al.，2010)等。

乳铁蛋白具有抵抗酶解的功效，除对蛋白质水解酶降解具有抗性外，胰蛋白酶和胰凝乳蛋白酶也不能消化乳铁蛋白，特别是在铁饱和的情况下。

研究发现，乳品工业常用的标准巴氏杀菌法(72℃，15s)对乳铁蛋白的结构、抗菌活性和细菌相互作用不产生影响。同时，在70℃预热3min随后进行超高温(UHT)加工(120℃，2s)，只有3%的铁结合能力被破坏。但是，UHT灭菌法会破坏铁饱和的乳铁蛋白结合细菌的能力，以及铁不饱和乳铁蛋白的抑菌活性；在牛乳的喷雾干燥过程中，乳铁蛋白的活性降低。在上述热处理中，铁不饱和乳铁蛋白的变性速度高于铁饱和乳铁蛋白的变性速度。乳铁蛋白可以保护不饱和脂肪酸免受氧化，同时也有助于延长铁强化和高脂肪乳制品或植物源食物的货架期。

另外，乳铁蛋白受热即被胃蛋白酶水解，生成的抗菌肽，也称为乳铁素，它比完整的乳铁蛋白具有更强的抗菌活性。相关研究表明，口服牛乳铁蛋白，能从其中分解得到乳铁素，减少胃中幽门螺杆菌的数量。乳铁蛋白的N端强阳离子结合区域与细菌表面一些特异性分子结合，破坏微生物细胞膜的正常生理功能，使细菌脂多糖渗出，增强细胞膜通透性，引起微生物死亡；牛乳中铁不饱和乳铁蛋白的乳铁素可以直接结合到念珠菌上，高效地使细胞膜裂解。在婴幼儿配方奶粉中添加乳铁蛋白，研究发现食用该配方奶粉的婴儿的粪便中大肠杆菌数量减少，双歧杆菌数量增加。同时最新的研究表明，乳铁蛋白具有抑制慢性肝炎临床患者丙肝病毒的作用。乳铁蛋白能够结合几个类型的免疫细胞，表明其具有调节免疫功能的能力。乳铁蛋白在体外被脂多糖激活的反应中可以促进促炎症反应因子、白细胞介素(IL)-1、IL-6 和肿瘤坏死因子(TNF)从单核细胞中释放，此外，乳铁蛋白在体外具有增强自然杀伤细胞毒性的作用。近年来，有研究显示乳铁蛋白在鼠食道癌和肺癌中发挥有益的作用，但其作用机制尚不明确。

4. 血清蛋白

牛血清白蛋白(BSA)仅占全乳蛋白的 1.2%，是一种含有 582 个氨基酸残基的单一多肽，计算分子质量为 66433Da，一级结构有 17 个二硫键，保持分子为含有 9 个环的结构，三级结构由 3 个相同大小的球结构域组成，每个球结构域包含 3 个二硫键稳定环。牛血清白蛋白通过渗漏细胞旁路或通过如免疫球蛋白等其他分子的吸收进入乳中，乳中的低浓度血清蛋白可能意味着它具有甚微的生理学意义。牛血清白蛋白是循环系统中最丰富的蛋白质，在牛血清中约占 50%。血清蛋白提供 80%的胶体渗透血压，是维持血液 pH 的主要组分，同时血清蛋白也是一种优良的蛋白质储备，并作为重要的传递蛋白对各种配体(长链脂肪酸、胆固醇激素、胆红素和金属离子)行使功能。

牛血清白蛋白在生化实验中有广泛的应用，例如，在蛋白质印迹法中作为封闭剂；在酶切反应缓冲液中加入牛血清白蛋白，通过提高溶液中蛋白质的浓度，对酶起保护作用，防止酶的分解和非特异性吸附，能减轻某些不利环境因素(如加热、表面张力及化学物质)引起的酶变性。

5. 溶菌酶

新鲜的牛乳含有少量的溶菌酶，每 100mL 约含 13mg，而人乳中含有 40mg/mL。溶菌酶是一种杀菌酶，在结构上与 *β*-乳清蛋白接近，相似性高达 40%(Qasba et al.，1997)。溶菌酶分子质量为 14～18kDa，这种酶也称为 *β*-1,4-*N*-乙酰胞壁质酶，其可以通过破坏细胞壁中的 *N*-乙酰胞壁酸和 *N*-乙酰氨基葡糖之间的 *β*-1,4-糖苷键，使细胞壁不溶性黏多糖分解成可溶性糖肽，导致细胞壁破裂、内容物逸出而使细菌溶解。溶菌酶的浓度从牛乳的 1～3mg/L 到人乳的 400～800mg/L 不等(Miranda et al.，2004；Farkye and Fox，1992)。溶菌酶还可与带负电荷的病毒蛋白直接结合，与 DNA、RNA、脱辅基蛋白形成复盐，使病毒失活。因此，该酶具有抗菌、消炎、抗病毒等作用。

溶菌酶在食品和医药领域有着广泛的应用。溶菌酶由于对革兰氏阳性菌、好氧性孢子形成菌、枯草杆菌、地衣型芽孢杆菌等都有抗菌作用，而对没有细胞壁的人体细胞不会产生不利影响。因此，适合于各种食品的防腐，同时，与植酸、聚合磷酸盐、甘氨酸等配合使用，可提高其防腐效果。另外，该酶还能杀死肠道腐败球菌，增加肠道抗感染力，同时还能促进婴儿肠道双歧乳酸杆菌增殖，促进乳酪蛋白凝乳，利于消化，所以又是婴儿食品、饮料的良好添加剂。溶菌酶对人体完全无毒、无副作用，具有抗菌、抗病毒、抗肿瘤的功效，是一种安全的天然防腐剂。在干酪的生产中，添加一定量的溶菌酶，可防止微生物污染而引起的酪酸发酵，以保证干酪的质量。若在鲜乳或奶粉中加入一定量的溶菌酶，不但有防腐保鲜剂的作用，而且可达到强化婴儿乳品的目的，有利于婴儿的健康。在医学应用领域方面，溶菌酶可作为一种具有杀菌作用的天然抗感染物质，有抗菌、抗病毒、止血、消肿止痛及加快组织恢复功能等作用；临床则用于治疗慢性鼻炎、急慢性咽喉炎、口腔溃疡、水痘、带状疱疹和扁平疣等；也可与抗菌药物合用，治疗各种细菌和病毒感染。

6. 乳过氧化物酶

乳过氧化物酶是存在于乳汁中的一种血红素蛋白，是一种来自动物的过氧化物酶，在初乳中含量尤其丰富。乳过氧化物酶和过氧化氢以及硫氰酸根可以形成“乳过氧化物酶系统”。这个酶系统具有抑菌活性，可以在非冷藏的条件下抑制革兰氏阳性菌和革兰氏阴性菌(包括大肠杆菌和某些沙门氏菌)的生长，延长鲜乳的保质期，具有“冷杀菌”的作用。乳中的乳过氧化物酶系统不仅具有抗菌作用，还可预防过氧化氢等过氧化物的积累，从而避免了过氧化物引起的细胞损伤，起到保护乳腺的作用。乳过氧化酶系统的功效取决于 pH、温度和细胞密度等因素。这个酶系统热稳定性相当高。在过氧化氢和硫氰酸盐的存在下，乳过氧化物酶系统对革兰氏阴性菌显示出抗菌作用；在乳过氧化物酶单独存在时，主要在牛乳中提供抗菌活性。

近来，乳过氧化物酶已被应用到酸奶中，以防止其在储存时产生酸化作用，产品的组织也显得更软、更滑。

7. 生长因子

生长因子是一组乳清成分的统称。这些生长因子能够在慢性、非治疗伤口(如糖尿病、溃疡的伤口)修复时促进细胞生长。同时，乳清生长因子提取物也可应用于治疗肠道疾病和修补伤口。

8. 免疫球蛋白

关于免疫球蛋白的介绍见第 8 章。

1.3.2　乳清蛋白的理化特性

1. 成胶性

乳清蛋白加热可形成热诱导性凝胶，并保持大量水分。在成胶过程中，乳清蛋白形成一种网络结构，使水分镶嵌在其微小的空隙中。乳清蛋白加热到 65℃左右开始成胶，蛋白质质量分数为 10%～20%，温度为 70～90℃，酸性条件（pH 4.6～6.0）是成胶的最佳条件。在水溶液中蛋白质质量分数达到 7%时，乳清蛋白开始成胶。只有蛋白质含量高的乳清浓缩蛋白和乳清分离蛋白才能形成典型的凝胶。

2. 搅打起泡性

乳清蛋白在形成泡沫时具有表面活性作用。乳清蛋白的搅打性能使其成为鸡蛋清的有效代用品。特别是低脂肪乳清浓缩蛋白，具有很好的泡沫膨胀性能，使起泡时间延长。乳清蛋白的每个分子既有亲水基团，又有疏水基团，在水溶液中，亲水基团大多数分布于外侧，而呈现较好的水溶性。这种结构赋予乳清蛋白极佳的表面活性和乳化稳定性。

3. 涂层性

乳清蛋白可生产一种可食用的膜，用于提高产品的稳定性、优化外观、改善口感、保护其风味和香味。乳清蛋白可食膜有良好的氧气和水分阻隔性能，以及良好的香味隔绝性和释放性能。

4. 热稳定性

乳清蛋白最典型的热稳定性是球蛋白的热稳定性，球蛋白在 90℃加热 10min 才完全变性。乳清蛋白在 70℃以上容易变性，并出现聚集和沉淀。乳清蛋白对热的敏感性受 pH、钙离子强度、总固形物、蛋白质浓度、糖和蛋白质修饰剂等的影响。

1.3.3　乳清蛋白的分离

乳清蛋白在 pH 4.6 或 NaCl 饱和溶液中仍然可溶；在用凝乳酶凝结酪蛋白时仍保持可溶状态，可以通过微滤或过滤的方法将乳清蛋白与酪蛋白分离开来；无论是否添加 Ca^{2+}，在超滤时乳清蛋白不会发生沉淀。但是，这些方法获得产品的组成和性质略有差异：酸性的乳清含有酪蛋白磷酸肽成分，但是不含有因凝乳酶作用从 κ-酪蛋白中游离出的糖巨肽；用 NaCl 饱和溶液沉淀时，会将部分免疫球蛋白和酪蛋白一起沉淀下来；凝乳乳清中会有来自于 κ-酪蛋白的糖巨肽和少量酪蛋白；如果微滤在＜10℃下进行，那么微滤渗透液中除了乳清蛋白外，还会有少量单体酪蛋白，特别是 β-酪蛋白；如果没有加 Ca^{2+}，超离心获得的乳清蛋白溶液中仍然会残留一些酪蛋白胶束；不同方法制备得到的乳清中盐成分的差异较大，除了凝胶过滤法以外，用上述其他方法制备的乳清蛋白溶液中都含有乳糖和可溶性盐。

在商业化生产中，富含乳清蛋白产品的生产通常使用以下方法：

(1)使用超滤或者渗滤的方法除去乳清中乳糖或者其他小分子物质，然后蒸发浓缩、喷雾干燥制得乳清浓缩蛋白(蛋白质含量为30%～85%)。

(2)离子交换色谱：蛋白质被吸附在离子交换剂上，乳糖和盐类被洗脱除去，然后用酸或碱进行洗脱，超滤增加洗脱蛋白的浓度，蒸发浓缩、喷雾干燥成乳清分离蛋白(蛋白质含量可达～95%)。

(3)整合的超滤和微滤膜也可用于生产乳清分离蛋白，超滤用于对蛋白质进行浓缩，在超滤的过程中，残留的脂肪和磷酸盐与蛋白质一起被浓缩，微滤则用于除去蛋白质浓缩物中的脂肪和磷酸盐。

(4)通过电渗析或离子交换的方法脱除乳清中的矿物盐，工业上脱盐常用纳米过滤，对乳清进行预浓缩并脱除乳清中的部分盐成分。

(5)将乳糖进行结晶去除，对乳清中的蛋白质进行浓缩。

(6)热变性去除蛋白质沉淀物，过滤/离心，干燥，生产乳清蛋白，生产出来的蛋白质溶解度非常低，且功能特性较差。

1.3.4 乳清蛋白的应用

1. 食品领域

运动营养强化剂：乳清蛋白具有很好的运动营养价值，主要表现为易消化的优质蛋白提供额外能量，节约体内蛋白质；亮氨酸、异亮氨酸、缬氨酸等支链氨基酸含量丰富，这对运动员骨骼肌的能量供应、肌肉合成以及延缓中枢疲劳均有极大的帮助；富含半胱氨酸和甲硫氨酸，这些含硫氨基酸能维持人体内抗氧化剂的水平，并在细胞分裂时尽量稳定DNA；赖氨酸和精氨酸含量高，会刺激合成代谢激素或肌肉生长刺激因子的分泌与释放，因而刺激肌肉生长和机体脂肪分解；含谷氨酸有助于肌糖原更新，并防止因过度训练导致的免疫功能下降；生物可利用钙的良好来源，减少运动员在运动期间发生骨折，并防止雌性激素不足的女运动员发生骨质散失(关璐和李跃敏，2003)。

食品加工：由于乳清蛋白具有很多独特的功能特性(如溶解性、持水性、吸水性、成胶性、黏合性、弹性、搅打起泡性和乳化性等)，合理利用这些功能特性能够使食品的品质大大改善。例如，在冷饮冰淇淋生产中，它作为廉价的蛋白质来源，也用于替代脱脂乳粉降低产品的成本。它良好的乳化性，对冰淇淋混合料体系的黏度、凝冻性非常有益，尤其在低脂产品中更可大幅度改良口感、质地，并在高级冰淇淋中替代蛋白粉。在焙烤食品(面包、蛋糕和曲奇)生产中，可利用乳清蛋白，增加面包的体积，提高水分含量，使面包芯更加柔软，特别是添加钙含量低的乳清浓缩蛋白，这一效果尤为突出。在蛋糕加工中，利用乳清浓缩蛋白代替鸡蛋，可以提高蛋白糊的硬度和黏度，因此可以防止膨松剂产生的CO_2逸出。在曲奇和软质曲奇加工中，乳清浓缩蛋白除可作为鸡蛋的替代物外，还用于改善全脂和低脂曲奇的颜色与咀嚼性，是一种非常经济的乳固体来源。另外，乳清蛋白还应用于酸奶等发酵乳制品的生产中，常用的低盐乳清蛋白不但不会影响发酵和风味，而且能起到很好的作用，即在保质期内可以减缓酸奶的分层和乳清的析出(姚晓敏等，2004；燕红等，2002；解纯刚，2000)。

在可食用性膜和水性涂料等工业上的应用：乳清蛋白生产的可食用膜应用在以花生等坚果类为原料的食品中，可降低其哈败速度，使坚果在食品体系中仍能保持脆性。姚晓敏等以乳清蛋白为主要成膜物质，初步探讨了配料、工艺条件和乳清蛋白膜性质之间的关系，并研究了增塑剂的种类和浓度对膜性质的影响。将该膜用于番茄的涂膜保鲜，可使 8d 内番茄的失重率从 1.53%降至 0.94%(姚晓敏等，2004)。Perez-Gago 等通过用乳清蛋白做成的可食性包装研究了新削苹果的变色问题，结果表明，利用此包装再加入抗氧化剂，其防褐变情况比单独加入抗氧化剂的效果好得多(Perez-Gago et al., 2006)。Seydim 等研究了乳清蛋白做成的可食性包装材料中几种香料的抗微生物活性，结果表明仅有一些香料在此包装中能够表现出抗微生物活性(Seydim and Sarikus，2006)。

婴幼儿配方奶粉：以乳清蛋白为基础生产的食品对不耐受乳蛋白(主要是酪蛋白)的婴儿大有帮助。中国营养学专家一致认为，提高婴儿配方奶粉中 α-乳白蛋白含量对婴儿成长大有裨益。因为这样能供给婴儿更接近母乳的氨基酸组合，提高蛋白质的生物利用度，从而降低了蛋白质的总量，有效降低了肾脏负担。而且，α-乳白蛋白含有调节睡眠的神经递质，有助于婴儿的睡眠，进而促进婴儿的大脑发育。

2. 医疗保健领域

乳清蛋白的生理功能得到进一步研究和开发，纳米破碎后的乳清蛋白或多肽，人体更易吸收，更能提高其现有的功能和作用，增强对人体的保健功效。现在，越来越多的研究成果应用到改善和提高人体健康方面。

抗菌和抗病毒：以前人们认为，乳清蛋白中乳铁蛋白的抗菌作用主要是在体内清除部分致病菌生长所需要的铁离子(清除肠道内的铁离子)，而牛乳铁蛋白及其在体内被消化产生的乳铁转运蛋白可直接破坏革兰氏阴性菌的外层细胞壁，导致细胞的完整性破坏，菌最终死亡。乳铁转运蛋白的抗菌作用比乳铁蛋白更强，它可以抑制多种致病菌的生长繁殖，如大肠杆菌、肠炎沙门氏菌、肺炎克雷伯氏菌和空肠弯曲杆菌等。乳铁蛋白还用于预防多种病毒的感染，包括细胞巨化病毒、流感病毒、轮状病毒和C型肝炎病毒等(高学飞和王志耕，2005)。

调节免疫和抗氧化：经体外细胞培养试验和动物体内试验发现，乳清蛋白可提高机体非特异性和特异性免疫反应，可阻止化学诱发性癌症的发生，而且还能有效地减慢机体组织发生氧化的压力。乳清蛋白对免疫功能有促进作用的原理及抗氧化作用机理都与其富含半胱氨酸和谷氨酸有关，这两种氨基酸都是体内合成谷胱甘肽的前提。当摄入富含上述两种氨基酸的乳清蛋白后，能提高机体组织内谷胱甘肽的浓度，而谷胱甘肽是体内自由基的“清道夫”。

降低血脂：经动物试验发现，乳清蛋白摄入量多的大鼠，血浆和肝脏内胆固醇水平明显降低，同时血浆内甘油三酯的水平也有相似的改变。另外，研究表明，乳铁蛋白可阻止结合胆固醇的脂类在巨噬细胞内沉积，从而防止动脉粥样硬化的发生。该研究成果在医药领域得到了充分应用。

抗癌：流行病学和试验研究提示，膳食牛乳制品对几种类型肿瘤的发生具有抑制作用。近来对啮齿类动物的研究指出，牛乳制品的抗肿瘤作用在于其蛋白质的成分，特别是其乳清蛋白成分。乳清蛋白膳食可引起许多组织内谷胱甘肽水平的升高。乳清蛋白富含谷胱甘肽合成的底物，乳清蛋白摄入引起肿瘤细胞内谷胱甘肽合成的负反馈抑制，而产生抗肿瘤的有利影响(Bounous et al.，1991)。

参考文献

高学飞, 王志耕. 2005. β-乳球蛋白应用研究进展. 中国乳业, (5): 41-44.

关璐, 李跃敏. 2003. 乳清蛋白与运动营养. 四川体育科学, (4): 17-19.

解纯刚. 2000. 乳清蛋白在食品工业中的应用. 现代食品科技, 16(1): 15-17.

燕红, 张兰威, 朱永军. 2002. 牛乳清蛋白的性质及其在食品工业上的应用. 乳业科学与技术, 25(1): 14-17.

姚晓敏, 孙向军, 郁静. 2004. 乳清蛋白成膜工艺的研究. 上海交通大学学报(农业科学版), 22(4): 366-372.

Adzhubei A A, Sternberg M J E. 1993. Left-handed polyproline Ⅱ helices commonly occur in globular proteins. Journal of Molecular Biology, 229 (2): 472-493.

Ainscough E W, Brodie A M, Plowman J E. 1979. The chromium, manganese, cobalt and copper complexes of human lactoferrin. Inorganica Chimica Acta, 33(37): 149-153.

Anderson B F, Baker H M, Norris G E, et al. 1989. Structure of human lactoferrin: crystallographic structure analysis and refinement at 2.8A resolution. Journal of Molecular Biology, 209(4): 711-734.

Aoki T, Toyooka K, Kako Y. 1985. Role of phosphate groups in the calcium sensitivity of α_{s2}-casein. Journal of Dairy Science, 68(7): 1624-1629.

Baker E N, Lindley P F. 1992. New perspectives on the structure and function of transferrins. Journal of Inorganic Biochemistry, 47 (3-4) : 147-160.

Bingham E W, Farrell H M, Carroll R J. 1972. Properties of dephosphorylated α_{s1}-casein. Precipitation by calcium ions and micelle formation. Biochemistry, 11 (13) : 2450-2454.

Bounous G, Batist G, Gold P. 1991. Whey proteins in cancer prevention. Cancer Letters, 57 (2) : 91-94.

Byler D M, Farrel H M, Jr, Susi H. 1988. Raman spectroscopic study of casein structure. Journal of Dairy Science, 71 (10) : 2622-2629.

Byler D M, Susi H. 1986. Examination of the secondary structure of proteins by deconvolved FTIR spectra. Biopolymers, 25(3): 469-487.

Chandra N, Brew A K, Acharya K R. 1998. Structural evidence for the presence of a secondary calcium binding site in human α-lactalbumin. Biochemistry, 37 (14) : 4767-4772.

Coolbear K P, Elgar D F, Ayers J S. 1996. Profiling of genetic variants of bovine κ-casein macropeptide by electrophoretic and chromatographic techniques. International Dairy Journal, 6 (11-12) : 1055-1068.

Creamer L K, Berry G P, Mills O E. 1977. A study of the dissociation of β-casein from the bovine casein micelle at low temperature (milk and cream). New Zealand Journal of Dairy Science and Technology, 12 (1) : 58-66.

Creamer L K, Richardson T, Parry D A. 1981. Secondary structure of bovine α_{s1}- and β-casein in solution. Archives of Biochemistry & Biophysics, 211 (2) : 689-696.

Dalgleish D G, Parker T G. 1980. Binding of Ca ions to bovine α_{s1}-casein and precipitability of the protein-Ca complexes. Journal of Dairy Research, 47 (1) : 113-122.

Dalgleish D G, Paterson E, Horne D S. 1981. Kinetics of aggregation of α_{s1}-casein/Ca^{2+} mixtures: charge and temperature effects. Biophysical Chemistry, 13 (4) : 307-314.

Darewicz M, Dziuba J, Mioduszewska H, et al. 1999. Modulation of physico-chemical properties of bovine β-casein by nonenzymatic glycation associated with enzymatic dephosphorylation. Acta Alimentaria, 28 (28) : 339-354.

De Kruif C G, Holt C. 2003. Casein micelle structure, functions and interactions//Fox P F, McSweeney P L H. Advanced Dairy Chemistry—1 Proteins. Boston, USA: Springer.

Desobry-Banon S, Richard F, Hardy J. 1994. Study of acid and rennet coagulation of high pressurized milk. Journal of Dairy Science, 77 (11) : 3267-3274.

Downey W K, Murphy R F. 1970. The temperature-dependent dissociation of β-casein from bovine caseinmicelles and complexes. Journal of Dairy Research, 37 (3) : 361-372.

Eigel W N, Butler J E, Ernstrom C A, et al. 1984. Nomenclature of proteins of cow's milk: 5 revision. Journal of Dairy Science, 67 (8) : 1599-1631.

El-Agamy E I. 2007. The challenge of cow milk protein allergy. Small Ruminant Research, 68 (1) : 64-72.

Ennis M P, Mulvihill D M. 1999. Compositional characteristics of rennet caseins and hydration characteristics of the caseins in a model system as indicators of performance in Mozzarella cheese analogue manufacture. Food Hydrocolloids, 13 (99) : 325-337.

Farrell H M, Jr, Kumosinski T F, Pulaski P, et al. 1988. Calcium-induced associations of the caseins: a thermodynamic linkage approach to precipitation and resolubilization. Archives of Biochemistry and Biophysics, 265(1): 146-158.

Farrell H M, Jr, Malin E L, Brown E M, et al. 2009. Review of the chemistry of α_{s2}-casein and the generation of a homologous molecular model to explain its properties. Journal of Dairy Science, 92(4): 1338-1353.

Flower D R. 1996. The lipocalin protein family: structure and function. Biochemical Journal, 318(1): 1-14.

Flower D R, North A C, Sansom C E. 2000. The lipocalin protein family: structural and sequence overview. Biochimica et Biophysica Acta, 1482(1-2): 9-24.

Fox P F.2003. Indigenous enzymes in milk. Ⅵ. Other enzymes//Fox P F, McSweeney P L H. Advanced Dairy Chemistry—1 Proteins, Boston, USA: Springer.

Fox P F, Brodkorb A. 2008. The casein micelle: historical aspects, current concepts and significance. International Dairy Journal, 18(7): 677-684.

Ganfornina M D, Sanchez D, Greene L H, et al. 2006. The lipocalin protein family: protein sequence, structure and relationship to the calycin superfamily//Lipocalins B, Akerstrom N, Borregaard D R, et al. Landes Bioscience. Georgetown: TX: 17-27.

Gaucheron F, Famelart M, Mariette H, et al. 1997. Combined effects of temperature and high-pressure treatments on physicochemical characteristics of skim milk. Food Chemistry, 59(3): 439-447.

Graham E R B, Malcolm G N, Mckenzie H A. 1984. On the isolation and conformation of bovine β-casein A. International Journal of Biological Macromolecules, 6(3): 155-161.

Grosclaude F, Mercier J C, Ribadeau B. 1973. Structure primaire de la caséine α_{s1}-bovine. European Journal of Biochemistry, 16(2): 222-235.

Guo M R, Fox P F, Flynn A, et al. 1995. Susceptibility of β-lactoglobulin and sodium caseinate to proteolysis by pepsin and trypsin. Journal of Dairy Science, 78(11): 2336-2344.

Hall A J, Masel A, Bell K, et al. 2001. Characterization of baboon (*Papio hamadryas*) milk proteins. Biochemical Genetics, 39(1-2): 59-71.

Havea P. 2006. Protein interactions in milk protein concentrate powders. International Dairy Journal, 16(5): 415-422.

Heine W E, Klein P D, Reeds P J. 1991. The importance of α-lactalbumin in infant nutrition. Journal of Nutrition, 121(3): 277-283.

Herskovits T T. 1966. On the conformation of caseins. Optical rotatory properties. Biochemistry, 5(3): 1018-1026.

Hewedi M M, Mulvihill D M, Fox P F. 1985. Recovery of milk protein by ethanol precipitation. Irish Journal of Food Science and Technology, 9(1): 11-23.

Hill R L, Brew K. 1975. Lactose synthetase. Advances in Enzymology and Related Areas of Molecular Biology, 43: 411-490.

Hiraoka Y, Segawa T, Kuwajima K, et al. 1980. α-Lactalbumin: a calcium metalloprotein. Biochemical and Biophysical Research Communications, 95(3): 1098-1104.

Hoagland P D, Unruh J J, Wickham E D, et al. 2001. Secondary structure of bovine α_{s2}-casein: theoretical and experimental approaches. Journal of Dairy Science, 84 (9): 1944-1949.

Holland J W, Deeth H C, Alewood P F. 2004. Proteomic analysis of κ-casein micro-heterogeneity. Proteomics, 4 (3): 743-752.

Holland J W, Deeth H C, Alewood P F. 2006. Resolution and characterisation of multiple isoforms of bovine κ-casein by 2-DE following a reversible cysteine-tagging enrichment strategy. Proteomics, 6 (10): 3087-3095.

Holland J W, Deeth H C, Alewood P F. 2005. Analysis of *O*-glycosylation site occupancy in bovine κ-casein glycoforms separated by two-dimensional gel electrophoresis. Proteomics, 5 (4): 990-1002.

Horne D S. 2003. Ethanol stability//Fox P F, McSweeney P L H. Advanced Dairy Chemistry—1 Proteins. Boston, USA: Springer.

Huppertz T, Fox P F, Kelly A L. 2004. Properties of casein micelles in high pressure-treated bovine milk. Food Chemistry, 87 (1): 103-110.

Huppertz T, Zobrist M R, Uniacke T, et al. 2005. Effects of high pressure on some constituents and properties of buffalo milk. International Dairy Journal, 72 (2): 226-233.

Jenness B L, McMeekin T L, Swanson A M, et al. 1960. Nomenclature of the proteins of bovine milk. Journal of Dairy Science, 43 (7): 901-911.

Johanson B. 1960. Isolation of an iron-containing red protein from milk. Acta Chemica Scandinavica, 14 (2): 510-512.

Karlsson A O, Ipsen R, Ardö Y. 2007. Observations of casein micelles in skim milk concentrate by transmission electron microscopy. LWT - Food Science and Technology, 40 (6): 1102-1107.

Kehoe J J, Morris E R, Brodkorb A. 2007. The influence of bovine serum albumin on β-lactoglobulin denaturation, aggregation and gelation. Food Hydrocolloids, 21 (5-6): 747-755.

Kelly P M, Kelly J, Mehra R, et al. 2000. Implementation of integrated membrane processes for pilot scale development of fractionated milk components. Lait, 80 (1): 139-153.

Kimber I, Cumberbatch M, Dearman R J, et al. 2002. Lactoferrin: influences on Langerhans cells, epidermal cytokines, and cutaneous inflammation. Biochemistry and Cell Biology-Biochimie et Biologie Cellulaire, 80 (1): 103-107.

Kunz C, Lönnerdal B. 1992. Re-evaluation of the whey protein/casein ratio of human milk. Acta Paediatrica, 81 (2): 107-112.

Lefebvre-Cases E, Gastaldi E, Fuente B T D L. 1998. Influence of chemical agents on interactions in dairy products: effect of SDS on casein micelles. Colloids and Surfaces B: Biointerfaces, 11 (6): 281-285.

Lišková K, Kelly A L, O'Brien N, et al. 2010. Effect of denaturation of α-lactalbumin on the formation of BAMLET (bovine α-lactalbumin made lethal to tumor cells). Journal of Agricultural and Food Chemistry, 58 (7): 4421-4427.

Malin E L, Brown E M, Wickham E D, et al. 2005. Contributions of terminal peptides to the associative behavior of α_{s1}-casein . Journal of Dairy Science, 88 (7): 2318-2328.

Manson W, Carolan T, Annan W D. 1977. Bovine α_{s0}-casein; a phosphorylated homologue of α_{s1}-casein. European Journal of Biochemistry, 78 (2): 411-417.

Markus C R, Olivier B, Panhuysen G E, et al. 2000. The bovine protein α-lactalbumin increases the plasma ratio of tryptophan to the other large neutral amino acids, and in vulnerable subjects raises brain serotonin activity, reduces cortisol concentration, and improves mood under stress. American Journal of Clinical Nutrition, 71 (6) : 1536-1544.

Mcgann T C A, Fox P F. 1974. Physico-chemical properties of casein micelles reformed from urea-treated milk. Journal of Dairy Research, 41 (1) : 45-53.

Mckenzie H A. 1971. 10-Whole casein: isolation, properties, and zone electrophoresis. Milk Proteins, 87-116.

Mckenzie H A, White W F, Jr. 1987. Studies on a trace cell lytic activity associated with α-lactalbumin. Biochemistry International, 14 (2) : 347-356.

Medina A L, Mesnier D, Tainturier G, et al. 1996. Chemical phosphorylation of bovine casein: relationships between the reacting mixture and the binding sites of the phosphoryl moiety. Food Chemistry, 57 (2) : 261-265.

Mercier J C. 1981. Phosphorylation of caseins, present evidence for an amino acid triplet code posttranslationally recognized by specific kinases. Biochimie, 63 (1) : 1-17.

Metz-Boutigue M H, Jollès J, Mazurier J, et al. 2005. Human lactotransferrin: amino acid sequence and structural comparisons with other transferrins. European Journal of Biochemistry, 145 (3) : 659-676.

Minikiewicz P, Slangen C J, Lagerwerf F M, et al. 1996. Reversed-phase high-performance liquid chromatographic separation of bovine κ-casein macropeptide and characterization of isolated fractions. Journal of Chromatography A, 743 (1) : 123-135.

Miranda G, Mahé M F, Leroux C, et al. 2004. Proteomic tools to characterize the protein fraction of Equidae milk. Proteomics, 4 (8) : 2496-2509.

Moon T W, Peng I C, Lonergan D A. 1989. Functional properties of cryocasein. Journal of Dairy Science, 72 (4) : 815-828.

Morr C V. 1967. Effect of oxalate and urea upon ultracentrifugation properties of raw and heated skimmilk casein micelles. Journal of Dairy Science, 50 (11) : 1744-1751.

Mulvihill D M, Ennis M P. 2003. Functional milk proteins: production and utilization // Fox P F, McSweeney P L H. Advanced Dairy Chemistry—1 Proteins. Boston, USA: Springer.

Needs E C, Stenning R A, Gill A L, et al. 2000. High-pressure treatment of milk: effects on casein micelle structure and on enzymic coagulation. Journal of Dairy Research, 67 (1) : 31-42.

O'Connell J E, Fox P F. 2003. Heat-induced coagulation of milk // Fox P F, McSweeney P L H. Advanced Dairy Chemistry—1 Proteins. Boston, USA: Springer.

Oldfield D J, Taylor M W, Singh H. 2005. Effect of preheating and other process parameters on whey protein reactions during skim milk powder manufacture. International Dairy Journal, 15 (5) : 501-511.

O'Sullivan M M, Mulvihill D M. 2001. Influence of some physico-chemical characteristics of commercial rennet caseins on the performance of the casein in Mozzarella cheese analogue manufacture. International Dairy Journal, 11 (3) : 153-163.

Parker T G, Dalgleish D G. 1981. Binding of calcium ions to bovine β-casein. Journal of Dairy Research, 48 (1) : 71-76.

Perez-Gago M B, Serra M, del Río M A. 2006. Color change of fresh-cut apples coated with whey protein concentrate-based edible coatings. Postharvest Biology and Technology, 39(1): 84-92.

Pérez M D, Calvo M. 1995. Interaction of β-lactoglobulin with retinol and fatty acids and its role as a possible biological function for this protein: a review. Journal of Dairy Science, 78(5): 978-988.

Permyakov E A, Morozova L A, Burstein E A. 1985. Cation binding effects on the pH, thermal and urea denaturation transitions in α-lactalbumin. Biophysical Chemistry, 21(1): 21-31.

Pervaiz S, Brew K. 1985. Homology of β-lactoglobulin, serum retinol-binding protein, and protein HC. Science, 228(4697): 335-337.

Pierre A, Fauquant J, Graet Y L, et al. 1992. Préparation de phosphocaséinate natif par microfiltration sur membrane. Le Lait, 72(5): 461-474.

Pisano A, Packer N H, Redmond J W, et al. 1994. Characterization of *O*-linked glycosylation motifs in the glycopeptide domain of bovine κ-casein. Glycobiology, 4(6): 837-844.

Pyne G T, Mcgann T C A. 1960. The colloidal phosphate of milk. Ⅱ. Influence of citrate. Journal of Dairy Research, 27(1): 9-17.

Qasba P K, Kumar S, Brew K. 1997. Molecular divergence of lysozymes and α-lactalbumin. Critical Reviews in Biochemistry and Molecular Biology, 32(4): 255-306.

Qi P X, Wickham E D, Farrell H M, Jr. 2004. Thermal and alkaline denaturation of bovine β-casein. Protein Journal, 23(6): 389-402.

Qi P X, Wickham E D, Piotrowski E G, et al. 2005. Implication of C-terminal deletion on the structure and stability of bovine β-casein. Protein Journal, 24(7-8): 431-444.

Rainard P. 1986. Bacteriostatic activity of bovine milk lactoferrin against mastitic bacteria. Veterinary Microbiology, 11(4): 387-392.

Rizvi S S H, Brandsma R L. 2002. Microfiltration of skim milk for cheese making and whey proteins: US2003077357.

Roach A, Harte F. 2008. Disruption and sedimentation of casein micelles and casein micelle isolates under high-pressure homogenization. Innovative Food Science and Emerging Technologies, 9(1): 1-8.

Rose D. 1968. Relation between micellar and serum casein in bovine milk. Journal of Dairy Science, 51(12): 1897-1902.

Rose D, Brunner J R, Kalan E B, et al. 1976. Nomenclature of the proteins of cow's milk: third revision. Journal of Dairy Science, 59(5): 795-815.

Roufik S, Paquin P, Britten M. 2005. Use of high-performance size exclusion chromatography to characterize protein aggregation in commercial whey protein concentrates. International Dairy Journal, 15(3): 231-241.

Sandra S, Dalgleish D G. 2005. Effects of ultra-high-pressure homogenization and heating on structural properties of casein micelles in reconstituted skim milk powder. International Dairy Journal, 15(11): 1095-1104.

Scollard P G, Beresford T P, Needs E C, et al. 2000. Plasmin activity, β-lactoglobulin denaturation and proteolysis in high pressure treated milk. International Dairy Journal, 10(12): 835-841.

Sekine K, Watanabe E, Nakamura N J, et al. 2010. Inhibition of azoxymethane-initiated colon tumor by bovine lactoferrin administration in F344 rats. Japanese Journal of Cancer Research, 88(6):

523-526.

Seydim A C, Sarikus G. 2006. Antimicrobial activity of whey protein based edible films incorporated with oregano, rosemary and garlic essential oils. Food Research International, 39 (5) : 639-644.

Smyth E, Syme C D, Blanch E W, et al. 2001. Solution structure of native proteins with irregular folds from Raman optical activity. Biopolymers, 58 (2) : 138-151.

Sørensen M, Sørensen S P L. 1939. The proteins in whey. Comptes-rendus des Travaux du Laboratoire Carlsberg, 23: 55-99.

Spik G, Coddeville B, Montreuil J. 1988. Comparative study of the primary structures of sero-, lacto- and ovotransferrin glycans from different species. Biochimie, 70 (11) : 1459-1469.

Svensson M, Fast J, Mossberg A K, et al. 2003. Lactalbumin unfolding is not sufficient to cause apoptosis, but is required for conversion to HAMLET (human α-lactalbumin made lethal to tumor cells) . Protein Science, 12 (12) : 2794-2804.

Swaisgood H E. 2003. Chemistry of the caseins. //Fox P F, McSweeney P L H. Advanced Dairy Chemistry—1 Proteins. Boston, USA: Springer.

Syme C D, Blanch E W, Holt C, et al. 2002. A Raman optical activity study of rheomorphism in caseins, synucleins and tau. Febs Journal, 269 (1) : 148-156.

Toma S J, Nakai S. 1973. Calcium sensitivity and molecular weight of α_{s5}-casein. Journal of Dairy Science, 56 (12) : 1559-1562.

Trieu-Guot P, Gripon J C. 1981. Electrofocusing and two-dimensional electrophoresis of bovine caseins. Journal of Dairy Research, 48(2): 303-310.

Uniacke-Lowe T, Fox P F. 2011. Milk equid milk. Encyclopedia of Dairy Sciences: 518-529.

Ushida Y, Sekine K, Kuhara T, et al. 2010. Possible chemopreventive effects of bovine lactoferrin on esophagus and lung carcinogenesis in the rat. Cancer Science, 90 (3) : 262-267.

Wang T, Lucey J A. 2003. Use of multi-angle laser light scattering and size-exclusion chromatography to characterize the molecular weight and types of aggregates present in commercial whey protein products. Journal of Dairy Science, 86 (10) : 3090-3101.

Waugh D F. 1958. The interactions of α_s-, β- and κ-caseins in micelle formation. Discussions of the Faraday Society, 25: 186-192.

Yamauchi K, Takemoto S, Tsugo T. 1967. Calcium-binding property of dephosphorylated caseins. Journal of the Agricultural Chemical Society of Japan, 31 (1) : 54-63.

Yang M C, Chen N C, Chen C J, et al. 2009. Evidence for β-lactoglobulin involvement in vitamin D transport *invivo*-role of the γ-turn (Leu-Pro-Met) of β-lactoglobulin in vitamin D binding. Febs Journal, 276 (8) : 2251-2265.

第2章　乳　　粉

2.1　乳粉产品及种类

生鲜乳的供应会受地域、季节等因素的限制，因此乳粉的加工和使用一直以来广受人们重视。乳粉是以鲜乳为原料，经加热或者冷冻的方式去除乳中几乎所有水分，得到的干燥的粉末状产品。乳粉较好地保存了鲜乳的特性和营养成分，且微生物不易生长繁殖，具有较长的货架期和便捷的运输储藏方式(Fitzpatrick et al., 2004)。乳粉的种类较多，可分为全脂乳粉、脱脂乳粉、部分脱脂乳粉、速溶乳粉、牛初乳粉、配方乳粉、乳清粉和奶油粉等。

2.1.1　全脂乳粉

全脂乳粉是指以鲜牛乳为原料，经浓缩、喷雾干燥制成的粉末状食品。全脂乳粉的脂肪含量为26%左右，能较好地保持牛乳的香味、色泽。但因脂肪含量偏高，全脂乳粉颗粒或者其中附聚团粒的外表面有许多脂肪球，颗粒表面游离脂肪也相应增多(Stapelfeldt et al., 1997)。较高的表面脂肪含量，以及其中大比例的不饱和脂肪酸(如亚油酸、亚麻酸等)，这些容易在空气中发生氧化反应的成分便使全脂乳粉在加热及储藏过程中更容易被氧化。脂肪的过度氧化还会使全脂乳粉产生不愉悦的气味，影响乳粉的风味、稳定性及货架期。

2.1.2　脱脂乳粉

脱脂乳粉由于脱去了脂肪因而不易氧化，产品储藏通常达1年以上，但是乳香味差。鲜乳验收后在35～40℃进行乳脂分离成为脱脂乳；脱脂乳经不同条件的杀菌处理，后进行浓缩，在一定的浓缩温度(通常为40～70℃)和压力(通常为80～95kPa)下，浓缩为固形物含量为42%～48%的样品；之后进行喷雾干燥，干燥时的进风温度为160～220℃，出风温度为70～90℃；喷雾干燥后再经流化床冷却干燥，成为脱脂乳粉。

脱脂乳粉和全脂乳粉的较大差异为乳糖和脂肪的含量不同(Jouppila et al., 1997)，这造成它们具有不同的介电特性。由于脂肪和乳糖分子的正负电子云中心不重合，形成偶极子的偶极矩不同，因此二者在交变电场下发生的取向极化存在差异，材料的取向极化又与交变电场频率、分子热运动阻碍及分子间作用有关（Marra et al.，2009），因而它们的介电特性也不同，进而不同脂肪、乳糖含量的乳粉产品的应用特性也不同。脱脂乳粉可用于制作点心、面包、冰淇淋、复原乳等。

2.1.3 速溶乳粉

乳粉的溶解度是指加适量的水冲调，使其复原为鲜乳状态的百分数。影响溶解度的主要因素有：①牛乳在杀菌、浓缩、干燥过程中受热时间过长，温度过高，使蛋白质变性。②原料乳中混有异常乳或高酸度乳，受热后蛋白质凝固。③浓缩温度过高，乳中的盐类浓度相对提高，使蛋白质变性。④浓缩乳温度高，放置时间长，导致蛋白质变性。⑤浓缩乳浓度高，喷雾干燥时，雾化乳滴过大，雾膜厚，角度打不开，乳滴干燥不佳（Baldwin and Truong，2007）。

速溶乳粉是指乳粉与水按一定比例混合，在规定冲调条件下（水温、搅拌方式和速度等），能够迅速分散并恢复到原乳状态的乳粉。全脂乳粉、脱脂乳粉需要经过特殊的工艺制作，才能得到对温水或冷水具有良好的润湿性、分散性及溶解性的速溶乳粉。当用水冲调普通全脂乳粉时，乳粉常常先漂浮于水面，搅拌之后还会有许多粉团形成，通常全脂乳粉很难分散并恢复到原乳状态。这说明全脂乳粉的润湿性不佳，或者说是亲水性较差。理想的速溶乳粉应是迅速分散于水中并尽可能恢复到牛乳原来的状态；此类产品在润湿、分散、渗透、沉降、溶解性等方面都应具有良好的性能。

2.1.4 牛初乳粉

初乳是母亲提供给新生儿的第一份礼物，新生儿摄入后可提高免疫力，增强体质。但母乳毕竟有限，其他初乳资源（如牛初乳）的开发就极具意义和市场价值。牛初乳是指健康奶牛分娩后 1 周内，特别是 3 天内所分泌的乳汁；新鲜牛初乳色泽黄而浓稠、酸度高，具有特殊的乳腥味和苦味，但是富含优质蛋白质、维生素、矿物质和免疫球蛋白（Ig）等组分（Pakkamen and Aalto，1997；Goldblum et al.，1975）。以荷斯坦奶牛为例，奶牛在分娩后 1 周内乳中的蛋白质含量达到 15.5%，脂肪含量达到 6.5%，分别是常乳的 5 倍和 2 倍；矿物质含量也很高，其中钙 1700mg/kg，磷 1800mg/kg，镁 500mg/kg，锌 20mg/kg，铁 3mg/kg，锰 0.1mg/kg，分别是常乳的 1.5～6 倍；牛初乳中的维生素含量也大大高于常乳；牛初乳还含有能够增强免疫功能和促进生长发育的生物活性因子，其中免疫球蛋白总含量为 50～150mg/L，是常乳的 50～150 倍。牛初乳中的免疫球蛋白主要有 3 类，即 IgG、IgA、IgM，其中 IgG 的含量最高，约占免疫球蛋白总数的 80%～90%。牛初乳中含有的乳铁蛋白是常乳的 50～100 倍。牛初乳还含有溶菌酶和其他多种免疫活性物质，是各种免疫因子的集大成者，因此有“免疫之王”的美称。

牛初乳能增强人体免疫力，促进组织生长，是一种纯天然的健康食品。由于新鲜的牛初乳感官指标较低，口感较差，且成分复杂，通常不能直接食用，因此牛初乳常被加工成液态或固态产品后再投放市场。现有的牛初乳加工技术有冷冻干燥技术、喷雾干燥技术、膜分离技术和微胶囊技术等。常用冷冻干燥技术和喷雾干燥技术制备牛初乳类的固态产品牛初乳粉。冷冻干燥能够较好地保存牛初乳的原有品质，但制冷系统能耗高，设备及操作的投资费用高；生产工艺又是间歇操作，干燥时间长，产量低，产品形状并不理想，速溶性也比较差。喷雾干燥具有生产时间短、产品易成型的优点，但传统的喷雾干燥设备体积庞大、操作温度较高；而牛初乳中乳白蛋白和乳球蛋白虽含量丰富，但它们的耐热性能差，一般加热至60℃以上即开始形成凝块；另外高温还会对某些热敏性物料成分产生比较严重的破坏，如IgG，当受热温度超过60℃，IG即可能变性失活。因此以牛初乳为原料进行初乳粉及其他初乳制品的生产和加工难度较大，对设备要求较高。牛初乳因具有免疫活性以及富含大量营养素已成为牛乳开发的热点之一，有望开发系列高端产品。国外已开发出缓解人类免疫缺陷病毒(HIV)、腹泻的新产品。随着我国乳品行业的发展，优质的初乳资源越来越丰富，应采用合理的加工新技术，充分开发牛初乳的功能特性。

2.1.5 配方乳粉

配方乳粉是根据不同人群的营养需求，通过调整普通乳粉营养成分的比例所生产的特定产品。配方乳粉的种类包括强化乳粉、婴幼儿配方乳粉、中小学生乳粉、孕妇乳粉和中老年乳粉等。

1. 强化乳粉

天然食物营养成分并不平衡，很难保证人体摄入营养全面的平衡膳食。通过强化某些营养素，可有效地改善这一状况。现代医学证明，微量元素和维生素等都是人类生命活动中的必需元素。为了满足人体对微量元素和维生素的需求，市场所售的强化乳粉中，除含有大量蛋白质、糖、脂肪外，一般还会添加所需的钙、铁、锌、硒等矿物质，维生素A、维生素D、维生素E、维生素C、B族维生素，以及牛磺酸、低聚果糖等营养强化剂及功能因子等。强化营养素可以单一添加，也可多种营养素混合强化。但由于营养素种类较多、理化性质差异较大、添加量较少，并直接影响产品质量，故对强化剂和强化工艺的技术要求很高。既要考虑原乳品的营养素含量，又要考虑加工过程、保存过程中的损失量，保证各种营养成分平衡，满足人体每日所需。此外还要考虑加入的营养素对乳品色香味等的改变。强化营养素需要参照《中国居民膳食营养素参考摄入量》(DRIs)来强化，一般强化量为DRIs的1/3～2/3。

最常见的商品化营养素强化乳粉是钙增强型乳粉。常用的钙营养强化剂有乳酸钙、葡萄糖酸钙等有机钙盐和碳酸钙、磷酸三钙等无机钙盐。有机钙盐溶解性较好，但是会影响乳制品的热稳定性，产生乳析等问题。这是因为牛乳中富含磷酸丝氨酸基团的α_s-酪蛋白和β-酪蛋白对钙离子非常敏感，容易与钙离子结合(Holt et al.，2003)，从而引起酪蛋白胶束的表面电荷减少、空间稳定效应减弱、稳定胶体粒子双电层之间的静电斥力被部分屏蔽，钙离子还会与磷酸丝氨酸残基结合而造成酪蛋白胶粒之间的桥连絮凝，这些作用都会影响乳制品的稳定性。无机钙盐由于在水中溶解度小，不会像可溶性钙盐那样解离出较多的钙离子而使酪蛋白絮凝，所以不会对乳制品的热稳定性产生不良影响(Omoarukhe et al.，2010)，因此被广泛应用在热处理的钙强化乳制品配方中。但是，添加了难溶性钙盐的乳制品存在一大问题，即难溶性钙盐在储藏过程中容易从乳制品中析出，从而产生沉淀影响产品品质。在实际生产中，难溶性钙盐是以微粉化钙粉颗粒的形态直接与乳制品混合的，钙盐颗粒以自由沉降状态分散在乳蛋白溶液中。从本质上讲，这个分散体系是热力学不稳定体系，钙盐颗粒在体系中会受到重力和扩散力的作用。一方面，当钙盐颗粒密度大于乳蛋白溶液时，钙盐颗粒因重力作用而沉降；静止情况下，微米级以下的颗粒会遵循斯托克斯(Stokes)定律，其沉降速度与颗粒的密度、直径以及介质黏度相关。另一方面，分散体系中不同粒度的颗粒都在经历无规则的布朗运动，扩散力能使颗粒在介质中离散分布，但同时分子热运动的无序碰撞又引起了颗粒间的碰撞，使得颗粒容易团聚；颗粒粒度越小，比表面积越大，表面能越高，颗粒就越容易产生自发凝聚。因此，难溶性钙盐在液态乳制品中的分散稳定性相对较差。研究发现，蛋白质与难溶性钙盐之间存在着分子间相互作用。对于碳酸钙，Somasundaran 等的研究指出，Ca^{2+}、HCO_3^-、CO_3^{2-}、H^+和 OH^-决定了碳酸钙的表面电位，pH 大于 9 时CO_3^{2-}起主要决定作用(Somasundran and Agar, 1967)。对于羟基磷灰石，研究表明，羟基磷灰石上存在两个作用位点，其中 *C*-位点富含带正电荷的钙离子，能结合蛋白质的负电区域；而 *P*-位点富含带负电荷的磷酸根粒子，能结合蛋白质的正电区域(Luo and Andrade，1998)。酪蛋白和乳清蛋白能与羟基磷灰石发生相互作用，并在颗粒表面形成蛋白质的吸附层，这种吸附能够改善羟基磷灰石颗粒在水中的悬浮稳定性(Tercinier et al.，2014；Tercinier et al.，2013)。江南大学周鹏课题组的研究表明，不同的蛋白质和钙盐之间都可以通过分子间弱相互作用(包括静电相互作用、疏水相互作用以及磷酸丝氨酸基团与钙盐之间的特殊相互作用)形成蛋白/难溶性钙盐复合物，蛋白层的复合能有效改善难溶性钙盐在溶液中的分散稳定性。虽然研究已经证实了乳蛋白与难溶性钙盐之间存在相互作用，而且这些相互作用形成的蛋白层吸附能一定程度上改善难溶性钙盐分散液的稳定性(Wen et al.，2016)。但是，这种对钙盐分散液稳定性的改善只能维持较短的时间，无法达到长期稳定的效果。所以，液体乳制品一般都会添加合适的增稠剂，如黄原胶、卡拉胶等。

2. 婴幼儿配方乳粉

从出生到12岁的儿童生长阶段，特别是婴幼儿阶段，是生长发育最重要的阶段之一，身体素质很大程度上取决于食物营养。人乳是哺育婴儿最好的食品，当母乳不足时，婴儿则不得不依靠乳粉喂养。牛乳被认为是最好的代乳品，但人乳和牛乳无论是感官上还是组成上都有很大区别。婴幼儿配方乳粉改变了牛乳营养成分的含量及比例，使牛乳与人乳成分相近似，是婴儿较理想的代乳食品(Brett et al.，2005)。

人乳与牛乳中蛋白质的含量有着明显的不同。牛乳中的总蛋白含量高于人乳，尤其是酪蛋白的含量大大超过人乳，乳清蛋白含量却低于人乳。所以，必须调低牛乳中蛋白质的含量，并使酪蛋白比例与人乳基本一致；一般采用脱盐乳清粉、大豆分离蛋白进行调整。

牛乳与人乳的脂肪含量最接近，但构成不同，其中牛乳不饱和脂肪酸的含量低，而饱和脂肪酸含量高，且缺乏亚油酸(Lock and Bauman，2004)。调整时可采用植物油脂替代牛乳脂肪的方法来增加亚油酸的含量。亚油酸的量不宜过多，规定的上限用量为：*n*-6 亚油酸不应超过脂肪总量的 2%，*n*-3 长链脂肪酸不得超过脂肪总量的 1%。富含油酸、亚油酸的植物油有橄榄油、玉米油、大豆油、棉籽油、红花籽油等，调整脂肪时须考虑这些脂肪的稳定性、风味等，以确定混合油脂的最适比例。

牛乳中乳糖的含量比人乳少得多(Rudloff et al.，2010)，牛乳中主要是α-型，人乳中主要是β-型。调制乳粉通过添加可溶性糖类(如葡萄糖、麦芽糖、糊精等)来平衡乳糖，调整乳糖和蛋白质之间的比例，使得α-型和β-型的比例接近于人乳(α-型：β-型=4：6)。较高含量的乳糖能促进钙、锌和其他一些营养素的吸收。麦芽糊精可用于保持有利的渗透压，改善配方食品的性能。一般婴儿乳粉含有 7%的糖类，其中6%是乳糖，1%是麦芽糊精。

乳中的无机盐是指牛乳中除去碳、氢、氧、氮以外的各种元素，主要有钾、钠、钙、镁、磷、硫、氯等，另外乳中还存在其他微量元素(Gaucheron，2005；Vaughan et al.，1997)。牛乳中的矿物质都是溶解状态，而且矿物质的含量高，其比例适合人体需要。特别是钙、磷的比例较为合适，很容易被人体消化吸收和利用。乳对于人类所需钙、磷需要量贡献是非常大的，且乳中的钙与蛋白质结合，也是最佳的钙质来源。但是，牛乳中的无机盐含量是人乳含量的3倍之多，摄入过多的微量元素会加重婴儿肾脏的负担。在调制乳粉生产中，通常会采用脱盐的方法除掉一部分无机盐。但人乳中铁含量比牛乳高，所以要根据婴儿的生长需要额外补充一部分铁。添加微量元素时应慎重，因为微量元素之间的相互作用，以及微量元素与牛乳中蛋白酶、豆类中植酸之间的相互作用会对食品的营养价值产生不良影响。

维生素是维持生命和健康所必需的一大类营养素，某些维生素的缺乏极易引起生理机能失调，严重的会引起某些疾病。维生素分为脂溶性维生素和水溶性维生素。婴儿用调制乳粉应充分强化维生素，特别是维生素 A、维生素 C、维生素 D、维生素 K、烟酸、维生素 B_1、维生素 B_2、叶酸等（Chávez-Servín et al.，2008）。其中，水溶性维生素过量摄入不会引起中毒，所以没有规定其上限；脂溶性维生素 A、维生素 D 长时间过量摄入会引起中毒，因此必须按规定加入。

乳铁蛋白是母乳中含量丰富的天然成分，而普通婴儿配方奶粉几乎不含这种营养成分（Lonnerdal and Iyer，1995）。强化婴儿配方奶粉会适当添加乳铁蛋白，使其营养成分更接近母乳，这对出生婴儿的营养需求和生长发育极其重要。牛乳铁蛋白来源于牛初乳，可以通过分离纯化技术获得。高纯度牛乳铁蛋白无臭、无味。国外添加乳铁蛋白的婴幼儿配方奶粉中乳铁蛋白的含量基本在 0.5mg/g 左右。国家标准《食品添加剂使用卫生标准》2004 年增补品种中批准允许在婴儿配方奶粉中添加乳铁蛋白，添加量允许范围是 0.3～1mg/g。

3. 中小学生乳粉

随着奶粉新政策的出台，奶粉品牌总量开始减少，越来越多的企业瞄向高端及细分市场。我国对儿童年龄的划分情况是：0～6 个月为婴儿，6～36 个月为较大婴儿和幼儿，3～6 岁为学龄前儿童，7～12 岁为学龄儿童。而通过强化某些营养素可有效地改善这一状况，并能满足儿童更加细化的饮食需求。免疫力低下、营养不均衡、近视等焦点问题困扰着很多家长，而目前市面上针对儿童此类问题的奶粉主要是四段奶粉。2012 年我国奶规模仅为 485.12 亿元，到 2015 年达到了 814.9 亿元，增加了 68%。

学龄儿童处于生长发育的突增高峰期，必须供给足够的蛋白质、碳水化合物、脂肪、矿物质、维生素等营养物质（Bose and Lal，1956），其中乳类是蛋白质和矿物质的重要来源。学龄儿童乳粉成分主要包括牛乳、乳清蛋白、聚葡萄糖、低聚半乳糖、牛磺酸、维生素和矿物质等，保证学龄儿童能够及时补充生长所需的各类营养物质。乳清蛋白易于消化吸收，在提供优质蛋白的同时具有清除体内自由基、抑菌防癌的作用，其含有较高含量的谷氨酸，能够保证免疫细胞的功能；脂肪酸主要指不饱和脂肪酸，在补充学龄儿童生长所需大量能量的同时有助于儿童大脑发育，并对自闭症、多动症、学习能力障碍等有一定缓解作用，还可调节免疫、脂肪和血糖血脂的代谢；低聚糖中的聚葡萄糖在保证产品稳定性的同时兼具益生功效，低聚半乳糖作为母乳中重要的双歧因子，可以促进胃肠道的消化，调节肠道菌群的平衡；牛磺酸作为体内必需的一种氨基酸，与神经系统的发育密切相关，调节机体正常的生理活动，并发挥多种益生功效；微量元素是体内多种酶的关键组成部分，与机体的免疫功能及体格、智力发育等关系密切。学龄期儿童的免疫系统发育尚未成熟，补充足够的营养物质对其生长发育具有重要的促进和保障作用。目前已研究的免疫增强剂主要包括微生物类、生物因子类、人工合成类、微量元素类以及天然类药物。微量元素主要为维生素和矿物质，其中我国已将维生素和矿物质作为营养补充剂，通常以维生素和矿物质为原料，制备儿童增强免疫力类营养补充剂。近年来，易吸收的食源性生物活性肽的研究与发展广受关注，特别是其免疫调节等生理功能越来越引起关注，大量研究表明，大豆肽、小麦肽、酪蛋白肽等均具有刺激机体淋巴细胞的增殖、提高自然杀伤(NK)细胞的活性、释放免疫因子等增强机体免疫功能的功效。

4. *孕妇乳粉*

2012～2016 年中国每年的生育率为 1.6%左右，孕妇人数超千万，而孕妇用品每年将有超过 10000 亿元的市场规模。加强孕妇营养是促进胎儿正常发育、优生优育的重要前提。目前孕妇奶粉的市场正在形成，消费意识正在不断地加强；奶粉企业也不断加大该领域的投入；孕妇奶粉有望成为婴幼儿奶粉后又一市场竞争的焦点。

国内外的孕妇奶粉基本上都是以牛乳为基础，经过标准化配料精制而成。通过强化孕妇奶粉能增加孕妇体内的优质蛋白，加强孕妇的铁、钙等营养元素摄入，还能提高孕妇血红蛋白水平，降低孕期孕妇贫血患病率，对孕妇及胎儿均有益(Helland et al.，2001)。

孕妇贫血现象较为普遍，胎儿的发育及母体红细胞总体增加等原因会使母体的铁需要量增加，导致铁缺乏，从而代偿性地使母体血浆组织因子(TF)含量增高。铁强化乳粉可以帮助孕妇调整膳食结构，使孕妇血浆 TF 含量恢复正常水平，有效地防治孕妇铁缺乏症。但是有些补充铁剂会使孕妇便秘的概率升高，而在怀孕初期就有便秘史及需要补充铁剂的孕妇，在怀孕早期就应该针对可能出现的便秘情况采取必要措施。从生理角度来说，女性进入孕期，激素水平有了一定的变化，肠道蠕动功能变差在所难免，便秘十分常见。而随着子宫的日渐增大，肠胃消化道受到压迫，便秘的症状还会加重。如果妇女在孕期和产后摄入过多的高蛋白、高脂肪食物，而纤维素及水分又相对缺乏，加上缺乏运动，便秘也就更容易产生。此外，过量补铁导致体内铁元素水平过高，也会带来不良后果，如便秘和恶心等。益生元和膳食纤维作为健康功能配料，在乳制品领域的应用已经相当成熟。孕妇配方乳粉是专门针对孕妇健康而设计的乳制品。目前，市售的大部分孕妇乳粉都会添加一定配比的益生元或膳食纤维，益生元及膳食纤维在防止孕妇便秘方面发挥了重要作用。

另外，牛乳中叶酸含量极其少，再加上标准化过程中的稀释，使乳粉中的叶酸含量明显不足，因此添加适量的叶酸已成为国内外孕妇配方奶粉厂商的必然选择。叶酸又称为蝶酰谷氨酸，是一种水溶性 B 族维生素。叶酸是组织细胞 DNA 和 RNA 合成中的重要辅酶，体内叶酸营养状况可影响许多基因的表达，所有生长发育或新陈代谢旺盛的组织均需要足够的叶酸供应。妊娠期，尤其是妊娠中晚期，孕妇对叶酸需求量增加，而人体又不能自身合成，因而孕妇患叶酸缺乏症的危险性增加(Bruinse et al.，1985)。若孕期不能提供足够的营养，导致叶酸摄入不足，会造成早产、低体重儿和胎儿生长迟缓。作为体内的甲基供体，叶酸可使甲硫氨酸代谢产物同型半胱氨酸重新甲基化为甲硫氨酸，从而减轻同型半胱氨酸的毒性作用。大量研究显示，缺乏叶酸会阻止同型半胱氨酸转化为甲硫氨酸，使母体同型半胱氨酸浓度升高，从而诱发妊娠期高血压综合征，增加习惯性自发流产和妊娠并发症的危险性。大量的调查结果显示，叶酸缺乏可导致胎儿胚胎神经管畸形、先天性心脏畸形。孕早期是胚胎神经管闭合的关键时期，这个时期的叶酸缺乏是引起胎儿胚胎神经管畸形的主要危险因素之一。胎儿胚胎神经管畸形发病机制可能是多因素的，包括可能影响叶酸代谢机能的环境因素和基因缺陷，但是，膳食摄入不足显然也是其中的一个重要因素。人体自身不能合成叶酸，只能从食物中摄取，再加以消化吸收和利用。食物作为人体叶酸的来源，富含叶酸的食物很多，包括肝、绿叶蔬菜、豆类等，但食品的制作和烹饪过程将会使叶酸摄入量产生差异。另外，研究表明，蔬菜储藏 2～3d 后叶酸损失 50%～70%；煲汤等烹饪方法会使食物中的叶酸损失 50%～95%；盐水浸泡过的蔬菜，叶酸也会损失很多。所以人体真正能从食物中获得的叶酸并不多。据调查，中国育龄妇女膳食叶酸摄入量平均为 0.266mg/d，若再减去 50%～95%的烹调损失，则摄入量不足 0.15mg/d。因此，孕妇从日常饮食中获得叶酸的量远远不能满足中国营养学会推荐的孕妇叶酸摄入量 0.4mg/d。这种状况可以向配方奶粉中添加合适的叶酸得以纠正和改善，使孕妇体内的叶酸含量满足自身及胎儿发育的需求。

妊娠期糖尿病被世界卫生组织(WHO)归为糖尿病的一种类型，是指妊娠期首次发生的不同程度的糖代谢异常，是孕期常见的临床病症之一(Crowther et al.，2005)。妊娠期糖尿病不仅对孕妇身心造成较大危害，而且对胎儿及新生儿的健康也有很大影响。妊娠期糖尿病患者易发生妊娠期高血压、肥胖、羊水过多、自然流产、难产等分娩并发症，产后发生Ⅱ型糖尿病风险增大等，同时可能增加患者子代发生巨大儿、早产儿、新生儿低血糖、新生儿窒息、糖尿病患病风险等。低乳糖孕妇配方奶粉，富含叶酸、唾液酸、亚麻酸、亚油酸、铁、锌、钙和维生素 B_{12} 等营养物质，可帮助孕妇预防糖代谢异常的发生。

5. 中老年乳粉

目前世界范围内已有 55 个国家和地区相继进入老龄化。2017 年我国老龄人口也已达2.4亿，占世界总人口的17.33%；预计到2020年老年人将达2.8亿，成为“超老年型”国家，因此中老年食品具有广阔的市场。老年营养的研究常与癌症、心脑血管疾病、骨质疏松症、白内障等疾病的防治、延缓人体衰老联系在一起(Volkert et al., 2006)。

我国在20世纪80年代初期，根据中老年人的营养需要，成功地开发了第一代中老年乳粉，以牛乳为原料，辅以大豆植物蛋白、糖类、玉米油调整产品中蛋白质、脂肪、碳水化合物的比例，并强化部分维生素、矿物盐和微量元素，以满足中老年人的营养要求。步入中年后体内组织蛋白合成减慢，蛋白质分解占优势，对蛋白质的利用效率降低。中老年人食物中的蛋白质应有25%～50%来源于动物蛋白。蛋白质不宜过多，避免加重肾脏负担。中老年人随年龄增加，体内胆汁酸减少，脂酶活性降低，对脂肪的消化功能下降，故脂肪的摄入量不宜过多，一般认为每天摄入的脂肪量以占总热量的20%为宜。由于中老年人糖耐量低，胰岛素分泌减少，且对血糖的调节作用减弱，易发生血糖增多，因此，中老年人不宜过多摄入蔗糖，过多的糖在体内还可能转变为脂肪引起血脂升高(Jain et al., 2015)。为调节中老年人体内代谢和增强抗病能力，各种维生素和微量元素的摄入量都应该达到中国营养学会推荐的膳食标准。乳糖是从哺乳动物的乳汁中发现的一种特有的双糖，牛乳中乳糖平均含量为4.8%。其甜度较低，在水中的溶解度也很差，在人类的肠腔中必须先经过乳糖酶水解，才能被直接吸收。因此，人体若缺乏乳糖酶，乳糖就会保留在肠腔中，造成等渗性水滞留和结肠细菌酵解乳糖而产生多种气体及短链脂肪酸，从而发生腹胀、肠鸣、排气增多、腹泻和腹痛等症状，这就是所谓的乳糖不耐受现象。乳糖不耐受是一种广泛存在的世界性问题，调查结果显示，当人进入成年阶段后，特别是40岁以后，乳糖酶缺乏是很明显的。乳糖酶随年龄增大而呈现下降的趋势，导致人体的骨骼随之而来经历一个脱钙过程。所以中老年乳粉会采用乳糖酶对原料乳进行处理。

进入20世纪90年代，随人们生活水平的提高和保健意识的增强，针对中老年人因年龄增长而产生的一系列生理功能衰退等特性(如腺体分泌减少、缺钙、免疫功能和抵抗力的降低、新陈代谢减缓、消化吸收能力相对减弱等)，陆续研究开发了具有促进双歧杆菌在肠道内迅速繁殖、抑制有害菌生长、增强中老年人免疫能力和提高中老年人血钙水平等不同功能的新一代中老年系列奶粉。其他功能性新产品还有：将磷脂酰丝氨酸粉剂直接添加到中老年乳粉中，改善记忆和认知能力，防治阿尔茨海默病及抑郁症，缓解精神压力等；将叶黄素粉剂直接添加到中老年乳粉中，预防老年性黄斑区病变，抗氧化，提高免疫力等。

2.1.6 特殊医学用途配方食品

特殊医学用途配方食品(FSMP，简称特医食品)是为了满足进食受限、消化吸收障碍、代谢紊乱或特定疾病状态人群对营养素或膳食的特殊需要，专门加工配制而成的配方食品(Talbot，1991)，包括适用于 0 月龄至 12 月龄的特殊医学用途婴儿配方食品和适用于 1 岁以上人群的特殊医学用途配方食品。当目标人群无法进食普通膳食或无法用日常膳食满足其营养需求时，特医食品可以作为一种营养补充途径，起到营养支持作用。但是，该类产品必须在医生或临床营养师指导下，单独食用或与其他食品配合食用。按照 GB 29923—2013《食品安全国家标准　特殊医学用途配方食品良好生产规范》，特医食品不是药品，属于食品范畴，但与普通食品又存在很大区别。特医食品不能替代药物的治疗作用，产品也不得声称对疾病有预防和治疗功能。双歧杆菌增殖因子、抑制有害菌因子、免疫活性物质和促进钙吸收因子等产品功能成分的增加，赋予了乳粉跨界基因，乳粉正在拓展方向的是跻身功能性大健康产业，细化乳粉的特殊医学用途。

应用于糖尿病、肾病、肿瘤、肥胖患者的特医食品是研发的热点，因此，糖尿病专用、增强免疫等奶粉不断推陈出新(Tremblay and Gilbert，2009)。特殊医学用途的功能奶粉虽起步较晚，但发展迅速。糖尿病是一种以持续性血糖升高和出现糖尿为主要表现的内分泌代谢性疾病。据统计，全世界约有 2 亿糖尿病患者，而中国就有 4000 多万。糖尿病已成为继心脑血管疾病和癌症严重威胁人类健康的疾病之一，引起了国内外医学界和食品行业的普遍关注。在临床医学上，除了服用药物以及注射胰岛素等医疗手段外，营养治疗也是糖尿病的一个重要的辅助治疗方法。在众多企业还在迷恋胶囊、颗粒、片剂等剂型时，降糖奶粉已抢滩降糖食品的蓝海。最新研究表明，糖尿病患者摄入低脂肪、高蛋白、高膳食纤维的食物后，不但不会加重餐后高血糖，而且可以减少高胆固醇血症和心血管并发症的发生，改善患者的葡萄糖耐量和对胰岛素的敏感性。另外，研究也显示，补钙有助于改善糖尿病患者的骨质疏松症、降低患者动脉粥样硬化的发展速度、延续糖尿病肾病的发展。牛乳不仅富含优质蛋白质，也含有丰富的钙，且极易被人体吸收利用，另外牛奶中维生素含量丰富，这些营养素的吸收利用有助于防治糖尿病及心脑血管疾病。这些研究都促进了降糖配方乳粉的出现。降糖乳粉在牛乳本身丰富营养的基础上，依据糖尿病患者的生理特点和营养需求，对糖尿病患者所需碳水化合物、蛋白质、脂肪、维生素和微量元素等营养素进行科学配比，并在此基础上加入降血糖活性因子，使乳粉在营养、功能及口感上实现最优化，能更好地满足糖尿病患者的需求。目前，市售的降糖乳粉有通过加乳酸锌达到降糖效果或加入 $CrCl_3$ 起降糖作用的；也有采用烟酸铬和乳酸锌协同调节血糖的；或者同时添加无机铬和膳食纤维作为降糖乳粉功效因子的。降糖类乳粉目前存在的主要问题有：无机 $CrCl_3$ 的利用率远低于有机铬，仅为有机铬五分之一左右，降糖效果有限；在乳粉生产过程中直接添加 $CrCl_3$、纤维素通过喷雾干燥生产降糖奶粉，$CrCl_3$ 密度相对较高，在乳液中搅拌可能产生沉淀，使得产品中功能因子分布不均匀，可能影响人体对功能因子的吸收；在制备降糖乳粉之前未对油脂进行包埋，会影响产品的冲调性、流动性和保质期。采用微胶囊技术包埋降糖活性因子之后再进行降糖乳粉的生产，有可能解决传统降糖产品会引起消化系统的不良反应、麻疹、贫血、白细胞和血小板减少症、头晕和乏力等副作用的问题，制造高效、无毒、无副作用的降糖食品。另外采用富含油酸、亚油酸等不饱和脂肪酸的植物油(如红花籽油、牡丹籽油等)取代动物脂肪，有益于糖尿病患者减少对胆固醇的吸收。除了降糖乳粉之外，功能性强化低聚糖乳粉(含低聚半乳糖、低聚果糖)能较明显地改善稳定期慢性阻塞性肺疾病患者中性粒细胞功能。

特殊医学用途的配方乳粉制造的关键问题是，在不丧失或者弱化特殊医学功能特性的前提下，努力保持乳粉特有的成分和色香味，同时根据所选用原辅料与乳品的配伍性、安全性和工艺可靠性，创制出速溶、香味纯正、保质期长、流动性好、能大规模工业化生产的产品。2013年以前，我国仅有一个与特医食品有关的食品安全国家标准，即GB 25596—2010《食品安全国家标准　特殊医学用途婴儿配方食品通则》，仅适用于特殊医学用途婴儿配方食品。2014年，我国颁布实施了GB 29922—2013《食品安全国家标准　特殊医学用途配方食品通则》，适用于1岁以上人群的特医食品。为严格控制特医食品的生产及管理，2015年我国颁布实施了《食品安全国家标准　特殊医学用途配方食品良好生产规范》，规定了特医食品生产过程中原料采购、加工、包装、储存和运输等环节的场所、设施、人员的基本要求和管理准则。因此，特医类乳粉还需要向负责特医食品注册管理工作的国家食品药品监督管理总局进行申请，总局依照规定的程序和要求，对特医食品的产品配方、生产工艺、标签、说明书，以及产品安全性、营养充足性和特殊医学用途临床效果进行审查，才能决定是否准予注册。自2018年2月，国家食品药品监督管理总局公布了第二批特殊医学用途配方食品注册目录信息，截至3月底，共有5款特医食品被批准，均为特医婴儿配方食品。除了特医婴儿配方食品迅速发展以外，随着社会老龄化程度的加速，同时受环境等因素的影响，我国慢性代谢综合征患者占世界同类患者数量比例大，特医食品市场需求巨大，这也给特医类乳粉的发展带来巨大的潜在市场。

2.2　乳粉的加工

2.2.1　乳粉的加工工艺及流程

1. 乳粉的加工工艺和生产设备

(1)湿法工艺：储奶设备、净乳设备、高压均质机(要求加工能力 5000kg/h

以上）、制冷设备、配料设备、浓缩设备（双效或多效真空浓缩蒸发器，要求单机蒸发能力 2400kg/h 以上）、杀菌设备、立式喷雾干燥设备（要求单塔水分蒸发能力 500kg/h 以上）、全自动小包装设备或半自动大包装设备、全自动原位清洗设备。

（2）干法工艺：原料的计量设备、隧道杀菌设备、预混设备、混合设备、半成品和成品的计量设备、内包装物的杀菌设备或设施、全自动小包装设备。其中，全脂奶粉、脱脂奶粉、部分脱脂奶粉不得采用干法工艺生产。

2. 乳粉的加工流程

乳粉加工的工艺流程如下。

（1）湿法工艺：原料乳验收→净乳→冷藏→标准化→均质→杀菌→浓缩→喷雾干燥→筛粉、晾粉或经过流化床→包装。

（2）干法工艺：原料粉称量→拆包（脱外包）→内包装袋的清洁→隧道杀菌→预混→混料→包装。

工艺流程的要点包括：首先，干法生产就是将基料（大包原料乳粉）与辅料（乳清粉、白砂糖、葡萄糖、营养素等）按一定比例混合搅拌均匀后进行包装的加工过程。其次，因基料与辅料都是事先已制得的成品或半成品，因此在加工过程中，关键的问题是控制二次污染。根据上述特点，可将干法生产工艺设立为三个阶段：第一阶段为预处理阶段，为防止在混料过程中因外包装污染而感染物料，在此阶段要对原料外包装吸尘、剥皮，对内包装再吸尘、杀菌后送入下道工序；第二阶段为混料阶段，该阶段属清洁作业区，对车间、人员和设备要有严格的卫生消毒措施，生产环境要有恒定的参数指标要求（如温度、湿度、气压、洁净度等）；第三阶段为包装阶段，也是清洁作业区，主要是小包装，车间除要符合混料阶段的要求外，小包装必须采用封闭式自动灌装机包装，这样才能有效控制人为的二次污染问题。另外，乳粉生产过程中，除了少数几个品种（如全脂乳粉、脱脂乳粉）外，都要经过配料工序，其配料比例应符合产品要求。配料时所用的设备主要有配料缸、水粉混合器和加热器。牛乳或水通过加热器后得以升温，其他配料加入水粉混合器上方的料斗中，物料不断地被吸入并在水粉混合器内与牛乳或水相混合，然后又回流到配料缸内，周而复始，直到所有的配料溶解完毕并混合均匀为止。

3. 配方乳粉的加工

配方乳粉的生产方法除某一特别的工序外，大致与全脂乳粉相同。湿法生产有两种：①后加维生素。全脂乳、脱脂乳粉、乳清粉添加乳糖、植物油和多糖类，以及脂溶性维生素，经浓缩、喷雾干燥成粉末后，再添加热不稳定的维生素等充分混合制成成品。②为了增加乳白蛋白，将脱盐乳清粉与全脂乳、脱脂乳粉和精制植物油等按规定组成进行标准化，再加糖类及脂溶性维生素进行充分混合制成成品。婴幼儿配方乳粉传统上大多采用湿法工艺生产，将乳清粉、白砂糖、营养强化剂等溶解后与原料乳、植物油等混合，经均质、浓缩、喷雾干燥制得成品。该方法生产的优点是物料成分混合均匀，产品组织状态和冲调性好，但乳清粉等辅料的大量回溶，也使得能源消耗量加大，成本上升。营养素因受热也会造成热敏性维生素(如维生素 B_1、维生素 B_2、维生素 C、叶酸、泛酸等)的破坏，因此在添加过程中要计算和试验损失量，适当增补，这也增加了一些成本和指标控制难点。采用干法生产婴幼儿配方乳粉完全可以克服上述缺点，但干法生产因控制二次污染问题，对车间环境、生产工艺、设备、人员管理等又有着极其严格的设计要求和验收标准。

2.2.2 乳粉的干燥过程

乳粉干燥过程可分为两个阶段，第一阶段将预处理过的牛乳浓缩至乳固体含量40%左右；第二阶段将浓缩乳泵入干燥塔中进行干燥。第二阶段又可分为三个连续过程：首先，将浓缩乳雾化成液滴；其次，液滴与热空气流接触，牛乳中的水分迅速地蒸发，该过程又可细分为预热段、恒率干燥段和降速干燥段；最后，将乳粉颗粒与热空气分开。在干燥室内，整个干燥过程大约用时25s。微小液滴中的水分不断蒸发，使乳粉的温度不超过75℃。干燥的乳粉含水分2.5%左右，从塔底排出，而热空气经旋风分离器或袋滤器分离所携带的乳粉颗粒而净化，排入大气或进入空气加热室再利用。为了提高喷雾干燥的热效率，可采用二次干燥或二段干燥。二段干燥能降低干燥塔的排风温度，使含水分较高(6%～7%)的乳粉颗粒再在流化床或干燥塔中二次干燥至含水量2.5%～5%。

乳粉在流化床干燥机中继续干燥，可生产优质的乳粉。提高喷雾干燥塔中空气进风温度，粉末的停顿时间可以变短(仅几秒钟)；而在流化床干燥中空气进风温度相对低，为 130℃，粉末停留时间较长(几分钟)，热空气消耗也很少。传统干燥和二段干燥将干物质含量 48%的脱脂浓缩乳干燥到含水量 3.5%。二段干燥能耗低、生产能力更大、附加干燥仅耗 5%热能，乳粉质量通常更好，但需要增加流化床。流化床除干燥外，还可有其他功能，如简单地添加一个冷却附件，流化床就能用于粉粒附聚。附聚的主要目的是解决细粉在冷水中分散性差的问题，通常生产大颗粒乳粉。在流化床中粉末之间相互碰撞强烈，如果粉末足够黏，即它们的边缘有足够的含水量，则会发生附聚。向粉末中吹入蒸汽(这是所谓的再湿润，多应用于生产脱脂乳粉)可提高附聚。在不设置二次干燥的设备中，乳粉从塔底出来，温度为 65℃以上，需要冷却以防脂肪分离。冷却是在粉箱中室温下过夜，然后过筛(20～30 目)后即可包装。在设有二次干燥的设备中，乳粉经二次干燥后进入冷却床冷却到 40℃以下，再经过粉筛送入奶粉仓，待包装。

2.2.3 乳粉的真空浓缩

牛乳经杀菌后立即泵入真空蒸发器进行减压（真空）浓缩，除去乳中大部分水分（65%），然后进入干燥塔中进行喷雾干燥，以利于提高产品质量和降低成本。真空浓缩的特点为：①真空浓缩可降低牛乳的沸点，有利于保持牛乳中原有的营养成分，提高乳粉的色、香、味。所以真空浓缩适用于热敏性物体的蒸发。②原料乳在干燥之前，先经真空浓缩除去 70%～80%的水分，可减少加热蒸汽和动力的消耗，相应地提高干燥设备的能力，降低了成本。喷雾干燥利用热风对物料进行干燥，一般单效真空浓缩，每蒸发 1kg 水分需要消耗 1.1～1.3kg 加热蒸汽。若采用带热泵的双效降膜蒸发器，只需消耗 0.5～0.6kg 加热蒸汽。随着效数的增加，蒸汽消耗量还可以相应减少。而在喷雾干燥室内每蒸发 1kg 水分却需消耗 2.5～3kg 蒸汽。③真空浓缩对乳粉颗粒的物理性状有显著影响。经浓缩的乳在喷雾干燥后，乳粉的颗粒较大，具有良好的分散性和冲调性，能迅速被水溶解。反之，原料乳不经过浓缩直接喷雾干燥，颗粒较细，降低了冲调性，而且粉粒的色泽灰白，感官质量差。④真空浓缩可以改善乳粉的保藏性。真空浓缩排除了乳中的空气，使粉粒内的气泡大为减少，从而降低了乳粉中脂肪被氧化的可能，增加了乳粉的保藏性。⑤经浓缩后喷雾干燥的乳粉，颗粒较致密、坚实、密度较大，利于包装。

影响浓缩的因素有：①加热器总加热面积。加热面积越大，乳受热面积就越大，在相同时间内乳所接受的热量也越大，浓缩速度就越快。②蒸汽的温度与物料间的温差。温差越大，蒸发速度越快。③乳的翻动速度。乳翻动速度越大，乳的对流越好，加热器传给乳的热量也越多，乳既受热均匀又不易局部过热产生焦管现象。另外，由于乳翻动速度大，在加热器表面不易形成液膜，而液膜能阻碍乳的热交换。乳的翻动速度还受乳与加热器之间的温差、乳的黏度等因素的影响。④乳的浓度与黏度。随着浓缩的进行，浓度提高，密度增加，乳逐渐变得黏稠，流动性变差。

在浓缩到接近要求浓度时，浓缩乳黏度升高，沸腾状态滞缓，微细的气泡集中在中心，表面稍呈光泽，根据经验观察即可判定浓缩的终点。但为准确起见，可迅速取样，测定其密度、黏度或折射率来确定浓缩终点。一般要求原料乳浓缩至原体积的 1/4，乳干物质达到 45%左右。浓缩后的乳温一般为 47～50℃；全脂乳粉相应乳固体含量为 38%～42%；全脂甜乳粉相应乳固体含量为 45%～50%；脱脂乳粉相应乳固体含量为 35%～40%；大颗粒乳粉可相应提高浓度。

2.2.4 乳粉的喷雾干燥

浓缩乳仍然含有较多的水分，必须经喷雾干燥（即浓缩乳经过雾化后再与热空气进行水分交换)后才能得到乳粉。目前国内外广泛采用压力式喷雾干燥和离心式喷雾干燥。

1. 喷雾干燥的机理

喷雾干燥借机械力将液体浓缩分散为无数极细的微粒，仿佛雾一样，以增大蒸发面积,所以一旦与130～180℃或更高温度的新鲜空气相遇,乳的雾滴在0.01～0.04s的瞬间内失去水分而干燥成粉末状，积聚于干燥塔底部。此外，从溶液中蒸发的水分通过集尘装置，经排风机及时排走。整个干燥过程仅需15～30s。

2. 喷雾干燥的过程

喷雾干燥过程分为恒速干燥和降速干燥两个阶段：

(1)恒速干燥阶段：在此阶段，乳滴中绝大部分游离水分将蒸发出去，水分的蒸发是在乳滴表面发生的。蒸发速度由蒸汽穿过周围空气膜的扩散速度所决定。周围热空气与乳滴之间的温差是形成蒸发的“动力”。温差的高低则造成蒸发速度的大小，而乳滴温度可近似地等于周围热空气的湿球温度。这个阶段乳滴水分的扩散速度大于或等于蒸发速度。

(2)降速干燥阶段：当乳滴水分扩散速度不能使乳滴表面水分保持饱和状态时，干燥即进入降速阶段，水分蒸发发生在乳滴微粒内部某一界面上，乳滴中的结合水部分被除掉，乳滴温度升高到周围热空气的湿球温度以上，当乳粉颗粒水分含量接近或等于该空气温度下的平衡水分，即喷雾干燥的极限水分时，则完成了干燥过程。

3. 喷雾干燥的种类

离心式喷雾与压力式喷雾相比，产品容重较小。这主要是喷雾盘旋转使空气从上部带入与浓缩乳混合，雾化后干燥过程中不能蒸发(属不凝缩气体)，在乳粉颗粒中形成很多微小气泡所致。此外，喷雾盘旋转与进料方向不同，易引起溅奶、结垢、刮盘、磨盘等问题。为此改进的“Ⅱ型三分流组合式离心喷雾器”在喷盘上部采取通入蒸汽措施，使喷雾盘旋转带入的空气由蒸汽替代。蒸汽和浓缩乳混合后可蒸发掉，减少乳粉颗粒中微小气泡，增加容重。又由于蒸汽润湿作用克服了溅奶引起结垢、刮盘、磨盘甚至引起火灾的问题，减少损失并增加安全性。

4. 喷雾干燥的特点

喷雾干燥有以下特点：喷雾干燥非常迅速，干燥时产品受热时间短，适于热敏性物质；喷雾干燥在密闭的负压下进行，既保证卫生，又不使粉尘飞扬；喷雾干燥后的产品呈粉末状，不必粉碎，只需过筛；喷雾干燥机械化程度高，有利于生产的连续化和自动化。

2.2.5　加工对乳粉理化特性的影响

理化指标主要考察乳粉的水分含量、脂肪、酸值、过氧化值及表面油五项指标。

乳粉中的水分，不仅作为产品的质量标准，代表产品受热程度，也是喷雾干燥过程自动控制的主要参数(Bohmanova et al.，2007)。乳粉的含水量与排风温度有密切关系。水分含量过高，会加速乳粉中细菌繁殖而产生乳酸，使酪蛋白变性而成为不溶性物质，从而使乳粉的溶解度下降。经验证明，乳粉水分少于3%时，储存期一年以上，溶解度保持不变；水分为3%～5%时，一年后溶解度略有变化；当水分提高到 6.5%～7%时，在储存不太长的时间内，蛋白质可能完全不溶解，产生陈败味，同时产生褐变。而水分过低，又易引起氧化臭味。导致乳粉水分含量高的情况有：浓缩乳浓度低，高压泵压力低，喷雾粒度大，使干燥不充分；进风温度低或喷雾量大，使排风温度降低；当气候潮湿的时候，未能提高排风温度；高压泵压力波动太大(高压泵本身故障或浓缩乳黏度大)；雾化器雾化不好，雾滴不易干燥；风机出现故障或空气过滤器堵塞，使进风或排风量不够；空气加热器泄漏，使进风温度高，蒸发能力下降。

无添加油脂类物质的条件下，比容与过氧化值呈负相关，即比容越大，乳粉颗粒越大，过氧化值越低，也就是脂肪氧化程度越低，乳粉稳定性越高。酸值反映的是游离脂肪酸含量，酸值越大，游离脂肪酸越多，脂肪氧化的可能性越高。比容与酸值、过氧化值、表面油整体上呈负相关，比容越大，乳粉颗粒越大，酸值越小，游离脂肪酸含量越低，表面油含量越低，脂肪氧化可能性越低，过氧化值含量越低，说明脂肪氧化程度越低，综合三项指标说明乳粉的稳定性越好。

2.2.6　乳粉加工的新工艺

除了常见的喷雾干燥生产乳粉之外，现代乳粉的生产方法还包括离心冷冻法、低温冷冻升华法。离心冷冻法，即采用离心法，先将牛乳在冰点以下浇盘冻结，并经常搅拌，使其形成薄片或碎片，冻成像雪花一样，而后放入高速离心机中将乳固体呈胶状分出，在真空下加微热，使之干燥成粉。低温冷冻升华法是将牛乳在高度真空下，使乳中的水分冻结成极细冰结晶，而后在此压力下加微热，使乳中的冰屑升华，乳中固体物质便成为干燥粉末。此法生产出的乳粉外观似多孔的海绵状，溶解性极好。又因加工温度低，牛乳中营养成分损失少，几乎能全部保留，同时可以避免加热对产品色泽和风味的影响。国外还采用片状干燥法、泡沫干燥法、流化床干燥法等，用于生产溶解性极佳的大颗粒速溶乳粉。

2.3 乳粉的质量控制

2.3.1 乳粉的溶解及其控制

乳粉溶解是指一定量的水与乳粉混合后，能够恢复成均一的牛乳状态的性能。用水冲调使其复原时，产品应呈均一稳定的鲜乳状态，其中牛乳中的各种营养成分也能恢复成乳原来的良好分散状态(Le et al.，2011)。乳粉溶解度的高低反映了乳粉中蛋白质的变性程度，若乳粉的溶解度低，乳粉中蛋白质变性的量多，冲调时变性的蛋白质不可能溶解。乳粉的溶解度与乳粉颗粒大小、结构和密度有关；乳粉附聚成较大颗粒时，其表面积减小和疏松结构使之毛细管作用增强，会一定程度增加其润湿性。从牛乳的化学组成来看，乳粉复原过程是错综复杂的。其中乳糖、可溶性盐类及添加的糖类是真溶液状态；乳蛋白、不溶性盐类呈乳浊质或悬浊质(胶质)状态分散；乳脂肪、磷脂呈乳浊液或悬浊液状态分散。乳粉“溶解”也就是加水后使乳粉恢复到牛乳原来复杂胶体分散系的过程。其中蛋白质和脂肪要实现原来牛乳那样良好分散状态是非常重要的，也是生产速溶乳粉的重要方面。

在乳粉的生产中，导致产品溶解度下降的因素较为复杂，其中喷雾干燥工序对乳粉溶解度的影响较大。喷雾干燥工艺参数对乳粉溶解度的影响，主要是指浓缩乳浓度、塔的进风温度、塔内温度、排风温度和高压泵的压强几个方面的相互制约。喷雾干燥时浓缩乳的雾化效果也会对乳粉溶解度产生一定的影响，主要是两个方面：第一，喷头孔径的变化。在高压泵的强大压强冲击下，雾化器喷头不断出现磨损现象，以致雾化液滴的大小不一，但在干燥过程中干燥介质的温度是属于瞬间稳定的，这样会导致小液滴的受热程度过剧，使蛋白质变性，从而使乳粉溶解度下降。因此雾化器的喷头必须定期检查，如有磨损，及时更换喷头，以保证乳粉的溶解度。第二，高压泵压强的影响。若压力喷雾干燥中高压泵的压强存在不稳定现象，使浓缩乳产生脉冲，则在相同的干燥条件下，瞬间供料少的浓缩乳受热过度，导致溶解度下降。由于乳粉的溶解度直接影响乳粉的品质，可见喷雾干燥过程中的控制参数会影响乳粉中的营养成分和品质，所以喷雾干燥的参数设置对于乳粉品质和冲调性至关重要。

除了喷雾干燥工艺之外，由于加热、气流冲击和机械摩擦的影响，不可避免地使一部分脂肪球膜遭到破坏，导致物料中游离脂肪随着水分蒸发，从颗粒内部趋向颗粒表面，并滞留在颗粒表面，而形成一层连续或不连续的游离脂肪膜，这一游离脂肪膜的存在，就使得一般处理的全脂乳粉不易润湿。故要求生产速溶乳粉游离脂肪含量不高于总固体 0.5%～1%，喷涂乳固体量 0.3%的卵磷脂。然而，即使乳粉中游离脂肪只有 0.1%，还会表现得非常疏水。对这一现象至今未见有关研究加以解释，说明影响乳粉润湿性的因素不仅仅是游离脂肪的含量。另外，冲调普通工艺处理的全脂乳粉时所形成的团块，也不能认为仅与游离脂肪含量有关，而这一问题却恰好是影响乳粉速溶的关键。除了脂肪含量以外，结团也会导致乳粉不能速溶；而乳粉结团只能是乳蛋白质造成。具体来讲，乳粉颗粒中乳蛋白胶状粒子是分散在非结晶玻璃状乳糖的连续相中的，由于非结晶玻璃状乳糖吸湿性很强，当一般处理的全脂乳粉和水接触时，首先发生无水乳糖水合(溶解)作用，其连续相中分散的乳蛋白质遇水发生溶胀，由于乳糖溶解使乳粉颗粒内部及颗粒之间溶胀的乳蛋白质的距离缩小，结合形成凝胶层，妨碍水自由渗入和通过。搅拌后，凝胶层破裂而形成若干凝胶团块，其数量随水与未经搅动粉层接触时间的增加而增多。把水倒在乳粉上也会发生以上情况。将乳糖或蔗糖喷涂到附聚颗粒表面的乳粉，冲调时首先是乳粉表层的糖和水接触，阻碍和延迟了乳粉中乳糖水合与蛋白质溶胀过程，有利于水自由渗入通过，便于分散溶解，而起到速溶作用。作为乳化剂卵磷脂除有克服游离脂肪疏水作用之外，其乳化功能对控制或延迟蛋白质溶胀形成凝胶层和团块也必然起到一定作用。因此，提高乳粉的溶解性除需进行颗粒附聚、减少游离脂肪含量及疏水作用之外，还应注意到的关键问题是蛋白质上述特性及其对溶解性的影响是非常重要的。喷涂物料也可有较广泛的选择，更能体现其经济的合理性。综上，蛋白质在乳粉溶解过程中遇水发生溶胀，形成凝胶层和团块是造成乳粉不速溶的关键；颗粒附聚、克服游离脂肪疏水作用有利于乳粉速溶，具有乳化或亲水性的成分分散到产品中与喷涂到附聚颗粒表面，乳粉速溶性能明显不同，用少量此类成分喷涂比较经济合理。

2.3.2 乳粉的风味及其控制

食品风味是食品中的风味物质刺激人的嗅觉、味觉、触觉器官产生的短时的、综合的生理感觉。风味是人们对食品的挑选、接受和摄取起着决定性的因素。牛乳的风味主要包括乳的气味、滋味和适口性三个部分。鲜牛乳有一种鲜美的香味，这种香味中所含的成分复杂、种类繁多，并且具有不稳定性，目前尚不能确定具体是何种物质造成鲜牛乳鲜香而又典型的气味。高质量的牛乳滋味很淡，呈味性(甜味、咸味、酸味、苦味等)与其中的乳糖、盐类、柠檬酸、金属离子等物质有关。适口性与乳中的乳脂肪及蛋白质的含量和分散度有关。然而，牛乳风味的好坏在很大程度上取决于牛乳中的香气。不仅如此，乳粉复原后的风味也是其质量优劣的最重要判定因素，因为食品风味会直接影响该产品的可接受性。与鲜牛乳相似，乳粉有轻微甜的、令人愉快的可接受的味道，同时有一定的蒸煮味、饲料味，并带有轻微的苦味、氧化味、焦煳味、陈腐味和储存味。蒸煮味和焦煳味不是乳粉货架期内限制消费者感官接受性的关键因素，乳粉储藏过程中形成的氧化味才是制约该产品风味质量、货架期及应用品质最为重要的因素。在乳及乳制品的风味体系中，氧化味是多种风味评述的统称(Timmons et al.，2001)，理论上，有关氧化味的描述包括金属味、肥皂味、蘑菇味、纸板味、油脂味、青草味、鱼腥味和麦芽味等。

目前普遍认为，由于奶牛自身因素、饲料与饲养环境、泌乳季节以及储存与运输等条件的不同，鲜牛乳的风味存在较大差异。现已报道的促进牛乳风味形成的风味物质包括游离脂肪酸、醛类、酮类、烷烃类、酯类、醚类、醇类、内酯类、含硫化合物、萜类及苯环类等多种化合物，这些化合物在牛乳风味形成上具有特殊的意义，并具有如下主要特征：①多样性，牛乳中多数风味物质是经过各种化学反应转化而来，因此种类较多，而且性质各异；②风味化合物的分子质量一般小于 400Da；③不稳定性，含量一般从低于 1μg/kg 至 1000μg/kg，甚至可能达到更高的水平；④阈值差异较大，风味化合物阈值低的小于 1ng/kg，风味化合物阈值高的达到 1000μg/kg。

2.3.3 乳粉的粉体结构及其控制

乳粉的品质稳定性在很大程度上取决于乳粉的颗粒结构，包括乳粉的颗粒大小、乳粉的脂肪存在形态及蛋白质的成分(Silva and O’Mahony，2016)。在一定范围内，乳粉颗粒的大小与感官呈正相关，即乳粉颗粒越大，感官相对较好；游离脂肪酸含量及表面油含量相对偏低，过氧化值相对较小，脂肪氧化程度较低，即乳粉的稳定性较优。乳粉的颗粒特性与储藏后氧化风味的形成密不可分。

在保健或功能性乳粉成为新的消费热点的今天，许多企业的产品都遇到冲调性不好、口感较差的问题。口味较差与乳粉中脂肪发生氧化有关，所以影响乳粉稳定性的重要原因除了乳粉的包装形式、储藏等条件外，脂肪氧化程度成为判定乳粉稳定性的重要指标，也可以作为鉴定乳粉质量优劣的一项重要指标。

2.4 乳粉的应用

乳粉作为一种重要的富含优质蛋白的乳制品，主要用于复原乳、焙烤食品、糖果、汤类、功能性饮料、发酵乳、甜点、干酪、婴儿食品的加工中，其中对乳粉最有效的利用是生产再制的浓缩/非浓缩液态乳、发酵乳或干酪。在所有这些应用食品中，乳粉已成为营养素的重要来源，也是组成风味和结构的重要的有效成分。乳粉作为食品原料在食品中应用时，其最主要的竞争者是豆制品和蛋类。客观地评价，当乳制品作为食品成分被应用时，它的价值并未得到充分体现，即利用的主要是其理化特性，而在很多情况下，它的营养价值成为附带作用，同时它含有的很多微量蛋白的特殊生理作用也没有得到很好体现。

2.4.1 酸奶

酸奶的制作过程中，蛋白质是被修饰的主要成分，提高酸奶中总固体质量分数，尤其是增加蛋白质质量分数，通常会增加蛋白质网络结构的密度，减小凝胶中微孔的大小，可以更牢固地束缚产品中的水分，即减少乳清析出。乳中蛋白质的强化可以通过添加乳粉、乳清粉、乳蛋白浓缩物、乳清蛋白浓缩物或酪蛋白酸钠等物质来完成。随着乳蛋白影响酸奶凝胶研究的深入，研究人员发现固定乳蛋白含量，通过添加一些脱脂乳粉、乳清蛋白粉来改变酪蛋白与乳清蛋白含量的比例，对酸奶凝胶质量有很大的影响。适当降低酪蛋白和乳清蛋白的比例，酸奶凝胶的硬度、黏度、持水力都会有所增加(González-Martínez et al.，2002)。

随着酸奶需求量的逐渐增大，在鲜奶成本高、量不足的情况下，现代乳品企业经常选择乳粉来代替鲜奶生产酸奶。在实际生产过程中，乳粉品质的优劣对随后的复原以及发酵酸奶都有重要的影响，因此，复原乳发酵酸奶的质地以及风味是消费者接受该产品的重要评价指标。复原乳是指经过浓缩的牛乳或乳粉，用适量的水将其充分稀释或溶解，制成与鲜乳固形物比例相当的乳液。复原乳的类型一般为全脂乳粉和脱脂乳粉按一定比例勾兑配制成的液态乳。乳粉的生产产地、基本性质和生产工艺的不同，导致复原乳的营养成分，如蛋白质、氨基酸、维生素和糖类等，与原料乳相比有较大损失，而且乳粉的复原过程耗时长，复原程度也影响着酸奶的口感和质感，这些问题成为生产厂家和消费者的困扰。原料乳品质是影响酸奶品质的主要因素，其质量的优劣直接关系到酸奶最基本的风味、感官特性、理化和卫生指标及营养价值。生产工艺虽然不能改善全脂乳粉或脱脂乳粉代替鲜乳生产酸奶的基本品质，然而不同生产工艺对酸奶的风味形成、营养成分的保持及质地等有着明显不同的影响。高变性乳粉形态聚集程度大，颗粒不完整，复原乳的黏度和粒度较大；中变性乳粉形态发生了变形，颗粒聚集，不完整，复原乳的黏度和粒度适中；低变性乳粉形态完整，聚集程度小，复原乳的黏度和粒度较小。

2.4.2 干酪

乳粉用于再制干酪，可以提高产品中蛋白质的含量，并改善产品的质地和组织状态，且干酪呈现淡淡的奶香味，不会对产品的风味产生不良影响。为了生产出具有良好质构和口感的干酪产品，合理的工艺条件一直是干酪研究领域的重点，在利用乳粉生产干酪的过程中也不例外。然而，与生鲜乳加工干酪不同的是，由于乳粉经过了热处理，发生了蛋白质变性等一系列不可逆的变化，不仅影响了酪蛋白聚合速度，使凝乳时间增加，而且影响了蛋白聚合的微观结构，使复原乳的凝乳能力明显下降，并不可避免地使乳粉加工干酪工艺不同于原乳加工干酪的工艺。随着科学技术的发展，特别是超滤技术在干酪行业的广泛应用，使得在乳粉生产干酪时，原料乳复原手段更加先进，粉制干酪加工工艺也有所突破。将乳粉初步复原后，经过超滤浓缩制得原料乳，进而用于干酪生产加工，可以明显提高产率、改善质构。国外对乳粉制干酪的研究已经历了几十年，研究方向主要集中于粉制干酪加工工艺、成熟方式和理化性质等。这些研究成果有助于了解利用乳粉生产干酪在加工技术方面存在的缺陷，研究改善缺陷的方法。然而，由于不同国家传统饮食习惯不同，国外对粉制干酪的研究相对集中于 Domiati、Ras 和 Kariesh 等少数几个干酪品种。国内开展此类研究时需要借鉴前人研究成果，突破品种限制，利用乳粉为原料，通过优化工艺，研究开发出风味、质构适合中国消费市场的干酪。

2.4.3 微纳凝胶

脱脂乳粉还被用来制备微纳凝胶(刘振艳，2012)。脱脂乳经过一定时间的加热和 pH 处理之后，酪蛋白胶束和乳清蛋白发生不同程度的变性，其分子结构发生改变，其中酪蛋白胶束与乳清蛋白发生聚合或者酪蛋白胶束自身发生解离等，这些都会引起蛋白质表面疏水性的改变。在常规条件下，乳蛋白热处理的温度为70～100℃时，乳清蛋白就会发生变性，作为乳清蛋白主要成分的β-乳球蛋白会与酪蛋白胶束表面上的κ-酪蛋白发生交联，其交联主要是游离巯基形成了二硫键。除此之外，表面疏水性在该反应的早期阶段也起到了一定的作用，因为在较高温度热处理时，乳蛋白中的疏水基团之间的相互作用会随着温度的增加而增强，导致蛋白质间相互聚集，从而可能会进一步促进β-乳球蛋白与κ-酪蛋白的结合。蛋白质浓度对微纳凝胶的形成有一定的影响，当蛋白质浓度较低的时候，即乳蛋白含量为 0.5wt%(质量分数)时，酪蛋白胶束和乳清蛋白之间的相互作用(碰撞)的概率比较低，所以导致两种蛋白质之间的交联效果比较差；但是当蛋白质含量大于1wt%时，酪蛋白胶束和乳清蛋白之间能够很好地发生交联，可以形成微纳凝胶结构。微纳凝胶的表面疏水性介于可溶性蛋白质与不溶性蛋白质聚合物之间。造成这种现象的原因可能与蛋白质的组成有关，构成微纳凝胶的乳清蛋白的含量介于可溶性蛋白质和不溶性蛋白质聚合物之间。而乳清蛋白含有疏水基团，当蛋白质发生变性时，结构被打开，疏水基团暴露，将会使蛋白质的表面疏水性增加。共价键(二硫键)和非共价键在该聚合的过程中起到了重要的作用，可以通过控制环境因素(pH、热处理温度和时间)来控制蛋白聚合物的聚合途径，使乳清蛋白与酪蛋白胶束聚合形成微纳凝胶。微纳凝胶和常规乳蛋白聚合物的起泡性能有较大的差异，与常规乳蛋白聚合物相比，微纳凝胶的起泡能力略有下降。泡沫的稳定性高，是由于不溶解的蛋白质粒子的吸附增加了蛋白质膜的黏合力，从而稳定了泡沫。脱脂乳粉加热之后，其中的乳清蛋白与酪蛋白胶束通过热聚合形成的微纳凝胶，拥有比常规乳蛋白聚合物略高的浊度值，更低的 zeta 电位，略高的变性温度，更优良的泡沫稳定性、乳化稳定性、流变学特性。乳蛋白微纳凝胶具有的这些特性，有可能使其成为独特的乳蛋白基料，拓展或改善了乳蛋白的应用领域。

2.5 展　望

本章主要综述了乳粉在种类、加工方法、质量控制和商业化应用等方面的研究进展。随着中国经济的不断发展，乳粉工业也随之不断发展，关键原配料供给、自有自控奶源基地建设、原料标准制定以及生产许可细则修订等多方面还存在改进空间，通过加强生产工艺和技术的探索及开发应用、强化自有自控奶源基地建设、建立与国际接轨的乳粉原料标准体系以及进一步修订和完善各品类乳粉生产许可审查细则等措施推动我国乳粉高质量发展。

参考文献

刘振艳. 2012. 乳蛋白微米凝胶的制备及其性质研究. 东北农业大学硕士学位论文.

Baldwin A J, Truong G N T. 2007. Development of insolubility in dehydration of dairy milk powders. Food and Bioproducts Processing, 85(3): 202-208.

Bohmanova J, Misztal I, Cole J B. 2007. Temperature-humidity indices as indicators of milk production losses due to heat stress. Journal of Dairy Science, 90(4): 1947-1956.

Bose A, Lal S B. 1956. Effect of skimmed milk powder on school children. Journal of the Indian Medical Association, 27(4): 136-138.

Brett M M, Mclauchlin J, Harris A, et al. 2005. A case of infant botulism with a possible link to infant formula milk powder: evidence for the presence of more than one strain of Clostridium botulinum in clinical specimens and food. Journal of Medical Microbiology, 54(8): 769-776.

Bruinse H W, Berg H V D, Haspels A A. 1985. Maternal serum folacin levels during and after normal pregnancy. European Journal of Obstetrics and Gynecology, 20(3): 153-158.

Chávez-Servín J L, Castellote A I, Rivero M, et al. 2008. Analysis of vitamins A, E and C, iron and selenium contents in infant milk-based powdered formula during full shelf-life. Food Chemistry, 107(3): 1187-1197.

Crowther C A, Hiller J E, Moss J R, et al. 2005. Effect of treatment of gestational diabetes mellitus on pregnancy outcomes. New England Journal of Medicine, 352(24): 2477-2486.

Fitzpatrick J J, Iqbal T, Delaney C, et al. 2004. Effect of powder properties and storage conditions on the flowability of milk powders with different fat contents. Journal of Food Engineering, 64(4): 435-444.

Fox P F. 1997. Cheese and fermented milk foods. International Dairy Journal, 7(5): 360-361.

Gaucheron F. 2005. The minerals of milk. Reproduction Nutrition Development, 45(4): 473-483.

Goldblum R M, Ahlstedt S, Carlsson B, et al. 1975. Antibody-forming cells in human colostrum after oral immunisation. Nature, 257(5529): 797-799.

González-Martínez M C, Becerra M, Cháfer M, et al. 2002. Influence of substituting milk powder for whey powder on yoghurt quality. Trends in Food Science and Technology, 13(9): 334-340.

Helland I B, Saugstad O D, Smith L, et al. 2001. Similar effects on infants of *n*-3 and *n*-6 fatty acids supplementation to pregnant and lactating women. Pediatrics, 108(5): E82.

Hibbs R A, Ashworth U S. 1951. The solubility of whole milk powder as affected by protein stabilizers and by emulsifiers. Journal of Dairy Science, 34(11): 1084-1091.

Holt C, de Kruif C G, Tuinier R, et al. 2003. Substructure of bovine casein micelles by small-angle X-ray and neutron scattering. Colloids and Surfaces A: Physicochemical and Engineering Aspects, 213(2): 275-284.

Jain I, Kumar V, Satyanarayana T. 2015. Xylooligosaccharides: an economical prebiotic from agroresidues and their health benefits. Indian Journal of Experimental Biology, 53(3): 131-142.

Jouppila K, Kansikas J, Roos Y H. 1997. Glass transition, water plasticization, and lactose crystallization in skim milk powder. Journal of Dairy Science, 80(12): 3152-3160.

Le T T, Bhandari B, Holland J W, et al. 2011. Maillard reaction and protein cross-linking in relation to the solubility of milk powders. Journal of Agricultural and Food Chemistry, 59(23): 12473-12479.

Lock A L, Bauman D E. 2004. Modifying milk fat composition of dairy cows to enhance fatty acids beneficial to human health. Lipids, 39(12): 1197-1206.

Lonnerdal B, Iyer S. 1995. Lactoferrin: molecular structure and biological function. Annual Review of Nutrition, 15(1): 93-110.

Luo Q, Andrade J D. 1998. Cooperative adsorption of proteins onto hydroxyapatite. Journal of Colloid and Interface Science, 200(1): 104-113.

Marra F, Lu Z, Lyng J G. 2009. Radio frequency treatment of foods: review of recent advances. Journal of Food Engineering, 91(4): 497-508.

Omoarukhe E D, Onnom N, Grandison A S, et al. 2010. Effects of different calcium salts on properties of milk related to heat stability. International Journal of Dairy Technology, 63(4): 504-511.

Pakkamen R, Aalto J. 1997. Growth factors and antimicrobial factors of bovine colostrum. International Dairy Journal, 7(5): 285-297.

Pokrovsky O S, Mielczarski J A, Barres O, et al. 2007. Surface speciation models of calcite and dolomite/aqueous solution interfaces and their spectroscopic evaluation. Langmuir, 16(6): 2677-2688.

Rudloff S, Pohlentz G, Diekmann L, et al. 2010. Urinary excretion of lactose and oligosaccharides in preterm infants fed human milk or infant formula. Acta Paediatrica, 85(5): 598-603.

Silva J V C, O'Mahony J A. 2016. Flowability and wetting behaviour of milk protein ingredients as influenced by powder composition, particle size and microstructure. International Journal of Dairy Technology, 70(2): 277-286.

Somasundaran P, Agar G E. 1967. The zero point of charge of calcite. Journal of Colloid and Interface Science, 24(4): 433-440.

Stapelfeldt H, Nielsen B R, Skibsted L H. 1997. Effect of heat treatment, water activity and storage temperature on the oxidative stability of whole milk powder. International Dairy Journal, 7(5): 331-339.

Talbot J M. 1991. Guidelines for the scientific review of enteral food products for special medical purposes. Journal of Parenteral and Enteral Nutrition, 15(3 Suppl): 99S-173S.

Tercinier L, Ye A, Anema S, et al. 2013. Adsorption of milk proteins on to calcium phosphate particles. Journal of Colloid and Interface Science, 394: 458-466.

Tercinier L, Ye A, Anema S, et al. 2014. Interactions of casein micelles with calcium phosphate particles. Journal of Agricultural and Food Chemistry, 62: 5983-5992.

Timmons J S, Weiss W P, Palmquist D L, et al. 2001. Relationships among dietary roasted soybeans, milk components, and spontaneous oxidized flavor of milk. Journal of Dairy Science, 84(11): 2440-2449.

Tremblay A, Gilbert J A. 2009. Milk products, insulin resistance syndrome and type 2 diabetes. Journal of the American College of Nutrition, 28(suppl 1): 91S-102S.

Vaughan L A, Weber C W, Kemberling S R. 1997. Longitudinal changes in the mineral content of human milk. American Journal of Clinical Nutrition, 32(11): 2301-2306.

Volkert D, Berner Y N, Berry E, et al. 2006. ESPEN guidelines on enteral nutrition: geriatrics. Clinical Nutrition, 25(2): 330-360.

Wen L J, Liu D S, Hu J H, et al. 2016. Variation of insoluble calcium salts in protein adsorption and suspension stability when dispersed in sodium caseinate solutions. Food Hydrocolloids, 52: 311-316.

第3章　浓缩乳蛋白粉

3.1　引　　言

牛乳的生产具有较强的区域性和季节性分布，如每年的春季和秋季分别是牛乳生产的高峰期和低谷期(Amelia and Barbano，2013)。因此，一年中生鲜乳原料的供给和市场对乳制品的需求之间往往存在着空间和时间上的分离与不匹配，这种供给和需求两者之间的不平衡状态往往会导致巨大的资源浪费，并给整个乳制品产业链造成巨大的经济损失。协调这种供需矛盾的重要方法之一是在牛乳供给过剩的区域和季节将过剩的生鲜乳按组分分离，并进一步脱水加工成各种功能性乳基配料，而在牛乳供给不足的区域和季节将乳基配料加工成各种乳制品。相比液态的牛乳，这些固态的乳基配料更耐储藏，更容易运输，而且功能性更专一，因而能更好地满足乳制品生产的各种特殊需求，如强化或标准化乳制品基料的组分以获得较高的或较稳定的产品品质。牛乳蛋白具有良好的营养和功能特性，且本身不具有较强的特征性风味，因此对应的乳蛋白配料是乳基配料中应用范围最广且经济价值最高的一个大类。

据中华人民共和国国家统计局公布，2015年我国生鲜乳和乳制品的产量分别达到了3870.3万t和2782.5万t，总体规模仅次于印度和美国，位居世界第三。乳品市场种类丰富，产业链健全，乳业已成为我国现代化农业和食品加工业的重要组成部分。国家卫生和计划生育委员会疾病预防控制局于2016年5月发布了《中国居民膳食指南(2016)》，指出乳制品是平衡膳食的重要组成部分，须选择多种乳制品，以保证每日摄入量折合生鲜乳达到300g。随着国民经济的快速发展和人民生活水平的不断提高，我国居民的人均乳制品消费量将逐渐增加。因此，我国乳制品加工业发展正面临重大机遇，亟待开展乳蛋白配料的研制和应用研究。

浓缩乳蛋白(MPC)，又称为乳蛋白浓缩物、乳浓缩蛋白或浓缩牛乳蛋白，是近年来新兴的一类功能性乳蛋白配料，自引入乳制品市场以来，它便一直以独特的功能性质为保障而逐步地扩大应用范围(Huppertz and Gazi，2015)。本章主要围绕MPC的加工方法、种类、标准和特性、功能性质、改性研究及主要应用而展开论述。

3.2 浓缩乳蛋白粉的加工方法

MPC 的加工方法主要有共沉淀法、蛋白混合法和膜过滤分离法，其中前两者为传统的方法，后者为目前使用最广泛的方法。

3.2.1 共沉淀法和蛋白混合法

从广义上来讲，MPC 是指牛乳蛋白的干基含量在 55%以上的一类高蛋白干粉，其中酪蛋白与乳清蛋白的比例为(50∶50)～(98∶2)(Bhaskar et al.，2006)。生产 MPC 最主要的两种传统方法如下：共沉淀法，即在脱脂乳中加入氯化钙，然后采用热处理和酸处理，从而使酪蛋白和乳清蛋白一起从牛乳中沉淀出来，该方法破坏了蛋白质分子和酪蛋白胶束原有的天然状态与结构；蛋白混合法，即将粉体或液体形式的成品酪蛋白、乳清蛋白、脱脂乳粉等按一定比例混合，该方法所得 MPC 的均匀性较差(孙颜君，2013)。

3.2.2 膜过滤分离法

随着膜技术的发展，膜过滤分离已成为乳制品加工业中的一种基本单元操作，其兼具分离纯化和脱水浓缩的功能。其中，超滤分离已成为目前生产 MPC 最常用的核心单元操作(Mistry，2002)。因此，MPC 更常见和更新型的形式是生鲜乳先经巴氏杀菌和离心脱脂处理，再采用超滤和洗滤操作以去除部分乳糖、盐类和非蛋白氮等低分子质量的游离组分，最后通过蒸发浓缩和喷雾干燥脱水而制得的一类浓缩干粉。牛乳中乳清蛋白和酪蛋白的分子质量基本都大于 14kDa，而且主要的蛋白组分是以酪蛋白胶束的形式存在。因此，脱脂乳超滤分离所采用膜的孔径通常为 1～20nm，其对应的截留分子质量为 1～10kDa。在超滤分离过程中，蛋白质、结合态的盐类和残留的脂类等具有大分子尺寸的组分被浓缩在截留液中，而乳糖等小分子质量的游离组分则随透过液被逐渐去除。

在超滤单元操作中所采用的体积浓缩倍数决定了最终 MPC 产品中的蛋白含量。随着体积浓缩倍数的逐渐提高，截留液中固形物的含量不断增加，体系黏度也不断增加，超滤膜表面的浓差极化现象也将越严重，这会导致膜过滤分离效率的急剧下降。因此，脱脂乳的超滤单元操作所采用的体积浓缩倍数通常为 3～5(Lu et al.，2016)。仅采用超滤单元操作，所得 MPC 中蛋白干基含量的上限约达 65%，而制备高蛋白含量的 MPC 则需要在超滤分离达到一定的体积浓缩倍数时，进一步采用洗滤分离操作，即向截留液中补加水并继续采用浓缩分离操作以进一步脱除乳糖等小分子质量的游离组分。随着洗滤分离程度的逐步增加，所得最终产品中的蛋白含量也将不断增加，当蛋白干基含量达到 90%及以上时，对应的最终产品即为分离乳蛋白(MPI)。膜分离处理截留了牛乳中几乎所有的蛋白组分，因此所得 MPC 中的蛋白组成与牛乳中的蛋白部分几乎完全相同，其中酪蛋白与乳清蛋白的比例在 MPC 和牛乳中也几乎完全相同，即都为 80∶20，这意味着 MPC 同时保留了酪蛋白和乳清蛋白这两类主要蛋白质的独特性质。脱脂乳超滤分离所采用的膜材料通常为聚醚砜，其具有亲水性好、抗污染性强、化学稳定性好等优点(Mistry，2002)。MPC 主要的物理形态为空心微粒，包括表面壳层和中心空腔，其堆积密度比传统的脱脂乳粉要低(王妍，2013；Mistry，2002)。一般来讲，终产品的蛋白含量越高，用于喷雾干燥的料液中固形物的含量则需要越低，这是因为在料液中固形物含量相同的条件下，蛋白质的相对含量越高，体系的黏度也将越高，从而导致喷雾干燥效率的降低。以脱脂乳粉和 MPC85 这两个极端的例子来讲，两者喷雾干燥常用的料液固形物含量分别为 40%～50%和 20%～30%。MPC 的膜过滤分离生产工艺中可变的工艺参数有牛乳的热处理强度、超滤和洗滤的浓缩程度及喷雾干燥的条件等，所有的工艺条件共同决定了终产品 MPC 的组成和结构特性，这些特有的组成和结构赋予了 MPC 一系列特有的性质。

1974 年，新西兰首先开创膜过滤分离技术生产 MPC 的研究记录，这使 MPC 得以在 1980 年于新西兰开始商业化投产。起初，MPC 的生产是为了以较有利的关税在国际上开展乳基固形物的进出口贸易(Agarwal et al.，2015)。我国 MPC 产品的开发和产业化研究起步较晚，生产 MPC 的公司目前主要有宁夏塞尚乳业有限公司，该公司的 MPC 项目论证于 2008 年获得了批复，MPC 的生产线于 2010 年开始建立，目前其主要的产品是 MPC70。在我国，MPC 还是一类相对新型的功能性乳蛋白配料。目前，国内 MPC 的供给，尤其是高蛋白含量 MPC 的供给，还主要依赖于从新西兰、澳大利亚、北美和西欧等国家和地区进口(Huppertz and Gazi，2015)。

3.3　浓缩乳蛋白粉的种类、标准和特性

MPC 作为一类新兴的功能性乳蛋白配料，在产品种类、产品标准和产品特性等方面都具有独特的特点。

3.3.1　产品种类

MPC 通常是按照蛋白含量来进行分类。MPC 中的蛋白含量在 40%～90%，宽范围的蛋白含量使得 MPC 能满足更多乳制品基料配方的特殊需求。市场上最常见的 MPC 有 MPC60、MPC70、MPC80 和 MPC85(数字代表 MPC 中蛋白干基的百分含量)(Bhaskar et al.，2006)，其基本组成如表 3.1 所示。MPC 中的主要组

分为乳蛋白，且随着蛋白含量的增加，乳糖的含量显著降低，灰分的含量略有降低，而脂肪的含量则略有增加。

表 3.1　常见 MPC 的基本组成

组分	MPC60	MPC70	MPC80	MPC85
蛋白质/%	59.2	73.2	81.3	85.9
脂肪/%	1.2	1.3	1.5	1.6
乳糖/%	31.8	17.6	9.7	5.3
灰分/%	7.9	7.8	7.5	7.1
水分/%	4.7	4.7	5.6	5.7
钠/(mg/g)	2.9	1.7	1.3	1.1
钙/(mg/g)	17.7	22.9	22.2	22.9

资料来源：恒天然发布的《浓缩牛奶蛋白手册》。

3.3.2　产品标准

目前，MPC 在全世界范围内还没有统一的产品标准。澳大利亚和新西兰的食品标准法典中并没有关于 MPC 具体成分的规定，MPC 在这两个国家可作为一般的乳基原料而自由地销售和使用。MPC 获得了新西兰初级产业部的卫生证书，可以从新西兰出口，相关的乳制品说明中规定：MPC 是将牛乳通过超滤工艺处理并经喷雾干燥而制备得到的一种可溶性乳蛋白制品，其蛋白干基含量在 40%～90%。德国食品法典中的乳制品法令规定：MPC 是将脱脂乳通过某种加工处理以最大限度地使全乳蛋白与其他组分分离后所得到的一种乳蛋白制品，其蛋白含量最低为 70%，水分含量最高为 6%，灰分含量最高为 7%，乳糖含量最高为 15%，脂肪含量最高为 1.5%。MPC 在美国没有特定的产品标准，但美国食品药品监督管理局已批准了美国乳品协会/美国乳品出口协会提出的关于 MPC“一般认为安全”状态的申请。中华人民共和国国家卫生和计划生育委员会于 2013 年 12 月发布声明，恒天然 MPC 可作为普通乳基食品原料生产经营。

3.3.3　产品特性

高蛋白、低乳糖和低脂肪含量是 MPC 的第一大特性。相比全脂乳粉和脱脂乳粉而言，MPC 的脂肪和乳糖含量都比较低，其在加工、运输和储藏过程中脂肪氧化和美拉德反应发生的程度都会比较有限，因而 MPC 具有较高的化学稳定性（Moran et al.，2001）。相比脱脂乳粉，MPC 除了乳糖的含量比较低外，其风味也比较平淡，因此可替代传统使用的脱脂乳粉用于乳制品基料的蛋白强化或蛋白标准化。脱脂乳粉的添加会使乳制品基料体系的粉质味过重以及乳糖的含量过高，从而限制了脱脂乳粉的添加量。乳制品基料中乳糖含量过高对一些最终产品所造成的不利影响如下：乳糖的溶解度比较低，炼乳基料中浓度过高的乳糖很容易形成结晶，从而给炼乳产品带来消费者所不喜欢的沙粒口感(Solanki and Gupta，2014)；酸奶基料中含量过高的乳糖会导致生产过程中产品的过度发酵，从而给酸奶带来过酸的口感(Mistry，2002)；奶酪(如马苏里拉奶酪)基料中含量过高的乳糖也会导致生产过程中产品的过度发酵，从而使奶酪的 pH 过低，而且基料中含量过高的乳糖还会使奶酪中乳糖的残留量过高；当这种奶酪被用于比萨的生产时会导致在烘烤的过程中其表面层产生过重的褐变反应(Rehman et al.，2003)。

高 pH 缓冲能力是 MPC 的第二大特性。在 MPC 的膜过滤分离生产过程中，蛋白质以及部分与蛋白质相结合的盐类(主要为胶体磷酸钙)一起被富集到截留液中，因此所得 MPC 具有较高的 pH 缓冲能力(De la Fuente，1998)。在脱脂乳被超滤浓缩 5 倍后所得的 MPC 中，蛋白质和盐类对其总 pH 缓冲能力的贡献比例分别约为 60%和 40%(Gelais et al.，1992)。MPC 是制备酸奶生产发酵剂和奶酪生产发酵剂的优质培养基料，一方面是因为其化学组成与酸奶和奶酪的基料相似，这有利于提高产品的发酵效率；另一方面是因为 MPC 的乳糖含量低且 pH 缓冲能力高，这有利于降低培养基中乳酸的产量并较好地防止培养基 pH 的降低，而用于酸奶生产和奶酪生产的发酵剂菌种通常在体系 pH 低于 5.4 的条件下快速的生长繁殖才会受到明显抑制，因此采用 MPC 作为培养基料有利于活菌的快速生长繁殖，并最终达到一个较高的培养密度(Mistry，2002)。然而，采用 MPC 强化奶酪基料的蛋白含量也会使基料体系的乳糖含量过低且 pH 缓冲能力过高，从而使基料在发酵过程中长时间地保持较高的 pH 和活菌含量，这会促使菌体细胞分泌细胞壁蛋白酶(P_I型)，进而加剧酪蛋白的水解，尤其是疏水性最强的 β-酪蛋白的水解，以生成过量的苦味肽(Guinee et al.，2013)。此外，当采用 MPC 强化硬质或半硬质奶酪(如切达奶酪)基料的蛋白含量时，其较高的 pH 缓冲能力会使得凝乳的 pH 过高，钙离子更倾向于同蛋白质相结合而不易于随乳清被排出，而且 MPC 中结合态钙离子的含量本来就较高，这使得凝乳块中钙离子的残留量过高，从而导致终产品奶酪产生结构和质地方面的品质缺陷，如其融化性和拉伸性较差(De la Fuente，1998)。

较完整的酪蛋白胶束天然结构是 MPC 的第三大特性。在认可度最高的胶束结构模型(即纳米簇结构模型)中，胶体磷酸钙是以磷酸钙纳米簇的形式存在，其粒径约为 2.5nm(Dalgleish and Corredig，2012)。α_{s1}-酪蛋白、α_{s2}-酪蛋白和部分 β-酪蛋白亲水区域的磷酸化中心与磷酸钙纳米簇通过钙离子桥连相结合，这使得各酪蛋白的疏水区域从胶体磷酸钙表面伸展出来，并与相邻磷酸钙纳米簇表面的酪蛋白通过疏水相互作用相结合，从而形成酪蛋白胶束的骨架结构。此外，还有部分 β-酪蛋白通过疏水相互作用直接与胶束骨架相结合。κ-酪蛋白主要分布于酪蛋白胶束表面，其亲水端从酪蛋白胶束表面伸展出来，形成厚度为 5～10nm 的“毛发层”，并通过静电排斥力和空间位阻效应来维持胶束结构的稳定。对于粒径为 100nm 的酪蛋白胶束，其所含磷酸钙纳米簇的数量约为 830 个，且邻近纳米簇之间相隔的距离约为 18nm。酪蛋白胶束的天然结构主要是由胶体磷酸钙桥连和疏水相互作用共同维持。MPC 膜过滤分离生产工艺的条件较为温和，其保留了牛乳中原有的酪蛋白和乳清蛋白组成，并较好地保持了蛋白分子和酪蛋白胶束原有的天然结构。酪蛋白胶束的结构（即酪蛋白的聚集状态）影响着 MPC 的部分功能性质，如凝胶性、起泡性和乳化性。

高钙离子活度是 MPC 的第四大特性。钙离子能实际发挥作用的有效浓度称为钙离子活度。牛乳乳清相中钙离子含量高达 10mmol/L，但其同时还含有大量的柠檬酸根离子和磷酸根离子等钙离子的螯合剂，这使得大约有 70%以上的钙离子与螯合剂相结合并形成了钙离子化合物，而剩余不到 30%的钙离子则是以自由离子的形式存在（Crowley et al.，2014）。此外，牛乳乳清相还含有大量的其他二价和单价的自由离子，其离子强度较高，钙离子的活度系数较低。因此，牛乳乳清相中钙离子的活度较低。钙离子化合物在牛乳乳清相中处于饱和溶解状态，且钙离子在酪蛋白胶束和乳清相之间也处于平衡分布状态。在脱脂乳超滤和洗滤分离的过程中，乳清相中的钙离子化合物、自由钙离子、柠檬酸根离子、自由钠离子等游离态的矿物质逐渐随透过液被去除，从而打破了矿物质在胶束和乳清相之间的平衡分布状态，这会促使胶束中的钙离子逐渐解离到乳清相中，以重新建立钙离子的饱和溶解状态。随着超滤和洗滤程度的不断增加，乳清相中的柠檬酸根离子等钙离子螯合剂的残留量将逐渐降低，而且乳清相的离子强度也将逐渐降低。在新的乳清相平衡体系中，自由钙离子的含量也将随之小幅度地增加，而钙离子的活度系数则将随之大幅度地增加，这最终导致了体系中钙离子活度的显著增加。钙离子活度也影响着 MPC 的部分功能性质，如溶解性和热稳定性。

3.4 浓缩乳蛋白粉的功能性质

相比于全脂乳粉、脱脂乳粉、酪蛋白酸钠和乳清蛋白等传统的乳蛋白配料，MPC 具有特有的组成和性质，这进而使得 MPC 具有很多特有的功能性质。

3.4.1 溶解性

溶解性是 MPC 最基本的功能性质，其影响着 MPC 的凝胶性、热稳定性和乳化性等其他功能性质。

1. MPC 的低溶解性

MPC 作为一种应用广泛的功能性乳蛋白配料，在常温条件下能够长期保存，其货架期的要求通常为 1～2 年(Moran et al.，2001)。MPC 的货架期，尤其是高蛋白含量(≥80%)MPC 的货架期，主要受限于其较差的溶解性，具体表现为如下两方面：新鲜制备的 MPC 具有较低的溶解性；MPC 在储藏过程中，尤其是在高温或高湿的环境条件下，其溶解性极易进一步降低。高温或高湿的储藏环境使得 MPC 体系的玻璃化转变温度接近环境的温度，从而导致 MPC 溶解性的降低。目前，全世界 MPC 的产地主要集中在大洋洲、北美和西欧等地区，这些地区的 MPC 产品中有很大一部分是通过海上运输的方式出口到世界其他地区(如亚洲)。在 MPC 的整个供应链中，运输过程是最难控制储藏环境条件的一环，储运仓库中的温度有时会高达 40℃及以上，从而加速 MPC 溶解性下降的进程。MPC 溶解性下降的反应速率常数较高，在 40℃条件下 1 个月的货架期相当于 20℃条件下 18 个月的货架期(Carr et al.，2004)。此外，商业化 MPC 产品通常是密封保存在防水性能较好的铝箔袋中，因而 MPC 运输和储藏过程中环境湿度条件的变化对其溶解性的影响较小。荷兰乳品研究所从大洋洲、北美和西欧三个地区收集了 32 种新鲜制备的商业化 MPC 产品，其蛋白含量所包含的范围为 56%～85%，进一步研究发现，这些 MPC 的蛋白含量与其溶解性呈显著的负相关关系，而且高蛋白含量的 MPC 在储藏过程中更容易发生溶解性下降的现象(Huppertz and Gazi，2015)。此外，还有研究采用同一批牛乳在相同的条件下制备了一系列不同蛋白含量的 MPC，研究结果也显示，高蛋白含量的 MPC 在储藏过程中更容易发生溶解性下降的现象，而且较高的储藏温度会加速 MPC 溶解性下降的进程(Huppertz and Gazi，2015)。

2. MPC 的低溶解性对其应用的限制作用

溶解性是 MPC 在食品体系中发挥其他功能性质(如乳化性和起泡性)的先决条件，这通常需要 MPC 具有较好的冷溶性，即在食品加工所允许的时间范围内以及温度(通常为室温)条件下，各个组分(如胶束)都能快速水合且从粉末颗粒中完全释放出来，并独立地分散在复溶液体系中，形成稳定的胶体溶液体系。溶解性对 MPC 在焙烤食品(如面包)中应用的影响较小，但采用低溶解性 MPC 作为营养棒的蛋白基料却会使最终产品的质地过硬(Imtiaz et al.，2012)。当采用 MPC 来强化奶酪基料的蛋白含量时，尤其是采用蛋白含量高达 80%及以上的 MPC 时，其较低的溶解性会导致最终产品中生成与体系基底颜色不一样的蛋白凝胶结块，从而降低产品的均一性(Carr et al.，2004)。当采用 MPC 来强化复溶脱脂乳的蛋白含量时，所得复溶体系的凝乳酶诱导成胶过程受 MPC 溶解性的影响如下：MPC 溶解性的高低对凝乳酶诱导成胶的第一个阶段，即 κ-酪蛋白的水解和酪蛋白巨肽的释放，无显著性的影响；MPC 的低溶解性对凝乳酶诱导成胶的第二个阶段，即酪蛋白胶束之间的相互聚集和复溶体系的胶凝，有显著的不利影响，具体表现为胶凝时间的延长以及凝胶复数模量和凝胶屈服应力的降低(Hunter et al.，2011)。此外，当采用 MPC 作为乳蛋白饮料的蛋白基料时，其不溶性的蛋白组分会在乳蛋白饮料体系中生成絮凝并沉淀出来，从而降低乳蛋白饮料体系的稳定性(Marella et al.，2015)。

3. MPC 的溶解过程

MPC 的溶解过程通常可按其先后顺序而分为湿润、沉降、分散和溶解四个阶段(Freudig et al.，1999)。在湿润阶段，溶解液首先浸润粉体颗粒的表面，然后通过粉体颗粒中的毛细小孔逐渐向颗粒的内部渗透。MPC 在溶解过程中最先与溶解液接触的是粉体颗粒的表面，增加粉体颗粒的表面亲水性、颗粒的粒度、颗粒的毛细孔孔径和颗粒的孔隙度等都可以提高 MPC 的润湿性。在沉降阶段，粉体颗粒的自重逐渐增加，以致完全沉入到溶解液的表面之下。在分散阶段，粉体颗粒逐渐被分散成更小的颗粒，并且均匀地分散于溶解液中。在最后的溶解阶段，溶解液的作用使小颗粒再进一步被分散，并最终形成稳定的胶体溶液。在 MPC 的溶解过程中，其中任何一个溶解阶段的延迟都会对 MPC 最终的溶解性造成不利的影响。例如，在湿润阶段，粉体颗粒被溶解液浸润后会逐渐产生溶胀，从而减缓溶解液向粉体颗粒内部渗透的进程，并最终导致 MPC 溶解速度的降低(Thomas et al., 2004)。然而，不同的溶解阶段所对应的时间段之间往往会出现相互交叉的现象，要将这四个溶解阶段完全独立地区分开来往往是很难的。对 MPC 溶解过程和溶解性的研究，经常采用的方法有浊度、黏度、粒径、不溶性指数、溶解度等。

4. MPC 的组分对其溶解性的影响

近年来，MPC 在加工、运输和储藏过程中溶解性下降的问题逐渐引起了国内外学者的重视，各种不同的研究手段被用来揭示导致这一现象的分子机制。揭示导致 MPC 溶解性下降的分子机制对 MPC 溶解性调控策略的提出及其产业化应用都具有重要的指导意义。有学者研究了 MPC85 的溶解动力学过程，结果显示，延长溶解时间可以使 MPC85 达到几乎完全溶解的状态。然而，相比于新鲜的 MPC85，储藏后的 MPC85 达到完全溶解的状态所需要的溶解时间则更长，这说明 MPC85 在储藏过程中溶解性的下降是由溶解动力学过程的变慢所导致的，而 MPC85 中并没有不可逆地生成不可溶性的高分子质量聚集物(Mimouni et al.，2010a)。此外，该研究还进一步发现，MPC85 中的组分可分为快速溶解组分和慢速溶解组分。其中，快速溶解组分主要包括乳清蛋白、乳糖、钠离子和钾离子等非胶束态的组分，这些组分几乎是在 MPC85 溶解过程的初始阶段，就完全从粉体颗粒中释放到溶解液中，而且其溶解动力学过程在 MPC85 的储藏过程中并无显著性的变化。在新鲜和储藏过的 MPC85 中，快速溶解组分，尤其是分子尺寸比水大的乳清蛋白和乳糖，都能几乎完全自由地从粉体颗粒中释放，这说明水分子对颗粒表面的浸润以及对颗粒内部的渗透也是几乎不受限制的。MPC85 中的慢速溶解组分主要包括酪蛋白、钙离子、镁离子和磷酸根离子等，这些组分从新鲜 MPC85 的粉体颗粒中释放的速度较慢，而且其释放的速度还会在 MPC85 的储藏过程中进一步地降低。在新鲜或储藏过的 MPC85 中，这些慢速溶解组分的溶解动力学过程几乎完全一致，而且这些慢速溶解组分恰好都是构建酪蛋白胶束的主要结构物质，而酪蛋白胶束结构中并不含任何一种快速溶解组分。脱脂乳中处于游离态的钙离子、镁离子和磷酸根离子会在 MPC 的膜过滤分离过程中逐渐随透过液被去除，因而 MPC 中残留的钙离子、镁离子和磷酸根离子则主要是结合在酪蛋白胶束结构中。此外，还有研究将蛋白含量为 35%～90%的一系列 MPC 分别置于温度为 20℃、37℃和 50℃的条件下储藏了 120d，研究结果显示，所有 MPC 体系中生成的不溶性物质主要是胶束态酪蛋白，而体系中的非胶束态酪蛋白和乳清蛋白则几乎是完全可溶的(Gazi and Huppertz，2015)。因此，MPC 中真正溶解较慢的组分是整体的酪蛋白胶束。综上所述，酪蛋白胶束从 MPC 粉体颗粒中的释放是影响 MPC 溶解性的限速步骤，其释放的受限程度还会在 MPC 的储藏过程中进一步加剧，而粉体颗粒的润湿阶段对 MPC 溶解性的影响则相对较小。

5. MPC 的粉体颗粒结构对其溶解性的影响

有研究组发现，在新鲜和储藏过的 MPC85 中，其干粉颗粒的表面微观结构并无显著性的差异，都呈现光滑的表面结构特征(Mimouni et al.，2010b)。该研究组还进一步对比研究了新鲜和储藏过的 MPC85 在溶解过程中其粉体颗粒微观结构的变化。在新鲜 MPC85 的粉体颗粒中，酪蛋白胶束之间通过直接的接触或者间接的桥连物质交联聚集在一起，从而形成了类似于凝胶且疏松的多孔隙结构，其孔径为 100～300nm，这种多孔隙的球形骨架结构在 MPC85 溶解 80min 后依然存在，但其厚度变薄且表面出现了通往粉体颗粒中心空腔的缺口。这种多孔隙结构能允许水分子自由地渗透到粉体颗粒内部，并能允许乳清蛋白和乳糖等非胶束态的组分分子自由地释放到溶解液中，但其会限制或阻碍酪蛋白胶束从粉体颗粒释放到溶解液中。酪蛋白胶束的缓慢释放是由溶解液从粉体颗粒外表面向颗粒内部逐渐侵蚀整个粉体颗粒所导致的，其最终的结果是整个粉体颗粒骨架结构的崩塌或完全溶解。因此，造成新鲜 MPC 初始溶解性较低的主要分子机制是酪蛋白胶束之间的交联聚集。

在 MPC85 的储藏过程中，胶束内部和胶束之间的相互作用逐渐增强，从而导致粉体颗粒中胶束自身结构以及整个胶束交联结构的收缩，尤其是粉体颗粒表面相邻胶束之间的收缩，这最终导致粉体颗粒中形成了如下两种层次的特征结构：在颗粒最外的胶束层内，邻近胶束之间紧密堆积或者相互融合，从而形成了一个致密的表面壳层；在颗粒表面壳层以下则仍然是疏松的多孔隙结构，然而其孔隙度却比新鲜样品要低，而且颗粒内部胶束的粒径比颗粒表面胶束要大(Mimouni et al.，2010b)。MPC85 粉体颗粒的表面壳层并没有致密到足以阻止水分子和非胶束态组分的自由通过，但却能更有效地阻止胶束从粉体颗粒内部的释放。有研究发现，MPC85 在温度为 30℃或 40℃的条件下储藏时，其溶解性在储藏的起始阶段并没有立即下降，这说明粉体颗粒表面胶束之间的交联聚集必须达到一定程度才会对 MPC85 的溶解性造成不利的影响(Anema et al.，2006)。胶束态酪蛋白粉是采用微滤分离技术制备得到的另一种乳蛋白配料，其与 MPC 的主要差异在于前者主要含胶束态酪蛋白，而乳清蛋白在微滤分离的过程中被逐渐脱除。有研究将胶束态酪蛋白粉置于温度为 40℃的条件下储藏了 10 个月，然后采用原子力显微镜观测粉体颗粒的表面微观结构，结果显示，在胶束态酪蛋白粉的储藏过程中其颗粒表面逐渐变得更加粗糙且更加坚硬，而且颗粒表面还出现了直径约为 500nm 的孔洞，由此该研究组推测，在新鲜干粉颗粒的表面壳层中胶束是均匀分布的，高温长时间的储藏使得颗粒表面壳层中的胶束之间相互聚集，并形成了簇状交联体，在这些簇状结构单元之间则形成了孔洞，这种非均一性的表面壳层结构恰好能解释干粉颗粒在储藏后其表面的不同部位具有不同溶解特性的现象(Burgain et al.，2016)。

此外，储藏过的 MPC85 在经过长时间的溶解后，粉体颗粒表面壳层内强烈的胶束间相互作用使得表面壳层并不是以单个的胶束，而是以片状的结构单元从粉体颗粒表面被溶解液逐渐剥离的，从而导致颗粒内部多孔隙的胶束交联结构逐渐暴露出来，并与溶解液直接接触(Mimouni et al.，2010b)。然而，进一步的研究发现，溶解后残留粉体颗粒的周边并没有出现单个的胶束，这说明粉体颗粒表面壳层的剥离并没有促进酪蛋白胶束从粉体颗粒内部的释放。还有研究将 MPC85 置于温度为 20℃的条件下储藏了 8 个月，然后将储藏过的 MPC85 溶解于温度为 20℃的水中，并对溶解液做均质剪切处理，进一步的研究发现，均质剪切能显著提高 MPC85 的溶解性，其原因在于均质剪切处理使原始的粉体颗粒破碎成了更小且不能被所用离心条件沉淀的颗粒，而小颗粒中新暴露的表面也并没有促进酪蛋白胶束从颗粒内部的释放(Mckenna，2000)。此外，从 MPC85 溶解的动力学过程来看，酪蛋白胶束是逐渐从粉体颗粒中释放的，整个过程并没有出现突变点(Mimouni et al.，2010a)。上述结果都说明，在 MPC85 的储藏过程中，其粉体颗粒表面和内部相邻酪蛋白胶束之间的相互作用力都逐渐增强，并最终共同导致

MPC85 溶解性的降低，这也进一步说明胶束从粉体颗粒中的释放是决定 MPC85 溶解性的限速步骤。有研究发现，乳蛋白配料干粉的溶解性与其胶束态酪蛋白的含量之间呈负相关关系，其中常见乳蛋白配料溶解性的高低顺序为：浓缩乳蛋白>分离乳蛋白>胶束态酪蛋白(Schokker et al.，2011)。该研究还发现，胶束态酪蛋白粉在温度为 30℃的条件下储藏 2～6 个月后，粉体颗粒中蛋白分子的结构和酪蛋白胶束的内部结构都无显著性的变化，这也进一步地说明粉体溶解性的降低是由更高尺度上的结构变化所导致的，如酪蛋白胶束之间的交联聚集。

6. MPC 的加工和储藏对其溶解性的影响

MPC 是一个蛋白质被高度浓缩的干粉体系，其粉体颗粒中酪蛋白胶束之间的相互作用主要是受 MPC 的加工、运输和储藏条件所影响(Mckenna，2000)。脱脂乳经超滤分离和蒸发浓缩后，所得浓缩液中邻近酪蛋白胶束之间的距离相比于原始脱脂乳要更近。在浓缩液随后的喷雾干燥过程中，酪蛋白胶束在热力学驱动力的作用下逐渐向雾化液滴的气液界面迁移，这会促使胶束之间的距离随液滴的蒸发脱水而进一步缩短。因而，在最终所得粉体颗粒的气固界面上，酪蛋白胶束之间紧密地堆积在一起，甚至是直接相接触，这使得粉体颗粒表面胶束间的致密程度比颗粒内部要高。随着 MPC 中乳糖脱除程度的增加，其粉体颗粒中酪蛋白胶束间的致密程度也将一进步增加。在酪蛋白胶束的浓缩体系中，酪蛋白胶束间空间位置上的靠拢会促进胶束之间的交联聚集。在 MPC 的膜过滤分离过程中，尤其是在加水洗滤的过程中，酪蛋白胶束表面 κ-酪蛋白的逐渐解离使得胶束之间的静电排斥力和空间位阻效应逐渐降低，这也会促进胶束浓缩体系中胶束之间的交联聚集(Sikand et al.，2012)。此外，在 MPC 的膜过滤分离过程中，乳清相中钙离子螯合剂的逐渐脱除以及离子强度的逐渐降低使得胶束浓缩体系中钙离子的活度不断增加，这也会进一步促进胶束浓缩体系中胶束之间的交联聚集(Crowley et al.，2014)。因此，酪蛋白胶束浓缩体系对热处理较为敏感。此外，这还使胶束浓缩体系对热处理最为敏感的水分含量区域，正好与浓缩液的雾化液滴在喷雾干燥过程中的水分含量区域相对应，而雾化液滴的温度在液滴完全干燥之前通常会达到 70℃(Baldwin，2010；Singh，2007)。MPC 喷雾干燥过程中的高温环境使得胶束浓缩体系中极易发生酪蛋白胶束之间的交联聚集。有研究发现，升高喷雾干燥的进风和出风温度，将促进酪蛋白胶束之间的交联聚集，从而降低 MPC 的溶解性(Fang et al.，2012)。还有研究发现，使脱脂乳粉和 MPC70 对热处理最为敏感的水分含量区域分别为 20%～30%和 40%～50%，而且在各自的最敏感点，MPC70 中酪蛋白胶束之间交联聚集的速度比脱脂乳粉要高出约 1 个数量级(Baldwin and Truong，2007)。

在喷雾干燥所得的新鲜 MPC 粉体颗粒中，存在着由中心到外表且从高到低的水分含量梯度，因而在 MPC 随后的储藏过程中，其粉体颗粒中心的水分会在热力学驱动力的作用下向颗粒表面迁移，从而促进粉体颗粒表面酪蛋白胶束之间的相互作用(Gazi and Huppertz，2015)。此外，MPC 中乳糖的脱除使得粉体颗粒体系基底环境的疏水性增加，因而在 MPC 的储藏过程中，这种疏水的基底环境会促使蛋白分子结构的展开。对于 MPC 粉体颗粒的最外表层，其气固界面的特性也会在 MPC 的储藏过程中进一步促使蛋白分子结构的展开。蛋白分子结构的展开会促进蛋白分子之间的相互作用，从而诱导酪蛋白胶束结构的重组或展开，进而促进邻近胶束之间的交联聚集，甚至是相互融合，并最终在粉体颗粒内部形成一个低孔隙度的胶束交联结构，而在粉体颗粒表面则形成一个致密的表面壳层，其厚度随 MPC 储藏时间的延长而逐渐增加(Mckenna，2000)。有研究发现，在均质过的全脂乳中，其乳脂肪球的表面膜中也出现了两相界面上胶束吸附以及相邻胶束之间相互融合的现象，升高储藏温度和延长储藏时间也会促进油水界面上胶束之间的相互融合(Mckenna，2000)。还有研究发现，在脱脂乳经超滤分离和蒸发浓缩后所得的浓缩液中，乳清蛋白和非胶束态酪蛋白等小尺寸的游离态蛋白分子比大尺寸的酪蛋白胶束具有更高的表面活性，这些游离的蛋白分子会在浓缩液随后的喷雾干燥过程中优先竞争吸附于雾化液滴的气液界面上，并最终富集分布在所得 MPC 粉体颗粒的最外表层，这些气固界面上的游离蛋白分子也会通过分子间的相互作用参与并促进粉体颗粒表面壳层的形成(Schokker et al.，2011；Mckenna，2000)。

7. MPC 的分子间相互作用对其溶解性的影响

有研究发现，MPC85 的可溶性部分中酪蛋白胶束是处于独立分散的状态，而不可溶性部分中主要的组分则是酪蛋白胶束的交联聚集体，其交联的形式有直接的相互融合以及由桥连物质间接介导的聚集(Havea，2006)。在 MPC85 的喷雾干燥过程中，浓缩液中的乳清蛋白和非胶束态酪蛋白等游离的蛋白分子除了竞争吸附于雾化液滴的气液界面外，还会分布在雾化液滴中的酪蛋白胶束之间。因而，在所得的 MPC85 粉体颗粒中，这些游离的蛋白分子就以连接桥的形式介导相邻酪蛋白胶束之间的交联聚集(Sikand et al.，2012；Fyfe et al.，2011)。此外，从酪蛋白胶束自身表面凸起的管状结构单元也能以连接桥的形式介导相邻胶束之间的交联聚集。有研究发现，MPC85 的不溶性部分主要含 α-酪蛋白和 β-酪蛋白等高丰度的酪蛋白组分以及血清白蛋白、乳铁蛋白、免疫球蛋白等低丰度的乳清蛋白组分，这些不溶性蛋白组分的总量随储藏时间的延长而逐渐增加，而且这些不溶性的蛋白质在非还原性电泳的条件下主要还是以单体的形式存在(Havea，2006)。此外，MPC85 在含 0.1%十二烷基硫酸钠的溶解液中能够快速且彻底地溶解。上述结果都说明，MPC85 中酪蛋白胶束之间的交联聚集主要是通过蛋白分子间的疏水相互作用或氢键交联等非共价相互作用产生的，因为蛋白分子之间的共价交联聚集并不能在电泳条件下或存在十二烷基硫酸钠的条件下被破坏。还有研究发现，升高溶解温度、延长溶解时间、提高溶解液的离子强度或采用物理剪切（如超声或均质）等物理辅助的手段都可以提高 MPC 的溶解性，甚至还可以使 MPC 完全溶解，这也间接地说明了导致 MPC 溶解性下降的主要分子机制并不是蛋白分子之间的共价交联聚集，这是因为蛋白分子间的共价相互作用在 MPC 通常的溶解条件下往往是不可逆的，而且其作用力也比较强（Schokker et al.，2011）。此外，在 MPC 中二硫键和自由巯基主要集中分布在占蛋白总量约 20%的乳清蛋白中，而占蛋白总量约 80%的酪蛋白则几乎不含有二硫键或自由巯基，这说明即使是在极端环境条件下，MPC 中二硫键共价交联反应所能发生的程度也是比较有限的。

有研究发现，MPC85 经储藏后，其粉体颗粒表面层中碳碳单键（非极性）的含量显著增加，而且粉体颗粒更容易吸附于疏水的石墨基底上，这些变化和现象对于高温或高湿条件下储藏的 MPC 来讲则显得更加明显，这也说明 MPC85 在储藏过程中其粉体颗粒的表面疏水性逐渐增强（Fyfe et al.，2011）。还有研究发现，胶束态酪蛋白粉在温度为 40℃的条件下储藏 10 个月后，其粉体的吸湿性显著降低，这也说明粉体颗粒的表面疏水性在粉体的储藏过程中逐渐增强（Burgain et al.，2016）。此外，有研究发现，MPC 在储藏过程中其粉体颗粒表面的化学组成无显著变化，都是以蛋白质为主，因此粉体颗粒表面疏水性的增强也就意味着颗粒表面蛋白分子之间疏水相互作用的增加，从而导致 MPC 溶解性的降低（Fyfe et al.，2011）。酪蛋白分子具有展开且无规则卷曲的高级结构，其一级结构中又含有嵌段式的强疏水性区域，这就为蛋白分子间疏水相互作用的发生提供了结构基础。乳清蛋白分子属于典型的球形蛋白分子，其表面疏水性较低，很难直接与其他蛋白分子产生疏水相互作用。相比 α-乳白蛋白和 β-乳球蛋白等高丰度的乳清蛋白分子，免疫球蛋白、乳铁蛋白等低丰度的乳清蛋白分子对热处理更为敏感，它们在 MPC 通常的加工过程中极易发生热诱导变性，从而暴露分子结构内部的疏水基团，进而参与蛋白分子间疏水相互作用的形成（Havea，2006）。有研究将脱脂乳置于温度为 90℃的条件下加热了 45s，然后以热处理过的脱脂乳为原料制备了 MPC80，随后的研究发现，在所得 MPC80 的储藏过程中，体系中 α-乳白蛋白和 β-乳球蛋白等高丰度乳清蛋白分子的溶解性都极易降低，这是因为脱脂乳的预热处理使得乳清蛋白分子发生了热诱导变性，其中 α-乳白蛋白和 β-乳球蛋白的变性率分别为 25%和 65%，变性的乳清蛋白会暴露其分子结构内部的疏水基团，进而促使乳清蛋白分子在 MPC80 后续的加工和储藏过程中参与蛋白分子间疏水相互作用的形成（Gazi and Huppertz，2015）。

然而，升高溶解温度能显著提高 MPC 的溶解性，也能显著增加蛋白分子间的疏水相互作用，这也说明蛋白分子之间的疏水相互作用并不是导致酪蛋白胶束之间交联聚集的唯一非共价相互作用(Lu et al., 2015)。尿素和柠檬酸钠分别能破坏蛋白分子间的氢键交联和钙离子桥连作用，有研究将脱脂乳粉置于其对热处理最为敏感的水分含量(19%)下恒温(30℃)孵育 2h，以诱导蛋白分子之间的交联聚集，然后采用 3mol/L 的尿素溶液和 0.02mol/L 的柠檬酸钠溶液分别溶解热处理过的脱脂乳粉，研究结果显示，尿素和柠檬酸钠都能显著提高脱脂乳粉的溶解性，这说明蛋白分子间的氢键交联和钙离子桥连都是导致脱脂乳粉溶解性下降的主要分子机制(Baldwin，2010)。还有研究采用微滤分离处理以去除脱脂乳中 70%～75%的乳清蛋白后，再采用真空蒸发浓缩制得了蛋白含量为 23%的酪蛋白胶束浓缩液。该浓缩液在温度低于 38℃时发生胶凝，而采用 60mmol/L 的柠檬酸钠溶液则可以显著提高该凝胶的溶解性，这说明钙离子桥连介导了酪蛋白胶束之间的交联聚集(Lu et al., 2015)。酪蛋白胶束的水合能力极高，在蛋白含量为 23%的胶束浓缩液中胶束之间紧密地堆积在一起，相邻酪蛋白胶束之间的距离为 20～50nm，这就迫使相邻胶束自身表面凸起的结构单元(20～30nm)之间相互交叉。在酪蛋白胶束浓缩体系中，胶束表面凸起的结构单元在空间位置上的靠拢，使得游离钙离子能在相邻蛋白分子中带负电荷的氨基酸残基(如磷酸丝氨酸残基)之间形成离子键桥连，从而介导相邻胶束之间的交联聚集。MPC 也属于酪蛋白胶束的浓缩体系，其在加工和储藏过程中，游离钙离子也能介导胶束之间的交联聚集，从而导致 MPC 溶解性的降低。

综上所述，最终导致 MPC，尤其是高蛋白含量(≥80%)MPC，在加工、运输和储藏过程中溶解性下降的主要分子机制为：酪蛋白胶束之间通过钙离子桥连作用和疏水相互作用等非共价相互作用形成交联聚集。其中，游离钙离子在介导蛋白分子之间产生钙离子桥连的同时，还会降低蛋白分子之间的静电排斥力，并进一步促进蛋白分子之间的疏水相互作用，从而加剧 MPC 溶解性的降低(Havea，2006)。

3.4.2 凝胶性

MPC 膜分离生产工艺的条件较为温和，这使得酪蛋白胶束较好地保持了原有的结构。相比而言，酪蛋白酸钠生产工艺中的酸沉和碱溶等单元操作比较耗时且条件剧烈，其破坏了酪蛋白胶束原有的结构，且加工副产物(即乳清)的综合利用价值较低，所得酪蛋白酸钠的整体生产成本较高且风味较差，产品标签中有酪蛋白酸钠的食品通常都不具有较高的消费者接受度(Liisa et al., 2007)。常见的酪蛋白凝胶主要分为凝乳酶诱导凝胶和酸诱导凝胶两大类，其对应的产品分别有奶酪和酸奶等(McSweeney and Fox，2009)。其中，凝乳酶诱导凝胶需要酪蛋白以一定的胶束结构存在才能完成，而酸诱导成胶特性则主要是由酪蛋白的等电点特性所决定。因此，MPC 具有凝乳酶诱导凝胶和酸诱导凝胶两种凝胶特性，而酪蛋白酸钠只具有酸诱导凝胶特性。凝乳酶也可以水解酪蛋白酸钠中的 κ-酪蛋白并释放出酪蛋白巨肽，但这并不会诱导酪蛋白形成凝胶，然而在凝乳酶水解体系中回补钙离子则会诱导凝胶的形成。MPC 的凝乳酶诱导凝胶特性同样也受体系中游离钙离子含量的影响。有研究比较了脱脂乳、超滤和洗滤截留液、浓缩截留液及 MPC80 四种样品中酪蛋白胶束的粒径和游离酪蛋白的含量，结果表明，酪蛋白胶束的结构在 MPC80 的生产过程中无显著变化(Martin et al.，2010)。然而与脱脂乳相比，MPC80 复溶液的凝乳酶诱导凝胶特性较差，这是因为体系中的游离钙离子在 MPC80 的膜过滤分离生产工艺中随透过液被逐渐去除。因此，在体系中回补足够量的钙离子可使 MPC80 复溶液的凝乳酶诱导凝胶特性(如凝乳时间和凝胶强度)恢复到与脱脂乳大约相同的水平。

3.4.3　热稳定性

乳蛋白溶液的热稳定性是指乳蛋白溶液能够经受高温加工处理而不形成可见凝结物和凝胶的特性。评价方法包括热凝固时间、乙醇稳定性、磷酸盐测定、黏度等方法。其中，热凝固时间是指乳蛋白溶液在特定温度(如 120℃或 140℃)条件下加热，溶液中出现可见凝结物的时间。热凝固时间越长，乳蛋白溶液的热稳定性越高。热凝固时间法是测定乳蛋白溶液热稳定性最经典和最普遍的方法，具有简单、准确和重现性好等特点。酪蛋白分子的结构是展开的且具有无规则卷曲的特点，而且分子结构中几乎不含有自由巯基或二硫键，因此酪蛋白分子自身具有较高的热稳定性(McSweeney and Fox，2013)。乳清蛋白是典型的球状蛋白，且分子结构中含有大量的自由巯基和二硫键，其在水溶液中经 90℃的加热条件处理 10min 后就会完全变性。酪蛋白分子具有分子伴侣的特性，其不能阻碍乳清蛋白分子发生热诱导变性，但能抑制变性的乳清蛋白分子之间产生交联聚集(Treweek et al.，2011；Augustin and Udabage，2007)。因此，含酪蛋白的乳蛋白溶液体系通常都具有较高的热稳定性。新鲜牛乳在温度为 100℃的条件下加热 24h，甚至是在温度为 140℃的极端条件下加热 20～25min，都不会产生肉眼可见的蛋白絮凝(McSweeney and Fox，2013)。酪蛋白酸钠溶液甚至还可以在温度为 140℃的条件下加热数小时而不出现肉眼可见的变化。在众多食品蛋白中，很少有其他蛋白与酪蛋白一样，在经受如此高强度的热处理后还不产生显著的感官变化，这种特性使得酪蛋白在一些需经高温杀菌处理的蛋白类食品(如营养饮料)中具有较好的应用潜能。MPC 的热稳定性是由酪蛋白胶束结构和钙离子活度所决定的。在 MPC 的膜过滤分离生产工艺中，随着乳清相中柠檬酸根离子等钙离子螯合剂的逐渐脱除，以及乳清相离子强度的逐渐降低，MPC 浓缩体系中钙离子的活度也将不断增加。因此，MPC 中的蛋白含量越高，其钙离子活度也将越高，且热稳定性也就越低。当采用高蛋白含量 MPC 作为乳蛋白饮料的蛋白基料时，其较高的钙离子活度极易在乳蛋白饮料常用的高温杀菌工艺中诱导蛋白相互聚集，并产生絮凝沉淀，从而降低乳蛋白饮料体系的稳定性。

3.4.4 乳化性

乳状液是一种液体，以液滴的形式分散在与之不相混溶的另一种液体中而形成的分散体系，其中食品类乳状液主要分为水包油和油包水两种形式。涉及乳状液的乳制品有牛乳、黄油、冰淇淋、蛋糕等。乳蛋白具有两亲特性，其能自发地迁移至油水界面并降低界面张力，从而起到稳定乳状液的作用。理想的界面活性蛋白应具有如下三个性能：能快速地吸附至两相界面；能快速地展开并在两相界面上定向；能在两相界面上与邻近分子发生相互作用，并形成具有高黏弹性的界面膜(王璋等，2003)。乳化性的评价方法包括浊度法、电导率法、粒径法和黏度法等。近年来，越来越多的研究开始采用粒径法来表征乳蛋白的乳化能力和乳化稳定性。一般来讲，在乳蛋白溶液中加入油脂并经均质处理后，所形成的乳状液液滴的粒径越小，乳蛋白的乳化能力越强；乳状液放置一段时间或经热处理后，乳状液液滴的粒径变化越小，乳蛋白的乳化稳定性越强。酪蛋白分子具有展开且无规则卷曲的高级结构，其一级结构又具有呈嵌段式分布的亲水和疏水区域，因此酪蛋白分子自身具有较好的乳化性。通常来讲，游离态的乳蛋白(如乳清蛋白和酪蛋白酸钠)比聚集态的乳蛋白(如 MPC 和酪蛋白酸钙)具有更好的乳化性(Ye，2011)。MPC 中酪蛋白主要是以大尺寸的胶束形式存在，因而形成稳定的乳状液通常需要较高浓度的 MPC，而且所得乳状液液滴往往也具有较大的尺寸。在酪蛋白酸钠中，酪蛋白主要是以单体和低聚体等非胶束态的形式存在，这些小尺寸的非胶束态酪蛋白能更快速地迁移至油水界面并形成稳定的界面膜，且残留在水相中的非胶束态酪蛋白还会增加体系的黏度，从而使乳状液更加稳定(Ye，2011)。

3.4.5 起泡性

泡沫是由一个分散的气相和一个连续的水相所组成的。相比乳状液体系，泡沫体系中分散相的尺寸和两相的密度差都更大，且分散相的奥氏熟化也更快速，因此泡沫体系更不稳定。涉及泡沫的乳制品有冰淇淋、搅打奶油、蛋糕、蛋奶酥、奶泡等，这些产品主要是以乳蛋白作为起泡剂，并经吹泡、搅打或振摇而形成。相比油水界面，气水界面的自由能更大。因此，作为起泡剂的蛋白分子必须要具有较好的柔顺性和两亲性，从而能快速地吸附至新产生的气水界面，且随即在气水界面上发生展开和重排，以形成稳定的界面膜并使界面张力大幅度地降低(王璋等，2003)。乳蛋白的起泡能力和泡沫稳定性通常采用乳蛋白溶液经搅打后所产生泡沫的体积和放置一段时间后泡沫体积的变化来表示。此外，还可以采用薄膜泡沫、动态界面张力以及蛋白吸附行为来评价乳蛋白的起泡性。如果乳蛋白呈现较好的吸附能力、气泡薄膜的保持时间较长或者动态界面张力的降低速率较快都代表乳蛋白的起泡性及其泡沫稳定性较好。然而，相比于油水界面的蛋白组成，气水界面的蛋白组成更难以研究，这是因为泡沫体系中气泡的分离比乳状液体系中油滴的分离更难。有研究发现，在喷雾干燥雾化液滴的气水界面上，游离态的β-酪蛋白比β-乳球蛋白具有更强的竞争吸附性，然而在喷雾干燥料液中添加钙离子，使β-酪蛋白发生聚集（20～30nm）后，β-乳球蛋白却比所得聚集态的β-酪蛋白具有更强的竞争吸附性（Landströma et al., 2003）。MPC 的起泡性受酪蛋白的聚集状态、离子强度和 pH 的影响较大。MPC 中的酪蛋白主要是以胶束的形式存在，因而在起泡能力和泡沫稳定性方面，MPC 都不如乳清蛋白和酪蛋白酸钠。

3.4.6 黏度

蛋白溶液的黏度是由蛋白分子的大小、形状、柔性、水合状态、流体动力学体积、聚集状态等共同决定。对于相同分子质量的大分子，展开的分子结构比紧密折叠的分子结构更能增加其溶液的黏度。酪蛋白分子的结构是展开的，其流体动力学体积较大，因而游离酪蛋白水溶液的黏度也较大（McSweeney and Fox，2013；Ye，2011）。在酪蛋白酸钠溶液体系中，酪蛋白分子主要是以单体和低分子质量聚集体的形式存在，因而其黏度也较大。然而，MPC 中的酪蛋白分子主要是以酪蛋白胶束的形式存在，其溶液的黏度则相对较低。酪蛋白溶液体系过高的黏度特性对于料液喷雾干燥工艺中的雾化过程是不利的，这就需要降低料液的固形物含量来使体系的黏度降低（Ye，2011；Baldwin，2010）。然而，喷雾干燥料液中固形物含量的降低会导致干燥成本的增加，以及所得粉体颗粒堆积密度的降低。此外，MPC 的黏度特性在肉糜、汤汁等食品中都有应用。

3.4.7 浊度

溶液的浊度是指其对光线透过时所产生的阻碍程度。胶体粒子能散射光，从而使胶体溶液呈现浑浊的状态。酪蛋白胶束具有胶体粒子的尺寸维度，因此其溶液（如脱脂乳）也呈现白色的浑浊状态。MPC 中酪蛋白胶束的原有结构保持较好，而且 MPC 还具有高蛋白和低乳糖的特点，因此其用于乳蛋白饮料的生产时，不仅会赋予产品乳白色的外观，还会抑制产品在生产加工过程中发生由美拉德反应所引发的色泽劣变（Agarwal et al.，2015）。MPC 溶液的浊度由酪蛋白胶束的大小、数量和折射率等共同决定。

3.5 浓缩乳蛋白粉的改性研究

MPC 在乳制品加工中的应用由其特定的功能性质所决定。因此，调控 MPC

的功能性质对于促进其在乳制品加工中的应用具有重要意义。MPC 的功能性质主要是受原料脱脂乳理化性质、生产工艺条件、储藏和运输条件、应用条件等因素的影响，因此这些因素就成为调控 MPC 功能性质的主要出发点。目前，调控 MPC 功能性质的主要方法有物理加工改性、化学修饰改性、酶法修饰改性、添加外源组分改性、脱钙处理改性。MPC 不同的组成和结构特性适应于 MPC 不同的功能性质，因此 MPC 功能性质的调控还需要以其最终的具体应用为导向。

3.5.1 物理加工改性

目前，食品加工业中常用的物理加工手段有均质、超声、高压、挤压、热处理等，这些物理加工手段中部分可以用在 MPC 的溶解过程中以辅助 MPC 的溶解，部分还可以用在 MPC 的生产工艺中以提高所得 MPC 自身的溶解性。有研究采用高压均质（8～12MPa）、高强度超声（20kHz/400W）、高速分散（17500r/min）和低速分散（1200r/min）四种物理剪切处理来辅助 MPC85 和胶束态酪蛋白粉的溶解，研究结果显示，均质、超声和高速分散这三种高强度的物理剪切处理都具有显著的促溶作用，其机理在于这些高强度的物理剪切处理使粉体颗粒破碎成了更小的颗粒，从而加速酪蛋白胶束从颗粒中的释放（Chandrapala et al.，2014）。升高溶解温度、延长溶解时间、提高溶解液的离子强度或采用物理剪切等辅助手段都可以提高 MPC 在水或牛乳中的溶解性，但这些物理辅助的方法会给产品的生产工艺带来额外的加工步骤和时间，从而增加产品的整体生产成本，而且这些物理辅助的方法也不能较好地满足乳制品加工业中生产工艺的连续化需求。此外，升高溶解温度对于含热敏性组分的乳制品（如配方乳粉和营养乳饮料）也是不完全适用的，而且当溶解温度达到 60℃及其以上时，乳清蛋白就会开始变性，进而导致 MPC 溶解性的降低。因此，为提高 MPC 产品的市场竞争力，就需要提高 MPC 自身的溶解性，即使 MPC 在室温条件下能够快速且彻底溶解。

有些研究采用微射流高压均质（40～120MPa）、高压均质（35/10MPa）、高强度超声（20～24kHz/450～600W）和静态高压处理（100～400MPa）四种物理加工方法来处理高蛋白含量（≥80%）MPC 喷雾干燥之前的浓缩液，结果显示，所得 MPC 自身的溶解性都有较大程度的提高，其潜在的机理在于这些高强度的物理处理使得酪蛋白胶束发生了部分解离，从而提高了浓缩液中非胶束态酪蛋白的含量，并最终导致 MPC 粉体颗粒的表面化学组成和微观结构发生了改变（Augustin et al.，2012；Udabage et al.，2012）。还有些研究在 MPC 传统的生产工艺中，将超滤分离的温度从 50℃降低到 15℃，或者采用纳滤分离替代降膜蒸发（温度从 75℃降低到 56℃）以对截留液做浓缩处理，又或者将喷雾干燥的进风温度从 178℃降低到 77℃，进一步的研究结果显示，所得 MPC 的溶解性都有提高，其机理在于这些使用了低温条件的操作处理较好地保持了蛋白分子的天然结构，而且低温膜过滤还可以降低 MPC 浓缩体系中钙离子的含量，这些都会减少蛋白分子在 MPC 加工和储藏过程中的相互作用(Cao et al.，2016；Luo et al.，2015；Fang et al.，2012)。其中，纳滤是介于超滤和反渗透之间的一种膜过滤分离技术，其截留分子质量的范围为 200～1000Da，膜孔径约为几纳米，因而纳滤分离对乳蛋白、乳糖和多价离子的截留效果较好。此外，还有研究发现，对 MPC80 浓缩液做低剪切挤压处理会显著降低所得 MPC80 的溶解性，但也有研究发现，在 MPC85 浓缩液的挤压过程中引入二氧化碳能显著提高所得 MPC85 的溶解性，其潜在的机理在于二氧化碳的引入使得 MPC85 的粉体颗粒呈现出多孔隙的结构，并且增加了浓缩体系中非胶束态酪蛋白的含量，这些都会促进 MPC85 自身溶解性的提高(Bouvier et al.，2013；Banach，2012)。通常来讲，这些常规的物理加工处理手段都具有绿色、安全等特点，但这些加工处理手段能使酪蛋白胶束发生解离的程度往往都是比较有限的。

3.5.2 化学修饰改性

在食品加工业中，修饰乳蛋白常用的化学处理手段有酰基化(乙酰化和丁酰化)、脱酰胺基、糖基化和脱糖基化、磷酸化和脱磷酸化等，这些常见的化学修饰处理中有部分可以改善 MPC 的功能性。有研究采用丁二酸酐对 MPC85 做酰基化处理，对应的蛋白酰基化程度约为 90%，进一步的研究发现，所得的酰基化 MPC85 在 pH 为 4～10 的条件下，其溶解性显著提高了，这是因为丁二酸酐与蛋白分子中的赖氨酸残基发生反应后，蛋白分子中的自由氨基被替换成了自由羧基，从而使蛋白分子的净负电荷增加，并进而使蛋白分子间和蛋白分子内的静电排斥力增加，最终导致蛋白分子之间相互交联聚集的减少(Shilpashree et al.，2015)。此外，酰基化处理在增加 MPC85 溶解性的同时，还增加了 MPC85 的持水力、黏度、乳化性和起泡性等其他功能性质。通常来讲，化学修饰处理会改变蛋白分子的一级结构，而且有的化学修饰处理还会降低蛋白质的消化性和营养价值，并给终产品带来一系列的安全隐患，这也就限制了化学修饰处理在 MPC 加工业中的应用。

3.5.3 酶法修饰改性

在食品加工业中，修饰乳蛋白常用的酶法处理手段有酶促水解、谷氨酰胺转氨酶交联等。有研究采用胰凝乳蛋白酶、胰蛋白酶、胃蛋白酶和木瓜蛋白酶分别对 MPC80 做限制性水解处理，对应的蛋白水解度为 3%～24%，进一步的研究发现，所得的限制性水解产物在 pH 为 4.6～7.0 的条件下，其溶解性都有较大程度的提高，这是因为所得限制性水解物的表面疏水性降低了(Banach et al.，2013)。蛋白酶促水解中所出现的共性问题为苦味物质的生成，这会降低产品的消费者接受度。现有的观点认为，苦味物质主要是疏水性的小肽。目前，解决苦味问题的主要方法有控制蛋白水解度、使用多肽酶及使用苦味掩盖剂。还有研究采用谷氨酰胺转氨酶对 MPC70 做交联处理,然后将交联的 MPC70 用于酸诱导凝胶的制备,进一步的研究发现,在最适的交联条件下(pH 7.25、35℃、1h、2.5U/g 酶),MPC70 的交联处理能显著增加凝胶的强度、黏度、持水力、乳清结合力(Chen et al., 2018)。

3.5.4 添加外源组分改性

在乳蛋白配料的生产加工中,通常使用的助溶组分有卵磷脂、单价盐类(如氯化钠和氯化钾)、乳清蛋白、多糖(如聚葡萄糖和海藻糖)等,这些助溶组分往往都具有较好的亲水性。有研究采用微射流高压均质(103MPa)处理 5%的大豆卵磷脂溶液,从而制备得到了平均粒径约为 82nm 的囊泡,然后将囊泡溶液与 MPC80 浓缩液混合,混合体系中磷脂的干基含量为 1%~9%,进一步的研究发现,所得 MPC 浓缩体系中囊泡的结构保持较完整,而且所得 MPC 的溶解性也显著提高了,其潜在的机理为:所加囊泡的粒径比酪蛋白胶束的粒径(20~500nm)要小,其在 MPC 粉体颗粒中能作为一种惰性的间隔物,从而阻碍邻近酪蛋白胶束之间的交联聚集(Udabage et al., 2012)。

在传统的食品加工业中,卵磷脂往往是在蛋白配料喷雾干燥结束之后的造粒工艺中被喷涂到粉体颗粒的外表面,以增加粉体颗粒的润湿性或速溶性,这与添加卵磷脂囊泡对所得 MPC 的增溶机理是不同的。还有些研究发现,当 MPC 中氯化钠或氯化钾等单价盐的含量达到 35~250mmol/100g 蛋白质时,MPC 的溶解性将显著增加,其潜在的增溶机理与单价盐的添加方式有关(Carr et al., 2004)。在 MPC 的整个生产工艺过程中,可以添加单价盐的操作单元主要有超滤、洗滤、蒸发浓缩、喷雾干燥。其中,在喷雾干燥过程中添加单价盐是指在同一喷雾干燥器中,采用两套独立的雾化装置分别与浓缩液和单价盐溶液相连,从而达到使浓缩液和盐溶液一同喷干的目的(Schuck et al., 2002)。总的来讲,MPC 中单价盐的添加会增加所得粉体颗粒基底环境的亲水性,进而增加溶解液对粉体颗粒表面和内部的湿润速度。有研究发现,相比单价盐与 MPC 粉体的干混,在 MPC 浓缩液中添加单价盐对所得 MPC 具有更好的增溶效果,这可能与单价盐在浓缩液体系中对酪蛋白胶束结构的影响有关(Baldwin, 2010)。还有研究发现,在脱脂乳超滤分离的洗滤液中添加氯化钠或氯化钾(150mmol/L)可以增加乳清相的离子强度,从而降低钙离子的活度系数,并提高钙盐的溶解性,这会促使胶束态钙离子解离到乳清相中,并逐渐随透过液被去除,胶束态钙离子的部分解离也将促使部分胶束态酪蛋白解离到乳清相中(Sikand et al., 2013)。因此,在所得的 MPC 浓缩体系中钙离子的含量将降低,而非胶束态酪蛋白的含量将增加,这些都将最终导致 MPC 溶解性的增加。此外,对表面疏水性较强的酪蛋白分子来讲,液态体系中离子强度的增加会促进蛋白分子与单价离子之间的相互作用,从而增加酪蛋白分子的溶解性(Mao et al.，2012)。通常来讲，这些助溶组分往往都不是牛乳中天然存在的内源性组分，因此其在 MPC 生产过程中的添加会导致所得 MPC 的化学组成发生改变，而且这些非内源性的组分还可能对 MPC 的其他功能性质造成不利的影响，从而限制 MPC 在一些特定食品中的应用。

3.5.5 脱钙处理改性

酪蛋白是 MPC 中的主要蛋白，因此 MPC 的功能性质与酪蛋白胶束的结构是高度相关的，任何能改变酪蛋白胶束结构(即酪蛋白分子聚集状态)的加工处理手段都能影响所得 MPC 的功能性质。酪蛋白胶束中的胶体磷酸钙是维持胶束结构完整性的关键组分之一，其与乳清相中的游离态钙离子处于动态平衡之中。因此，只要能使酪蛋白胶束结构中的胶体磷酸钙解离到乳清相中，就能降低酪蛋白胶束结构的稳定性，并使酪蛋白从酪蛋白胶束结构中解离到乳清相中，最终达到调控 MPC 功能性质的目的。目前，乳制品加工业中常用的促使胶体磷酸钙解离的方法有离子交换脱钙法、螯合脱钙法和酸化脱钙法。

1. 离子交换脱钙对 MPC 的改性

阳离子交换树脂是由基质和功能基团所组成，其中直接发挥离子交换作用的是功能基团。根据功能基团的解离性质，阳离子交换树脂可以分为强酸型阳离子交换树脂和弱酸型阳离子交换树脂，两者最常用的功能基团分别为磺酸基(如 Amberlite SR1L Na)和羧基(如 Duolite C433)。用于乳制品脱钙处理的阳离子交换树脂通常是以钠离子或钾离子作为其功能基团的平衡离子，这些平衡离子会与乳制品体系中的自由钙离子发生等电荷当量且可逆的交换，其结果是所得乳制品中钙离子的含量降低，而平衡离子的含量增加(Ranjith et al.，1999)。离子交换脱钙技术的产业化应用需要在 MPC 传统的膜过滤分离生产工艺中增加新的单元操作，而且离子交换树脂的活化与再生都需要长时间的酸碱和水洗处理。此外，离子交换脱钙技术对 MPC 脱钙率的可控性较差，而且与钙离子发生交换的大量单价阳离子会最终残留在 MPC 中。

有研究采用带磺酸基团的钠型阳离子交换树脂处理脱脂乳的膜过滤截留液，从而得到了脱钙率为 0%、11%、19%、27%和 37%的一系列 MPC80，结果显示，当脱钙率达到 27%及以上时，酪蛋白胶束的结构发生了显著的解离，而且对应的脱钙 MPC80 在温度为 35℃的条件下储藏 112d 后，其溶解性无显著性的变化，即都保持在 98%左右(徐雨婷，2016)。该研究还发现，随着脱钙率的增加，MPC80 的酸诱导凝胶特性(流变学性质、质构、持水力、微观结构)逐渐降低，但体系中钙离子的回补能显著恢复其酸诱导凝胶特性，当 MPC80 的脱钙率在 11%及以下时其酸诱导凝胶特性可通过钙的回补得到基本恢复。另外，MPC80 的乳化性和乳化稳定性，以及起泡性和泡沫稳定性都随脱钙率的增加而提高。当 MPC80 的脱钙率达 37%及以上时，其复溶液具有较高的澄清度和热稳定性，可用于半透明和透明型乳蛋白饮料的研发和生产。半透明和透明型乳蛋白饮料具有良好的感官和营养特性，其在近年来越来越受到国内外消费者(如运动爱好者)的热捧。目前，该类饮料主要是以乳清蛋白为蛋白基料。然而，在乳蛋白饮料常用的高温杀菌工艺条件下，乳清蛋白极易产生热诱导变性，并生成由二硫键介导的蛋白共价聚集体，从而降低乳蛋白饮料体系的透明度和稳定性。因此，高度脱钙的 MPC 可作为一种新型的乳蛋白基料，以替代乳清蛋白而用于半透明和透明型乳蛋白饮料的生产。此外，脱钙 MPC 中酪蛋白胶束结构的解离使得 MPC 复溶液的黏度显著增加，这对于 MPC 在乳制品加工业中一些特定的应用是有利的，如乳状液的稳定、汤汁和饮料的增稠等。还有研究通过离子交换处理而制备得到了脱钙率为 0%～87%的一系列 MPC80。脱钙处理降低了所得乳状液液滴的尺寸，而且这些小尺寸的液滴在低蛋白浓度的条件下具有较高的稳定性，这说明脱钙处理提高了 MPC80 的乳化性和乳化稳定性(Ye，2011)。

2. 螯合脱钙对 MPC 的改性

在乳制品加工业中，常用的钙离子螯合剂有柠檬酸盐、EDTA、多聚磷酸盐、草酸盐等，其在脱脂乳中会与游离钙离子相结合，从而使乳清中的磷酸钙不再处于饱和溶解状态，并进而促使胶体磷酸钙解离到乳清中，乳清中的游离钙会在脱脂乳随后的膜过滤分离过程中随透过液被逐渐去除，从而降低 MPC 中钙的含量。有研究通过在脱脂乳超滤分离过程中添加不同量的钙离子螯合剂，从而制备得到了钙离子含量为 0～40mg/g 蛋白质的一系列脱钙 MPC，最后将脱钙 MPC 用于奶酪和再制奶酪的生产(Guinee et al.，2013)。该研究采用的钙离子螯合剂为柠檬酸三钠与柠檬酸的混合物，其摩尔混合比为 7.5：1，按这样的比例添加使脱脂乳保持其原始的 pH。钙离子螯合剂可以在原始脱脂乳中添加，也可以在脱脂乳超滤分离的截留液中添加，而且添加形式可以是干粉或溶液。在后续的膜过滤分离过程中，尤其是在加水洗滤的过程中，螯合剂与钙离子之间形成的复合物以及多余的螯合剂将随透过液被逐渐去除。有研究采用柠檬酸三钠对胶束态酪蛋白做脱钙处理，对应的脱钙率范围为 24%～81%，进一步的研究发现，脱钙处理提高了胶束态酪蛋白的乳化性，却降低了所得乳状液的稳定性(Lazzaro et al.，2017)。还有研究发现，脱脂乳经 EDTA(10mmol/L)处理后，其乳化性和乳化稳定性都显著增加了，这是因为 EDTA 的加入使酪蛋白胶束中的胶体磷酸钙和胶束态酪蛋白发生了部分解离(Ward et al.，1997)。

在脱脂乳微滤分离的洗滤液中添加 5mmol/L 的柠檬酸氢二钠或 100mmol/L 的氯化钠能使部分胶束态钙离子发生解离，并进而促使部分胶束态酪蛋白解离到乳清相中，这就增加了酪蛋白胶束浓缩体系中非胶束态酪蛋白的含量，并最终导致所得胶束态酪蛋白粉溶解性的显著增加(Schokker et al., 2011)。然而，在脱脂乳微滤分离的洗滤液中添加 10mmol/L 的氯化钙则能使乳清中的非胶束态酪蛋白结合到酪蛋白胶束中，这就降低了酪蛋白胶束浓缩体系中非胶束态酪蛋白的含量，并最终导致所得胶束态酪蛋白粉溶解性的显著降低。这些盐的添加量在脱脂乳微滤截留液中所达到的浓度都比较低，其并不会导致酪蛋白胶束的完全解离或絮凝聚集。上述结果都说明，酪蛋白胶束浓缩体系中的非胶束态酪蛋白对所得的胶束态酪蛋白粉具有较好的增溶作用。为进一步证实这个假设，该研究组又在胶束态酪蛋白粉的生产过程中添加了 4%～12%外源性的非胶束态酪蛋白，即酪蛋白酸钠，进一步的研究发现，所得胶束态酪蛋白粉的溶解性也显著增加了，其增加的幅度与酪蛋白酸钠的添加方式有关。相比在洗滤液中的添加以及在干粉中的添加，在喷雾干燥之前的浓缩液中添加使得酪蛋白酸钠对胶束态酪蛋白粉的增溶效果最强，这是因为在喷雾干燥之前的浓缩液中添加使得酪蛋白胶束浓缩体系中非胶束态酪蛋白的含量最高。酪蛋白酸钠的添加还会增加酪蛋白胶束浓缩体系中钠离子的含量，但增加量比较有限以至于不能对胶束态酪蛋白粉的溶解性造成显著的影响。

上述研究组随后提出了两种机理来解释非胶束态酪蛋白对胶束态酪蛋白粉的增溶作用。在脱脂乳经微滤分离处理后所得的胶束态酪蛋白浓缩液中，非胶束态酪蛋白的相对含量极低，因而在胶束态酪蛋白浓缩液喷雾干燥的过程中，酪蛋白胶束将竞争吸附于雾化液滴的气液界面，这使得酪蛋白胶束在所得粉体颗粒的气固界面上富集并发生结构的展开与重组。因此，在胶束态酪蛋白粉随后的储藏过程中，粉体颗粒表面邻近的酪蛋白胶束之间极易产生交联聚集，并导致粉体颗粒表面壳层的形成，从而在胶束态酪蛋白粉的溶解过程中限制酪蛋白胶束从粉体颗粒中的释放。然而，当胶束态酪蛋白浓缩液中非胶束态酪蛋白的相对含量增加时，其在喷雾干燥过程中小尺寸的非胶束态酪蛋白分子将竞争吸附于雾化液滴的气液界面，从而减少酪蛋白胶束在所得粉体颗粒气固界面上的富集和展开，这会在胶束态酪蛋白粉随后的储藏过程中阻碍邻近酪蛋白胶束之间的交联聚集，并最终抑制粉体颗粒表面壳层的形成。此外，在胶束态酪蛋白的粉体颗粒中，非胶束态的酪蛋白分子还可作为一种惰性的间隔物，从而在胶束态酪蛋白粉随后的储藏过程中抑制邻近酪蛋白胶束之间的交联聚集。在胶束态酪蛋白粉体颗粒的表面和内部，相邻酪蛋白胶束之间交联聚集的减少会在粉体颗粒的溶解过程中促进酪蛋白胶束从颗粒中的释放。

3. 酸化脱钙对 MPC 的改性

乳制品加工业中常用的酸化剂有葡萄糖酸-δ-内酯(GDL)、盐酸、硫酸、乙酸、乳酸、二氧化碳等，其在脱脂乳中释放出的质子会使乳清中磷酸根离子的质子化程度增加，从而使乳清中磷酸钙的饱和溶解度增加，并进而促使酪蛋白胶束中的胶体磷酸钙解离到乳清中。在酸化脱脂乳的膜过滤分离过程中，乳清中的游离钙离子会随透过液被逐渐去除，从而降低 MPC 中钙的含量。在脱脂乳中添加钙离子螯合剂和酸化剂都可以使乳清相中钙离子的含量增加，前者对应的乳清相中钙离子主要是以离子化合物的形式存在，而后者对应的乳清相中钙离子主要是以自由离子的形式存在，这些游离钙离子都会在脱脂乳随后的膜过滤分离过程中随透过液被逐渐去除(Bastian et al., 1991)。在钙离子螯合剂脱除胶束态钙离子的同时，胶束态酪蛋白分子上与钙离子相结合的负电荷基团(磷酸或羧酸)也将暴露出来，从而增加酪蛋白胶束内部邻近蛋白分子之间的静电排斥力，并进而促使胶束态酪蛋白解离到乳清相中(Ward et al., 1997)。然而，在酸化剂脱除胶束态钙离子的同时，胶束态酪蛋白分子上与钙离子相结合的负电荷基团将在酸化剂的促使下发生质子化，而且乳清相的离子强度也将显著增加(静电屏蔽效应增加)，因而脱钙后的酪蛋白胶束将主要在疏水相互作用的维持下保持一种相对稳定的状态，而胶束态酪蛋白的解离则将随体系温度的降低而增加(De la Fuente，1998)。

有研究在脱脂乳中添加 GDL(3.25g/L)使其 pH 从 6.6 降低到 6.0，然后通过超滤分离和喷雾干燥制备得到了 MPC65 和 MPC80，两者的脱钙率分别为 3.5%和 13.6%，进一步的研究发现，相比于未经脱钙处理的 MPC65 和 MPC80，脱钙 MPC65 的初始溶解性无显著性的变化，而脱钙 MPC80 的初始溶解性则有小幅度的提高(Eshpari et al., 2014)。该研究还发现，相比于未经脱钙处理的 MPC65 和 MPC80，脱钙 MPC65 和 MPC80 复溶液的热稳定性较低，然而中和复溶液的 pH 后其热稳定性显著增加。还有研究在脱脂乳中添加盐酸(1mol/L)使其 pH 从 6.7 分别降低到 6.3、5.9 和 5.5，然后通过超滤分离和冷冻干燥制备得到了一系列 MPC55，其对应的脱钙率分别为 4.5%、7.9%和 18.0%，脱钙 MPC55 的初始溶解性随脱脂乳 pH 的降低而降低，然而当使脱钙 MPC55 复溶液的 pH 都回调到 6.7 时，其对应的初始溶解性则随脱脂乳 pH 的降低而显著增加，这可能是因为复溶液 pH 的回调使酪蛋白胶束的表面电荷分布和微观结构都得到了一定程度的恢复(Luo et al., 2016)。该研究还发现，脱钙 MPC55 复溶液的热稳定性随脱脂乳 pH 的降低而降低，然而回调复溶液的 pH 后其热稳定性也显著增加，这可能是因为复溶液 pH 的回调使得钙离子的活度降低了。此外，回调脱钙 MPC55 复溶液的 pH 后，其乳化性和乳化稳定性都得到了改善。虽然回调脱钙 MPC55 复溶液的 pH 能显著提高其溶解性、热稳定性和乳化性，但是脱钙 MPC55 自身的溶解性、热稳定性和乳化性还是较低的，这就意味着终端用户在使用该类 MPC55 产品时还需要增设回调复溶液 pH 的处理步骤，这样的产品也不具有较好的市场竞争力。还有研究采用盐酸(1mol/L)将脱脂乳的 pH 从 6.8 分别降低到 6.4、6.1、5.8 和 5.5，然后采用原始脱脂乳的超滤透过液对酸化过的脱脂乳做透析处理，所得透析脱脂乳的脱钙率分别为 7.4%、18.4%、33.3%和 48.7%，进一步的研究发现，脱钙处理并未改变脱脂乳的起泡性，但却显著降低了所得泡沫的稳定性(Silva et al.，2013)。还有研究在脱脂乳超滤分离的截留液中添加硫酸(5%)使其 pH 分别降低到 5.8 和 5.6，然后通过加水洗滤和脱水干燥制备得到了 MPC85，其对应的脱钙率分别为 30%和 45%，进一步的研究发现，脱钙 MPC85 在温度为 40℃的条件下储藏 11 周后，其溶解性无显著性的变化(Bhaskar et al.，2007)。相比酸化剂在脱脂乳膜过滤分离过程中的添加，其在初始脱脂乳中的添加对 MPC85 所能达到的脱钙效果要更好。

在脱脂乳中注入 2200ppm (1ppm=10^{-6}) 的二氧化碳使其 pH 从 6.6 降低到 5.8，并且在脱脂乳随后的超滤分离过程中继续注入二氧化碳，以使浓缩体系的 pH 持续保持为 5.8，再通过喷雾干燥制备得到了 MPC80，其脱钙率为 34.1%，进一步的研究发现，脱钙 MPC80 在温度为 40℃的条件下储藏 90d 后，其溶解性无显著性的变化(Marella et al.，2015)。当采用二氧化碳作为酸化剂时，所得脱脂乳超滤分离的截留液中残留的二氧化碳在后续的喷雾干燥过程中极易被去除。然而，在脱脂乳中添加二氧化碳也需要在 MPC 传统的生产工艺中增加额外的单元操作，而且二氧化碳的添加以及脱脂乳随后的膜过滤分离都需要在低温的条件下进行，这些都会使产品的生产成本显著增加。综上所述，采用非气态的酸化剂脱除 MPC 中的钙离子具有较好的可行性，其只需在 MPC 传统的生产工艺流程中增加向初始脱脂乳中添加酸化剂的步骤，而并不需要改变原有的单元操作或增加额外的单元操作。

3.6　浓缩乳蛋白粉的主要应用

MPC 最早的应用是奶酪的生产，最初 MPC56 在中东地区被用于奶酪的生产，之后 MPC70 在美国被用于再制奶酪的生产，MPC80 在日本被用于牛乳的生产，MPC85 在欧洲被用于奶酪的增产以及发酵乳制品的生产。鉴于 MPC 独特的营养和功能特性，其应用范围正在逐渐扩大。在乳制品市场中，采用 MPC 为蛋白基料的乳制品所占的市场份额约为 25%，而且 MPC 在乳制品加工业中的应用正逐年增加，有调查显示，在全世界范围内，以 MPC 为蛋白基料的乳制品每年都会新增加上千种(Agarwal et al.，2015；Luo et al.，2015)。

3.6.1　奶酪和再制奶酪

MPC 或脱脂乳的超滤截留液可用于奶酪基料的蛋白强化或标准化，从而维持奶酪产品品质的全年稳定。有研究在奶酪基料(全脂乳)中添加脱脂乳粉或 MPC，然后比较了这两种不同的原料对奶酪组成、得率和性质的影响，研究结果显示，脱脂乳粉的添加使得奶酪的得率降低，而 MPC 的添加则使得奶酪的得率增加，这是因为 MPC 的添加使得奶酪体系中矿物质（如胶体磷酸钙）的流失较少（Bhaskar et al.，2007）。还有研究发现，采用 MPC 强化奶酪基料，使奶酪的得率从 13.8%增加到 16.7%，这是因为 MPC 的添加使得乳基固形物的回收率和奶酪的水分含量都增加（Caro et al.，2011）。此外，MPC 的添加还使奶酪中脂肪与蛋白质的比例降低，从而使得奶酪体系对脂肪的保留能力增加（Guinee et al.，2006）。MPC 被允许添加的奶酪主要有比萨专用奶酪、意大利乡村软酪、希腊白软奶酪、再制奶酪等，而切达奶酪的生产则不允许添加 MPC。此外，用于奶酪生产的 MPC，其蛋白干基含量通常为 60%～70%。传统上，再制奶酪是一种或几种奶酪在乳化盐存在下经加热处理而形成的均匀胶质体。再制奶酪的配方主要包括主体、风味成分、乳化盐等，其中主体通常是由新制奶酪所提供，这是因为新制奶酪中的大多数酪蛋白还未被蛋白酶水解，可构建再制奶酪的主干部分。合适的主体使得再制奶酪在保质期内能保持较好的外形、涂抹性、拉丝性、融化性等。MPC 中的酪蛋白都是完整酪蛋白，可用于替代新制奶酪或与新制奶酪混合，为再制奶酪提供主体、坚固性、弹性和强度。

3.6.2 发酵乳制品

全球市场中最常见的发酵乳制品有饮用型酸奶、罐装酸奶、搅拌型酸奶、高蛋白酸奶（希腊酸奶）、高温处理（常温）酸奶、益生菌发酵乳饮料等。目前，发酵乳制品的生产过程主要是通过添加脱脂乳粉对原料乳进行标准化，但是脱脂乳粉较高的乳糖含量往往会给最终产品带来质构和风味等方面的品质缺陷，而解决这一问题的常用方法为添加凝胶剂和稳定剂。MPC 具有高蛋白和低乳糖含量的特点，可替代脱脂乳粉而于发酵乳制品原料乳的标准化。酸奶是全脂乳或脱脂乳经发酵而成的一种发酵乳制品，其加工步骤简单，但持续稳定地加工出缺陷少、品质高的酸奶并不容易。原料乳中蛋白质的种类和含量是影响酸奶品质的重要因素。在酸奶的生产中，MPC 的添加可改善其质构特性，降低乳清析出，并提高产品稳定性。希腊酸奶是一种蛋白含量高达 5%～10%的勺吃型酸奶。传统上，希腊酸奶的生产是以全脂牛乳或脱脂牛乳为原料，经巴氏杀菌处理后进行菌种发酵，然后搅拌凝乳并用离心式分离器移除乳清，从而增加终产品的蛋白含量。在分离过程中，排出的乳清占发酵乳的体积比为 50%～75%，这将产生巨大的处理成本和环境成本。希腊酸奶的另一种生产工艺是在原料乳中添加 MPC，强化其蛋白含量，从而免去后续的排乳清过程，这将简化生产步骤，并降低生产成本。相比脱脂乳粉，采用 MPC 强化希腊酸奶的原料乳还可减少发酵时间，并降低处理和储藏原料的成本。酪蛋白酸钠也可以使原料乳中酪蛋白的含量增加，并使酸奶的黏度更高，然而酪蛋白酸钠常使产品风味不佳、口感带沙，其添加量有所限制。浓缩乳清蛋白也一直被用作酸奶原料，但由于终产品风味和成本的问题，其添加量也有所限制。乳清蛋白的添加会促进嗜热链球菌和双歧杆菌的生长，而对保加利亚乳杆菌的生长则有一定的抑制作用。有研究将浓缩乳蛋白、脱脂乳粉、浓缩乳清蛋白和酪蛋白酸钠添加到牛乳基料中进行酸奶发酵，并比较了不同种类的乳蛋白添加对搅拌型酸奶发酵特性和品质特性的影响，研究结果显示，各乳蛋白的添加都延长了酸奶的发酵时间，并提高了酸奶的黏度和持水力，而浓缩乳蛋白和脱脂乳粉的添加还提高了酸奶的风味(孙颜君，2013)。

3.6.3 乳蛋白饮料

常见的乳蛋白饮料有超高温灭菌乳、风味乳和强化乳、酸性乳和果汁乳、高蛋白乳饮料、医疗营养饮料和代餐饮料等。MPC 在乳蛋白饮料中的应用潜能较大，其既可作为低成本的蛋白替代品，又可作为营养丰富的蛋白强化剂。此外，MPC 的风味比脱脂乳粉和全脂乳粉都更清淡，这使得饮料制造商可添加更多的蛋白质，而不对终产品的风味造成较大的影响。MPC 通常被用于中性乳饮料的生产，也可与稳定剂一起而用于酸性乳饮料的生产。MPC 中的酪蛋白在靠近其等电点(pH 4.6)时易产生絮凝聚集或者使溶液体系变得较为黏稠，目前解决这一问题的主要方法是添加果胶、羧甲基纤维素和藻酸丙二醇酯等亲水胶体，并通过均质处理促使亲水胶体与酪蛋白通过静电相互作用形成复合体，从而提高酸性乳饮料的稳定性(Agarwal et al.，2015)。表观黏度是乳蛋白饮料的一项重要特性，因为它既影响消费者的口感体验，又影响产品的加工过程。目前，采用 MPC 与浓缩乳清蛋白相复配是降低饮料体系黏度的常用方法。此外，热稳定性是乳蛋白饮料(尤其是高蛋白乳饮料)的另一项重要特性，对热稳定性的测试(热凝固时间)是产品研发中被广泛使用的原料筛选方法。当 MPC 被用于高蛋白乳饮料的生产时，可通过添加钙离子螯合剂来降低体系中活性钙离子的含量，从而提高乳饮料的热稳定性。

3.6.4 运动营养食品

乳蛋白对运动员十分重要，其可促进肌肉的再生和机体的恢复。乳清蛋白的营养价值较高，且消化速率较快，已被广泛用于高蛋白膳食补充剂等食品的生产。然而，MPC 中的酪蛋白会在胃液中生成絮凝，其消化速率较慢，且氨基酸的释放时间较长，这些特性已逐渐引起了各方面的重视，因而 MPC 在高蛋白膳食补充剂等食品中的应用也越来越广泛(Lacroix et al.，2006；Hall et al.，2003)。MPC 在该类食品中应用时所出现的主要问题是其会导致体系黏度过高，目前生产商解决这一问题的主要方法是调控酪蛋白胶束的粒径以及乳清蛋白的变性程度(Hemar et al.，2001)。MPC 在运动营养食品中的另一重要应用是高蛋白营养棒。

MPC 在这类食品中应用时所出现的突出问题是其会导致体系质构在储藏过程中发生硬化。有研究发现，使用不同的乳蛋白进行复配以及对 MPC 做水解或挤压处理，都可以延缓或抑制高蛋白营养棒体系在储藏过程中发生质构硬化的现象（Loveday et al.，2009）。

3.6.5 其他食品

MPC 还被广泛地应用于超高温灭菌牛乳、冰淇淋、冷冻酸奶、配方乳粉、焙烤食品、糖果制品、肉制品、涂抹食品、色拉调味料、汤和酱汁、复原淡炼乳和甜炼乳、茶和咖啡增白剂等食品的研发与生产。对于低乳糖牛乳的生产，MPC 可替代超高温灭菌脱脂牛乳或全脂牛乳中多至 20%的蛋白质，并保持牛乳的功能性和感官特性。对于冰淇淋的生产，采用 MPC56 或 MPC80 替代传统使用的脱脂乳粉，并不会影响最终产品的理化性质，这说明 MPC 可用于低乳糖冰淇淋的生产（Alvarez et al.，2005）。对于冷冻希腊酸奶的生产，MPC 的使用在增加蛋白含量的同时，并不会使乳糖含量显著增加，而脱脂乳粉的使用则使产品的乳糖含量显著增加，从而导致体系中发生乳糖结晶的现象。在没有充足鲜牛乳供应的国家，脱脂乳粉、无水奶油和乳化剂常用于调配甜炼乳，采用 MPC 替代一半的脱脂乳粉对甜炼乳的风味并没有显著的影响，其表观黏度将降低，且表观黏度在甜炼乳的保质期保持稳定。

3.7 展　　望

本章主要综述了近年来 MPC 在加工方法、种类、标准和特点、功能性质、改性研究及主要应用等方面的研究进展。功能性质是决定 MPC 在乳制品中应用的关键因素。随着社会经济的发展和国民生活水平的提高，新品种和高质量乳制品的市场需求量正日益增大，这就需要乳基配料要具有更加优良的功能性质，同时还需要乳基配料能够按照特定的功能性质进行区分。对 MPC 来讲，这就需要生产商能根据目标乳制品的品种和质量要求，生产通适性的标准 MPC 以及不同适应性的专用 MPC，以满足家庭、作坊和大型乳制品加工企业对 MPC 功能性质的多样性需求，从而实现 MPC 产品的市场定制。关于 MPC 溶解性下降的现象和机理，以及溶解性的调控策略，目前已有大量的研究。MPC 的凝胶性、乳化性、起泡性、热稳定性、成膜性等其他功能性质，以及酶法修饰、物理加工处理、添加外源组分等功能性调控策略单独或联合应用的有效性，都还有待于进一步的研究。此外，关于膜分离技术在 MPC 生产中的应用，其主要问题是膜的污染，如何开发抗污染的超滤膜以及如何优化膜分离生产工艺以达到最好的过滤性能，将是今后重要的研究方向。开展MPC功能性质和生产技术的研究，将促进 MPC标准粉和专用粉的国内工业化生产，最终降低甚至是消除我国乳制品加工业对进口MPC产品的依赖性。

参 考 文 献

孙颜君. 2013. 乳蛋白浓缩物(MPC)的生产及其在搅拌型酸奶中的应用研究. 西北农林科技大学硕士学位论文.

王妍. 2013. 乳蛋白浓缩物制备中膜污染模型建立及清洗方法的研究. 东北农业大学硕士学位论文.

王璋，许时婴，江波，等. 2003. 食品化学. 北京：中国轻工业出版社.

徐雨婷. 2016. 离子交换脱钙对浓缩乳蛋白溶解性和功能性的影响. 江南大学硕士学位论文.

Agarwal S, Beausire R L W, Patel S, et al. 2015. Innovative uses of milk protein concentrates in product development. Journal of Food Science, 80(1): 23-29.

Alvarez V B, Wolters C L, Vodovotz Y, et al. 2005. Physical properties of ice cream containing milk protein concentrates. Journal of Dairy Science, 88(3): 862-871.

Amelia I, Barbano D M. 2013. Production of an 18% protein liquid micellar casein concentrate with a long refrigerated shelf life. Journal of Dairy Science, 96(5): 3340-3349.

Anema S G, Pinder D N, Hunter R J, et al. 2006. Effects of storage temperature on the solubility of milk protein concentrate (MPC85). Food Hydrocolloids, 20(2-3): 386-393.

Augustin M A, Sanguansri P, Williams R, et al. 2012. High shear treatment of concentrates and drying conditions influence the solubility of milk protein concentrate powders. Journal of Dairy Research, 79(4): 459-468.

Augustin M A, Udabage P. 2007. Influence of processing on functionality of milk and dairy proteins. Advances in Food and Nutrition Research, 53(7): 1-38.

Baldwin A J. 2010. Insolubility of milk powder products: a mini review. Dairy Science & Technology, 90(2-3): 169-179.

Baldwin A J, Truong G N T. 2007. Development of insolubility in dehydration of dairy milk powders. Food and Bioproducts Processing, 85(3): 202-208.

Banach J C. 2012. Modification of milk protein concentrate and applicability in high-protein nutrition bars. Iowa State University Master Thesis.

Banach J C, Lin Z, Lamsal B P. 2013. Enzymatic modification of milk protein concentrate and characterization of resulting functional properties. LWT - Food Science and Technology, 54(2): 397-403.

Bansal N, Truong T, Bhandari B. 2017. Feasibility study of lecithin nanovesicles as spacers to improve the solubility of milk protein concentrate powder during storage. Dairy Science & Technology, 96(6): 861-872.

Bastian E D, Collinge S K, Ernstrom C A. 1991. Ultrafiltration: partitioning of milk constituents into permeate and retentate. Journal of Dairy Science, 74(8): 2423-2434.

Bhaskar G V, Havea P, Elston P. 2006. Dairy protein process and applications thereof: USA, 0159804A1.

Bhaskar G V, Singh H, Blazey N D. 2007. Milk protein products and processes: USA, 7157108B2.

Bouvier J M, Collado M, Gardiner D, et al. 2013. Physical and rehydration properties of milk protein concentrates: comparison of spray-dried and extrusion-porosified powders. Dairy Science & Technology, 93 (4-5): 387-399.

Burgain J, Scher J, Petit J, et al. 2016. Links between particle surface hardening and rehydration impairment during micellar casein powder storage. Food Hydrocolloids, 61: 277-285.

Cao J L, Wang G, Wu S Z, et al. 2016. Comparison of nanofiltration and evaporation technologieson the storage stability of milk protein concentrates. Dairy Science & Technology, 96 (1): 107-121.

Caro I, Soto S, Franco M J, et al. 2011. Composition, yield, and functionality of reduced-fat Oaxaca cheese: effects of using skim milk or a dry milk protein concentrate. Journal of Dairy Science, 94 (2): 580-588.

Carr A, Bhaskar V, Ram S. 2004. Monovalent salt enhances solubility of milk protein concentrate: USA, 0208955A1.

Chandrapala J, Martin G J O, Kentish S E, et al. 2014. Dissolution and reconstitution of casein micelle containing dairy powders by high shear using ultrasonic and physical methods. Ultrasonics Sonochemistry, 21 (5): 1658-1665.

Chen L T X, Li Y, Han J, et al. 2018. Influence of transglutaminase-induced modification of milk protein concentrate (MPC) on yoghurt texture. International Dairy Journal, 78: 65-72.

Crowley S V, Megemont M, Gazi I, et al. 2014. Heat stability of reconstituted milk protein concentrate powders. International Dairy Journal, 37 (2): 104-110.

Crowley S V, Boudin M, Chen B, et al. 2015. Stability of milk protein concentrate suspensions to in-container sterilisation heating conditions. International Dairy Journal, 50: 45-49.

Dalgleish D G, Corredig M. 2012. The structure of the casein micelle of milk and its changes during processing. Annual Review of Food Science and Technology, 3 (1): 449-467.

De la Fuente M A. 1998. Changes in the mineral balance of milk submitted to technological treatments. Trends in Food Science & Technology, 9 (7): 281-288.

Eshpari H, Tong P S, Corredig M. 2014. Changes in the physical properties, solubility, and heat stability of milk protein concentrates prepared from partially acidified milk. Journal of Dairy Science, 97 (12): 7394-7401.

Fang Y, Rogers S, Selomulya C, et al. 2012. Functionality of milk protein concentrate: effect of spray drying temperature. Biochemical Engineering Journal, 62 (3): 101-105.

Francolino S, Locci F, Ghiglietti R, et al. 2000. Use of milk protein concentrate to standardize milk composition in Italian citric Mozzarella cheese making. LWT - Food Science and Technology, 43: 310-314.

Freudig B, Hogekamp S, Schubert H. 1999. Dispersion of powders in liquids in a stirred vessel. Chemical Engineering and Processing, 38 (4): 525-532.

Fyfe K N, Kravchuk O, Le T, et al. 2011. Storage induced changes to high protein powders: influence on surface properties and solubility. Journal of the Science of Food and Agriculture, 91 (14): 2566-2575.

Gazi I, Huppertz T. 2015. Influence of protein content and storage conditions on the solubility of caseins and whey proteins in milk protein concentrates. International Dairy Journal, 46: 22-30.

Gelais D S, Hache S, Louis M G. 1992. Combined effects of temperature, acidification, and diafiltration on composition of skim milk retentate and permeate. Journal of Dairy Science, 75(5): 1167-1172.

Guinee T P, O'Kennedy B T, Kelly P M. 2006. Effect of milk protein standardization using different methods on the composition and yields of Cheddar cheese. Journal of Dairy Science, 89(2): 468-482.

Guinee T P, O'Kennedy B T, Kelly P M, et al. 2013. Process for manufacturing cheese using milk protein concentrate powder: EP, 2647293A1.

Hall W L, Millward D J, Long S J, et al. 2003. Casein and whey exert different effects on plasma amino acid profiles, gastrointestinal hormone secretion and appetite. British Journal of Nutrition, 89(2): 239-248.

Havea P. 2006. Protein interactions in milk protein concentrate powders. International Dairy Journal, 16(5): 415-422.

Hemar Y, Tamehana M, Munro P A, et al. 2001. Viscosity, microstructure and phase behavior of aqueous mixtures of commercial milk protein products and xanthan gum. Food Hydrocolloids, 15(4-6): 565-574.

Hunter R J, Hemar Y, Pinder D N, et al. 2011. Effect of storage time and temperature of milk protein concentrate (MPC85) on the renneting properties of skim milk fortified with MPC85. Food Chemistry, 125(3): 944-952.

Huppertz T, Gazi I. 2015. Milk protein concentrate functionality through optimized product-process interactions. New Food, 18(1): 12-17.

Imtiaz S R, Kuhn-Sherlock B, Campbell M. 2012. Effect of dairy protein blends on texture of high protein bars. Journal of Texture Studies, 43(4): 275-286.

Lacroix M, Bos C, Léonil J, et al. 2006. Compared with casein or total milk protein, digestion of milk soluble proteins is too rapid to sustain the anabolic postprandial amino acid requirement. The American Journal of Clinical Nutrition, 84(5): 1070-1079.

Landströma K, Arnebrant T, Alsins J, et al. 2003. Competitive protein adsorption between β-casein and β-lactoglobulin during spray-drying: effect of calcium induced association. Food Hydrocolloids, 17(1): 103-116.

Lazzaro F, Saint-Jalmes A, Violleau F, et al. 2017. Gradual disaggregation of the casein micelle improves its emulsifying capacity and decreases the stability of dairy emulsions. Food Hydrocolloids, 63: 189-200.

Liisa M, Olli T, Juha H, et al. 2007. Method for the production of milk products, products thereby obtained, and use thereof: EP, 026053A1.

Loveday S M, Hindmarsh J P, Creamer L K, et al. 2009. Physicochemical changes in a model protein bar during storage. Food Research International, 42: 798-806.

Lu Y, McMahon D J, Metzger L E, et al. 2015. Solubilization of rehydrated frozen highly concentrated micellar casein for use in liquid food applications. Journal of Dairy Science, 98(9): 5917-5930.

Lu Y, McMahon D J, Vollmer A H. 2016. Investigating cold gelation properties of recombined highly concentrated micellar casein concentrate and cream for use in cheese making. Journal of Dairy Science, 99 (7): 1-12.

Luo X, Ramchandran L, Vasiljevic T. 2015. Lower ultrafiltration temperature improves membrane performance and emulsifying properties of milk protein concentrates. Dairy Science & Technology, 95 (1): 15-31.

Luo X, Vasiljevic T, Ramchandran L. 2016. Effect of adjusted pH prior to ultrafiltration of skim milk on membrane performance and physical functionality of milk protein concentrate. Journal of Dairy Science, 99 (2): 1083-1094.

Mao X Y, Tong P S, Gualco S, et al. 2012. Effect of NaCl addition during diafiltration on the solubility, hydrophobicity, and disulfide bonds of 80% milk protein concentrate powder. Journal of Dairy Science, 95 (7): 3481-3488.

Marella C, Salunke P, Biswas A C, et al. 2015. Manufacture of modified milk protein concentrate utilizing injection of carbon dioxide. Journal of Dairy Science, 98 (6): 3577-3589.

Martin G J O, Williams R P W, Dunstan D E. 2010. Effect of manufacture and reconstitution of milk protein concentrate powder on the size and rennet gelation behaviour of casein micelles. International Dairy Journal, 20 (2): 128-131.

Mckenna A B. 2000. Effect of processing and storage on the reconstitution properties of whole milk and ultrafiltered skim milk powders. Massey University PhD Thesis.

McSweeney P L H, Fox P F. 2009. Advanced Dairy Chemistry. Lactose, Water, Salts, and Mineral Constituents. Volume 3. New York, USA: Springer Science+Business Media.

McSweeney P L H, Fox P F. 2013. Advanced Dairy Chemistry. Proteins: Basic Aspects. Volume 1A. New York, USA: Springer Science+Business Media.

Mimouni A, Deeth H C, Whittaker A K, et al. 2010a. Rehydration of high-protein-containing dairy powder: slow- and fast-dissolving components and storage effects. Dairy Science & Technology, 90 (2-3): 335-344.

Mimouni A, Deeth H C, Whittaker A K, et al. 2010b. Investigation of the microstructure of milk protein concentrate powders during rehydration: alterations during storage. Journal of Dairy Science, 93 (2): 463-472.

Mistry V V. 2002. Manufacture and application of high milk protein powder. Lait, 82 (4): 515-522.

Moran J W, Dever H A, Miller A M, et al. 2001. Continuous on-demand manufacture of process cheese: USA, 6183804B1.

Ranjith H M, Lewis M J, Maw D. 1999. Production of calcium-reduced milks using an ion-exchange resin. Journal of Dairy Research, 66 (1): 139-144.

Rehman S U, Farkye N Y, Yim B. 2003. Use of dry milk protein concentrate in pizza cheese manufactured by culture or direct acidification. Journal of Dairy Science, 86 (12): 3841-3848.

Schokker E P, Church J S, Mata J P, et al. 2011. Reconstitution properties of micellar casein powder: effects of composition and storage. International Dairy Journal, 21 (11): 877-886.

Schuck P, Davenel A, Mariette F, et al. 2002. Rehydration of casein powders: effects of added mineral salts and salt addition methods on water transfer. International Dairy Journal, 12 (1): 51-57.

Shilpashree B G, Arora S, Chawla P, et al. 2015. Effect of succinylation on physicochemical and functional properties of milk protein concentrate. Food Research International, 72 (2): 223-230.

Sikand V, Tong P S, Vink S, et al. 2012. Effect of powder source and processing conditions on the solubilityof milk protein concentrates 80. Milchwissenschaft, 67 (3): 300-303.

Sikand V, Tong P S, Walker J. 2013. Effect of adding salt during the diafiltration step of milk protein concentrate powder manufacture on mineral and soluble protein composition. Dairy Science & Technology, 93 (4-5): 401-413.

Silva N N, Piot M, de Carvalho A F, et al. 2013. pH-induced demineralization of casein micelles modifies their physico-chemical and foaming properties. Food Hydrocolloids, 32 (2): 322-330.

Singh S. 2007. Interactions of milk proteins during the manufacture of milk powders. Lait, 87 (4): 413-423.

Solanki P, Gupta V K. 2014. Manufacture of low lactose concentrated ultrafiltered-diafiltered retentate from buffalo milk and skim milk. Journal of Food Science and Technology, 51 (2): 396-400.

Thomas M E, Scher J, Desobry-Banon S, et al. 2004. Milk powders ageing: effect on physical and functional properties. Critical Reviews in Food Science and Nutrition, 44 (5): 297-322.

Treweek T M, Thorn D C, Price W E, et al. 2011. The chaperone action of bovine milk α_{s1}- and α_{s2}-caseins and their associated form α_s-casein. Archives of Biochemistry and Biophysics, 510 (1): 42-52.

Udabage P, Puvanenthiran A, Yoo J A, et al. 2012. Modified water solubility of milk protein concentrate powders through the application of static high pressure treatment. Journal of Dairy Research, 79 (1): 76-83.

Ward B R, Goddard S J, Augustin M A. 1997. EDTA-induced dissociation of casein micelles and its effect on foaming properties of milk. Journal of Dairy Research, 64 (4): 495-504.

Ye A Q. 2011. Functional properties of milk protein concentrates: emulsifying properties, adsorption and stability of emulsions. International Dairy Journal, 21 (1): 14-20.

第4章　乳清蛋白粉

4.1　乳清蛋白粉产品的种类

4.1.1　乳清粉

乳清粉是以制造干酪或干酪素的副产品乳清为原料，经过脱脂(或脱盐)、超滤(或结晶、沉淀、反渗透等其他物理分离手段)、喷雾干燥所得到的产品。乳清粉一般色泽呈现白色至浅黄色，有奶香味。如果在加工过程中经过漂白处理，其产品呈现乳白色；如果不经过漂白，则呈现白色至浅黄色不等。乳清粉根据乳清来源的不同可以分为甜性乳清粉和酸性乳清粉，根据脱盐与否分为含盐乳清粉和脱盐乳清粉，根据蛋白质分离程度可分为高、中、低蛋白乳清粉。

1. 甜性乳清粉

甜性乳清粉是将新鲜乳清(一般是从切达干酪、莫泽瑞拉干酪和瑞士型干酪生产中得到的)杀菌后再干燥制得的，在生产过程中不添加防腐剂。甜性乳清粉含有新鲜乳清除水之外所有的成分，并且各种成分间的比例不变。甜性乳清粉酸度低(最大滴定酸度为0.16%，以乳酸计)，乳糖的百分含量高，钙含量低。

甜性乳清粉常应用于乳品、焙烤食品、休闲食品、糖果和其他食品中。甜性乳清粉可作为经济的乳固形物来源；可在高温蒸煮和焙烤中强化色泽的形成；可作为高温乳粉的替代品，对优质面包膨松很重要。非吸湿性乳清粉可作为流动性好、易分散的载体用于干混料。甜性乳清粉还经常用在冰淇淋和冷冻甜食中，有助于形成稳定的泡沫并提高搅打效果(韩洪章，2000)。

2. 酸性乳清粉

酸性乳清粉是将新鲜乳清(一般是从农家干酪、稀奶油干酪和瑞考特干酪的生产中得到的)巴氏杀菌后再干燥制得的，在生产过程中不添加防腐剂。酸性乳清粉含有新鲜乳清除水之外所有的成分，并且各种成分间的比例不变。酸性乳清粉与甜性乳清粉相比具有较高的滴定酸度(不低于 0.35%，以乳酸计)、较低的乳糖含量、较高的钙含量以及不同的矿物质组成。

酸性乳清粉常应用于乳品、焙烤食品、休闲食品和其他食品中。酸性乳清粉作为经济的乳固形物来源，含有丰富的钙，可作为乳酸风味的来源。酸性乳清粉最适合用于强化奶油、沙拉配料的风味和色泽，其结合水的作用和乳化作用在沙司和调味料中很受重视。

3. 低乳糖乳清粉

低乳糖乳清是将乳清中的乳糖选择性去除或水解而制得的。低乳糖乳清粉的乳糖含量不超过 60%。乳糖含量的降低可由物理分离技术(如沉淀或过滤)来实现，或者通过酶水解来完成。在低乳糖乳清粉的生产过程中，可能会使用安全、适当的配料来调节酸度。

低乳糖乳清粉常应用于乳制品、肉制品、休闲食品及其他食品中，可作为经济的乳固形物来源；当需要低乳糖和高蛋白质、高矿物质含量时，可作为甜性乳清粉的替代物。低乳糖乳清粉能够提供理想的中性风味，增强干酪效果并增加乳化稳定性。此外，低乳糖乳清粉还经常与其他低含量的成分混合使用，在产品中形成均匀分布。

4. 脱盐乳清粉

生产干酪的乳清含有许多矿物质和盐类，这些成分在有些产品中是不宜使用的，如婴儿配方乳粉和某些动物饲料。因为 $CaCl_2$ 能改善凝乳张力，NaCl 能终止发酵剂的活性，而从干酪乳清中直接分离 $CaCl_2$ 是不太可能的。所以有些厂家对干酪压榨时所流出的含盐乳清进行分离，来减少乳清中的含盐量。

脱盐乳清即低矿物质乳清，是从巴氏杀菌的乳清中去除一部分矿物质制得的。常见的脱盐量为 25%、50%和 90%。脱盐乳清粉的灰分含量不超过 7%。脱盐乳清可以通过分离技术(如离子交换、透滤或电渗析)来制造。在脱盐乳清的生产过程中，可能会使用安全、适当的配料来调节酸度(张建强等，2011)。

脱盐乳清粉具有矿物质含量低、溶解度高、含乳清蛋白和丰富的乳糖等特性。脱盐乳清粉常应用于乳制品、焙烤食品、糖果、营养食品以及其他食品中，尤其适用于婴儿配方食品的生产，满足产品的高乳糖含量和低盐含量的要求。脱盐乳清粉可作为经济的乳固形物来源；当因营养或风味等原因需要低矿物质或低灰分含量时，可用作甜性乳清粉的替代物；当需要适量的蛋白质以增加营养或改善功能特性时，可用作乳糖的替代物。

4.1.2　乳清蛋白浓缩物

乳清蛋白浓缩物(WPC)制品系列通常有 WPC34、WPC50、WPC60、WPC75、WPC80 几种，数字代表制品中蛋白质的最低含量，其中 WPC34 的理化指标十分接近脱脂乳粉。WPC 采用超滤/二次超滤或离子交换色谱法生产。生产 WPC 的原则就是将乳清中的非蛋白质组分充分地、选择性地去除，依据去除程度可得到不同蛋白质含量的制品。一般而言，WPC 随着蛋白质浓度的增加，乳糖和灰分含量相应降低，而脂肪含量有所增加。WPC 中脂肪随着蛋白质浓度的增加而增加，是因为用于蛋白质浓缩的超滤处理也会截留住脂肪球(赵挺，2016)。然而，乳清分离蛋白(WPI)脂肪含量低是因为增加了微滤处理除去脂肪球，或是采用色谱法分离蛋白质，而脂肪球被分离出来。

WPC 常用于乳制品、休闲食品、焙烤食品、糖果、营养食品及其他食品当中，可作为经济的乳固形物来源。WPC34 可作为脱脂乳粉的部分替代物，能提供含量相近的乳糖，不同类型但含量相近的蛋白质、矿物质，有时也作为酸性溶液中可溶解的蛋白质的来源。WPC50 和 WPC60 可作为高营养、高质量浓缩蛋白质的来源，用于蛋白质的强化，也可作为酸性溶液中可溶解的蛋白质的来源，有时也是具有良好乳化性和脂肪结合性能的蛋白质的来源。WPC75 和 WPC80 在室温和全 pH 范围条件下可作为可溶的或者形成稳定胶体分散体系的蛋白质的来源，也可作为具有良好的乳化性、脂肪结合性、持水性、增稠性的蛋白质的来源。

4.1.3 乳清蛋白分离物

WPI 是从巴氏杀菌的乳清中去除足够多的非蛋白质成分而制得的，最终产品的蛋白质含量不低于 90%。WPI 成本较高，但是它更容易消化吸收。WPI 拥有高含量的优质蛋白，能为某些特定人群(如婴儿和住院患者)提供所需优质蛋白。WPI 含有的生物活性化合物包括：α-乳清蛋白、β-乳球蛋白、乳铁蛋白以及免疫球蛋白，可以调节人体的免疫力。WPI 也含有大量的支链氨基酸(BCAA)，可以极为有效地补充肌肉所需的养分。同时 WPI 也是目前最适合肌肉生长和患者恢复健康的营养补充品。

由于 WPI 中蛋白质含量相当高，乳糖、乳脂的含量均只有 1%，它常应用于乳制品、焙烤食品、肉制品、休闲食品、糖果、营养食品以及其他食品中，作为高营养、高质量浓缩蛋白质的来源，用于蛋白质的强化；在室温和全 pH 范围条件下作为可溶的或者形成稳定胶体分散体系的蛋白质的来源；作为具有良好的乳化性、脂肪结合性、持水性、增稠性的蛋白质的来源；作为具有良好的热凝性和搅打性的蛋白质的来源。WPI 还可以用来开发许多新产品，如作为肉的替代品、无乳糖食品、无脂食品以及因为乳糖的美拉德反应及乳糖不耐症而不需要乳糖的食品。

4.2　乳清蛋白粉的加工

4.2.1　普通乳清粉的生产工艺

1. 生产流程

普通乳清粉包括甜性乳清粉和酸性乳清粉，生产工艺如图 4.1 所示。

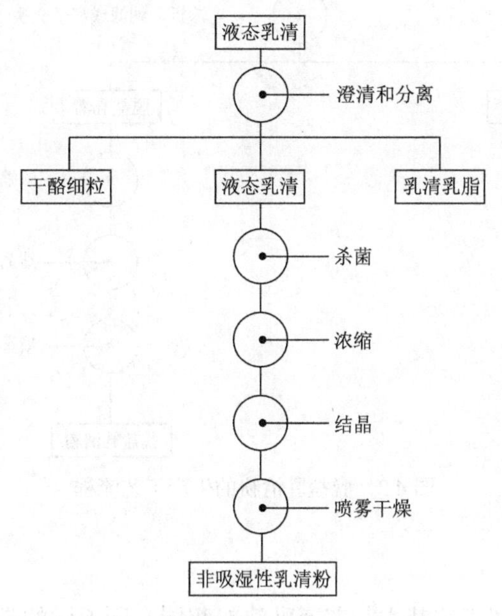

图 4.1　普通乳清粉的生产工艺流程

2. 工艺要点

1）乳清的预处理

首先要除去乳清中的酪蛋白微粒，然后分离除去脂肪和乳清中的残渣。

2）杀菌

杀菌条件为 85℃，15s。

3）浓缩

将乳清浓缩至干物质为 30%左右的浓度，再经另一套蒸发器浓缩至最终所需浓度。

4）乳糖的预结晶

在结晶缸中，温度 20℃左右条件下保温 3～4h，搅拌速度控制在 10r/min 左右。

4.2.2　脱盐乳清粉的生产工艺

1. 生产流程

脱盐乳清粉是从巴氏杀菌乳清中去掉一部分矿物质制得的。脱盐乳清粉的生产工艺流程见图 4.2。脱盐乳清的酸度可通过添加安全而适当的中和剂来调节。

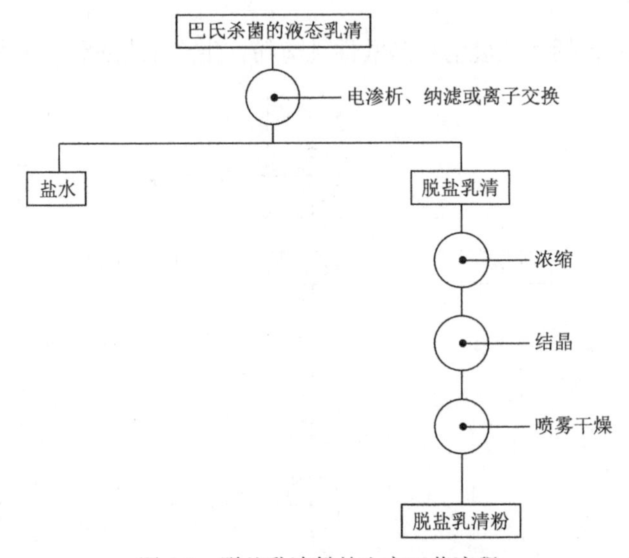

图 4.2　脱盐乳清粉的生产工艺流程

2. 工艺要点

脱盐乳清粉生产工艺基本与普通乳清粉相同，所不同的是脱盐乳清粉生产所用的原料乳清经脱盐处理，改变乳清中的离子平衡。乳清脱盐多用离子交换树脂法和离子交换膜的电渗析法。常见的脱盐方法包括：

1) 离子交换法

通过离子交换树脂进行。

2) 电渗析法

电渗析槽由可替换的阴阳离子选择性渗透膜组成，当乳清在其中流动时，阳离子向负极移动，阴离子向正极移动，离子通过选择性渗透膜同水中的氢离子和氢氧根离子交换，进入水溶液，乳清中的离子浓度就得以降低了。

3) 纳滤法

纳滤也是一种膜分离技术。用于超滤的膜，孔径一般为 1～2nm，通过分离小分子(如乳糖和矿物质等)，使大分子物质(如牛乳蛋白)浓缩。纳滤膜孔主要是使一价离子如 Na^+、Cl^-等通过，可脱去部分矿物质和乙醇之类的小分子，操作时在一定压力下，乳清在膜的一侧循环，离子和小分子在此压力下透过膜进入膜的另一侧，随着渗透的进行，乳清中盐浓度逐渐降低。

4.2.3　乳清浓缩蛋白的生产工艺

1. 生产流程

要生产出具有均匀一致的化学组成和功能特性的 WPC 产品，要求生产干酪和干酪素的牛乳及乳清本身要具有尽可能高的质量，特别要注意避免使用含有大量嗜冷和嗜热微生物的牛乳。嗜冷微生物的蛋白质分解能力及胞质素活性将导致蛋白质降解，使得乳清蛋白中胨含量增加，进而影响 WPC 的功能特性。过量嗜热微生物的存在可导致 WPC 在生产中产酸。牛乳或乳清通过有效热处理来控制微生物，但同时可导致乳清蛋白的一些热变性，随后失去其功能特性。WPC 生产工艺流程见图 4.3。

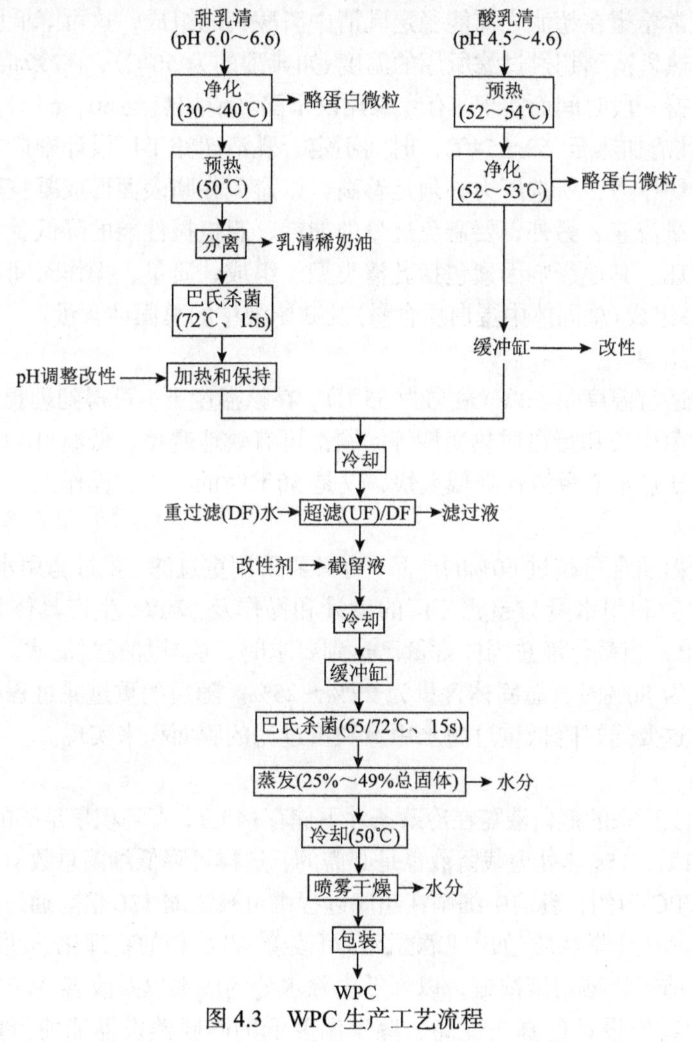

图 4.3　WPC 生产工艺流程

2. 工艺要点

1）乳清预处理

在超滤前，特别是生产蛋白质含量大于 75%的高蛋白 WPC 时，非常有必要去除干酪素或干酪凝块中残留的细小粒子、脂肪和在乳酸干酪素及乳清中大量存在的细菌发酵剂细胞，通常采用自动排渣、离心分离机来完成。干酪乳清通常通过滚筒筛过滤去除大量小粒子，净化后，干酪乳清通常要在 72℃、15s 条件下巴氏杀菌。在进行加工之前，应在温度低于 6℃下冷藏。而对应的酸性乳清，通常不经巴氏杀菌，因热处理在乳清自然 pH(4.6)下，可导致乳清变性。另外，假设乳清在超过 52℃温度下储存，防止微生物繁殖的条件已非常充分，可以不经巴氏杀菌。

人们通常希望在超滤之前能稳定乳清中磷酸钙的组成，这可降低膜的污染，一般通过加热乳清到超过过滤所用的温度(如典型的为 50℃)，在冷却到超滤理想温度之前保持一段时间而实现。有专家建议干酪乳清加热至 60～65℃，保持 30～60min；酸乳清加热至 52～54℃，时间不定。乳清超滤工厂设计中最关键的因素是膜表面剪切压力，所选压力必须足够高，以避免在膜表面形成凝胶层，进而确保较高的通量流速。另外，要避免过量的能耗、膜机械性能的降低及脂肪、蛋白质的剪切破坏。其他影响因素包括乳清类型、组成、质量、操作时间和温度、生产量、WPC 组成(总固体中蛋白质含量)及截留液中的总固体含量。

2）乳清超滤

超滤的适宜温度是 50℃(最高为 55℃)，在该温度下，可得到理想流量，而且膜污染、细菌生长和蛋白质热变性等问题都可有效地避免。低温(10℃)超滤也有效，但最大缺点是通量流速降低太快，仅是 50℃时的一半，操作也容易受微生物污染。

对于蛋白质含量超过 60%的产品，有必要采用重过滤。重过滤用水非常重要，重过滤的次数和用水量与超滤工厂的设计和操作及 WPC 生产具体指标相关。Nielsen 指出，当截留液总固体含量已达到要求时，应补加重过滤水。生产 WPC 蛋白质含量为 80%时，总固体含量为 22%～25%。随后的重过滤过程必须维持总固体含量，这要通过降低重过滤水用量和重过滤的膜面积来实现。

3）干燥

从超滤工厂来的截留液需在冷藏条件下储存(4℃)，直到积累足够的量再干燥。采用 66～72℃、15s 热处理截留液也是必需的，这样可降低细菌总数。以 80%蛋白质含量的 WPC 为例，乳清中细菌在超滤过程中可被浓缩 130 倍。通过向截留液中加入一些食品级化学物质(如中和酸乳清)可改善 WPC 粉的物理化学性质。

在干燥前需将截留液浓缩，以降低去除水分的成本以及改善 WPC 粉的物理性质。采用特定设计的真空度高、蒸发温度低的降膜蒸发器能使蛋白质含量为

35%、60%、80%的产品分别被浓缩到 25%～28%总固体、32%～34%总固体和 44%总固体，进而避免热变性和可能的蛋白质凝结或沉淀。最新的超滤工厂改进设计，可直接使截留液具有较高的总固体含量，有时可省去蒸发过程。截留液采用离心喷雾干燥，使用的进、出口温度分别为 160～180℃和高于 80℃，有时视产品需要可采用流化床干燥。

4.2.4　乳清分离蛋白的生产工艺

WPI 是指从乳清中尽可能完全去除非蛋白质成分，最终干燥产品中蛋白质的含量不低于 90%的乳清蛋白制品。WPI 的生产要求在 WPC 的基础上更充分地去除非蛋白质组分，通常需要离子交换技术与超滤技术相结合或超滤与微滤相结合来完成，其生产工艺流程见图 4.4。

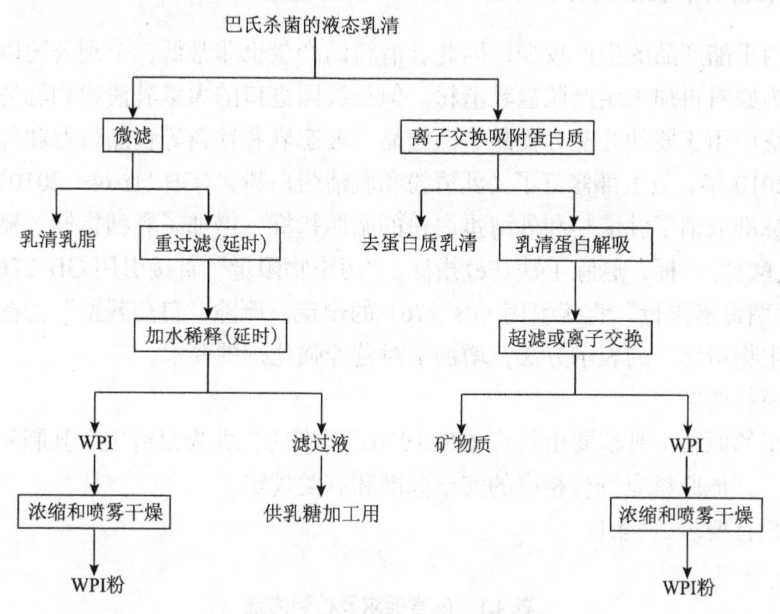

图 4.4　WPI 的生产工艺流程

用离子交换法生产 WPI 时，净化后乳清的 pH 被调低至 3.0～3.5 后通过离子交换树脂，在此大多数蛋白质被吸附，随后，蛋白质被交换下来并重新调整 pH，调整后的蛋白质溶液被蒸发、超滤或反渗透浓缩后喷雾干燥。

4.3　乳清蛋白粉的质量控制

我国对乳制品采用多部门分工协同监管的方式，主要由农业农村部制定收购奶源的农药、兽药残留限量标准；卫生健康委员会制定相关的卫生及安全标准，并实施监督以及进行可添加物质审批；国家市场监督管理总局负责生产许可证发放、生产过程以及市场流通过程中的产品质量安全和标签的监管，也负责出台各类部门规章要求企业执行，依据相应的法规监管流通过程中产品广告宣传的合法性等。

目前我国乳品企业推行的是良好操作规范(GMP)及危害分析和关键控制点(HACCP)管理，另外，ISO9001 和 ISO22000 国际质量认证体系也是保证原乳及乳制品质量安全的有效方式(陆春何，2017)。

4.3.1 质量标准

1. 乳清粉和乳清蛋白粉的国内标准及相关规定

国内干酪产品的生产较少，因此乳清粉的产量也非常低，个别公司以进口国外乳清为原料再加工生产脱盐乳清粉。但是我国进口的大量乳清粉和乳清蛋白产品，广泛应用于婴幼儿配方食品、保健品、液态乳和饮料等食品行业和部分饲料行业。2010 年，卫生部修订了《乳清粉和乳清蛋白粉》(GB 11674—2010)国家标准。新标准取消了乳清粉和乳清蛋白粉的脂肪指标，增加了乳糖指标，删除了酸度(以乳酸计)指标，删除了铁(Fe)指标，“污染物限量”直接引用 GB 2762①的规定，“真菌毒素限量”直接引用 GB 2761 的规定，删除“兽药残留”指标，修改了“微生物指标”的表示方法，增加了对营养强化剂的要求。

1)原料要求

使用的原料中乳清要由符合 GB 19301 要求的生乳为原料生产乳制品而得到的乳清。其他原料应符合相应的安全标准和有关规定。

2)感官要求(表 4.1)

表 4.1 感官要求及检验方法

项目	要求	检验方法
色泽	具有均一的色泽	取适量试样置于 50mL 烧杯中，在自然光下观察色泽和组织状态，闻其气味，用温开水漱口，品尝滋味
滋味、气味	具有产品特有的滋味、气味，无异味	
组织状态	干燥均匀的粉末状产品、无结块、无正常视力可见杂质	

① 凡是不注日期的引用标准文件，均采用其最新版本(包括所有的修改单)，余同。

3）理化指标（表4.2）

表4.2　理化指标及检验方法

项目	指标			检验方法
	脱盐乳清粉	非脱盐乳清粉	乳清蛋白粉	
蛋白质/(g/100g)≥	10.0	7.0	25.0	GB 5009.5
灰分/(g/100g)≤	3.0	15.0	9.0	GB 5009.4
乳糖/(g/100g)≥	61.0	61.0	—	GB 5413.5
水分/(g/100g)≤	5.0	5.0	6.0	GB 5009.3

4）污染物限量

应符合 GB 2762 的规定。

5）真菌毒素限量

应符合 GB 2761 的规定。

6）微生物限量（表4.3）

表4.3　微生物限量及检验方法

项目	采样方案*及限量(若非指定，以 CFU/g 表示)				检验方法
	n	c	m	M	
金黄色葡萄球菌	5	2	10	100	GB 4789.10 平板计数法
沙门氏菌	5	0	0/25g	—	GB 4789.4

注：n 表示同一批次产品应采集的样品件数；c 表示最大可允许超出 m 值的样品数；m 表示微生物指标可接受水平的限量值；M 表示微生物指标的最高安全限量值。

*. 样品的分析及处理按 GB 4789.1 和 GB 4789.48 执行。

7）食品添加剂和营养强化剂

食品添加剂和营养强化剂的质量应符合相应的安全标准和有关规定。食品添加剂和营养强化剂的使用应符合 GB 2760 和 GB 14880 的规定。

2. 乳清粉和乳清蛋白粉的国际标准

CODEX STAN 289—1995 定义乳清粉是由干酪乳清或者酸性乳清制得的乳清产品。国内标准中的乳清粉和乳清蛋白粉均在此类标准的范围内，见表 4.4 和表 4.5。

表 4.4 CODEX STAN 289—1995 对乳清粉理化指标的规定

标准	最小值	典型值	最大值
乳糖①	不作说明	61.0%(质量分数)	不作说明
乳蛋白②	10.0%(质量分数)	不作说明	不作说明
乳脂肪	不作说明	2.0%(质量分数)	不作说明
水分③	不作说明	不作说明	5.0%(质量分数)
灰分	不作说明	不作说明	9.0%(质量分数)
pH(10%溶液)④	＞5.1	不作说明	不作说明

注：①以无水乳糖计算；②蛋白质转换系数乘以 6.38；③水分含量不包括乳糖的结晶水；④滴定酸度(以乳酸计)＜0.35%。

表 4.5 CODEX STAN 289—1995 对酸性乳清粉理化指标的规定

标准	最小值	典型值	最大值
乳糖①	不作说明	61.0%(质量分数)	不作说明
乳蛋白②	7.0%(质量分数)	不作说明	不作说明
乳脂肪	不作说明	2.0%(质量分数)	不作说明
水分③	不作说明	不作说明	4.5%(质量分数)
灰分	不作说明	不作说明	15.0%(质量分数)
pH(10%溶液)④	不作说明	不作说明	5.1

注：①以无水乳糖计算；②蛋白质转换系数乘以 6.38；③水分含量不包括乳糖的结晶水；④滴定酸度(以乳酸计)＜0.35%。

4.3.2 质量控制

乳品作为食品的重要组成成分，乳品质量关系到广大消费者的身体健康及生命安全。根据我国的乳品质量安全监督管理条例的有关规定，生鲜乳和乳制品应当符合乳品质量安全国家标准。这些标准包括乳品中的致病性微生物、农药残留、兽药残留、重金属以及其他危害人体健康物质的限量规定，以及乳品生产经营过程的卫生要求、通用的乳品检验方法与规程、与乳品安全有关的质量要求和其他需要制定为乳品质量安全国家标准的内容(万国余，1985)。

乳制品质量安全包含两方面的内容：一方面是乳制品的卫生安全，乳制品中有毒害作用的重金属和农药残留、兽药残留、致病性微生物等不能超过国家乳品标准中规定的卫生指标，避免因乳制品引起的中毒现象而对人体造成伤害，且要注意乳制品在加工、流通过程中可能引起的质量安全问题；另一方面是乳制品的营养安全，乳制品中的蛋白质、脂肪和碳水化合物等成分的含量必须达到国家乳品标准规定的理化指标，加工企业不能故意向乳制品中加入本不应该添加的物质，如芒硝、尿素、洗衣粉以及甲醛、亚硝酸等防腐剂，避免因乳制品引起营养不良或某些限制因素超标而对人体造成的伤害(耿莉萍，2012)。随着中国乳品消费市场的逐步扩大，乳制品行业不断发展壮大，乳制品的质量与安全也日益受到重视。

乳制品质量安全的主要影响因素有以下几个方面：农牧业生产过程中使用农药、化肥、生长激素等导致乳产品中有害化学物质残留；农业生产环境，如水、土壤和空气等资源被污染；乳制品在生产、加工及储藏过程中违规或超量使用食品添加剂、防腐剂等；新型原料的开发或生产新工艺所引起的不安全性；由于病原微生物的污染而引起食源性疾病；市场操作失误和监管不当，出现滥用食品标识、生产假冒伪劣产品、生产经营违法等现象；科技进步对乳制品质量控制带来的新挑战。所以，乳制品的质量与安全问题涉及的范围很广，包括从原料选择、生产加工到运输销售的整个产品供应链(张蓉蓉，2006)。

企业须具备自建自控奶源，对原料乳粉和乳清粉等实施批批检验，确保原料乳(粉)质量合格。严格执行原辅料进货查验、生产过程控制、产品出厂全项目批批检验、销售记录和问题产品召回等制度，建立完善电子信息记录系统。设置食品安全管理机构，配备专职食品安全管理人员，落实从业人员上岗培训和定期培训制度(郭雯等，2014)。此外，企业应做到如下几个方面。

首先要建立良好卫生规范。硬件设施、人员卫生、生产管理、卫生制度应具备生产安全脱盐乳清粉的基本条件，通过对不符合项的改进调整，使之符合HACCP 体系的前提要求。车间设置按生产工艺流程、人流物流、卫生要求布局。

其次要建立卫生操作标准程序。从与原料接触的水的安全；与脱盐乳清粉生产接触表面的清洁；防止不卫生物品对原料乳储运等过程的交叉污染；生产人员手的清洗与消毒、厕所设施的维护与卫生保持，防止储运过程二次污染；有毒化学物质的规范标记、储存和使用；工人个人卫生、控制厂区内的鼠类和昆虫等 8 个方面，制定了相应的可操作性的卫生操作标准程序的体系文件、作业指导书。

最后要建立相关的程序文件。内容包括设施和设备控制程序、采购控制程序、生产过程控制程序、标识和可溯性控制程序、检验与测量设备控制程序、监视和测量程序、潜在不合格品控制程序、应急控制程序、产品召回处理程序、产品描述控制程序、流程图控制程序、危害分析与预防措施、关键控制点判定、关键控制限的建立、关键控制点监控、HACCP 验证控制程序。

4.4 乳清蛋白粉的主要应用

4.4.1 酸奶

生产酸奶时，用乳清蛋白粉替代部分脱脂乳，可改善其组织状态，使之更加细腻，减少乳清析出。乳清蛋白可以在酸奶生产中提供非脂乳固体。乳清蛋白不仅是蛋白质和钙的重要来源，而且能为酸奶提供独特的功能特性。乳清蛋白还能够促进有益菌的生长，这一点对于益生菌产品和保健乳制品的生产非常重要。现在，酸奶已经被视为一种益生菌以及其他营养素强化的理想载体。这些营养素包括乳蛋白、乳铁蛋白以及矿物质等。在酸奶中添加乳清蛋白可以改善产品的风味、质构以及营养和保健作用，从而增加产品自身的价值(张旭晖等，2016)。

酸奶的风味是由它在发酵过程中的产物以及所加入辅料的风味共同决定的。乳清蛋白味道柔和，同脱脂乳中的酪蛋白相比，它们对所加入风味的掩盖作用要小得多。在酸奶生产中，利用 WPC 代替一部分脱脂乳粉时，果味酸奶中大多数水果的风味会更加突出。当利用乳清蛋白代替淀粉和其他增稠剂的时候，酸奶的风味也可以得到改善。有研究发现，当用 WPC 替代 40%的液态乳时，酸乳有“奶酪”气味，黏度降低，而替代 10%会得到理想的结果。

酸奶的质构与许多因素有关，如总固形物含量、蛋白质的类型、蛋白质的含量以及所加入的增稠剂和稳定剂的浓度及种类等。WPC 最重要的性质之一是在保质期内可以减缓酸奶的分层和乳清析出。经过适当的热处理，强化了 WPC 的酸奶具有更高的黏度以及更好的持水性，从而可以悬浮牛乳中的果粒、增加光滑感、产生良好的质构以及防止在储存和销售过程中产生的分层和乳清析出。Penna 等(1997)对热处理温度以及利用脱盐乳清粉代替脱脂乳粉的效果进行了研究，结果表明，当处理温度提高(从 85℃提高至 95℃)，保温 5min 以及脱盐乳清粉的浓度降低时，酸奶的黏度有所提高。Guggisberg 等(2007)研究了添加 WPI 对酸奶质构的影响，结果发现，在添加 3%～12%的 WPI 时，酸奶的 pH 和总固形物含量随着 WPI 添加量的增加而增加，黏稠度降低，质构变软，弹性增加。Sodini 等(2006)研究发现，在酸奶中使用变性程度较低的 WPC，能使酸奶获得较好的弹性和持水力，因此为了获得较好品质的酸奶，所使用的 WPC 应尽可能减少热处理导致的变性。

酸奶中 20%～30%的乳糖在乳酸菌的作用下被分解成葡萄糖和半乳糖。细菌产生的酶也可以在肠道内分解残留的乳糖，但是胃里的胃酸会破坏益生菌群以及细菌产生的 β-半乳糖苷酶。中和剂可以中和胃酸，但同时也会影响细菌酶的活性以及乳糖的利用。Kailasepathy 等(1996)认为，酸奶中发酵剂菌种的类型以及乳酸、乳固体、蛋白质、盐类的含量也会影响酸奶的缓冲能力。在酸奶中添加 WPC 后，与添加脱脂乳粉的产品相比，在低 pH 的条件下酸奶缓冲能力强，在高 pH 的条件下缓冲能力弱。因此在酸奶中强化 WPC 可以减小胃酸对益生菌群的破坏，并可增强肠道中的酶的活性。

乳清蛋白具有很高的营养性，它们很容易被消化，而且必需氨基酸的比例满足甚至超过联合国粮食及农业组织/世界卫生组织(FAO/WHO)的营养要求。越来越多的研究表明，酸奶中乳酸菌的保健作用也与乳清蛋白有关。乳清蛋白中的乳铁传递蛋白是一种从乳清中分离出来的乳蛋白产品，它具有与铁相结合并且对铁进行转移的能力，是一种有效的营养保健食品原料。据报道，它能够促进肠道细胞及双歧杆菌的生长。乳铁传递蛋白还是一种选择性的抗菌剂，它能够与游离的铁生成络合物，从而控制需铁微生物的生长。乳铁传递蛋白可以被蛋白水解酶转化成乳铁蛋白素，这是一种对革兰氏阴性菌及酵母菌具有抑制作用的肽。

4.4.2 低脂食品

脂肪对食品产生的重要影响包括外观、口感、质构、多汁感、风味和储藏稳定性等。食品中的某些脂肪可用一些类脂配料替代。这些脂肪替代品可以是脂质、蛋白质或糖类，它们可单独使用或以独特的方式混合使用。脂肪替代品可分为两种：脂肪替代物和模拟脂肪。脂肪替代物与脂肪在化学结构上具有一定程度的接近，且与脂肪有相似的物理化学特性。它们通常不可消化或含有较低的热量。模拟脂肪与脂肪具有明显不同的化学结构。

WPC 可被认为是模拟脂肪，在低脂食品中具有非常广泛的用途，可以单独使用或与其他模拟脂肪混合使用。WPC 的功能特性包括乳化、高溶解性、凝胶性、搅打/起泡性、持水性和黏性。乳清蛋白的天然形态是球状折叠结构，因此具有高溶解性和良好的搅打及乳化功能。离子环境、pH、浓度、脂肪的存在和热处理都会影响其在食品应用中的功能特性。在 WPC 生产中控制各种参数，可以选择性增强特定的功能特性。WPC 在低脂食品中有助于滑腻、质构、持水性、不透明度和附着等特性的发挥。其高营养价值和独特的功能特性使得它们被应用在许多低脂产品中，如汤类、调味汁、色拉和肉类食品。

低脂汤和调味汁的生产得益于脂肪的高效分散和 WPC 的乳化特性，而 WPC 的凝胶特性则赋予产品以滑腻感和良好质构。WPC 有助于增加低脂汤和调味汁的浊度，保持良好的感官效果与滑腻的外观。WPC 可以使低脂汤和调味汁具有类似脂肪的润滑性，且明显改善其口感。WPC 的乳化特性有助于脂肪的高效分散，这是通过在球状油滴外围形成界面膜的方式进行的，可以防止乳状沉淀、凝聚和渗油等现象的发生。高蛋白 WPC 拥有纯正、柔和的乳制品风味，能与体系中的其他风味很好地融合。

WPC 在低 pH 条件下仍可保持高效分散脂肪的功能特性，这依赖于其强乳化作用。因此，在高酸性体系的低脂色拉酱中，WPC 仍然可以使脂肪具有较高的分散性，并使体系具有较高的持水能力。这可使色拉酱浊度增加，并产生与高脂产品相同的外观以及细腻光滑的质构。乳清蛋白的持水性使其可以结合更多水分，并且可以用水替代部分脂肪，从而维持质构、增加产率和降低成本。WPC 还可以全部或部分替代蛋黄且保持相同的产品质量，降低生产成本。

WPC 在低脂肉制品中也发挥着重要作用。其黏着性改善肉制品的均一性、切片性；成胶性提高肉制品的持水性；褐变性改善肉制品的色泽和风味。此外，乳清蛋白在肉制品加工中可起到乳化作用，这是因为乳清蛋白有亲水和疏水的双重性；乳清蛋白内的乳铁蛋白具有抑菌作用；乳清蛋白还可以降低蒸煮损失，减少肉制品在储存过程中的水分流失；乳清蛋白及其水解物还具有抗氧化性，可作为抗氧化剂应用于肉制品加工中。

4.4.3 焙烤食品

乳清蛋白具有溶解性、持水性、成胶性、黏性和弹性、乳化性和起泡性等多种功能特性。在焙烤食品的加工中，这些功能特性对于改善产品性质有非常重要的作用。乳清蛋白已经应用在饼干、曲奇、蛋糕、软糖以及糖衣的生产中，用来改善产品的外观及质构。WPC34、WPC80 以及 WPI 可以在全脂和低脂曲奇中改善产品的颜色、稠度以及咀嚼性。蛋白质含量超过 75%的 WPC 和 WPI 可以增加蛋糕等产品的体积，并且改善其外观。乳清蛋白能够通过美拉德反应改善面包皮的色泽和乳香，得到松软的面包芯以及更长的货架期。它们能够降低原料的成本或者完全替代鸡蛋、乳粉或其他原料。在焙烤食品中加入乳清蛋白对提高产品的营养性具有重要作用。乳清蛋白中赖氨酸的含量很高，而赖氨酸是面粉蛋白中的限制性氨基酸。在面粉蛋白中增加乳清蛋白的比例可以改善产品的氨基酸组成。

WPC 具有与乳清蛋白相关的功能性。通常，蛋白质含量高的 WPC 要比蛋白质含量低的 WPC 更能够改善产品的功能性。影响乳清制品功能性的因素还包括乳清的来源、氢离子浓度、离子强度、在生产过程中所受到热处理的程度、脂肪以及矿物质的含量等。乳清蛋白在加热后由于蛋白质变性，其溶解度降低，特别是当 pH 在 4.0～6.5 的范围内时。热处理程度的提高会降低乳清蛋白的溶解度，通过控制热变性可以提高乳清蛋白的乳化作用。随着乳清蛋白分子结构的展开，疏水性氨基酸残基暴露出来，从而提高了蛋白质在油水界面的定向能力。在乳化过程中盐类的存在也会影响乳清蛋白的构象和溶解度。乳清蛋白变性后，会形成较硬的凝胶，从而能够吸收水分和脂肪，增强产品的结构强度。二硫键以及受钙离子控制的离子键的形成也会对凝胶结构产生很大的影响。成胶作用以及其他蛋白质之间的相互作用会直接影响黏度的提高。当乳清蛋白未发生变性、在空气和水的界面上没有其他表面活性剂竞争，同时在泡沫形成过程中黏度增加而更加稳定时，乳清蛋白的起泡性能最好。在生产过程中，乳清蛋白也会与乳糖及其他还原糖发生褐变反应，从而在产品受热后为产品提供良好的颜色。WPC 通过自身的蛋白质和矿物质提高食品的营养价值。WPC 必需氨基酸的含量很高，可以作为一种高质量的蛋白质来源。WPC 还含有一定量的钙和其他矿物质，也可以利用它的这一性质对食品进行强化。

添加了 WPC 的面包，其面包芯会变得更加松软。张中义等(2012)在添加水溶胶体和乳化剂的基础上，研究了三种牛乳蛋白(WPC、酪蛋白酸钠、脱脂乳粉)对无麸质面包(米粉、红薯淀粉)品质的改善作用。结果表明，WPC 对无麸质面包品质的改善作用最为显著。加入 15% WPC，无麸质面包比容增加 19.4%，焙烤后 2h、24h、48h、72h 面包硬度分别降低 63.8%、80.0%、83.1%、71.2%。WPC 有利于无麸质面团发酵过程中气孔的生成及发展，增加无麸质面包中小气孔及微小气孔的数量，提高面包气孔均匀性，可显著改善无麸质面包结构。

在蛋糕的生产中，需要更多的蛋白质来提高蛋糕的强度。蛋糕的最终结构是由淀粉的胶凝化以及蛋白质的变性决定的。在蛋糕中添加蔗糖可以提高面筋的胶凝温度，如果蛋糕中不加入适量的蛋白质，那么蛋糕就无法在较低的胶凝温度下成形。高蛋白质含量的 WPC 可以部分或完全替代蛋糕中的鸡蛋蛋白。蛋糕中蔗糖的含量越高，脂肪的含量越低，完全利用 WPC 代替鸡蛋的效果就越差。在蛋糕的生产中，需要添加高蛋白质含量的 WPC 来满足成胶作用的需要。WPC 可以提高蛋白糊的硬度和黏度，从而可以防止二氧化碳的逸出。WPC 也能够保持蛋糕中的水分。宋臻善等(2012)研究了 WPC 替代全蛋液对海绵蛋糕品质的影响，结果发现，WPC 部分替代全蛋液来制作海绵蛋糕是可行的。

WPC34 和 WPC80 可以改善饼干的颜色、硬度以及咀嚼性。在低脂饼干中，WPC80 变性淀粉、乳化剂和水能够替代鸡蛋和起酥剂。利用这种方法生产的饼干同对照产品具有相同的质构、风味以及其他特点。在饼干生产中所用的鸡蛋可以用 WPC80 替代，这种替代是按照蛋白质等量的基础进行的。最终产品在整体接受性方面与对照产品相同，但是在质构方面会更加松软。

WPC 的另一个应用领域是根据特殊的营养需求而生产的焙烤食品。对于需要强化蛋白质以及矿物质的食品，WPC80 是理想的选择，因为它不仅蛋白质的含量高，而且钙的含量也很高。

4.4.4 运动型食品

乳清蛋白不仅必需氨基酸种类齐全，容易消化，代谢效率高，而且是所有天然蛋白质来源中支链氨基酸含量最高的。乳清蛋白还含有多种生物活性物质，具有很高的功能特性，能够提高机体的抗氧化能力，增强机体免疫力，促进骨骼肌蛋白质的合成，抑制肌肉蛋白分解和加速训练后体能的恢复。因此，乳清蛋白被广泛应用于运动食品。

在运动期间，整个肌体的蛋白质合成降低，而且蛋白质松动变成游离氨基酸。支链氨基酸在持久运动中具有其他氨基酸所没有的提供能量的特性。骨骼肌从血液中吸收支链氨基酸并将其分解成葡萄糖以获取能量。乳清蛋白特别适合作为运动饮料和运动点心的配方，能够提供高浓度的支链氨基酸、高质量的蛋白质和高生物利用率的钙。随着 WPC、WPI 和强化乳清蛋白组分生产技术的改进，乳清蛋白作为配料在运动食品中的应用进一步扩大。

乳清蛋白是易于消化的优质蛋白质，能够提供额外的能量，节约体内的蛋白质。乳清蛋白中亮氨酸、异亮氨酸、缬氨酸等支链氨基酸的含量很高。乳清蛋白中的 β-乳球蛋白含有丰富的半胱氨酸，α-乳白蛋白、血清蛋白、乳铁蛋白富含胱氨酸残基，进入细胞膜后能还原成半胱氨酸，提高细胞内半胱氨酸的浓度，利于还原型谷胱甘肽(GSH)的合成。GSH 是细胞内最重要的抗氧化剂，其活性基团是半胱氨酸残基上的巯基(—SH)，能够防止细胞氧化和损伤，延缓疲劳。乳铁蛋白具有促进氧合作用以及抗自由基的作用，过氧化氢和铁可形成活性极高的羟基自由基(·OH)，·OH 能造成 DNA、蛋白质和脂膜等生物大分子损伤，而乳铁蛋白通过竞争与铁结合，能阻止·OH 的形成。

乳清蛋白还富含精氨酸、赖氨酸和谷氨酸。精氨酸和赖氨酸被认为是所有氨基酸中可能刺激激素生成的氨基酸。蛋白质可刺激合成代谢激素或肌肉生长刺激因子的释放。乳清蛋白可成为运动员合成代谢雄性激素类固醇的天然选择物。谷氨酸占骨骼肌中自由氨基酸的 60%，是细胞分裂的“燃料”，能够促进肌肉生长。肌体在负压的情况下，对谷氨酸的需求会显著增加。谷氨酸还能够结合肌肉在疲劳状态下产生的胺。因此，摄入富含精氨酸、赖氨酸和谷氨酸的乳清蛋白对运动员是十分有意义的。目前，市场上已经有许多采用乳清蛋白作为蛋白质来源的运动营养食品。

李涛等(2015)以小麦胚、低聚麦芽糖、乳清蛋白、无机盐(NaCl、KCl)和柠檬酸、黄原胶为原料，制作新型运动饮料。其生产工艺为制取小麦胚汁、调配、均质、灌装、杀菌、冷却、静置、检验、成品。通过单因素试验和正交试验，其确定运动饮料的最优配方为小麦胚汁 100g，黄原胶 0.075g，乳清蛋白 1.5g，无机盐 1.8g，柠檬酸 0.02g，低聚麦芽糖 8g。该运动饮料呈乳白色，具有小麦胚特殊色泽，色泽均匀，清爽可口。既有小麦胚的清香味，又有乳清蛋白的香味，质地均匀一致，无沉淀，不分层，具有良好的流动性，对运动后的不适有良好的缓解作用。

4.4.5 婴儿食品

母乳是婴儿最理想的食品。但是当母乳不足时，婴儿就需要补充婴儿配方食品。母乳与牛乳来源的婴儿配方食品在组成上最主要的区别是乳清蛋白的成分。

乳清蛋白粉因其营养成分接近于人乳且具有低过敏性而常常被用于婴儿食品。

乳清蛋白中 α-乳白蛋白和 β-乳球蛋白是必需氨基酸和支链氨基酸的良好来源,且其中8种必需氨基酸的含量高于植物性来源的蛋白质(Walzem et al., 2002);支链氨基酸(亮氨酸、异亮氨酸、缬氨酸)对于组织的生长和修复起十分重要的作用，乳清蛋白中支链氨基酸的含量高达26%；婴幼儿的肠壁娇嫩，屏蔽功能相对较差，多项体外试验和动物试验表明，乳铁蛋白能通过抑制生长和破坏致病因子表达毒性的功能性来发挥作用，对于轮状病毒、贾第虫、沙门氏菌、大肠埃希氏菌等肠道病原体均有作用(Tomita et al., 2002)；含硫氨基酸(半胱氨酸、甲硫氨酸)是体内抗氧化剂谷胱甘肽和牛磺酸的前体物质，Kent等(2003)的试验结果显示，与不添加乳清蛋白水解产物的对照组相比，试验组前列腺上皮细胞内的谷胱甘肽浓度升高了64%，这就说明乳清蛋白水解产物可有效地补充人体内消耗的抗氧化剂；此外，乳清蛋白中所含的糖巨肽不含苯丙氨酸，常被用于苯丙酮尿症患儿的配方奶粉中。在乳清蛋白产品中，乳铁蛋白浓度可高达30～100mg/L甜乳清。研究证实，铁饱和的乳铁蛋白是膳食中铁质转移的一种有效形式。一般来说，婴儿配方食品采用乳铁蛋白来改善体内铁质平衡。

4.4.6 活性成分载体

随着科学技术的进一步发展，人们对乳清及乳清蛋白的进一步认识，乳清及乳清蛋白的应用领域也越来越广，如应用于活性成分 β-胡萝卜素的载体、益生菌的载体、布拉酵母菌的载体等，对其起保护作用。

乳清蛋白中的 β-乳球蛋白不易被胃蛋白酶消化，这使得乳清蛋白成为包埋生物活性物质的理想原料,可以用于掩盖不良风味或者提高生物活性物质的利用率。乳清蛋白具有较强的结合能力，能够与多种分子进行不同程度的结合，结合量和结合位置与配体的化学性质、所处介质(溶液)的理化条件及蛋白质的构象密切相关。蛋白质与所包埋的物质通过混合、孵育后形成分子复合物，此过程操作简单。相较于分子复合物，纳米微粒改变了蛋白质的结构，导致蛋白质分子与被包埋物质聚合，形成的粒径比分子复合物大，包埋率比分子复合物高。

4.4.7 乳清蛋白改性与应用

乳清蛋白具有突出的功能特性，如乳化性、持水性、起泡性、成胶性和成膜性等。乳清蛋白经适度改性可以进一步提高或改善其功能特性，扩大其在食品中的应用，对乳清的有效利用具有重要意义。乳清蛋白的改性方法有物理改性、化学改性和酶法改性，通过改变乳清蛋白的分子大小、氨基酸组成和顺序、结构、表面静电荷和疏水基团等，可以达到增强或改善其功能特性的目的。酶法改性还可以降低牛乳清蛋白的免疫原性，减少婴幼儿的过敏反应(李铁红等，2009)。

1. 乳清蛋白的物理改性

加热会导致乳清蛋白变性，可显著影响它的天然状态和稳定性，温和热处理可以提高乳清蛋白的起泡性，而高温处理会降低它的起泡性。Nicorescu 等(2009)研究了加热对乳清蛋白起泡性的影响，发现随着温度的升高，膨胀率略有降低，而泡沫硬度提高，在 80℃时泡沫的稳定性最好，搅打起泡前 80℃以上热处理对蛋白的起泡性不再起作用。高压处理包括高静水压和动态高压处理，动态高压处理通过高压均质进行，与高静水压处理不同，它在很短的时间内完成(约 0.0001s)，同时存在压力诱导的空穴、剪切、湍流等力的作用和温度上升。

超临界流体技术是一项高新技术，尤其是超临界二氧化碳流体技术在食品中的应用更为广泛，应用该技术以及与其他加工方法如热塑挤压(一种质构化方法)技术结合可以改变乳清蛋白的成胶性和其他功能特性。Zhong 和 Jin(2008)研究超临界二氧化碳流体处理对乳清分离蛋白溶液、乳清分离蛋白粉和乳清浓缩蛋白粉成胶性的影响，发现处理后乳清蛋白的成胶性能提高，与未处理的乳清分离蛋白相比，超临界二氧化碳处理的乳清分离蛋白形成凝胶的强度更好，超临界二氧化碳处理的乳清浓缩蛋白成胶性的提高更显著。而 Manoi 和 Rizivi(2008)的研究发现，超临界二氧化碳热塑挤压处理的乳清浓缩蛋白具有速溶性和冷胶凝性，在高酸性(pH 2.89)和碱性条件下用超临界二氧化碳处理的热塑挤压产品的流变性质在 25～85℃范围具有较高的稳定性。

2. 乳清蛋白的化学改性

化学改性通过对蛋白分子中氨基酸残基的侧链基团的修饰和二硫键的裂解，改变乳清蛋白分子的结构、表面净电荷和疏水性，提高其功能特性。

乙酰化和琥珀酰化是最常用的酰化方法，由于赖氨酸的 ε-氨基比较活泼，它最容易被酰化。乙酰化或琥珀酰化改变了乳清蛋白分子的表面净电荷，乙酰化将中性乙酰基引入蛋白分子中，使分子中正电荷减少；琥珀酰化由于代替了原来的正电荷而增加了一个负电荷。琥珀酰化的作用更为显著，能够使乳清蛋白的持水性、乳化性和起泡性提高，因此也最常用。

乳清蛋白的磺化是通过亚硫酸盐与二硫键发生反应而改变蛋白的结构和功能，提高乳清蛋白的乳化性和消化性。该方法对二硫键或半胱氨酸残基有很高的特异性，因此对其他氨基酸的生物利用率没有影响，对肽和蛋白质不存在副反应。

利用焦磷酸盐、磷酰氯和五氧化二磷等磷酸化试剂与乳清蛋白反应，可以在蛋白分子上共价连接磷酸基团使其磷酸化，从而改变乳清蛋白的功能特性。Woo 等(1982)用过量的磷酰氯对 β-乳球蛋白进行磷酸化，得到 13mol 磷/单体 β-乳球蛋白的产物，浓度为 6%的磷酸化蛋白溶液在 pH 5.0 形成凝胶，在 pH 5.0 和 pH 7.0 形成的凝胶比相同条件下的天然 β-乳球蛋白形成的凝胶稳定性提高 30%。

Enomoto 等(2007)在干热条件下用麦芽五糖通过美拉德反应对β-乳球蛋白进行糖基化后，通过干热方法用焦磷酸盐进行磷酸化，结果显示，磷酸化进一步增强了β-乳球蛋白对热诱导不溶性的稳定性，糖基化后进行磷酸化提高了它的热稳定性、乳化性及其在磷酸钙溶液中的溶解性。

通过美拉德反应进行糖基化是一种改善蛋白质功能特性的有效方法，糖基化是一种自然发生的反应，反应条件比其他化学改性方法温和，涉及蛋白质与多糖和小分子碳水化合物反应，并且低温下(60℃)在水溶液或其他低水分环境中即可进行。糖基化不仅可以改善蛋白质的功能特性，还能改变蛋白质的生物学功能，如抗氧化活性等。

研究已经证实，不同的蛋白质，如卵清蛋白、溶菌酶、大豆蛋白，与葡聚糖、壳聚糖或半乳甘露聚糖等多糖形成聚合产物后乳化性有明显的提高。Jimenocastano 等(2006)在 60℃、水分活度为 0.44、多糖与蛋白质的比例为 2∶1 的条件下分析分子质量为 10kDa 和 20kDa 的葡聚糖与乳清蛋白的糖基化反应，发现较低分子质量的葡聚糖对蛋白质的糖基化程度更高，多糖的结合提高了β-乳球蛋白、α-乳白蛋白和血清蛋白在酸性条件下的溶解性以及β-乳球蛋白和血清蛋白的热稳定性。Kika 等(2007)研究浓缩乳清蛋白与羧甲基纤维素(CMC)在 60℃孵浴 5d 的美拉德反应，结果表明，乳清蛋白与 CMC 的聚合产物的乳化稳定性显著提高。Chevalier(2001)研究了六种小分子糖(阿拉伯糖、半乳糖、葡萄糖、乳糖、鼠李糖和核糖)与β-乳球蛋白的糖基化，样品与各种糖在 60℃加热 3d，发现在 pH 1.5 的条件下加热时糖基化产物相比天然蛋白的热稳定性提高，乳球蛋白与阿拉伯糖或核糖的糖基化产物的乳化性增加，与葡萄糖或半乳糖的糖基化产物的起泡性比天然蛋白好。这项研究证明，糖的性质是改善糖基化蛋白功能特性的关键因素。

3. 乳清蛋白的酶法改性

通过酶部分降解乳清蛋白的多肽骨架，增加其分子内或分子间交联或连接特殊功能基团，可以改变乳清蛋白的功能性质。用酶处理乳清分离蛋白，可以提高分离后乳清蛋白组分的起泡性和胶凝性。

为配位体表面选择最合适的酶，对于真正增加乳清蛋白产品的功能特性是非常重要的。Kananen 等(2000)研究发现，共价固定的胰蛋白酶能有效地限制分离蛋白的水解，从而生产出一种能在水溶液中稳定存在的产品。固定酶的采用使分离后的蛋白不用进行加热灭活处理。这种处理对限制蛋白质水解是非常重要的，并且热处理最终可能会导致产品变性。在这些巨肽片段分离过程中，与未被分级的乳清分离蛋白比较，酶处理过程会使重要的乳化、起泡和胶凝特性增加。另外，与未处理过的乳清蛋白制得的线状凝胶相比，酶处理过的乳清蛋白可以形成具有独特功能的颗粒状凝胶。

儿童和新生儿对牛乳的过敏是最为普遍的过敏现象。据统计有 1%～2%的新生儿对牛乳过敏，乳清蛋白中的 β-乳球蛋白和 α-乳白蛋白是最主要的过敏原。资料显示，对牛乳蛋白过敏的人 60%～80%体内有特异性抗 β-乳球蛋白免疫球蛋白 IgE，降低牛乳蛋白的抗原性是生产乳制品需要解决的一大课题。对乳清蛋白进行水解可以降低致敏性、提高功能特性。据报道，用 α-糜蛋白酶、胃蛋白酶以及碱性蛋白酶水解乳清蛋白，其抗原性降低。Kananen 等（2000）用亚硫酸钠处理浓缩乳清蛋白后，再用胃蛋白酶和胰蛋白酶水解，结果显示，这种方法能够使大多数最终水解产物的分子质量小于 2000Da，β-乳球蛋白的致敏性显著降低，几乎接近于零。

多种酶，如转谷氨酰胺酶、脂加氧酶、赖氨酸氧化酶、过氧化物酶、儿茶酚氧化酶、漆酶、蛋白二硫键还原酶、蛋白二硫键异构酶和巯基氧化酶等，都能够催化蛋白质交联反应。转谷氨酰胺酶是应用较为广泛的酶，该酶使蛋白中谷氨酸 γ-羧基与赖氨酸 ε-氨基共价产生交联。在发酵过程中用微生物转谷氨酰胺酶处理乳能提高胶凝强度，并使其脱水收缩和产酸量降低。

4.4.8 乳清的发酵产品

人们已从乳清蛋白的酶水解产物中，发现了具有免疫调节、降血压、抗血栓、矿物质结合、抗氧化、抗菌和抗病毒等作用的活性肽，因其源于天然食物蛋白以及具有生理功能的多样性而备受关注。乳清的生物发酵，特别是菌种比例、发酵条件、稳定剂等，为开发利用乳清蛋白发酵活性物提供了前期技术指导（Kim et al., 2004；Walsh et al., 2004）。

有些消费者更加喜欢发酵乳饮料而不是黏度较高的酸奶。老化变稠和分层问题在低黏度的发酵乳饮料产品中更加突出。在发酵乳中，当乳清蛋白与酪蛋白的比例增大而黏度降低时就会产生蛋白质的絮凝。在 pH 为 3.5～5.5 时，乳清蛋白的热稳定性最差。在发酵乳饮料中加酸至 pH＜3.5 时，可以减缓蛋白质在发酵后杀菌或者灭菌过程中发生沉淀的趋势。然而对一些超高温的发酵乳制品和果汁饮料来说，有时在杀菌和包装前调酸至 pH 为 3.65 时会发生稠化和沉淀的现象（刘晶和韩清波，2007）。Castro 等（2009）研究了发酵乳清饮料中不同乳清蛋白含量对益生菌和益生元的影响，结果表明，不同乳清含量下，添加 1%～3%的益生菌，乳清饮料的发酵时间和最终的酸度差别不大，发酵时间为 3～4.5h，乳酸含量为 0.7～0.8g/100g。然而，乳清含量对发酵乳清饮料的脱水收缩指数有较大的影响。

发酵型乳清饮料是通过微生物的发酵技术而得到的一种新型产品，称为“乳中香槟”，深受人们喜爱。发酵型乳清饮料具有其他乳清饮料所没有的口感，能充分利用乳清中的生物分子肽的活性，近几年取得了较快发展。包怡红（2001）对乳清多肽饮料的研究是首先利用碱性蛋白酶对乳清进行酶解，然后利用乳酸菌进行发酵而制得乳清发酵饮料。

参考文献

包怡红. 2001. 功能性乳清的综合利用. 食品与机械, (1): 9-11.

耿莉萍. 2012. 我国乳品质量安全问题频发的原因与对策. 食品科学技术学报, 30(1): 74-80.

郭雯, 朱永明, 郑冬梅, 等. 2014. 脱盐乳清粉食品安全管理体系应用研究. 食品工业, (4): 140-144.

韩洪章. 2000. 甜性乳清粉生产与乳糖结晶的应用. 乳业科学与技术, (3): 21-24.

李涛, 陈雪勤, 雷雨. 2015. 乳清蛋白-低聚糖型小麦胚运动饮料的研制. 粮食与饲料工业, 12(6): 20-23.

李铁红, 戴显祺, 史亚丽, 等. 2009. 功能型乳清蛋白热改性技术的研究与应用. 中国乳业, (1): 50-52.

刘晶, 韩清波. 2007. 乳清蛋白的特性及应用. 食品科学, 28(7): 535-537.

陆春何. 2017. 浅谈 ISO9001 质量管理体系在乳制品生产经营中的应用. 科学与财富, (34): 166.

宋臻善, 郭桦, 周雪松. 2012. 浓缩乳清蛋白替代全蛋液对海绵蛋糕品质的影响. 食品工业科技, 33(24): 165-167.

万国余. 1985. 奶粉、乳清粉、乳糖的微生物检验方法. 食品科学, 6(5): 37-40.

张建强, 祖庆勇, 刘妍研, 等. 2011. 膜技术在 D70 脱盐乳清粉生产工艺中的应用研究. 乳业科学与技术, 34(4): 163-166.

张蓉蓉. 2006. 乳品企业原料乳的验收与质量控制. 中国乳业, (7): 45-47.

张旭晖, 龙芳羽, 孙健, 等. 2016. 乳清蛋白的功能特性及其在酸奶中的应用. 中国奶牛, (6): 46-48.

张中义, 孟令艳, 晁文. 2012. 牛乳蛋白对无麸质面包焙烤特性的改善作用. 食品工业科技, 33(8): 176-178.

赵挺. 2016. 浓缩乳清蛋白粉成分荧光光谱分析. 长春工业大学学报: 自然科学版, 37(4): 336-339.

Castro F P D, Cunha T M, Ogliari P J, et al. 2009. Influence of different content of cheese whey and oligofructose on the properties of fermented lactic beverages: study using response surface methodology. LWT-Food Science and Technology, 42(5): 993-997.

Chevalier F, Chobert J M, Popineau Y, et al. 2001. Improvement of functional properties of β-lactoglobulin glycated through the Maillard reaction is related to the nature of the sugar. International Dairy Journal, 11(3): 145-152.

Enomoto H, Li C P, Morizane K, et al. 2007. Glycation and phosphorylation of β-lactoglobulin by dry-heating: effect on protein structure and some properties. Journal of Agricultural and Food Chemistry, 55(6): 2392-2398.

Guggisberg D, Eberhard P, Albrecht B. 2007. Rheological characterization of set yoghurt produced with additives of native whey proteins. International Dairy Journal, 17(11): 1353-1359.

Jimenezcastano L, Lopezfandino R, Olano A, et al. 2006. Study on the β-lactoglobulin glycosylation with dextran: effect on solubility and heat stability. Food Chemistry, 93 (4): 689-695.

Kailasapathy K, Supriadi D, Hourigan J A. 1996. Effect of partially replacing skim milk powder with whey protein concentrate on buffering capacity of yoghurt. Australian Journal of Dairy Technology, 51 (2): 89-93.

Kananen A, Savolainen J, Makinen J, et al. 2000. Influence of chemical modification of whey protein conformation on hydrolysis with pepsin and trypsin. International Dairy Journal, 10 (10): 691-697.

Kent K D, Harper W J, Bomser J A. 2003. Effect of whey protein isolate on intracellular glutathione and oxidant-induced cell death in human prostate epithelial cells. Toxicology in Vitro, 17 (1): 27-33.

Kika K, Korlos F, Kiosseoglou V. 2007. Improvement, by dry-heating, of the emulsion-stabilizing properties of a whey protein concentrate obtained through carboxymethylcellulose complexation. Food Chemistry, 104 (3): 1153-1159.

Kim H J, Decker E A, Mcclements D J. 2004. Influence of free protein on flocculation stability of β-lactoglobulin stabilized oil-in-water emulsions at neutral pH and ambient temperature. Langmuir: the ACS Journal of Surfaces and Colloids, 20 (24): 10394-10398.

Manoi K, Rizvi S S H. 2008. Rheological characterizations of texturized whey protein concentrate-based powders produced by reactive supercritical fluid extrusion. Food Research International, 41 (8): 786-796.

Nicorescu I, Loisel C, Riaublanc A, et al. 2009. Effect of dynamic heat treatment on the physical properties of whey protein foams. Food Hydrocolloids, 23 (4): 1209-1219.

Penna A L B, Baruffaldi R, Oliveira M N. 1997. Optimization of yogurt production using demineralized whey. Journal of Food Science, 62 (4): 846-850.

Sodini I, Mattas J, Tong P S. 2006. Influence of pH and heat treatment of whey on the functional properties of whey protein concentrates in yoghurt. International Dairy Journal, 16 (12): 1464-1469.

Tomita M, Wakabayashi H, Yamauchi K, et al. 2002. Bovine lactoferrin and lactoferricin derived from milk: production and applications. Biochemistry and Cell Biology-biochimie et Biologie Cellulaire, 80 (1): 109-112.

Walsh D J, Bernard H, Murray B A, et al. 2004. *In vitro* generation and stability of the lactokinin β-lactoglobulin fragment. Journal of Dairy Science, 87 (11): 3845-3857.

Walzem R L, Dillard C J, German J B. 2002. Whey components: millennia of evolution create functionalities for mammalian nutrition: what we know and what we may be overlooking. Critical Reviews in Food Technology, 42 (4): 353-375.

Woo S L, Creamer L K, Richardson T. 1982. Chemical phosphorylation of bovine β-lactoglobulin. Journal of Agricultural and Food Chemistry, 30 (1): 65-70.

Zhong Q, Jin M. 2008. Enhanced functionalities of whey proteins treated with supercritical carbon dioxide. Journal of Dairy Science, 91 (2): 490-499.

第5章 酪蛋白粉

5.1 酪蛋白和酪蛋白胶束

5.1.1 酪蛋白组成

酪蛋白是一种白色、无嗅、无味的物质(赵新淮，2007)。能够在 20℃、pH 为 4.6 的条件下沉淀下来，是乳腺自身合成的含磷的酸性蛋白质，在乳中与钙离子结合，并形成微团结构，是乳中的主要营养性蛋白质，也是乳中丰富钙磷的来源，占乳中粗蛋白总量的 80%，主要由乳腺从血液中摄取的游离氨基酸以及小分子寡肽合成(Palmquist et al.，2006)。

酪蛋白由 α_{s1}-酪蛋白、α_{s2}-酪蛋白、β-酪蛋白和 κ-酪蛋白组成(Swaisgood，2003)。酪蛋白氨基酸组成中脯氨酸含量相对较高，而半胱氨酸含量较低，导致其具有较弱的二级结构，单链酪蛋白分子不存在特定的构象。由于酪蛋白中亲水和疏水氨基酸残基是成簇分布的，所以酪蛋白分子链具有嵌段式的两亲结构。此外，在乳分泌过程中，酪蛋白还会发生磷酸化修饰，修饰位点主要位于亲水区域中特定的丝氨酸以及苏氨酸上。例如，丝氨酸通过酯化反应与磷酸分子结合，所形成的磷酸丝氨酸残基(SerP)；磷酸苏氨酸残基能够与谷氨酸和天冬氨酸共同形成磷酸化中心(Huppertz，2013)；磷酸化基团以簇的形式存在于酪蛋白分子中，通过共价键与酪蛋白结合(Dorozhkin and Epple，2002)。因此，酪蛋白的主要特征是具有高含量的磷酸化丝氨酸残基和脯氨酸。图 5.1 显示的是 α_{s1}-酪蛋白、α_{s2}-酪蛋白、β-酪蛋白和 κ-酪蛋白中磷酸丝氨酸的分布。所有酪蛋白都经不同程度的化学改性，如全部酪蛋白都在丝氨酸残基上，有时在苏氨酸残基上进行了不同程度的磷酸化。除磷酸化外，κ-酪蛋白也被糖基化。酪蛋白结构的另外一个特点就是 κ-酪蛋白和 α_{s2}-酪蛋白的胱氨酸、半胱氨酸残基参与二硫键和硫巯键的相互转化。

1. α_{s1}-酪蛋白

α_{s1}-酪蛋白的一级结构于 1974 年测试完毕，共由 199 个氨基酸残基构成，它占牛乳蛋白总量的 46%。α_{s1}-酪蛋白是磷酸化的钙敏性蛋白质，含有 8 个磷酸基，相对分子质量为 23600。不仅如此，结构中还含有大量的脯氨酸，但半胱氨酸含量低。α_{s1}-酪蛋白具有由高度溶剂化的带电部分和疏水的球状部分组成的独特的偶极结构。其极性部分很可能接近于随机的螺旋形，而疏水部分具有 α 螺旋、β 折叠及无规则结构。各部分的柔性使得分子的大小对不同离子(如 Ca^{2+} 和 H^{+})的结合和离子强度特别敏感，而分子间的疏水作用会导致分子自身缔合，或与其他酪蛋白缔合(李里特，2011)。其他对 Ca^{2+}敏感的酪蛋白(如 α_{s2}-酪蛋白)也具有同样的特性。α_{s1}-酪蛋白的一级结构如图 5.2 所示。

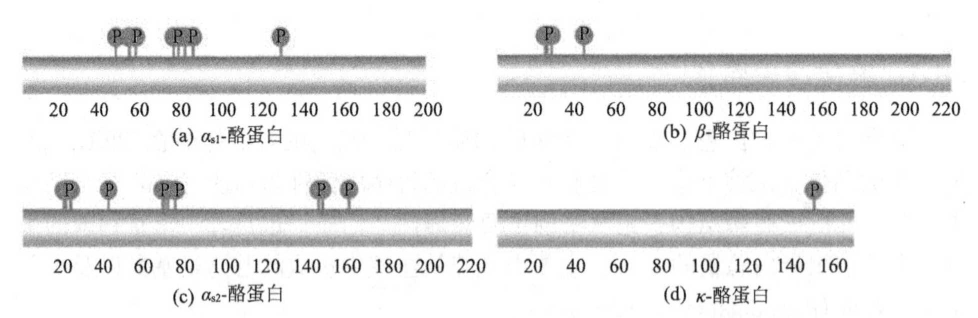

图 5.1 α_{s1}-酪蛋白、α_{s2}-酪蛋白、β-酪蛋白和 κ-酪蛋白上的磷酸丝氨酸分布

1 **10** **20**
Arg-Pro-Lys-His-Pro-Ile-Lys-His-Gln-Gly-Leu-Pro-Gln-Glu-Val-Leu-Asn-Glu-Ans-Leu-
21 **30** **40**
Leu-Arg-Phe-Phe-Val-Ala-Pro-Phe-Pro-Glu-Val-Phe-Gly-Lys-Glu-Lys-Val-Asn-Glu-Leu-
41 **50** **60**
Ser-Lys-Asp-Ile-Gly-SerP-Glu-SerP-Thr-Glu-Asp-Gln-Ala-Met-Glu-Asp-Ile-Lys-Gln-Met-
61 **70** **80**
Glu-Ala-Glu-SerP-Ile-SerP-SerP-SerP-Glu-Glu-Ile-Val-Pro-Asn-SerP-Val-Glu-Gln-Lys-His-
81 **90** **100**
Ile-Gln-Lys-Glu-Asp-Val-Pro-Ser-Glu-Arg-Tyr-Leu-Gly-Tyr-Leu-Glu-Gln-Leu-Leu-Arg-
101 **110** **120**
Leu-Lys-Lys-Tyr-Lys-Val-Pro-Gln-Leu-Glu-Ile-Val-Pro-Asn-SerP-Ala-Glu-Glu-Arg-Leu-
121 **130** **140**
His-Ser-Met-Lys-Glu-Gly-Ile-His-Ala-Gln-Gln-Lys-Glu-Pro-Met-Ile-Gly-Val-Asn-Gln-
141 **150** **160**
Glu-Leu-Ala-Tyr-Phe-Tyr-Pro-Glu-Leu-Phe-Arg-Gln-Phe-Tyr-Gln-Leu-Asp-Ala-Tyr-Pro-
161 **170** **180**
Ser-Gly-Ala-Trp-Tyr-Tyr-Val-Pro-Leu-Gly-Thr-Gln-Tyr-Thr-Asp-Ala-Pro-Ser-Phe-Ser-
181 **190** **200**
Asp-Ile-Pro-Asn-Pro-Ile-Gly-Ser-Glu-Asn-Ser-Glu-Lys-Thr-Thr-Met-Pro-Leu-Trp

图 5.2 α_{s1}-酪蛋白的一级结构

2. α_{s2}-酪蛋白

α_{s2}-酪蛋白占牛乳总蛋白的10%，有207个氨基酸，分子中含有10～13个磷酸基和两个—SH，相对分子质量为25150。其结构中有三簇带负电的磷酸丝氨酸、谷氨酸残基，分别位于8～12、56～63、129～133氨基酸位，极性部分形成随机螺旋的二级结构和三级结构。仅有两个区域相对疏水，即C端序列的160～207位和90～120位，因而α_{s2}-酪蛋白是相对亲水的酪蛋白(Mcsweeney and Fox，2013)。α_{s2}-酪蛋白的一级结构如图5.3所示。

1 10 20
Lys-Asn-Thr-Met-Glu-His-Val-SerP-SerP-SerP-Glu-Glu-Ser-Ile-Ile-SerP-Gln-Glu-Thr-Tyr-
21 30 40
Lys-Gln-Glu-Lys-Asn-Met-Ala-Ile-Asn-Pro-Ser-Lys-Glu-Asn-Leu-Cys-Ser-Thr-Phe-Cys-
41 50 60
Lys-Glu-Val-Val-Arg-Asn-Ala-Asn-Glu-Glu-Glu-Tyr-Ser-Ile-Gly-SerP-SerP-SerP-Glu-Glu-
61 70 80
SerP-Ala-Glu-Val-Ala-Thr-Glu-Glu-Val-Lys-Ile-Thr-Val-Asp-Asp-Lys-His-Tyr-Gln-Lys-
81 90 100
Ala-Leu-Asn-Glu-Ile-Asn-Gln-Phe-Tyr-Gln-Lys-Phe-Pro-Gln-Tyr-Leu-Gln-Tyr-Leu-Tyr-
101 110 120
Gln-Gly-Pro-Ile-Val-Leu-Asn-Pro-Trp-Asn-Gln-Val-Lys-Arg-Asn-Ala-Val-Pro-Ile-Thr-
121 130 140
Pro-Thr-Leu-Asn-Arg-Glu-Gln-Leu-SerP-Thr-SerP-Glu-Glu-Asn-Ser-Lys-Lys-Thr-Val-Asp-
141 150 160
Met-Glu-Ser-Thr-Glu-Val-Phe-Thr-Lys-Lys-Thr-Lys-Leu-Thr-Glu-Glu-Glu-Lys-Asn-Arg-
161 170 180
Leu-Asn-Phe-Leu-Lys-Lys-Ile-Ser-Gln-Arg-Tyr-Gln-Lys-Phe-Ala-Leu-Pro-Gln-Tyr-Leu-
181 190 200
Lys-Thr-Val-Tyr-Gln-His-Gln-Lys-Ala-Met-Lys-Pro-Trp-Ile-Gln-Pro-Lys-Thr-Lys-Val-
201 210
Ile-Pro-Tyr-Val-Arg-Tyr-Leu

图5.3 α_{s2}-酪蛋白的一级结构

3. β-酪蛋白

β-酪蛋白占酪蛋白总量的22%以上。它含有209个氨基酸残基，分子中有5个磷酸基，相对分子质量为24000。结构中带有负电荷磷酸化丝氨酸簇，N端和非常疏水的C端清晰区分开来；在N端(1～60)含有磷酸丝氨酰基，呈酸性和亲水性；C端(141～209)呈碱性和疏水性，这部分形成了酪蛋白的最疏水部分。因而β-酪蛋白是4种酪蛋白中最疏水的组分。β-酪蛋白在温度低于8℃或pH较高的溶液环境中以单体的形式存在，在高温和接近中性的条件下会形成丝状多聚体。另外β-酪蛋白含有大量的脯氨酸残基，它通过影响α螺旋和β折叠结构的形成而影响蛋白质的结构(Swaisgood，2013)。β-酪蛋白的一级结构如图5.4所示。

1 **10** **20**
Arg-Glu-Leu-Glu-Glu-Leu-Asn-Val- Pro-Gly-Glu- Ile- Val-Glu-SerP-Leu-SerP-SerP-SerP-Glu-
21 **30** **40**
Glu- Ser- Ile- Thr-Arg- Ile- Asn-Lys-Lys- Ile- Glu-Lys-Phe-Gln-SerP-Glu- Glu- Gln- Gln-Gln-
41 **50** **60**
Thr-Glu-Asp-Glu-Leu-Gln-Asp-Lys- Ile- His-Pro-Phe-Ala-Gln- Thr- Gln- Ser- Leu- Val- Tyr-
61 **70** **80**
Pro-Phe-Pro-Gly-Pro- Ile- Pro-Asn-Ser-Leu-Pro-Gln-Asn-Ile- Pro- Pro-Leu- Thr- Gln- Thr-
81 **90** **100**
Pro-Val-Val- Val-Pro-Pro-Phe-Leu-Gln-Pro-Glu-Val-Met-Gly- Val- Ser- Lys- Val- Lys-Glu-
101 **110** **120**
Ala-Met-Ala- Pro-Lys-His-Lys-Glu-Met-Pro-Phe-Pro-Lys-Tyr- Pro- Val- Glu- Pro- Phe- Thr-
121 **130** **140**
Glu- Ser- Gln- Ser- Leu-Thr-Leu-Thr-Asp-Val-Glu-Asn-Leu-His- Leu- Pro- Leu- Pro- Leu-Leu-
141 **150** **160**
Gln- Ser- Trp-Met-His-Gln-Pro-His-Gln-Pro-Leu-Pro- Pro-Thr- Val- Met- Phe- Pro- Pro- Gln-
161 **170** **180**
Ser- Val-Leu- Ser- Leu- Ser- Gln- Ser- Lys-Val-Leu-Pro- Val- Pro- Gln- Lys- Ala- Val- Pro- Tyr-
181 **190** **200**
Pro-Gln-Arg-Asp-Met-Pro- Ile- Gln-Ala-Phe-Leu-Leu-Tyr-Gln-Glu- Pro- Val- Leu- Gly- Pro-
201
Val-Arg-Gly- Pro-Phe-Pro- Ile- Ile- Val

图 5.4　β-酪蛋白的一级结构

4. κ-酪蛋白

κ-酪蛋白是在乳脂分泌后由胞浆蛋白酶对 β-酪蛋白的部分水解产生的，在酪蛋白中所占比例最小；κ-酪蛋白是由 169 个氨基酸残基组成，分子中仅含有 1 个磷酸根和两个—SH，二硫键含量占酪蛋白二硫键总量的 15%，相对分子质量为 19000～20000，占牛乳中蛋白总量的 0.8%～1.5%。目前已经证实，κ-酪蛋白是凝乳酶的天然底物。在自然状态下，κ-酪蛋白是使牛乳保持稳定的乳浊液状态的重要因子。κ-酪蛋白和钙敏感性酪蛋白相比，最大的不同点在于它含的磷酸丝氨酸簇比较少以及具有苏氨酸糖基化残基，也就是说 κ-酪蛋白是一个糖蛋白，分子中仅有 1 个磷酸酯键，故 κ-酪蛋白不能像其他酪蛋白一样结合钙，对钙离子的存在不敏感，其溶解性不会受钙离子浓度的影响(Fuquay et al.，2011)，能被凝乳酶专一性地有限水解。在干酪加工中，凝乳酶专一性地断裂 Phe105-Met106 链，导致极性糖巨肽从 κ-酪蛋白中分离，从而改变了酪蛋白胶粒的表面极性静电荷位阻的稳定性，使表面疏水性增加，而产生胶体凝集(Farrell et al.，2004)。κ-酪蛋白的一级结构如图 5.5 所示。

1 10 20
Gln-Glu-Gln-Asn-Gln-Glu-Gln-Pro- Ile- Arg-Cys-Glu-Lys-Asp-Glu-Arg-Phe-Phe-Ser-Asp-
21 30 40
Lys- Ile- Ala-Lys-Tyr- Ile- Pro- Ile- Gln- Tyr- Val-Leu- Ser- Arg-Tyr-Pro- Ser- Tyr-Gly-Leu-
41 50 60
Asn-Tyr-Tyr-Gln-Gln-Lys-Pro-Val- Ala- Leu Ile- Asn-Asn-Gln-Phe-Leu-Pro-Tyr-Pro- Tyr-
61 70 80
Tyr-Ala-Lys-Pro-Ala-Ala-Val-Arg- Ser- Pro Ala-Gln- Ile- Leu-Gln-Trp-Gln-Val-Leu-Ser-
81 90 100
Asn-Thr-Val- Pro-Ala-Lys-Ser-Cys-Gln- Ala Gln-Pro-Thr-Thr-Met-Ala-Arg-His-Pro-His-
101 110 120
Pro- His-Leu-Ser-Phe-Met-Ala- Ile- Pro- Pro Lys-Lys-Asn-Gln-Asp-Lys-Thr-Glu- Ile- Pro-
121 130 140
Thr- Ile- Asn-Thr- Ile- Ala-Ser-Gly-Glu- Pro Thr- Ser- Thr- Pro- Thr-Thr-Glu-Ala-Val-Glu-
141 150 160
Ser- Thr-Val-Ala-Thr-Leu-Glu-Asp-SerP- Pro Glu-Val- Ile- Glu- Ser- Pro-Pro-Glu- Ile- Asn-
161
Thr-Val-Gln-Val-Thr- Ser- Thr-Ala-Val

图5.5 *κ*-酪蛋白的一级结构

5.1.2 酪蛋白组分的检测

目前酪蛋白组分检测方法有很多，包括电泳、毛细管电泳、高效液相色谱法和酶联免疫吸附法等。

1. 电泳

电泳原理是基于分子都具有可电离的基团，在溶液中能够形成正负离子。此外具有相同电荷的分子，由于它们在分子质量等方面的区别，会有不同的质荷比。总之，由于电荷、质量等差异的存在，溶液中的离子或其他带电颗粒在电场中具有不同的迁移率，构成了电泳原理。用于酪蛋白组分检测的电泳包括聚丙烯酰胺凝胶电泳(PAGE)、尿素-PAGE、十二烷基硫酸钠(SDS)-PAGE以及等电点聚焦电泳。其中等电点聚焦电泳的分辨率最高，但是无论哪种电泳其最终只通过光密度扫描实现半定量分析，准确性不高。

2. 毛细管电泳

毛细管电泳是一类以毛细管为分离通道，以高压直流电场为驱动力的新型液相分离技术。基本结构包括进样系统、毛细管、检测系统、高压电源、清洗系统、温控系统等。它是依据样品中各组分之间淌度和分配行为上的差异而实现分离的一类液相分离技术。在高电压作用下，带电粒子在毛细管内的电解质溶液中迁移，迁移速度等于电泳和电渗流的矢量和。中性粒子的电泳速度为零，其迁移速度相当于电渗流的速度。各种粒子因迁移速度的不同而实现分离。将毛细管电泳用于酪蛋白组分的定量分析，准确性高，速度快，并且样品处理比较简单，能同时实现乳清蛋白和酪蛋白组分的定量分析。

3. 高效液相色谱法

反相高效液相色谱(RP-HPLC)基于待分离物质与柱介质非极性烷基固定相表面疏水作用的强度和流动相中有机溶剂洗脱强度对蛋白质和多肽进行分离的，也就是基于疏溶剂作用进行样品分离。疏溶剂作用是指当水中存在非极性溶质或分子中存在疏水部分时，溶质分子之间的相互作用、溶质分子与水分子之间的相互作用远小于水分子之间的相互作用，因此溶质分子就从水中被“挤”了出去，使得极性较强或亲水的样品分子和反相柱中的载体间的相互作用较弱，因此较快流出；反之疏水性较强的分子和载体间存在较强的相互作用，在柱内保留时间相对较长。所以反相高效液相色谱法是根据组分疏水性的不同发挥分离作用的。用于酪蛋白组分分析的反相固定相的介质主要是化学键合硅胶，如 C_4、C_8、C_{18} 侧链修饰的硅烷键合硅胶。一般使用含三氟乙酸的水相和较高浓度的乙腈相进行梯度洗脱。Bobe 使用 C_{18} 柱，实现了对脱脂乳中 κ-酪蛋白变异体的定量分析(Bobe et al.，1998)；Bordin 使用 C_4 反相柱，使脱脂乳中 α_{s1}-酪蛋白、α_{s2}-酪蛋白、β-酪蛋白、κ-酪蛋白、α-乳白蛋白和 β-乳球蛋白得到定量(Bordin et al.，2001)；Veloso 以聚苯乙烯-二乙烯基苯的反相色谱柱实现了对 α_s-酪蛋白、β-酪蛋白和 κ-酪蛋白的分离及定量(Veloso et al.，2002)。

4. 酶联免疫吸附法

酶联免疫吸附法(ELISA)是酶联免疫检测技术中的一种，它技术条件要求低、携带方便、操作简便和经济，且易商品化，常以试剂盒的形式出现，具有高度的准确性、特异性、适用范围宽、检测速度快等优点。

ELISA 的基础是抗原或抗体的固相化及抗原或抗体的酶标记。结合在固相载体表面的抗原或抗体仍能保持其免疫学活性，酶标记的抗原或抗体既保留其免疫学活性，又保留了酶的活性。检测时，含有抗体或抗原的待测样本与固相载体表面的抗原或抗体起反应，用洗涤的方法使固相载体上形成的抗原抗体复合物与溶液中的其他物质分开，再加入酶标记的抗体或抗原，与抗原抗体复合物反应，从而也结合在固相载体上，此时固相上的酶量与样本中受检物质的量呈一定的比例。加入酶的底物后，底物被酶催化成为有色物质，产物的量与样品中受检物质的量相关，故可根据显色的深浅进行定性或定量分析。由于酶的催化效率高，间接放大了免疫反应的结果，使测定具有极高的灵敏度，在应用中一般采用商品化的试剂盒进行测试。

ELISA 应用于酪蛋白组分检测的研究比较多。Feng 和 Cunninghamrundles 制备出了 κ-酪蛋白的单克隆抗体，其特异性强，不与牛乳中其他蛋白质及人乳中的酪蛋白发生交叉反应，灵敏度高，用夹心放射免疫检测技术可检测到的最低浓度为 0.3×10^{-4}nmol/mL(Feng and Cunninghamrundles，1989)。Kuzmanoff 和 Beattie 制备

出 α_{s2}-酪蛋白和 κ-酪蛋白的单克隆抗体，能与天然的和变性的酪蛋白发生特异性反应，可用来对酪蛋白进行定性和定量检测(Kuzmanoff and Beattie，1991)。

5.1.3 酪蛋白结构

乳中的酪蛋白胶体粒子是一种复杂的胶粒，它是由许多酪蛋白分子和大部分钙、磷组成。钙和磷以高度不溶的胶体磷酸钙形式存在，每 100g 酪蛋白约含 8g 胶体磷酸钙。酪蛋白胶粒近似球形，以胶体分散状态存在于乳中，其直径为 200～300nm，胶粒中也含有水分以及少量的其他蛋白质，如乳脂酶、胞浆素等。

1. 酪蛋白结构模型研究

酪蛋白的结构和行为在水溶液中已经被深入地研究了几十年，但人们还没有完全理解，关于胶束的内部结构一直存在争议，直至今日也还没有完全确定。

1965 年，Waugh 和 Noble 提出了酪蛋白胶粒模型——核壳结构(图 5.6)，α_{s1}-酪蛋白和 β-酪蛋白形成圆形颗粒被 κ-酪蛋白包裹(Waugh and Noble，1965)。1967 年，Morr 表明，酪蛋白胶束是由亚单元组成，亚单元的核心是由 α-酪蛋白和 β-酪蛋白组成，同时被 α-酪蛋白和 κ-酪蛋白混合物包围，各个亚单元由钙和胶体磷酸钙连接(Morr，1967)。1969 年，Rose 创立一个新模型，β-酪蛋白一端连着另一个 β-酪蛋白的一端，连接形成酪蛋白分子，随后 α-酪蛋白和 κ-酪蛋白分子依次结合形成蛋白质聚集体。在钙的存在下，通过磷酸钙交联形成超分子；可通过尿素和草酸盐对酪蛋白胶束进行沉降(Rose，1969)。Slattery 和 Evard 提出 κ-酪蛋白主要定位于亚胶束表面的特定区域，因此形成两个不同的区域，即亲水区域和疏水区域。当 κ-酪蛋白覆盖在超分子整个表面时，由疏水相互作用引发的亚单元的聚集行为将停止(Slattery and Evard，1973)。然而，此模型并没有说明胶体磷酸钙在保持酪蛋白超分子结构稳定性方面的作用。1980 年 Schmidt 以及 1990 年 Walstra 分别改进了此模型，他们认为亚胶束并非全部被 κ-酪蛋白覆盖，亚胶束表面含有其他酪蛋白的极性基团，如磷酸化丝氨酸。连接 α_{s1}-酪蛋白、α_{s2}-酪蛋白和 β-酪蛋白的胶体磷酸钙使得亚单元聚集在一起，如图 5.7 所示(Walstra，1990；Schmidt，1980)。Kumosinski 等通过小角 X 射线散射表征推断，加入钙后，在酪蛋白酸钠合成的酪蛋白胶束超分子结构中，亚胶束含有一个球形疏水核心和一个松散的亲水外壳，亚胶束通过磷酸钙聚集在一起，相邻亚胶束的亲水区域内有蛋白质重叠(Kumosinski et al.，1988)。1996 年，Holt 和 Horne 还提出了酪蛋白胶束的聚电解质刷模型(图 5.8)，这个模型显示了酪蛋白胶粒呈现球状，酪蛋白分子与磷酸钙缠绕在一起形成微粒，磷酸钙在胶粒的内部；在核内多肽链被磷酸钙的微簇结构部分地连接起来；在一个外部的较低密度片段区域上形成毛发层结构，它提供静电相互作用或电荷，维持了酪蛋白粒子的稳定性(Holt and Horne，1996)。

Kruif 和 Holt 随后提出，酪蛋白与磷酸钙的结合标志着酪蛋白超分子开始形成(Kruif and Holt，2003)。随着影像技术的发展，人们对于酪蛋白胶束的构造有了更加清晰的研究。Pignon 等使用 X 射线散射观察酪蛋白胶束，表明其是球状超分子(具有 102nm 的回转半径)，构成超分子的蛋白质是开放构象的结构(具有 5～6nm 的回转半径)，而不是任何球状亚胶束(Pignon et al.，2004)。2008 年，McMahon 和 Oommen 通过冷冻透射电子显微镜(TEM)技术观察酪蛋白胶束，提出了连锁网格超分子结构(图 5.9)。他们认为，酪蛋白胶束由短线段和聚合链相互交联组成，而交联点是磷酸钙，其半径为 4.8nm，结构呈现开放多孔形态(McMahon and Oommen，2008)。

综合以上研究，酪蛋白胶束模型主要被归为三大类：核壳模型、亚胶束模型、内部结构模型(Walstra，1999)。后两类模型的认可度较高。

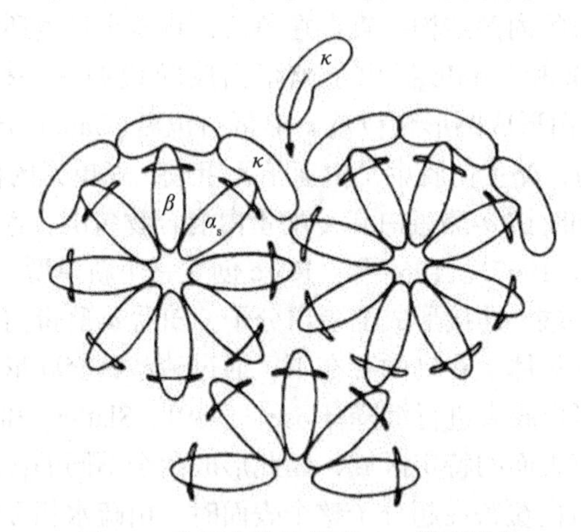

图 5.6 酪蛋白胶粒模型——核壳结构

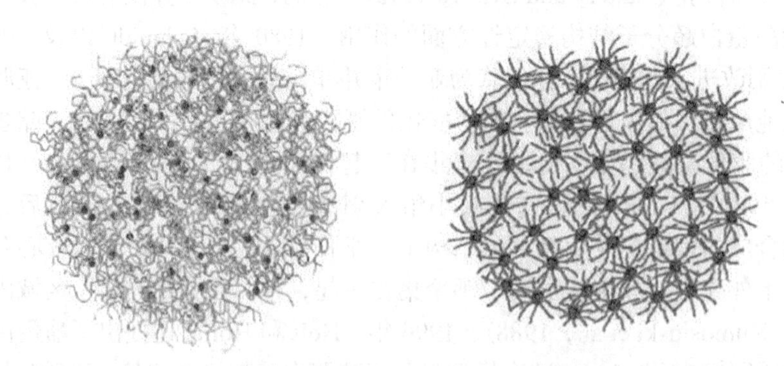

图 5.7 Schmidt 和 Walstra 改进模型

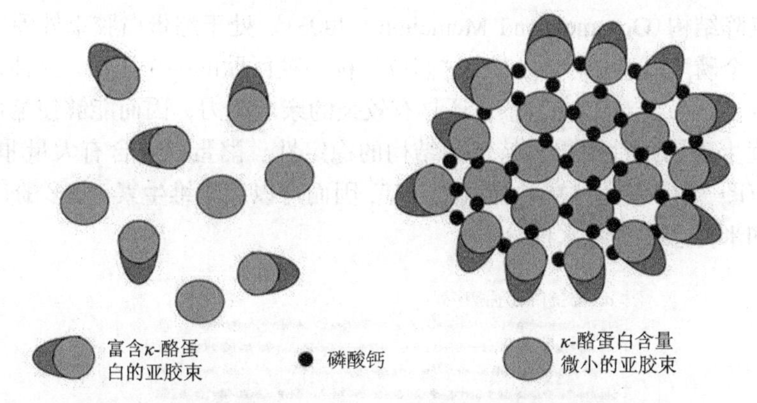

图 5.8　Holt 和 Horne 提出的酪蛋白胶束聚电解质刷模型

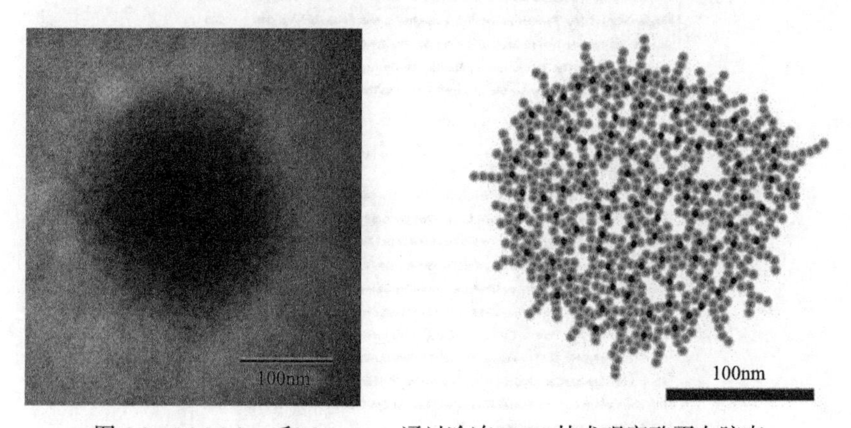

图 5.9　McMahon 和 Oommen 通过冷冻 TEM 技术观察酪蛋白胶束

2. 酪蛋白胶束的电荷分布及空间稳定性

酪蛋白为磷蛋白，其所含的磷酸基团经常 3 个以上成簇出现(如 SerP-SerP-SerP-Glu-Glu)，主要分布于分子结构相对接近的丝氨酸残基簇上。α_{s1}-酪蛋白含有强酸性的氨基酸残基多肽，含有整个分子中 8 个磷酸基团中的 7 个，含有 12 个羧基，仅有 4 个正电荷基团。α_{s2}-酪蛋白含有 10～13 个磷酸基团。β-酪蛋白的 N 端高电荷区含有整个分子中 5 个磷酸基团中的 4 个，含有 7 个羧基，仅有 2 个正电荷基团。α-酪蛋白和 β-酪蛋白中富含磷酸基团的区域是 Ca^{2+}敏感区。这些酪蛋白磷酸肽因为含有磷酸基团，进而产生极性和酸性结构域，促使其与 Ca^{2+}的结合，因此对稳定酪蛋白胶束结构起到了关键的作用。另外，α-酪蛋白和 β-酪蛋白分子是两亲性分子，具有亲、疏水区域和磷酸化中心，还可以通过疏水相互作用发生自缔合(Van Der Veen et al.，2004)，进一步影响酪蛋白胶束的结构稳定性。酪蛋白磷酸钙聚集和酪蛋白大分子链段共同维持了酪蛋白胶束的完整性，形成内部网状点阵结构(Oommen and Mcmahon，2003)。处于酪蛋白胶束外围的 κ-酪蛋白仅有 1 个磷酸基和 14 个羧基，它们位于称为糖巨肽的一个区域。这种化学结构不仅使分子不易于对 Ca^{2+}敏感，还具有较强的亲水能力，因而能够使酪蛋白胶束在高浓度生理钙条件下仍保持空间结构的稳定性。酪蛋白还含有大量非极性(疏水)基团(图 5.10)以及丰富的脯氨酸残基，因而可以结合维生素、茶多酚、姜黄素、槲皮素和米托蒽醌等疏水性分子。

α_{s1}-酪蛋白氨基酸序列

Arg-Pro-Lys-His-Pro-Ile-Lys-His-Gln-Gly-Leu-Pro-Gln-Glu-Val-Leu-Asn-Glu-Asn-Leu-　20
Leu-Arg-Phe-Phe-Val-Ala-Pro-Phe-Pro-Glu-Val-Phe-Gly-Lys-Glu-Lys-Val-Asn-Glu-Leu-　40
Ser-Lys-Asp-Ile-Gly-**SerP**-Glu-**SerP**-Thr-Glu-Asp-Gln-Ala-Met-Glu-Asp-Ile-Lys-Gln-Met-　60
Glu-Ala-Glu-**SerP**-Ile-**SerP**-**SerP**-**SerP**-Glu-Glu-Ile-Val-Pro-Asn-**SerP**-Val-Glu-Gln-Lys-His-　80
Ile-Gln-Lys-Glu-Asp-Val-Pro-Ser-Glu-Arg-Tyr-Leu-Gly-Tyr-Leu-Glu-Gln-Leu-Leu-Arg-　100
Leu-Lys-Lys-Tyr-Lys-Val-Pro-Glu-Leu-Glu-Ile-Val-Pro-Asn-**SerP**-Ala-Glu-Glu-Arg-Leu-　120
His-Ser-Met-Lys-Glu-Gly-Ile-His-Ala-Gln-Gln-Lys-Glu-Pro-Met-Ile-Gly-Val-Asn-Gln-　140
Glu-Leu-Ala-Tyr-Phe-Tyr-Pro-Glu-Leu-Phe-Arg-Gln-Phe-Tyr-Gln-Leu-Asp-Ala-Tyr-Pro-　160
Ser-Gly-Ala-Trp-Tyr-Tyr-Val-Pro-Leu-Gly-Thr-Gln-Tye-Thr-Asp-Ala-Pro-Ser-Phe-Ser-　180
Asp-Ile-Pro-Asn-Pro-Ile-Gly-Ser-Glu-Asn-Ser-Glu-Lys-Thr-Thr-Met-Pro-Leu-Trp　200

β-酪蛋白氨基酸序列

Arg-Glu-Leu-Glu-Glu-Leu-Asn-Val-Pro-Gly-Glu-Ile-Val-Glu-**SerP**-Leu-**SerP**-**SerP**-**SerP**-Glu-　20
Glu-Ser-Ile-Thr-Arg-Ile-Asn-Lys-Lys-Ile-Glu-Lys-Phe-Gln-**SerP**-Glu-Glu-Gln-Gln-Gln-　40
Thr-Glu-Asp-Glu-Leu-Gln-Asp-Lys-Ile-His-Pro-Phe-Ala-Gln-Thr-Gln-Ser-Leu-Val-Tyr-　60
Pro-Phe-Pro-Gly-Pro-Ile-Pro-Asn-Ser-Leu-Pro-Gln-Asn-Ile-Pro-Pro-Leu-Thr-Gln-Thr-　80
Pro-Val-Val-Val-Pro-Pro-Phe-Leu-Gln-Pro-Glu-Val-Met-Gly-Val-Ser-Lys-Val-Lys-Glu-　100
Ala-Met-Ala-Pro-Lys-His-Lys-Glu-Met-Pro-Phe-Pro-Lys-Tyr-Pro-Val-Glu-Pro-Phe-Thr-　120
Glu-Ser-Gln-Ser-Leu-Thr-Leu-Thr-Asp-Val-Glu-Asn-Leu-His-Leu-Pro-Leu-Pro-Leu-Leu-　140
Gln-Ser-Tyr-Met-His-Gln-Pro-His-Gln-Pro-Leu-Pro-Pro-Thr-Val-Met-Phe-Pro-Pro-Gln-　160
Ser-Val-Leu-Ser-Leu-Ser-Gln-Ser-Lys-Val-Leu-Pro-Val-Pro-Gln-Lys-Ala-Val-Pro-Tyr-　180
Pro-Gln-Arg-Asp-Met-Pro-Ile-Gln-Ala-Phe-Leu-Leu-Tyr-Gln-Glu-Pro-Val-Leu-Gly-Pro-　200
Val-Arg-Gly-Pro-Phe-Pro-Ile-Val

图 5.10　α_{s1}-酪蛋白和 β-酪蛋白的氨基酸序列及非极性氨基酸的分布
灰色标记为非极性氨基酸

5.1.4　影响酪蛋白结构稳定性的因素

影响牛乳中酪蛋白稳定性的因素很多，其中主要有 pH、温度、盐类和酶等因素。

1. pH 的影响

pH 的改变会影响蛋白质分子的离子化作用和净电荷值，从而改变蛋白质分子的吸引力和排斥力以及蛋白质分子与水分子结合的能力。较早已运用多种技术来研究 pH 对酪蛋白胶束性质的影响，其中包括黏度测量(Anema et al.，2004c；Guillaume et al.，2004)、粒度分析(Mcsweeney et al.，2004)、动态光散射(Muller-Buschbaum et al.，2006；Tuinier et al.，2002)、ζ 电位测定(Guillaume et al.，2004)和浊度测量(Vaia et al.，2006)。这些研究有时会产生矛盾的结果，因此 pH 对酪蛋白胶束性质的影响还不清楚。两种观点可以解释这些研究之间的不一致。

首先，在某些研究中，牛乳其他成分的存在往往使得所研究的系统变得复杂。其次，温度和离子强度及其浓度都会影响酪蛋白胶束，这也使得 pH 对酪蛋白胶束的性质造成更复杂的影响。

在自然状态下，牛乳的 pH 为 6.7 左右。这时胶束的毛发层结构(也就是 κ-酪蛋白)呈负电性，在溶液中能够稳定存在。酸化时，酪蛋白胶束表面所含有的负电荷的量越来越少，酪蛋白胶束之间的静电排斥作用力不断下降，而静电引力不断增大，连接各个酪蛋白单体分子的胶体磷酸钙也在不断地溶解(Dalgleish and Corredig，2012)。自 20 世纪 50 年代以来，人们对于酸化过程中牛乳酪蛋白胶束理化性质的变化进行了大量的研究(Lee and Lucey，2010；Madadlou et al.，2010；McMahon et al.，2009；Herbert et al.，1999)。目前得出的结论是，在酸化到酪蛋白的等电点过程中，胶束中的酪蛋白先溶出后聚合，而矿质元素是一直在溶出的。学者们相继提出了不同的观点和酪蛋白酸化理论。Herbert 提出了酸化过程中酪蛋白胶束的双态理论(Herbert et al.，1999)。McMahon 等提出了酸化过程中酪蛋白胶束的三态变化模型(McMahon et al.，2009)。

总结不同研究，可以将牛乳的 pH 从自然状态下降到酪蛋白等电点的过程分为四个不同的理化阶段。第一个阶段，pH 从 6.7 下降到 5.8 左右。这个过程中最重要的变化是胶束中矿质元素向溶解相的溶出。这一过程的示意图见图 5.11 (a)，酪蛋白胶束中的矿质元素(以钙和无机磷为主)缓慢地向溶解相中解离。此外，胶束表面的 κ-酪蛋白上所带负电荷的含量逐渐变少，因此酪蛋白胶束之间的斥力也随之减小(Gastaldi et al.，2003)。然而在这个过程中，从酪蛋白胶束内部释放到溶解相的交替磷酸钙的量比较少，所以胶束的直径并没有太大的变化。

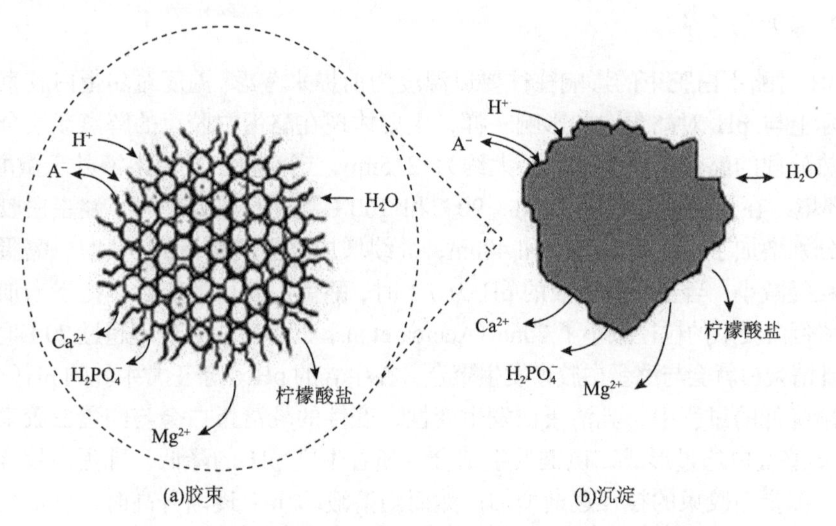

图 5.11 胶束中酪蛋白和磷酸钙等在酸化过程中的变化情况

第二个阶段，pH 从 5.8 下降至 5.0 左右。这一阶段酪蛋白胶束理化性质的变化是非常大的。随着 pH 从 5.8 继续降低，酪蛋白胶束表面 κ-酪蛋白所含的负电荷的含量直线下降，这就导致了酪蛋白胶束之间静电斥力的降低，胶束中的磷酸钙等矿质元素在 pH 5.0 的时候几乎全部释放到溶解相。胶束的球状结构趋向解体，胶束的水合性由于胶束松散的内部结构变得更大。这时酪蛋白胶束像“融化”了一样，变得膨大。McMahon 运用透射电镜法研究酸化过程中酪蛋白的理化性质时认为，当脱脂乳的 pH 为 5.3 时，从酪蛋白胶束释放到溶解相中的酪蛋白分子很容易连接在一起，从而组合成比较松散的、没有特定结构的复合体（McMahon et al., 2009）。Gastaldi 认为，当牛乳的 pH 达到 5.1 的时候，酪蛋白胶束当中的矿质元素基本完全释放到溶解相之中，由于这些矿质元素在酪蛋白胶束中作为酪蛋白的“盐桥”存在，因此必然使单个的蛋白分子重新组合（Gastaldi et al., 2010）。但 Lee 等的研究显示，胶束中的矿质元素（以胶体磷酸钙为主）的释放并不能作为促使单个酪蛋白呈现无定形状态的决定性因素，胶束中矿质元素的释放促使了单体酪蛋白分子从胶束中的释放，这些以解离状态存在的酪蛋白分子之间的排斥作用力增加，促使它们之间无定形聚集状态的产生（Lee and Lucey，2010）。

第三个阶段，牛乳的 pH 从 5.0 左右下降到 4.8 左右。这个过程中，从酪蛋白胶束中释放出来的单个酪蛋白分子之间会相互结合。还有一种情况就是，从胶束当中解离出来的单个酪蛋白分子与前一个阶段中的酪蛋白胶束通过静电引力相互结合，形成重组酪蛋白胶束（McMahon et al., 2009；Chardot et al., 2002）。

最后一个阶段，牛乳的 pH 从 4.8 下降到酪蛋白的平均等电点。这些重组酪蛋白胶束通过引力相互结合，形成三维凝胶（McMahon et al., 2009）。

2. 温度的影响

pH 对酪蛋白胶束的影响往往要以温度为前提来考虑。温度对酪蛋白胶束的影响实际上与 pH 对酪蛋白的影响一样，主要体现在酪蛋白胶束的解离或聚合上。未加热处理的酪蛋白胶束的粒径大约为 215nm，当酪蛋白胶束溶液处于微酸（pH 6.5）环境，在热处理温度为 80℃、90℃和 100℃下进行热处理时，酪蛋白胶束的粒径分别增加了 15nm、30nm 和 40nm；继续增加酪蛋白溶液的 pH 时，酪蛋白胶束的粒径减小，当热处理溶液的 pH 为 7.1 时，酪蛋白胶束的粒径相比于未加热处理的酪蛋白胶束的粒径减小了 20nm（Anema et al., 2004b）。热处理超过 70℃时，变性的乳清蛋白就会与酪蛋白胶束发生聚合，在牛乳的 pH 小于正常牛乳的 pH（～6.7）并逐渐降低的过程中，乳清蛋白发生变性，变性的乳清蛋白会与酪蛋白胶束表面上的 κ-酪蛋白通过形成二硫键发生结合，随着牛乳 pH 的降低，乳蛋白聚合能力增强，酪蛋白胶束的粒径逐渐增加；然而当溶液的 pH 逐渐升高时，乳清蛋白就很少与酪蛋白胶束发生聚合，例如，当溶液的 pH 为 6.7 时，只有大约 30%的乳清蛋白会聚合在酪蛋白胶束的表面上，这就影响了酪蛋白胶束粒径的大小。根据报道(Singh and Fox，1985)，牛乳的pH高于正常牛乳的pH(～6.7)时，随着pH的逐渐升高，κ-酪蛋白会从酪蛋白胶束表面上逐渐解离，此时变性的乳清蛋白与酪蛋白胶束的聚合作用也逐渐降低。κ-酪蛋白从酪蛋白胶束表面上解离受温度的影响很大，例如，pH 7.1的酪蛋白溶液在室温下放置一定时间以后，大约会有20%的κ-酪蛋白从酪蛋白胶束表面上解离下来，然而当该溶液处于90℃下热处理一定时间以后，κ-酪蛋白从酪蛋白胶束表面上解离下来的数量可以达到70%，在更高的温度下甚至是更高的比例，酪蛋白胶束体积发生显著变化(Anema and Klostermeyer，1997)。

不改变乳的pH，酪蛋白胶束的变化主要取决于温度。热处理温度发生变化，酪蛋白胶束体积会随之发生改变，这是因为经过不同温度的处理酪蛋白胶束会产生一定的聚合或者解离。有关研究表明，当热处理温度超过70℃时，能够引起乳清蛋白的热变性，β-乳球蛋白与酪蛋白胶束表面的κ-酪蛋白能够形成二硫键发生聚合反应，β-乳球蛋白和κ-酪蛋白聚合物附在胶束表面，酪蛋白胶束发生聚合(Anema and Li，2000；Corredig and Dalgleish，1999)。此聚合的发生除了因为二硫键的形成外，还与分子间的疏水相互作用有关。在较高温度下进行热处理，乳蛋白疏水基团间的相互作用会随着温度的升高而增强，这种蛋白质间相互聚集的倾向增强可能会进一步促进β-乳球蛋白与κ-酪蛋白的结合。

3. 盐类的影响

牛乳盐类的组成影响Ca^{2+}的活度和胶体磷酸钙含量，这些变化与胶粒的稳定性密切相关。酪蛋白胶粒对于体系内二价离子含量的变化特别敏感(Bak et al.，2001；Zhang and Aoki，1996)。Ca^{2+}、Mg^{2+}强烈地与酪蛋白结合，而且有使酪蛋白胶粒凝集的作用，随着Ca^{2+}、Mg^{2+}离子浓度的增加，胶粒会发生凝集；反之，Ca^{2+}和Mg^{2+}浓度降低，则胶粒会分散成微细的粒子。添加$CaCl_2$，提高了Ca^{2+}活度和胶体磷酸钙的含量，降低了体系的pH，所有这些因素(pH、Ca^{2+}活度、胶体磷酸钙含量)都对胶粒的稳定性起着决定作用，同时，添加Ca^{2+}也可使胶粒的表面电位降低，使可溶性酪蛋白向胶粒方向移动，这些都降低了胶粒的稳定性。添加磷酸盐以及柠檬酸盐后，磷酸根或柠檬酸根能与体系中的Ca^{2+}和Mg^{2+}形成不解离的络合物，有利于胶体的稳定。添加少量的NaCl，可提高体系的离子强度，降低胶粒的磷酸钙含量，可使胶粒部分解体，同时可增加胶粒水化层的厚度，常能提高胶粒的稳定性(Hekken and Strange，1994)。酸性乳饮料在生产中因发酵和调酸工艺等，最终pH为3.8～4.0，中和了酪蛋白胶束外层所带的负电荷，使得整个酪蛋白胶束只带正电荷。由于同种电荷相斥，再加上内部疏水基团作用，酪蛋白胶束双电层结构发生了解离，形成了不稳定的小胶束，进而发生凝聚，同时释放出

大量的游离 Ca^{2+}。因为酪蛋白对 Ca^{2+}比较敏感，随着 Ca^{2+}的活度增加，酪蛋白胶束上的亲水性磷酸酯基团被掩蔽，这使得酪蛋白的疏水性相对增强。当 Ca^{2+}活度为 50mmol/L 时，酪蛋白就会凝固。

除了牛乳自身的盐类组成外，溶液中的离子强度也会影响酪蛋白胶束。蛋白质作为特殊的生物大分子，在溶液中表现出部分胶体的性质。酪蛋白在溶液中多以带电单体的聚合形式存在，单体之间依靠二硫键、疏水相互作用、范德瓦耳斯力、氢键等作用力相互结合，因此会受到盐类的影响。当溶液中的盐溶液浓度相对较低时，离子强度的增大将使得酪蛋白胶束荷电表面吸附更多的异种离子而彼此排斥，同时与极性水分子的水化作用增强，蛋白溶解性提高，而无聚集现象。此外，极性盐离子还将与酪蛋白胶束的疏水性内核发生排斥作用，使得单体之间的作用力减弱，胶束部分破裂解聚。当盐溶液浓度相对较高时，离子强度的增大将使得水的活度明显降低，溶液中自由水转变为盐离子的水化水，蛋白质表面极性基团与水分子作用减弱，胶束表面难以形成较厚的水化层，溶解度降低，部分溶解的小胶束又发生聚集，表现为酪蛋白胶束的水合动力学半径增大。总的来说，溶液中离子环境对酪蛋白胶束的影响与蛋白质溶解过程中的盐溶与盐析相似。

4. 酶的影响

酪蛋白在蛋白酶的作用下，可以发生水解并凝乳。例如，在干酪制作过程中，皱胃酶等凝乳酶的加入使酪蛋白胶束的毛发层酶解，减小了胶束的空间位阻，稳定性遭到破坏，酪蛋白形成了干酪凝乳(Udabage et al.，2001)。用胰酶或胰蛋白酶特异性水解酪蛋白可制得酪蛋白磷酸肽，其分子由二十到三十几个氨基酸残基组成，其中包括 4～7 个成簇存在的磷酸丝酰基。大量试验证明，酪蛋白磷酸肽能有效地促进人体对钙、铁、锌等二价矿质营养素的吸收和利用。但是在乳制品生产中，非特异性水解，如一些微生物产生的酶和乳中自身的蛋白酶部分水解酪蛋白后，会造成产品变苦，蛋白凝结成絮状沉淀等。因此，需要通过控制原料乳的品质、避免污染、严格灭菌等方式来尽可能避免产品的劣变。谷氨酰胺转氨酶处理乳蛋白后，通过胺的合并、交联和脱酰胺基作用等方式改善蛋白的水合作用、流变学特性、乳化性和热稳定性等。例如，用谷氨酰胺转氨酶加热处理牛乳后，变性乳清蛋白与酪蛋白交联在一起，在 pH 大于 6.5 时，可以大大改善酪蛋白胶束的热稳定性(Osullivan et al.，2002)。

5. 食品添加剂的影响

Schorsch 等发现，加入 30%的蔗糖，酪蛋白胶束在较高的 pH 条件下，就会失去稳定性，形成凝胶，同时形成凝胶的速度也大大加快(Schorsch et al.，1999)。酪蛋白与还原糖(乳糖等)发生美拉德反应，使产品颜色和气味劣变，这一反应在乳糖酶酶解生产的低乳糖液态奶中更为明显，可以采用半胱氨酸和亚硫酸氢钠的复配物来解决。在乳粉等固态产品中，也可以采用充氮包装等来解决。

6. 化学试剂的影响

添加乙醇，可导致酪蛋白胶束的凝聚(Griffin et al.，1986)。假定这时胶束中 κ-酪蛋白链的溶剂质量降低，造成胶粒的容度积降低和空间斥力减小以及水化膜变薄，接着胶粒在 Ca^{2+}作用下发生凝聚。这与加入大量盐后产生的效果相类似。在冷冻牛乳制品中，酪蛋白胶粒凝聚似乎是由盐析引起的。pH 越低，酪蛋白胶粒凝聚所需要的乙醇浓度越低，这一原理可用于牛乳乙醇稳定性的试验。

其他化学物质，如去污剂、醛、酮、金属螯合剂和多酚化合物等，也都可以改变牛乳中酪蛋白的稳定性，有些还会发生化学反应。例如，酪蛋白与甲醛生成亚甲基衍生物，这种物质不溶于酸碱，不腐败，不能被酶分解。有研究指出，在 pH 6.65 时，向脱脂乳中加入一定量的金属螯合剂 EDTA，可以螯合超过 33%的胶态磷酸钙，使得胶束中 20%的酪蛋白释放出来，随后加入凝乳酶，但不会形成凝乳(Udabage，2001)。

7. 工艺条件的影响

Needs 等通过电镜观察乳经过高压处理后制备的凝乳酶凝胶的结构，结果表明，高压改变了凝胶网络结构，最终导致流变学的差异。高压处理的乳凝胶的储存模量值高得多，凝胶基质中的凝胶形成速率和保水性也受到乳加工的影响。高压处理原料乳可以使酪蛋白胶束体积减小，当压力达到 400 MPa 以上时，体积不再发生变化，此时胶束分裂，并重新聚集形成不规则颗粒。这是由于高压使得酪蛋白变性，疏水键的断裂和静电斥力使蛋白链展开，易于重新聚合成新的颗粒(Needs et al.，2000)。

5.2 酪蛋白的分离

根据蛋白质分子的大小、电荷量、溶解度以及亲和性结合部位的有无，可建立许多蛋白质分离纯化的方法。常见的酪蛋白分离的方法主要是除去其中的 α_s-酪蛋白，常用的有沉淀分离、层析分离、酶法分离、膜分离以及离心分离等。这些分离纯化蛋白质的方法各有利弊。

5.2.1 沉淀分离

沉淀分离是使用最广泛的酪蛋白组分分离技术，它主要是利用各酪蛋白组分在不同浓度溶液中的溶解性以及对温度、离子强度以及钙离子的敏感性差异而实现分离。

1. 尿素沉淀

根据酪蛋白组分在不同浓度尿素溶液中的溶解度差异，Hipp 等首次实现了对牛乳 β-酪蛋白和 α-酪蛋白（α_s-酪蛋白和 κ-酪蛋白的混合物）的分离，收率分别为 45%和 8%（Hipp et al.，1952）。基于 α_s-酪蛋白因含有较多的磷酸基团而对钙离子特别敏感的性质，Zittle 等采用氯化钙对由尿素沉淀而分离获得的 α_s-酪蛋白（实际上也是 α_s-酪蛋白和 κ-酪蛋白的混合物），进行进一步的沉淀分离，获得了 α_s-酪蛋白（Zittle et al.，1959）。Aschaffenburg 将等电点沉淀与尿素沉淀结合而对 Hipp 的方法进行了改进，得到了纯度更高的 β-酪蛋白（Aschaffenburg，1963）。κ-酪蛋白是唯一含有糖基成分的酪蛋白组分，它在含三氯乙酸（TCA）的尿素溶液中表现出较好的溶解性。Swaisgood 和 Brunner 以酸沉酪蛋白为原料，利用 κ-酪蛋白能溶于含 12% TCA 的 6.6mol/L 的尿素溶液的特点，将 κ-酪蛋白与其他酪蛋白组分分离（Swaisgood and Brunner，1962）。

2. 酸沉淀

利用蛋白质等电点不同进行酸沉淀制备酪蛋白是最常规的方法（图 5.12），通常采用乳酸或盐酸调酸度。

近几年采用的新方法是用离子交换法。该法是将一部分牛乳在 10℃下，用强酸型离子交换剂处理，使牛乳的 pH 为 2，然后与未酸化的牛乳混合，用这部分牛乳调节混合乳的 pH 为 4.6，被酸化的牛乳则可采用常规的技术加工。该法沉淀蛋白质的收率较原始方法提高 3.5%左右，这可能是一些蛋白胨沉淀的缘故，并且该法使乳清盐分降低，有利于进一步加工，使用简单的、成本较低的设备就可以消除由强酸所引起的腐蚀性。

3. 低温沉淀

在酪蛋白组分中，β-酪蛋白的疏水性最强，其溶解性受温度的影响也较大。其在低温下即使在等电点处也有较大的溶解性，利用这点可实现其分离。Mcmeekin 等利用此特性在低温下对酪蛋白进行多次的酸沉分离，得到了富含 α-酪蛋白的沉淀和富含 β-酪蛋白的溶液，然后根据温度升高 β-酪蛋白疏水性增强、溶解性降低的特点，将溶液加热到 30℃使其沉淀析出而分离（Mcmeekin et al.，1959）。1989 年，Famelart 等也利用此性质，在低温下仅仅通过调节 pH、离子强度等获得了富含 β-酪蛋白的溶液（Famelart et al.，1989）。

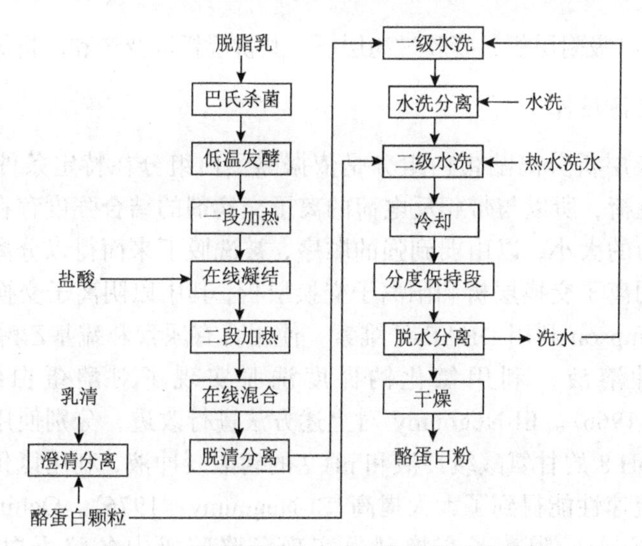

图 5.12 酸沉淀法生产酪蛋白粉的工艺流程

4. 乙醇沉淀

在正常 pH 下，40%的乙醇可以使酪蛋白沉淀析出，乳 pH 越低，乙醇的用量越少，当 pH 6.0 时，乙醇的用量则为 10%～15%。乙醇沉淀的酪蛋白具有较稳定的乳化性。乙醇沉淀的酪蛋白在技术上和经济效益上都是可行的，但目前该技术在生产中仍没有使用。

5. 多种沉淀法结合

将多种沉淀方法结合起来对酪蛋白组分进行分离纯化的研究也有报道。Zittle 和 Custer 采用尿素-硫酸沉淀法对全酪蛋白进行提取，加乙酸铵沉淀分离得到粗制 κ-酪蛋白，然后用乙醇-硫酸铵溶液沉淀对其精制除杂，再使用尿素-氯化钠溶液沉淀得到了粗制 α_s-酪蛋白，最后用 50%乙醇结合乙酸铵沉淀对 α_s-酪蛋白进行纯化分离(Zittle and Custer，1963)。Igarashi 采用酪蛋白在含有 0.4mol/L NaSCN 和 0.15mol/L $CaCl_2$ 盐类的 50%乙醇溶液中，随不同的 pH、离子强度和温度的变化而表现的不同溶解度的分离法，实现了对脱脂乳中酪蛋白组分的分级分离(Igarashi，1999)。

5.2.2 层析分离

层析法是一种物理化学分离法，利用混合物中各组分物理化学性质差异，使各组分不同程度分布在固定相和流动相中，由于各组分受力不同从而使各组分以不同速度移动达到分离。用于酪蛋白组分纯化分离的色谱技术主要有离子交换层析、疏水层析、吸附层析、凝胶过滤层析、共价层析以及亲和层析等。

1. 离子交换层析

离子交换层析分离酪蛋白组分是依据酪蛋白组分在特定条件的溶液中表现出不同的电荷，所以与带相反电荷的离子交换剂的结合强度存在差异，在洗脱时按结合力的大小，以由弱到强的顺序，被洗脱下来而得以分离。离子交换层析主要有阴离子交换层析和阳离子交换层析，其中以阴离子交换层析使用最为普遍。Thompson 利用 DEAE-纤维素，使用含有尿素和巯基乙醇、pH 7 的咪唑-盐酸缓冲溶液，利用氯化钠梯度洗脱实现了对酪蛋白组分的分离(Thompson，1966)。El-Negoumy 对上述方法进行改进，分别使用含有尿素和巯基乙醇的 pH 8 的甘氨酸缓冲液和 pH 7 的磷酸缓冲液，利用氯化钠对其进行梯度洗脱，流速性能得到了大大提高(El-Negoumy，1976)。Ochirkhuyag 等使用 QAE-Sepharose 阴离子交换剂也实现了骆驼奶中各酪蛋白组分的分离(Ochirkhuyag et al.，1997)。

由于酪蛋白等电点偏酸性，如果使用阳离子交换层析，洗脱液需要引入高浓度的尿素，增加洗脱时的背景压力，所以该法不常使用，不过，也有报道。例如，Hollar 等利用快速蛋白质液相层析技术，使用 Mono S 作为阳离子交换剂，采用 pH 5 的含 6mol/L 尿素的乙酸缓冲液，进行 0～0.26mol/L 的氯化钠梯度洗脱，对酪蛋白组分实现了分离和半制备(Hollar et al.，1991)。

2. 疏水层析

疏水层析的分离原理类似于反相层析，它是依据物质在盐-水体系中的疏水性不同而使之分离的。Bramanti 等使用苯基键合疏水色谱柱，对牛乳中的蛋白质进行了分离，样品在 4mol/L 的硫氰酸胍溶液中处理，在 30min 内从高盐浓度的缓冲液(pH 7.2 的 0.1mol/L 磷酸缓冲液，含 1.8mol/L 硫酸铵和 8mol/L 尿素)线性降低为低盐缓冲液状态(磷酸缓冲液，含 8mol/L 尿素)，该方法能实现 α-酪蛋白、β-酪蛋白和 κ-酪蛋白的分离(Bramanti et al.，2001)。之后，他们又分别使用醚基和丙烷基键合疏水色谱柱对多种乳制品蛋白质进行了分离，由于后两种层析介质的疏水性较苯基弱，能够将 α_s-酪蛋白彻底分离为 α_{s1}-酪蛋白和 α_{s2}-酪蛋白(Bramanti et al.，2003；Bramanti et al.，2002)。

3. 吸附层析

吸附层析方面主要使用的是羟基磷灰石吸附层析。羟基磷灰石表面的钙离子能与蛋白质的负电性基团相互作用，而磷酸基团和正电荷结合，依据蛋白质不同的带电状况而实现分离。Addeo 等利用羟基磷灰石，使用 pH 6 的含 0.2mol/L 氯化钾的4.5mol/L的尿素溶液进行洗脱，由于κ-酪蛋白含有较少的磷酸基团，与羟基磷灰石作用较弱而先被洗脱出来，含有较多磷酸基团的β-酪蛋白和α_s-酪蛋白则被保留在柱中，接着使用5～250mmol/L的磷酸缓冲液梯度洗脱可将β-酪蛋白和α_s-酪蛋白分离(Addeo et al.，1977)。

4. *凝胶过滤层析*

凝胶过滤层析主要是根据被分离样品中各组分分子质量大小的差异进行洗脱分离的一项技术。在没有添加还原剂的情况下，κ-酪蛋白被二硫键相连形成的相对分子质量比较大的聚合体，与其他酪蛋白组分分子质量有明显区别，能通过外水体积排阻洗脱下来而分离。Yaguchi 等用含 6mol/L 尿素的 pH 8.5 的0.005mol/L的柠檬酸钠缓冲液对酪蛋白进行Sephadex G-150凝胶过滤层析，实现了κ-酪蛋白的分离(Yaguchi et al.，1968)。Nakahori等利用Sephdex G-100作为凝胶基质，以不同浓度的SDS作为洗脱液，根据SDS与各酪蛋白组分结合量不同，而使得各酪蛋白组分得到分离(Nakahori and Nakai，1972)。同年，Nakai等对上述方法进行了改进，使用磷酸盐作为洗脱缓冲液对酪蛋白进行凝胶柱层析，这样既避免了用SDS洗脱后，除去它的困难，又使洗脱流速得到提高(Nakai et al.，1972)。

5. *共价层析*

共价层析是利用层析介质与被分离物质间形成共价键的方式来进行分离的。Dall'Olio等利用硫醇-Sepharose 4B对山羊酪蛋白进行共价层析，硫醇-Sephrose 4B中含有2-嘧啶二硫基团能够与含半胱氨酸的α_s-酪蛋白和κ-酪蛋白发生共价反应，吸附到柱子上，而不含半胱氨酸的α_{s1}-酪蛋白和β-酪蛋白则会被洗脱下来，最终实现分离(Dall'Olio et al.，1990)。

6. *亲和层析*

亲和层析是根据生物大分子能与一些物质进行专一性结合的特性而设计的层析方法。κ-酪蛋白是唯一含有糖基成分的酪蛋白组分，Egito等对马酪蛋白进行亲和层析，其上的糖基能与含麦胚凝集素的层析介质发生专一性结合而吸附在柱上，通过含0.1mol/L的*N*-乙酰氨基葡萄糖的缓冲液将κ-酪蛋白洗脱下来，实现与其他酪蛋白组分分离(Egito et al.，2001)。

5.2.3 酶法分离

酶是一种生物催化剂，能通过改变反应的活化能而加快或降低反应速率，它本身不参与反应，不改变反应的平衡点，因其具有高效性、专一性、温和性等特点，被广泛应用于食品工业中。酶法生产酪蛋白粉的工艺流程见图 5.13。κ-酪蛋白具有稳定酪蛋白的作用，它能防止酪蛋白胶束絮凝。因此，可以利用 κ-酪蛋白水解酶对其进行水解，使其失去对酪蛋白的保护作用。Li-Chan 和 Nakai 利用凝乳酶水解 κ-酪蛋白，破坏其对酪蛋白的保护作用，由于 β-酪蛋白和 α_s-酪蛋白对钙离子敏感性的不同，牛乳中 β-酪蛋白和 α_s-酪蛋白的比例从 0.7 增加至 3.0（Li-Chan and Nakai，1988）。Hupppertz 等利用 β-酪蛋白和 α_s-酪蛋白在低温的酸性条件下溶解度的不同，使用凝乳酶实现了对 β-酪蛋白的富集和分离（Hupppertz et al.，2006）。

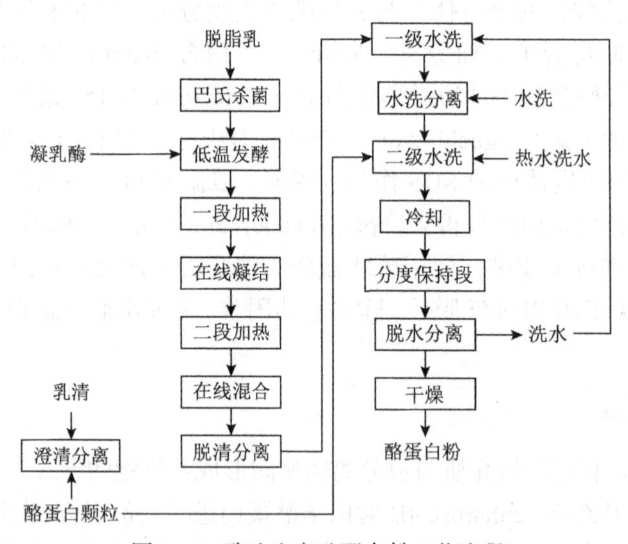

图 5.13　酶法生产酪蛋白粉工艺流程

5.2.4　膜分离

膜分离是根据生物膜对物质选择性透过的原理所设计的一种分离方法。膜分离技术具有分离、纯化、精制以及浓缩蛋白的功能，既高效环保又易于操作，目前已成为一种重要的分离技术，并广泛应用于食品药品、生命科学、化工冶金等多个领域，具有很高的社会效益和经济效益。

膜分离主要基于超滤和微滤技术，工艺流程见图 5.14。超滤生产的浓缩乳蛋白有如下优点：可溶性好，与乳粉的溶解性相似；比酪蛋白酸盐的营养价值高；比浓缩乳清蛋白便宜。微滤可以有效地除去乳中的细菌（如梭菌的芽孢）和体细胞，因此可以生产保质期长的高温短时灭菌乳和奶酪。微滤可以从乳清中除去脂蛋白，因而改变酪蛋白的功能特性。微滤技术用于酪蛋白胶束的制备仍处于探索阶段，其更多的是用于酪蛋白的分级分离。

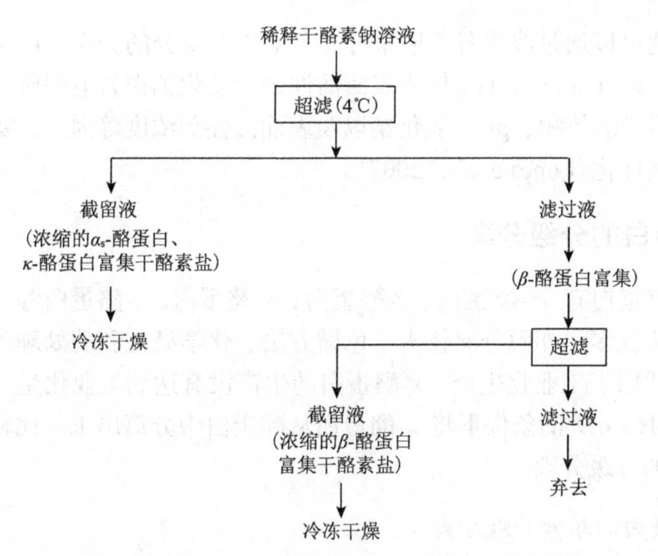

图 5.14 制备 α_s-酪蛋白、κ-酪蛋白和 β-酪蛋白富集部分的工艺流程

5.2.5 离心分离

在乳中 95%以上的酪蛋白以微团形式存在(平均粒子直径为 120nm，粒子分子质量为 10^8Da)，在 100 000*g* 下超速离心 1h，则可使乳中酪蛋白沉淀，这是实验室中最常用的制备酪蛋白的方法。Brule 等将超滤和超速离心两种方法结合用于工业上生产“天然”酪蛋白磷酸盐(Brule et al.，1991)。他们将脱脂乳和超滤浓缩物(蛋白质浓度在 3%～17%)在 44 000～150 000*g* 下超速离心，可制备酪蛋白胶粒，其中在 75 000*g*、50℃下离心 1h，得到酪蛋白沉淀的产量接近理论上的最大值。

5.2.6 浊点萃取分离

浊点萃取法(CPE)是近年来出现的一种新兴的液-液萃取技术，它不使用挥发性有机溶剂，不影响环境。它以中性表面活性剂胶束水溶液的溶解性和浊点现象为基础，改变实验参数引发相分离，将疏水性物质与亲水性物质分离。均一的表面活性剂水溶液在外界条件(如温度)变化时，因为引发相分离而突然出现浑浊的现象称为浊点现象，此时的温度称为浊点温度。静置一段时间(或离心)后会形成两个透明的液相：一种液相为表面活性剂相(约占总体积的 5%)；另一种液相为水相(胶束浓度等于 CMC 浓度)。外界条件(如温度)向相反方向变化，两相便消失，再次成为均一溶液。溶解在溶液中的疏水性物质，与表面活性剂的疏水基团结合，被萃取进表面活性剂相，亲水性物质留在水相，这种利用浊点现象使样品中疏水性物质与亲水性物质分离的萃取方法就是浊点萃取。由于酪蛋白组分间疏水性存在差异，因此可以通过改变各萃取条件实现酪蛋白组分的分离。Lopes 等就使用浊点萃取法，以 Triton X-114 作为表面活性剂，氯化钠作为电解质，采用多变量分析法，考察样品体积、pH、氯化钠以及表面活性剂浓度等因素，实现了乳中酪蛋白组分分离优化(Lopes et al.，2007)。

5.2.7 酪蛋白的分级分离

乳中的酪蛋白有 α_s-酪蛋白、β-酪蛋白、κ-酪蛋白、γ-酪蛋白等，酪蛋白分离的实验室方法较多，如膜分离技术、色谱方法、化学处理和酶处理等方法，但这些方法都不适用于工业化生产。κ-酪蛋白的生产没有达到工业化生产，理论上可在≥90℃、pH≥6.9 的条件下将 κ-酪蛋白从酪蛋白中分离出来。比较有发展潜力是 β-酪蛋白的分级分离。

1. β-酪蛋白的尿素分级分离

尿素分级分离的方法是将酪蛋白悬浮分散于 pH 7.5 的 3.3mol/L 的尿素中，调节 pH 4.6，则大部分 α_s-酪蛋白和 κ-酪蛋白沉淀，上清液调 pH 4.9，稀释尿素浓度到 1mol/L 并加温至 30℃，则 β-酪蛋白沉淀析出。

2. β-酪蛋白的酶法分离

酶法分离的方法是基于 κ-酪蛋白对于酪蛋白胶束的稳定作用，利用酶水解 κ-酪蛋白使其失去保护作用，再根据 α_s-酪蛋白和 β-酪蛋白对钙离子敏感性的不同，控制钙离子的浓度，可以使两者得以分离。

3. β-酪蛋白的膜分离

β-酪蛋白在低温下是单量体，因它会随温度的上升变为聚合体，故可利用此性质应用膜分离技术对 β-酪蛋白进行分离。根据膜对不同组分截留能力的不同，可用超滤、微滤及亲和膜过滤的膜技术实现对酪蛋白组分分离。Murphy 和 Fox 利用 300kDa 截留分子质量的超滤膜实现了对酪蛋白酸钠的分级分离，其中大部分 β-酪蛋白在渗透液中可被富集，纯度高达 80%，而 α_s-酪蛋白和 κ-酪蛋白不能被富集而留在了截留液中(Murphy and Fox，1991)。Akgöl 等用聚酰胺纤维膜和活性绿-4B 染料制成亲和膜，在 pH 5 条件下吸附初步纯化的 β-酪蛋白，之后用含 10mol/L 氯化钠或含 0.5mol/L 硫氰酸钠的 Tris-HCl 缓冲液进行梯度洗脱，成功获得了纯度更高的 β-酪蛋白(Akgöl et al.，2008)。

5.2.8 酪蛋白胶束的分离

“天然”酪蛋白胶束生产的基本方法是以脱脂乳为浓液，以酸化乳清溶液为淡液，在10℃下电渗析，电渗析到脱脂乳的pH为5，将酸化后的乳离心，沉淀物(酪蛋白)用水洗，再离心、沉淀，洗后的酪蛋白用超滤法浓缩、干燥。干燥后的产品溶于水，与天然酪蛋白微团的特性接近。近年来，出现了提取酪蛋白胶束的新型膜分离技术(Bouzid et al.，2008; Rabiller-Baudry et al.，2017)，研究考察了影响脱脂乳超滤通量变化的因素，针对酪蛋白胶束的成因及胶束对通量的影响展开了探讨，发现在不同的物理化学环境(pH、离子强度、加入的盐的化学性质)下，脱脂乳超滤过程中限制通量与酪蛋白胶束的表面电位呈线性相关。酪蛋白胶束的表面电位越高，限制通量越大。在这些操作条件下，疏水相互作用的变化可忽略不计。因此，酪蛋白胶束组成的沉积层渗透性的变化主要由酪蛋白引起的静电相互作用决定。

5.3 酪蛋白的化学变化

5.3.1 酪蛋白凝胶化

1. 酸促凝胶

酸奶是一种以包含乳清、脂肪球、细菌的酪蛋白结构为框架的三维蛋白网络结构，是酸促凝胶的典型代表。在实验中，通常用葡萄糖酸-δ-内酯(GDL)形成酸促凝胶。酪蛋白胶束由于胶束表面的κ-酪蛋白形成的毛发层而在乳正常pH(6.7)下保持稳定。如果降低pH达到酪蛋白胶束的等电点(4.6)，这种毛发状结构的电荷分布就会发生改变，静电斥力减小，于是胶束产生凝集趋向，最后形成凝胶。

在酸促凝胶过程中，首先是毛发层(也就是呈电中性稳定状态的κ-酪蛋白)的崩溃，然后开始磷酸钙的释放。接着酪蛋白分子主要是β-酪蛋白、κ-酪蛋白离开胶束，当pH降到它们的等电点以下时，这些酪蛋白分子带正电荷，于是与其他带有大量负电荷的胶粒进行重新整合形成凝胶。Chardot等考察了21℃下脱脂乳不同酸化阶段酪蛋白胶束的凝集情况。在pH 5.9左右时，已有模糊的凝胶轮廓出现。在pH 5.35～5.40时，乳蛋白发生聚合，此时粒径为1～10μm，凝胶应力也开始增加；随后，胶粒聚合成10～100μm大小；最后，胶粒聚合成100～1000μm(Chardot et al.，2002)。

2. 酶促凝胶

凝乳酶以及其他多种蛋白酶，都能够凝结乳。酶促凝胶的形成可以分为两个阶段，分别是酶解和聚合。在第一阶段中，凝乳酶能够水解80%～90%的κ-酪蛋白分子，它切开κ-酪蛋白巨肽的Phe-Met键，酪蛋白胶束开始形成副酪蛋白胶束，这种副酪蛋白胶束缺少了原有的κ-酪蛋白的带电荷部分，因而减少了粒子间阻力，于是有利于絮凝的发生。絮凝形成的聚合物是一种孔径为微米级大小的网络结构，即乳凝胶。从原理上讲，一旦形成这种乳凝胶的网络结构，由于粒子之间的相互挤压，粒子间会形成更多的相互作用力。这就导致了乳清从凝胶中析出，脱水收缩。在乳聚合过程中所涉及的相互作用力的本质还没有搞清楚，但可能涉及钙桥、范德瓦耳斯力、疏水相互作用等。在酶促凝胶形成的过程中，最初产生由水解的酪蛋白胶束构成的索状物。随着时间的延长，这些索状物不断有新键生成，于是变硬、变粗糙。乳凝胶中储存模量的增长和剪切模量的减少，也可能反映了这些酪蛋白索状结构在数量和密度上都有所增加。酶促凝胶的聚合时间和凝胶的成熟受 Ca^{2+}活性、CCP、酪蛋白胶束中酪蛋白的数量影响。乳凝胶的形成也有一个最低的酪蛋白和 CCP 数量要求。而 CCP 与酪蛋白的最低要求被满足之后，Ca^{2+}活性决定了酪蛋白胶束聚合和凝结的时间。此外，CCP 能够加强乳凝胶网状结构的联结，从而促进乳凝胶的成熟。

3. 酶促凝胶和酸促凝胶的区别

酶促凝胶和酸促凝胶的特性是非常不同的。酶促凝胶有较高的凝聚力和较大的弹性，孔隙也较大，尤其是在较高的温度下，会出现剧烈缩水，并且形成的网状结构也不均一。而酸促凝胶较为脆弱，弹性和可塑性非常低。这是因为维持凝胶网状结构的作用力主要为疏水相互作用、氢键和静电斥力，它们对外界机械处理的抵抗性较弱。就酪蛋白胶束的修饰改变来说，酸促凝胶完全不同于酶促凝胶。酶解只是影响胶束的表面，如水解 κ-酪蛋白，而酸促凝胶不但直接导致 κ-酪蛋白形成的毛发层的崩溃，而且也导致胶束核心部分(如胶束磷酸钙和其他酪蛋白分子)的解离。

4. 影响酪蛋白凝胶化的因素

温度和 pH 是影响酪蛋白凝胶化的主要因素。首先凝胶形成依赖于酸化时的温度。较低温度下的酸化可降低凝胶化所需 pH。酪蛋白酸钠的研究结果表明，在 20～40℃之间增加酸化温度可提高酸化 pH，并在固定的 pH 下，可减少凝胶形成所需时间(Sadeghi et al.，2011)。随着酸化温度的提高，储存模量开始降低。高温会增强疏水相互作用，从而改变酪蛋白胶束的性质，如体积和变形都较小。乳清中几乎没有酪蛋白出现。在较低温度下，几乎没有疏水相互作用存在，这允许两个胶束与乳清中酪蛋白之间形成较多的键，因此，在凝胶形成时有较少的重排现象发生。在高温下形成的凝胶储存模量减小，这可能是由于凝胶发生了较大幅度的重排。因为胶束之间作用力较小，凝聚胶粒形成较密的簇。由于这些密集簇的存在，胶束将不再对凝胶硬度起作用，因而形成的凝胶较软(Lucey et al.，1997)。乳中 pH 的变化也会影响酸化凝胶形成的温度。pH 越高，则凝胶所需温度越高。

在20～50℃温度范围内，只要升温速度较慢(0.5℃/min)，温度几乎不影响凝胶的储存模量。在30℃下瞬时升温不影响储存模量，但在50℃时，造成了储存模量的极度降低。并且快速升温时，凝胶的渗透性也急剧增加。此外，研究也发现，凝胶形成的时间-pH曲线及凝胶特性不仅受pH和温度影响，还受到制备过程中各步骤顺序的影响，例如，在固定温度下降低pH和在固定pH下提高酸化温度，所形成的凝胶性质不同(Vasbinder et al., 2003)。

酪蛋白自身的状态也会影响酪蛋白凝胶化。由于酪蛋白多以单体聚集的胶束形式存在，且水化程度很高，其粒径的变化，也就是胶束的松散程度以及单体的伸展程度会直接影响酶切位点的暴露状态，如种类和数目，进而影响酶解的深度，表现为多肽片段释放的种类、顺序和速率的差异。另外，酪蛋白的水解程度会影响酪蛋白的凝胶化。研究表明，κ-酪蛋白水解会使酪蛋白胶束所带负电荷减少，因而降低其亲水直径和胶束水合能力，从而导致胶束凝聚。亲水直径的降低主要是由于酪蛋白胶束的过度水解。酪蛋白胶束的毛发状结构有较强的胶束水合能力，而使胶束在乳中保持稳定，它一旦断裂，就会减弱胶束的水合能力，使胶束凝聚。研究发现，在GDL加入之前对κ-酪蛋白进行水解，会改变酸促凝胶的储存模量和损失模量，因而会极大影响凝胶的形成和成熟。水解度分别为19%、35%、51%的酪蛋白凝胶的模量比凝乳酶所形成的凝胶的模量要高得多，而没有任何水解的酸促凝胶的模量值最低(Gastaldi et al., 2003)。

乳脂肪球膜的结构也会影响酪蛋白凝胶化，其对酪蛋白凝胶模数的影响主要取决于脂肪球的表面结构。试验表明，乳脂肪球的直径及破坏与否对储存模量的影响，主要依赖于乳脂肪球与酪蛋白网络结构的相互作用。用酪蛋白酸钠包被的人工合成的脂肪滴形成的凝胶比用脱脂乳清粉包被所形成的凝胶硬，但与变性乳清粉相比，要稍软一些。并且，用变性乳清粉包被的脂肪球体积增加时，酸化凝胶的储存模量也增加，这主要是由变性乳清蛋白与酪蛋白相互作用所致(Michalski et al., 2002)。

乳中酶类的变化也会影响酪蛋白凝胶化。纤溶酶是正常乳中主要的蛋白酶，在蛋白分子的Arg或Lys残基后面切开肽链，纤溶酶易于水解α_{s2}-酪蛋白、β-酪蛋白，而对α_{s1}-酪蛋白的水解较少(Trujillo et al., 1997)。有报道指出，人工胶束分散系统的酶促凝胶时间随着纤溶酶增加、蛋白水解度增大而减少，直到50%的酪蛋白水解完成。然后酶促凝胶时间随蛋白水解程度的加大而延长，但直到几乎完全水解时，才超过未水解乳的凝胶时间(Pearse et al., 1986)。此外，也有研究发现，在无谷氨酰胺转氨酶的牛乳中，当pH为6.7和5.3时，乳清中分别有20%和50%的乳清析出，而在添加谷氨酰胺转氨酶的牛乳中，在同样条件下几乎没有乳清析出，并且所形成的凝胶硬度较大(Vasbinder et al., 2003)。

5.3.2 酪蛋白的酶解

由于酪蛋白的氨基酸序列已确定，通过具有特定水解位点的胰蛋白酶水解很容易同时得到多种结构明确的多肽。胰蛋白酶的相对分子质量约为 24 000，在 pH 2.3 是稳定的，在冷库中可保存数周。胰蛋白酶水解底物的最适 pH 为 8～9，其优先水解肽、酰胺、酯类的 L-精氨酸和 L-赖氨酸羧基侧的肽键(郭本恒，2001)。酪蛋白各单体中存在大量的精氨酸和赖氨酸残基。由于胰蛋白酶属于蛋白质内切酶，可以从肽链中间开始剪切。采用胰蛋白酶对酪蛋白水解的研究工作已经开展了一个多世纪了(Northrop，1924；Walters and Haslam，1912)。早期的工作主要集中在研究胰蛋白酶水解酪蛋白的一些基本问题上，如水解产物和自水解对水解过程的影响以及是否有中间产物存在等等。根据实验数据可推测，酶解过程中酪蛋白胶束的结构变化模型可以分成 3 个阶段：起始阶段时，胰蛋白酶作用于酪蛋白胶束表面单体分子，使其肽链上的精氨酸和赖氨酸残基断裂，而其他疏水性残基仍与胶核紧密相连，胶束整体空间结构未被破坏，仅仅是表层单体三级结构被部分降解，并形成一层一段游离于溶液中的多肽链，所以体系的重均分子量减小而流体力学半径增大；中间阶段时，胶束外部结构被破坏，酶开始能够作用于胶体内部单体分子，各单体之间的相互作用力减弱，胶束空间结构被部分破坏，蛋白肽链逐步分散，表现为流体力学半径增大，与此同时，少量的多肽链段游离在溶液中，造成体系重均分子量减小；终止阶段时，酶进一步降解内部肽键，胶束内部大量的精氨酸和赖氨酸残基断裂，胶束空间结构严重被破坏，但由于酶失活，反应并不彻底，并且底物蛋白肽链上存在较多的无精氨酸和赖氨酸残基的片段，链段之间的疏水相互作用和二硫键的存在也使得胶束内少量单体仍然结合牢固，能保持酪蛋白胶束的微球结构，同时，酶解产生的游离单肽链因倾向于能量最低状态，故而自发卷曲，不再呈现直链状态，缠绕于胶束微球的内核。最终，酪蛋白胶束由原始致密的球状结构逐渐舒展为松散而有规则的毛束状蛋白肽链，可区别于柔性无规线团，表现为随着酶解的进行，流体力学半径增大且渐趋于恒定，而散射光强和重均分子量略有减小。目前对酪蛋白酶解产物的研究主要集中在对水解产物的分析和提纯(Lemieux and Amiot，1990)。

5.4 酪蛋白的功能特性

5.4.1 乳化性

乳蛋白的混合物，无论是可溶的还是分散的，都被广泛地认为是具有优良的乳化性和乳化稳定性的食品成分(Dickinson，1997a)。乳化性是指乳蛋白以单个分子或蛋白质聚集体的形式，迅速吸附在新形成的油滴表面，所形成的立体稳定层保护细小的液滴，防止其立即再膨胀，并在随后的加工和储存过程中为乳状液提供长期的物理稳定性。乳化液稳定性是一个动力学概念，指的是随着时间的改变，稳定的乳化液在液滴的大小分布、聚集状态或在样品容器内的空间排列上没有明显的变化。对于乳状液体系，快速起泡会导致乳状液中大液滴的聚结和相分离。另外，液滴的絮凝状态也是影响乳状液稳定性的一个重要因素(Champagne and Fustier，2007)。目前评价蛋白乳化稳定性的指标主要有乳化液滴的粒径、乳化液滴蛋白表面负载量、ζ电位和乳化液滴的界面张力等。

酪蛋白酸钠分子中有亲水基团和疏水基团，因而具有一定的乳化性。其乳化能力受一定的溶液环境、温度、蛋白浓度、离子强度、离子种类、其他组分和乳化剂等影响。

pH 的变化可明显影响其乳化性能，酪蛋白酸钠在等电点时的乳化能力最小，低于等电点时其乳化能力可增大，而在碱性条件下其乳化力较大，且随 pH 增高而增大。值得特别注意的是，由于酪蛋白酸钠很耐热，在特定的 pH 条件下对其进行热处理时可大大提高其乳化作用(Lieske and Konra，1994)。

温度也会影响酪蛋白酸钠乳状液的稳定性。一般来说，足够量的乳化剂或效率较高的乳化剂都能使乳状液在相当低的温度下仍然保持稳定。随着温度升高，乳状液不稳定性增加，乳状液珠的布朗运动增加，使破乳中絮凝速度加快；同时还能使界面黏度迅速降低，聚结速度加快，更有利于界面膜的破裂，这是乳化剂分子界面上定向位移的结果。在温度低于 100℃时，酪蛋白酸钠的化学性质几乎没有变化，但其物理性质(如黏度)却有明显的变化。

酪蛋白酸钠浓度增加可以使得乳状液稳定性增强。因为乳状液是高度分散的不稳定体系，有巨大的界面和表面能，加入酪蛋白酸钠降低油水界面张力，使油易于分散在水中，相对减少了表面能，提高了体系的稳定性，同时在界面上发生乳化剂的吸附，而在界面上形成膜，并有一定强度，对分散相起保护作用。当乳化剂浓度较低时，吸附的分子少，界面膜强度就弱，当乳化剂浓度达到一定程度以后，界面上分子排列紧密，组成了定向排列的吸附分子膜，强度也相应增大，因此液珠合并时受到的阻力也增加，使形成的乳状液较稳定。

较低浓度的盐类有助于酪蛋白酸钠的溶解，从而更充分地发挥其表面活性作用；盐浓度过高，则起到了相反的作用，会造成酪蛋白酸钠的聚沉现象。Na^{+}、Mg^{2+}、Ca^{2+}对酪蛋白酸钠乳化能力的影响依次减弱。

当酪蛋白酸钠和其他食品组分联合使用时也会影响其乳化性。例如，酪蛋白酸钠和卡拉胶的联合使用，除增加黏稠性外，也可大大增加其乳化能力；许多其他乳化剂与酪蛋白酸钠的联合使用也可增强乳化作用。通常，应用酪蛋白酸钠制备乳化剂，其稳定性比乳清蛋白、大豆蛋白等所制备的乳化剂更好。

乳化剂的亲水亲油性也会影响酪蛋白酸钠的乳化性。例如，酪蛋白酸钠和蔗糖酯都是亲水性乳化剂，而分子蒸馏单甘酯是亲油性乳化剂，那么当分子蒸馏单甘酯与酪蛋白酸钠结合时，其乳化能力强于蔗糖酯和酪蛋白酸钠的结合。一般来说，用低亲水亲油平衡(HLB)值的亲油性乳化剂与高 HLB 值的亲水性乳化剂复配使用时，其乳化能力比用两种亲水性乳化剂复配产生的乳化能力高。因此乳化剂不仅与分散介质有较强的亲和力，而且与油相也要有较强亲和力，才能提高酪蛋白酸钠的乳化效果。

5.4.2　凝胶性

凝胶性是乳蛋白的基本功能性之一。乳蛋白的凝胶性质是指变性的蛋白质分子聚集形成有序的空间网络的性质。形成凝胶结构的主要条件是蛋白质分子的展开。在变性过程中，天然蛋白质构象展开，暴露了官能团(如巯基或疏水基)。由于二硫键的形成和这些基团之间的疏水相互作用，蛋白质可能会发生聚集过程。为了使系统的能量最小化，当蛋白质浓度超过其临界凝胶点时，聚集可能会导致凝胶结构的形成。

蛋白质凝胶性是指蛋白质形成胶体网状立体结构的性能，一般认为，蛋白质凝胶网络的形成是蛋白质中相邻多肽链之间的吸引力与排斥力达到平衡时的结果。蛋白质形成凝胶前主要是水合作用，分子间斥力较大，增加疏水性能够增加分子间的吸引，使引力和斥力平衡，有利于凝胶的形成。

加热是蛋白质凝胶形成的必要条件，蛋白质分子通常呈一种卷曲的紧密结构，加热使蛋白质分子呈舒展状态，原来包埋在卷曲内部的疏水基团暴露在外面，从而使原来处于卷曲结构外部的亲水基团相对减少。当温度加热到一定程度后，所有的疏水基团都会暴露于形成凝胶的蛋白质分子表面，即使凝胶再度处于低温状态下，疏水基团仍会存在，但并不是所有的蛋白质都是如此。

对于乳蛋白而言，变性的 β-乳球蛋白形成聚合体会与酪蛋白胶粒表面的 κ-酪蛋白结合，这导致了酪蛋白胶粒附着物的形成，使酪蛋白结构不规则，表面变得高度疏水(Mottar et al.，1989)。也有其他研究表明，加热的 β-乳球蛋白聚合体能够与 α-乳白蛋白结合，再与酪蛋白表面的 κ-酪蛋白结合，它导致了酪蛋白胶粒表面平滑，疏水性降低，蛋白质持水能力增大(Hill，1989)。还有报道指出，在酸性条件下，酪蛋白胶束发生凝聚作用，产生酸凝胶，涉及的机制为蛋白质分子间的疏水相互作用，在较高温度下，疏水基团之间的相互作用会随之增强。

凝胶的形成是分子间斥力和引力达到平衡的结果，通常蛋白质分子间的斥力较大，分子间通过游离巯基的相互作用形成二硫键能够增加分子间的吸引，有利于凝胶网络结构的形成。对于乳蛋白而言，酪蛋白含有很少的二硫键，而乳清蛋白则含有较多的二硫键和游离巯基(Cayot et al.，1992)。乳清蛋白在发生热变性时，所含的巯基或二硫键暴露出来，在正常pH 范围内，β-乳球蛋白在温度75℃以上可以发生巯基-二硫键的交换作用，这种交换作用导致了β-乳球蛋白和κ-酪蛋白作用形成复合物，也可能是β-乳球蛋白和α_s-酪蛋白形成复合物。这种不同程度的复合物的形成有利于凝胶的产生。

酪蛋白凝胶化最重要的是用于干酪生产的凝乳酶引起的凝固作用(Lucey，2002)，或是酸化至等电点(pH 4.6)引起的凝固(Southward，1994)。此外，含有有机溶剂、经过度的热处理的酪蛋白制品在储存过程中均可发生胶凝或凝固，这些变化通常产生副作用。热凝固用于许多食品的制备，但是酪蛋白热稳定性比较好，通常不易发生热胶凝作用。在乳品加工中这种热稳定性成为主要优势。酪蛋白酸钠在溶液状态比酪蛋白酸钙有更高的黏度，酪蛋白酸钠的浓度大于17%时形成凝胶，而酪蛋白酸钙则不能。

5.4.3 增稠性

酪蛋白酸钠是高分子化合物，其本身在水溶液中可有一定黏度。其水溶液的黏度受剪切速率、温度、pH和蛋白浓度等的影响。浓度对其溶液的流变行为影响显著，在低浓度下，酪蛋白酸钠表现为微弱的假塑性流体行为；当其浓度＞15%(质量浓度)则为牛顿流体；该溶液的缠结浓度为14.95%(质量浓度)，当体系浓度超过该缠结浓度时，体系黏度随浓度的增加迅速增大(李成倍，2013)。

另外，温度的影响也较大。温度越高，黏度越低，其黏度的自然对数和热力学温度的倒数呈线性关系，即温度升高，黏度以自然对数级下降。某些盐类对酪蛋白酸钠黏度的影响也很大，如氯化钠、磷酸二氢钠等均可使其黏度显著增加。此外，酪蛋白酸钠和某些其他增稠剂，如卡拉胶、瓜尔胶、羧甲基纤维素等联合使用，也可大大提高其增稠性能，增效作用通常与温度、pH、金属离子等有关。

5.4.4 流变性

在制造酪蛋白酸钠及使用较高浓度的酪蛋白酸钠溶液时，控制溶液的黏度是工艺中的关键环节。例如，对于酪蛋白酸钠生产中的干燥过程来说，黏度是比浓度更为重要的参数(Konstance and Strange，1991)。除使用热水调节之外，控制酪蛋白酸钠溶液的浓度和温度则是控制黏度的根本措施。

5.4.5 起泡性

酪蛋白酸钠具有很好的起泡性，可广泛应用于冰淇淋等食品中，以改善产品的质地和口感。对酪蛋白酸钠、乳清蛋白和蛋清粉的起泡性研究表明(Britten and Giroux，2010)，当浓度在0.5%～8%的范围内，相同条件下，酪蛋白酸钠的起泡能力最大，且其起泡能力随浓度增加而增大。但是，酪蛋白酸钠的泡沫稳定性则不如蛋清粉好。钠、钙等离子的存在会降低酪蛋白酸钠的起泡能力，但同时可增加其泡沫稳定性(Mohanty et al.，1988)。

5.5　酪蛋白粉的应用

5.5.1　酪蛋白的应用特性

从20世纪70年代起，国内外学者对大量食物及其有效成分进行了抗诱变活性的研究。蛋白质作为生命之源，其抗诱变活性也引起了人们的关注。通过研究发现，牛乳及乳制品具有抗诱变活性。

牛乳蛋白质在营养上是优质的全价蛋白质，蛋白质含量达90%以上，富含人体所需的各种必需氨基酸，它不仅能够提供营养物质，而且可以促进新生动物对钙磷的吸收。酪蛋白和酪蛋白共沉淀物的蛋白功效比分别为2.18和2.10，而蛋白质的净利用率分别为2.57和2.46。酪蛋白可以作为营养强化剂添加到各类高蛋白食品中，如高蛋白的老年食品、婴儿食品和糖尿病患者专用食品等。而酪蛋白酸钙为离子钙，钙离子与酪蛋白中丝氨酸的磷酸残基稳定结合，是一种理想的补钙物质，易于人体吸收利用，且无须配合维生素D，较植物蛋白而言还含有丰富的赖氨酸。

在食品工业中，酪蛋白制品还是广泛使用的食品添加剂。根据GB 2760—2014的规定，酪蛋白酸钠可用于各类食品，并按生产需要适量使用。酪蛋白酸钠能以不同的形状被使用，包括粉末状、凝胶状、乳状液或块状，同时也可综合使用。酪蛋白酸钠溶解性较好，蛋白分子质量较高，呈链状，无固定结构，对应蛋白溶液的黏度较高，具有增稠性；酪蛋白酸钠同时含有疏水区域和亲水区域，具有极强的乳化性和起泡性，适合作为稳定剂、增稠剂和胶凝剂，能对食品进行乳化及改善质构等，促进食品与水、油脂的结合(O'Regan and Mulvihill，2011；Surh et al.，2006；Dickinson et al.，1997)。酪蛋白酸钠乳状液的稳定性由α_{s1}-酪蛋白和β-酪蛋白的比例决定(Dickinson，1999；Dickinson，1997b)。

5.5.2　乳制品

酪蛋白酸钠本身即可认为是一种乳制品，将其应用于其他乳品，可进一步提高产品品质。

1. 冰淇淋

柔软、细腻的口感和良好的膨胀率对优质冰淇淋十分重要。在生产时，为了改善冰淇淋的口感和质构、避免乳固体含量低而造成粗糙和不稳定等，通常需要加入奶粉、炼乳等以增加蛋白质含量。但这些物质中的蛋白质含量并不够高，而乳糖含量却又偏高(如奶粉的蛋白质含量约为28%，而乳糖约为36%)。若添加较多，由于乳糖的溶解度不高，可使混合物料凝冻搅拌后在成品储藏时产生结晶，造成冰淇淋质地粗糙，甚至有砂质感，此时可适当添加酪蛋白制品。

蛋白质对冰淇淋有三个重要的结构功能(Goff，2016)。它们在均质化过程中乳化脂肪相，从而在混合状态下产生稳定的乳液。它们随后在老化过程中与乳化剂的相互作用，降低了吸附的蛋白质水平，从而产生能够在搅打和冷冻的冰淇淋中部分聚结并产生所需脂肪结构的脂肪乳液。在搅打期间，存在于混合物水相中的蛋白质有助于形成小而稳定的气泡界面。未吸附的蛋白质也增加混合物黏度，特别是在低温浓缩后未冷冻的水相中，这导致本体性质和质构的增强，以及降低冰的再结晶速率。也就是说，适当添加酪蛋白酸钠，则可因其蛋白质含量高(约为90%)、起泡性又好，有助于改善冰淇淋的组织结构、提高搅打起泡性和膨胀率，再通过酪蛋白酸钠本身的乳化作用及与其他乳化剂并用的增效作用，可大大提高产品质量。

值得注意的是，在冰淇淋的生产中不能用酪蛋白酸钠全部取代奶粉和炼乳。这是因为单用酪蛋白酸钠制成的乳化液稳定性不够好，从而影响奶油在冷冻过程中的稳定性。通常以添加量 0.5%～1%的效果较好，最好能与其他乳化剂适当配合使用(Mishkin et al.，1970)。

2. 乳固体饮料

在乳固体饮料生产时通常易出现蛋白质含量低于国家标准 8%(一般多为6%～7%)和产品比体积小等问题。若多加奶粉、炼乳也不理想，此时如适当添加酪蛋白酸钠，可使问题得到较好解决。与此同时，由于酪蛋白酸钠有很好的起泡性，可进一步提高产品质量。

3. 酸奶和干酪

在酸奶和干酪生产过程中，乳凝胶的形成是至关重要的。乳凝胶的表观形态、微细结构、流变学等性质对干酪和酸奶的感官接受和功能品质都有重大影响。因此，形成的凝胶良好与否，直接关系到乳制品的生产及消费者的可接受性。酪蛋白胶束从熵变化来讲，内部疏水相互作用使其有一个强烈的凝聚趋向，因此，如果 κ-酪蛋白的亲水能力和胶束间的静电斥力发生改变，会导致胶束空间结构稳定层受到破坏，甚至崩溃，于是酪蛋白胶束开始凝聚，形成凝胶。生产的酸奶除应有一定的蛋白质含量外，还需有一定的胶凝性。适当添加酪蛋白酸钠，可增加其胶凝能力和提高硬度，使之口感更好，从而提高产品质量。酪蛋白在蛋白酶的作用下，可以发生水解并凝乳。在干酪制作过程中，皱胃酶等凝乳酶的加入使酪蛋白胶束的毛发层被酶解，减小了胶束的空间位阻，稳定性遭到破坏，形成了干酪凝乳。Jameson 和 Sutherland 提供了一种方法，用于生产基本上含有乳中所有酪蛋白和乳清蛋白的干酪。通过超滤和渗滤乳来生产干酪，以使获得的干酪具有所需固含量的浓缩物，通过添加盐来增加浓缩物的离子强度，以防止发酵期间的凝结，在不产生凝结物的情况下发酵浓缩物，然后预热发酵的浓缩物并从中蒸发水分，以获得具有乳中基本上所有酪蛋白和乳清蛋白的干酪。优选超滤和渗滤工艺，得到浓缩物［浓度比为(3∶1)～(6∶1)］，添加氯化钠，加入量为总质量的 0.5%～1.5%，发酵至 pH 4.9～5.5。预热至约 60℃的温度，干酪的固含量为 58%～71%。在发酵后发酵蒸发水阶段应防止凝结。预热可防止蒸发过程中的脂肪分离，减少浓缩物在蒸发器壁上的燃烧并降低奶酪的黏度(Jameson and Sutherland，1994)。

5.5.3 其他食品

在食品工业中，酪蛋白酸盐还常被用来增进食品中脂肪和水的保留量，防止产品脱水收缩，有助于食品组分的均匀分布，改善食品的质地和口感。除了乳制品以外，酪蛋白酸盐在肉糜制品、冰肉制品、水产品以及面包、饼干等焙烤食品的加工生产中也得到了广泛的应用。

1. 肉制品

由于酪蛋白酸钠具有良好的乳化、增稠和胶黏性等，因而广泛应用于香肠、火腿、午餐肉等肉糜制品中。它可增加肉的结着力和持水性，使油脂乳化而不析出，从而大大提高肉糜制品的质量(Youssef and Barbut，2010)。酪蛋白酸钠在生产上不但可以制造出高质量的肉糜产品，同时在必要时可提高原料的利用率、增加产量、降低成本。酪蛋白应用于灌肠类肉制品时，除可增加肥肉的利用率且不致使脂肪析出外，也可增加出品率，降低成本，还具有使制品富有弹性、切面光滑、口感细腻等特点。例如，在生产午餐肉罐头时，先将酪蛋白酸钠和肥肉(脂肪)、水按一定比例预制成乳剂(Schilling et al.，2002)，再添加于肉中制成产品，除可保持较好的感官质量外，还可大大提高产量，降低成本，这一技术在利用禽皮、禽脂生产鸡肉香肠中也有应用(Kumar et al.，2011)。

2. 焙烤制品

酪蛋白酸钠常用于焙烤食品，除了利用其良好的乳化性，提高产品质量、延长货架期以外，从营养的角度考虑，由于酪蛋白酸钠富含赖氨酸，可以补充谷物蛋白质中赖氨酸的不足，从而提高焙烤制品的营养价值。具体应用时为了获得更好的效果，常将酪蛋白酸钠与其他乳化剂联合使用，或进一步组成特定的配方予以应用，所得焙烤制品冷却后具有良好的质构，延长其货架寿命，并可用于微波烹调(Ferrari-Philippe and Tharrault，2003)。

除了以上几大类应用外，酪蛋白酸钠还可应用于羹和汤料、快餐、卤汁，增加黏稠性，改善口感；用于饮料，尤其是植物蛋白饮料，防止脂肪析出，提高稳定性以及饮料和果酒的澄清度等。酸水解酪蛋白含有丰富的游离氨基酸水解物，因其营养价值高被广泛应用于微生物培养、工业发酵培养液的配制、饲料添加、功能食品增补等领域(Vol，1994)，其美拉德反应产物也被用作抗氧化剂(Rival et al.，2001)。

5.5.4 微胶囊壁材

在酪蛋白作为微胶囊壁材的应用中，其乳化性与成胶性是影响其包埋效果的重要因素。在一定的均匀化条件下，蛋白质在一定浓度下产生的乳化液液滴的粒径大小可以决定蛋白质的乳化能力，液滴尺寸越小(即比表面积越大)，蛋白质作为乳化剂的效果越好。聚合乳蛋白产品(如浓缩乳蛋白)的乳化能力明显低于乳清蛋白和酪蛋白酸钠。以五组不同的乳蛋白(脱脂乳、乳清浓缩蛋白、乳清分离蛋白、80%乳清分离蛋白和20%乳蛋白浓缩物、80%乳清分离蛋白和20%酪蛋白酸钠)作为壁材，通过喷雾干燥对鱼油进行微胶囊化。80%乳清浓缩蛋白和20%乳蛋白浓缩物微胶囊包埋率仅次于脱脂乳，高于其他三组。研究者认为，脱脂乳中含有的乳糖会改变壁的性质，从而促进结壳的形成，减少包埋油向颗粒表面的扩散。蛋白质氨基与乳糖羰基发生美拉德反应所产生的含氮聚合物和类黑色素也可能对坚硬表面的形成有重要贡献(Aghbashlo et al.，2013)。Ye的研究表明，酪蛋白在乳蛋白浓缩物中的聚集性随钙含量的变化而改变。在高蛋白质浓度下，未吸附蛋白引起的絮凝耗竭可能会降低乳化液的稳定性。当酪蛋白胶束因钙含量的降低而解离时，表面蛋白浓度和组成发生了变化，改变了未吸附酪蛋白在水相中的大小和数量。通过在较低的蛋白质浓度下形成较小液滴尺寸的乳状液，可以提高乳化剂的乳化能力(Ye，2011)。Zhuang等以乳蛋白浓缩物、乳清分离蛋白和酪蛋白的混合物为原料制备共轭亚油酸微胶囊，并研究其氧化稳定性。其中，乳清蛋白和酪蛋白混合物中两种蛋白比与浓缩乳蛋白相同，但不含酪蛋白胶束结构。研究表明，乳蛋白浓缩物微胶囊稳定性较低。其原因可能为酪蛋白胶束和球状乳清蛋白在乳蛋白浓缩物中的不同粒径和刚性造成了不连续的表面结构，使储存过程中的氧进入，最终降低了芯材在储存过程中的化学稳定性(Zhuang et al.，2018)。

基于以上研究，使用乳蛋白浓缩物作为微胶囊壁材尚存在一定的缺陷。然而，通过一定程度的脱钙处理或对酪蛋白胶束进行重组改性等方式，可以有效改善其微胶囊效率和理化稳定性。目前，通过部分脱钙的工艺获得的酪蛋白胶束，因结构部分解离而得到较好的功能特性，扩大了其在工业生产中的应用范围。此外，通过将乳蛋白浓缩物与糖类配比再经过一定的改性形成复合壁材(潘晓赟,2008)，也可能会在一定程度上提升其作为微胶囊壁材的应用价值。

5.5.5 食品包装材料

目前，全球有 40 多个国家和地区有禁塑令。德国多数商店为顾客提供塑料、帆布、棉布 3 种购物袋，不管哪种购物袋都要收费；所有向消费者提供塑料购物袋的商店都要缴纳回收费。美国旧金山的法案规定，当地零售商只允许向顾客提供纸袋、布袋或以玉米副产品为原料生产的可降解生物塑料袋，化工塑料袋被严格禁止。爱尔兰征收“袋税”，自 2002 年起对每个购物塑料袋征税 0.15 欧元，税收全部纳入环保基金。2007 年，爱尔兰政府又将购物塑料袋税提高到每个 0.22 欧元。日本政府规定，商家在结账时应主动提示顾客，需要塑料购物袋必须付费，并给自备购物袋的顾客提供打折优惠等。非洲卢旺达禁塑法令很严格，机场会对入境的人员进行塑料袋检查。因此，如何防止塑料制品包装对环境的污染是值得关注的问题。

可食用膜材料或者环境友好可降解的膜材料的研制应运而生。良好的可食薄膜应能有效地控制水汽、氧、二氧化碳、脂质等在食品体系中的转移，防止风味化合物的挥发损失等。在对多糖(各种胶体)、脂质、蛋白质的广泛研究中发现，酪蛋白分子因缺乏二级结构，其肽链多任意卷曲，容易形成分子间氢键、静电引力、疏水键等，因此是成膜的良好原料。另外，酪蛋白酸钠所具有的溶解性、耐热性、增稠性和乳化性等特点也使得其很适合用以制造可食用膜材料。酪蛋白酸钙的乳化性(Srinivasan et al.，2003)、稳定性(Srinivasan et al.，1999)、易成膜性(Lacroix et al.，1998)等优良特性使其也能应用于可食用膜领域。用酪蛋白酸钙制备的可食膜，具有无气味、无滋味、柔软和透明的特点(Chen，1995)。

日本有专利公开了一种可热封的可食用膜，包含有酪蛋白和水溶性多糖(以角叉胶为优选组成)，这种可食用膜可用于密封或包装粉状食品、颗粒食品、干燥固体食品和油性食品等(Ishii，1997)。美国专利公开了一种以酪蛋白为主要组分的薄膜成型制品，可食用并且防水。酪蛋白混合物用二氧化碳高压处理，从溶液中直接沉淀，利用了酪蛋白的蛋白主链疏水性，因此不需要经过额外的交联步骤。该可食用膜可用于保护食品，同时提供防潮保护(Tomasula，2002)。

参 考 文 献

郭本恒. 2001. 乳品化学. 北京: 中国轻工业出版社.

李成倍. 2013. 高酰基结冷胶/酪蛋白酸钠凝胶特性的研究. 浙江工商大学硕士学位论文.

李里特. 2011. 食品原料学. 北京：中国农业出版社.

潘晓赟. 2008. 基于酪蛋白的纳米粒子制备及其应用的研究.复旦大学博士学位论文.

赵新淮. 2007. 乳品化学. 北京：科学出版社.

Addeo F, Chobert J M, Ribadeau-Dumas B. 1977. Fractionation of whole casein on hydroxyapatite. Application to a study of buffalo κ-casein. Journal of Dairy Research, 44(1): 63-68.

Aghbashlo M, Mobli H, Madadlou A, et al. 2013. Influence of wall material and inlet drying air temperature on the microencapsulation of fish oil by spray drying. Food and Bioprocess Technology, 6(6): 1561-1569.

Akgöl S, Öztürk N, Denizli A. 2008. Dye-affinity hollow fibers for β-casein purification. Reactive & Functional Polymers, 68(1): 225-232.

Anema S G, Klostermeyer H. 1997. Heat-induced, pH-dependent dissociation of casein micelles on heating reconstituted skim milk at temperatures below 100℃. Journal of Agricultural and Food Chemistry, 45(4): 1108-1115.

Anema S G, Li Y. 2000. Further studies on the heat-induced, pH-dependent dissociation of casein from the micelles in reconstituted skim milk. LWT-Food Science and Technology, 33(5): 335-343.

Anema S G, Lee S K, Lowe E K, et al. 2004a. Rheological properties of acid gels prepared from heated pH-adjusted skim milk. Journal of Agricultural and Food Chemistry, 52(2): 337-343.

Anema S G, Lowe E K, Lee S K. 2004b. Effect of pH at heating on the acid-induced aggregation of casein micelles in reconstituted skim milk. LWT - Food Science and Technology, 37(7): 779-787.

Anema S G, Lowe E K, Li Y. 2004c. Effect of pH on the viscosity of heated reconstituted skim milk. International Dairy Journal, 14(6): 541-548.

Aschaffenburg R. 1963. Preparation of β-casein by a modified urea fractionation method. Journal of Dairy Research, 30(2): 259-260.

Bak M, Rasmussen L K, Petersen T E, et al. 2001. Colloidal calcium phosphates in casein micelles studied by slow-speed-spinning 31P magic angle spinning solid-state nuclear magnetic resonance. Journal of Dairy Science, 84(6): 1310-1319.

Bobe G, Beitz D C, Freeman E F, et al. 1998. Separation and quantification of bovine milk proteins by reversed-phase high-performance liquid chromatography. Journal of Agricultural and Food Chemistry, 46(2): 458-463.

Bordin G, Raposo F C, Calle B D L, et al. 2001. Identification and quantification of major bovine milk proteins by liquid chromatography. Journal of Chromatography A, 928(1): 63-76.

Bouzid H, Rabiller-Baudry M, Paugam L, et al. 2008. Impact of zeta potential and size of caseins as precursors of fouling deposit on limiting and critical fluxes in spiral ultrafiltration of modified skim milks. Journal of Membrane Science, 314(1): 67-75.

Bramanti E, Ferri F, Raspi G, et al. 2001. New method for separation and determination of denatured caseins by hydrophobic interaction chromatography. Talanta, 54(2): 343-349.

Bramanti E, Sortino C, Raspi G. 2002. New chromatographic method for separation and determination of denatured α_{s1}-, α_{s2}-, β- and κ-caseins by hydrophobic interaction chromatography. Journal of Chromatography A, 958(1-2): 157-166.

Bramanti E, Sortino C, Onor M, et al. 2003. Separation and determination of denatured $\alpha(s_1)$-, $\alpha(s_2)$-, β- and κ-caseins by hydrophobic interaction chromatography in cows', ewes' and goats' milk, milk mixtures and cheeses. Journal of Chromatography A, 994 (1-2): 59-74.
Britten M, Giroux H J. 2010. Coalescence index of protein-stabilized emulsions. Journal of Food Science, 56 (3): 792-795.
Brule G, Roger L, Fauquant J, et al. 1991. Casein phosphopeptide salts: US, 5028589A .
Cayot P, Courthaudon J L, Lorient D. 1992. Purification of α_s-, β-and κ-caseins by batchwise ion-exchange separation. Journal of Dairy Research, 59 (4): 551-556.
Champagne C P, Fustier P. 2007. Microencapsulation for the improved delivery of bioactive compounds into foods. Current Opinion in Biotechnology, 18 (2): 184-190.
Chardot V, Banon S, Misiuwianiec M, et al. 2002. Growth kinetics and fractal dimensions of casein particles during acidification. Journal of Dairy Science, 85 (1): 8-14.
Chen H. 1995. Functional properties and applications of edible films made of milk proteins. Journal of Dairy Science, 78 (11): 2563-2583.
Corredig M, Dalgleish D G. 1999. The mechanisms of the heat-induced interaction of whey proteins with casein micelles in milk. International Dairy Journal, 9 (3-6): 233-236.
Dalgleish D G, Corredig M. 2012. The structure of the casein micelle of milk and its changes during processing. Annual Review of Food Science and Technology, 3 (1): 449-467.
Dall'Olio S, Davoli R, Russo V. 1990. Affinity chromatography of ovine casein. Journal of Dairy Science, 73 (7): 1707-1711.
Dickinson E. 1997a. Properties of emulsions stabilized with milk proteins: overview of some recent developments. Journal of Dairy Science, 80 (10): 2607-2619.
Dickinson E. 1997b. Flocculation and competitive adsorption in a mixed polymersystem relevance to casein-stabilized emulsions. Journal of the Chemical Society, Faraday Transactions, 93 (13): 2297-2301.
Dickinson E. 1999. Caseins in emulsions: interfacial properties and interactions. International Dairy Journal, 9 (3): 305-312.
Dickinson E, Golding M, Povey M J W. 1997. Creaming and flocculation of oil-in-water emulsions containing sodium caseinate. Journal of Colloid And Interface Science, 185 (2): 515-529.
Dorozhkin S V, Epple M. 2002. Biological and medical significance of calcium phosphates. Angewandte Chemie International Edition, 41 (17): 3130-3146.
Egito A S, Girardet J M, Miclo L, et al. 2001. Susceptibility of equine κ- and β-caseins to hydrolysis by chymosin. International Dairy Journal, 11 (11-12): 885-893.
El-Negoumy A M. 1976. Two rapid and improved techniques for chromatographic fractionation of casein. Journal of Dairy Science, 59 (1): 153-156.
Famelart M H, Hardy C, Brule G. 1989. Optimisation of the preparation of β casein enriched solutions. Le Lait, 69:47-57.
Farrell H M, Jimenez-Flores R, Bleck G T, et al. 2004. Nomenclature of the proteins of cows' milk—sixth revision. Journal of Dairy Science, 87 (6): 1641-1674.
Feng Z K, Cunninghamrundles C. 1989. Production of a monoclonal antibody to bovine κ-casein. Hybridoma, 8 (2): 223-230.

Ferrari-Philippe F, Tharrault J F. 2003. Crisp filled pastry after microwave baking: US, US6503546.

Fox P F, McSweeney P L H. 2006. Advanced Dairy Chemistry.Lipids. Volume 2. Boston, USA: Springer.

Fuquay J W, Fox P F, McSweeney P L H. 2011. Encyclopedia of Dairy Sciences. San Diego, USA: Academic Press.

Gastaldi E, Trial N, Guillaume C, et al. 2003. Effect of controlled κ-casein hydrolysis on rheological properties of acid milk gels. Journal of Dairy Science, 86(3): 704-711.

Gastaldi E, Lagaude A, Fuente B T D L. 2010. Micellar transition state in casein between pH 5.5 and 5.0. Journal of Food Science, 61(1): 59-64.

Goff H D. 2016. Milk proteins in ice cream // McSweeney P L H, Fox P F. Advanced Dairy Chemistry Proteins: Applied Aspects. Volume 1B. New York, USA: Springer.

Griffin M C A, Price J C, Martin S R. 1986. Effect of alcohols on the structure of caseins: circular dichroism studies of κ-casein A. International Journal of Biological Macromolecules, 8(6): 367-371.

Guillaume C, Jimenez L, Cuq J L, et al. 2004. An original pH-reversible treatment of milk to improve rennet gelation. International Dairy Journal, 14(4): 305-311.

Hekken D L V, Strange E D. 1994. Rheological properties and microstructure of dephosphorylated whole casein rennet gels. Journal of Dairy Science, 77(4): 907-916.

Herbert S, Riaublanc A, Bouchet B, et al. 1999. Fluorescence spectroscopy investigation of acid-or rennet-induced coagulation of milk. Journal of Dairy Science, 82(10): 2056-2062.

Hill A R. 1989. The β-lactoglobulin- κ -casein complex. Canadian Institute of Food Science, 22(2): 120-123.

Hipp N J, Groves M L, Custer J H. 1952. Separation of α-, β-, and γ-casein. Journal of Dairy Science, 35(3): 272-281.

Hollar C M, Law A J R, Dalgleish D G, et al. 1991. Separation of major casein fractions using cation-exchange fast protein liquid chromatography. Journal of Dairy Science, 74(8): 2403-2409.

Holt C, Horne D S. 1996. The hairy casein micelle: evolution of the concept and its implications for dairy technology. Netherlands Milk and Dairy Journal, 50 (2) : 85-111.

Huppertz T, Hennebel J B, Considine T. 2006. A method for the large-scale isolation of β-casein. Food Chemistry, 99(1): 45-50.

Huppertz T. 2013. Chemistry of the caseins//McSweeney P L H, Fox P F. Advanced Dairy Chemistry. Proteins: Basic Aspects. Volume 1A. New York, USA: Springer Science + Business Media.

Igarashi Y. 1999. Separation of caseins by chemical procedures. International Dairy Journal, 9(3-6): 377-378.

Ishii K, Ninomiya H, Suzuki S. 1997. Edible film and method of making same: US, 5620757A.

Jameson G W, Sutherland B J. 1994. Process for producing cheese containing substantially all the casein and whey proteins in milk: US, 5356639 A.

Konstance R P, Strange E D. 1991. Solubility and viscous properties of casein and caseinates. Journal of Food Science, 56(2): 556-559.

Kruif C G, Holt C. 2003. Casein micelle structure, functions and interactions // Fox P F, McSweeney P L H. Advanced Dairy Chemistry—1 Proteins. Boston, USA: Springer.

Kumar S, Zanzad P N, Ambadkar R K, et al. 2011. Storage stability of chicken sausage incorporated with selected levels of sodium caseinate. Journal of Veterinary Public Health, 9: 33-37.

Kumosinski T F, Pessen H, Farrell H M, Jr, et al. 1988. Determination of the quaternary structural states of bovine casein by small-angle X-ray scattering: submicellar and micellar forms. Archives of Biochemistry and Biophysics, 266 (2): 548-561.

Kuzmanoff K M, Beattie C W. 1991. Isolation of monoclonal antibodies monospecific for bovine β-lactoglobulin. Journal of Dairy Science, 74(11): 3731-3740.

Lacroix M, Jobin M, Mezgheni E, et al. 1998. Polymerization of calcium caseinates solutions induced by gamma irradiation. Radiation Physics and Chemistry, 52(1-6): 223-227.

Lee W J, Lucey J A. 2010. Formation and physical properties of yogurt. Asian-Australasian Journal of Animal Sciences, 23(9): 1127-1136.

Lemieux L, Amiot J. 1990. High-performance liquid chromatography of casein hydrolysates phosphorylated and dephosphorylated: Ⅰ. Peptide mapping. Journal of chromatography A, 519(2): 299-321.

Li-Chan E, Nakai S. 1988. Rennin modification of bovine casein to simulate human casein composition: effect on acid clotting and hydrolysis by pepsin. Canadian Institute of Food Science and Technology Journal, 21(2): 200-208.

Lieske B, Konrad G. 1994. Thermal modification of sodium-caseinate. 1. Influence of temperature and pH on selected physico-chemical and functional properties. Milchwissenschaft-milk Science International, 49(1): 16-20.

Lopes A S, Garcia J S, Catharino R R, et al. 2007. Cloud point extraction applied to casein proteins of cow milk and their identification by mass spectrometry. Analytica Chimica Acta, 590(2): 166-172.

Lucey J A, Vliet T V, Grolle K, et al. 1997. Properties of acid casein gels made by acidification with glucono-δ-lactone. 1. Rheological properties. International Dairy Journal, 7(6-7): 381-388.

Lucey J A. 2002. Formation and physical properties of milk protein gels. Journal of Dairy Science, 85(2): 281-294.

Madadlou A, Emam-Djomeh Z, Mousavi M E, et al. 2010. Acid-induced gelation behavior of sonicated casein solutions. Ultrasonics Sonochemistry, 17(1): 153-158.

McMahon D J, Oommen B S. 2008. Supramolecular structure of the casein micelle. Journal of Dairy Science, 91 (5), 1709-1721.

McMahon D J, Du H, Mcmanus W R, et al. 2009. Microstructural changes in casein supramolecules during acidification of skim milk. Journal of Dairy Science, 92(12): 5854-5867.

Mcmeekin T L, Hipp N J, Groves M L. 1959. The separation of the components of α-casein. Ⅰ. The preparation of α_1-casein. Archives of Biochemistry and Biophysics, 83(1): 35-43.

McSweeney P L H, Fox P F. 2013. Advanced Dairy Chemistry. Protein: Basic Aspects. Volume 1A. New York, USA: Springer Science + Business Media.

McSweeney S L, Mulvihill D M, O'Callaghan D M. 2004. The influence of pH on the heat-induced aggregation of model milk protein ingredient systems and model infant formula emulsions stabilized by milk protein ingredients. Food Hydrocolloids, 18(1): 109-125.

Michalski M C, Cariou R, Michel F, et al. 2002. Native vs. damaged milk fat globules: membrane properties affect the viscoelasticity of milk gels. Journal of Dairy Science, 85(10): 2451-2461.

Mishkin A R, Yingst D E, Peters J J. 1970. Powdered ice cream mix: US, US3594193.

Mohanty B, Mulvihill D M, Fox P F. 1988. Emulsifying and foaming properties of acidic caseins and sodium caseinate. Food Chemistry, 28(1): 17-30.

Morr C V. 1967. Effect of oxalate and urea upon ultracentrifugation properties of raw and heated skimmilk casein micelles. Journal of Dairy Science, 50(11): 1744-1751.

Mottar J, Bassier A, Joniau M, et al. 1989. Effect of heat-induced association of whey proteins and casein micelles on yogurt texture. Journal of Dairy Science, 72(9): 2247-2256.

Muller-Buschbaum P, Gebhardt R, Maurer E, et al. 2006. Thin casein films as prepared by spin-coating: influence of film thickness and of pH. Biomacromolecules, 7(6): 1773-1780.

Murphy J M, Fox P F. 1991. Fractionation of sodium caseinate by ultrafiltration. Food Chemistry, 39(1): 27-38.

Nakahori C, Nakai S. 1972. Fractionation of caseins directly from skimmilk by gel chromatography. 1. Elution with sodium dodecysulfate. Journal of Dairy Science, 55(1): 25-29.

Nakai S, Toma S J R, Nakahori C. 1972. Fractionation of caseins directly from skimmilk by gel chromatography. 2. Elution with phosphate buffers. Journal of Dairy Science, 55(1): 30-34.

Needs E C, Stenning R A, Gill A L, et al. 2000. High-pressure treatment of milk: effects on casein micelle structure and on enzymic coagulation. Journal of Dairy Research, 67(1): 31-42.

Northrop J H. 1924. The kinetics of trypsin digestion: Ⅰ. experimental evidence concerning the existence of an intermediate compound. Journal of General Physiology, 6(3): 239-243.

Ochirkhuyag B, Chobert J M, Dalgalarrondo M, et al. 1997. Characterization of caseins from Mongolian yak, khainak and bactrian camel. Lait, 22(2): 105-124.

Oommen B S, Mcmahon D J. 2003. Dissociation of casein supramolecules.American Dairy Science Association Meeting, Journal of Dairy Science, 86(Supp. 1): 288.

O'Regan J, Mulvihill D M. 2011. Milk protein products | caseins and caseinates, industrial production, compositional standards, specifications, and regulatory aspects//Fuquay J W. Encyclopedia of Dairy Sciences. New York, USA: Academic Press.

Osullivan M M, Kelly A L, Fox P F. 2002. Effect of transglutaminase on the heat stability of milk: a possible mechanism. Journal of Dairy Science, 85(1): 1-7.

Pearse M J, Linklater P M, Hall R J, et al. 1986. Extensive degradation of casein by plasmin does not impede subsequent curd formation and syneresis. Journal of Dairy Research, 53(3): 477-480.

Pignon F, Belina G, Narayanan T, et al. 2004. Structure and rheological behavior of casein micelle suspensions during ultrafiltration process. Journal of Chemical Physics, 121(16): 8138-8146.

Rabiller-Baudry M, Gesan-Guiziou G, Roldan-Calbo D, et al. 2017. Limiting flux in skimmed milk ultrafiltration: impact of electrostatic repulsion due to casein micelles. Desalination, 175(1): 49-59.

Rival S G, Boeriu C G, Wichers H J. 2001. Caseins and casein hydrolysates. 2. Antioxidative properties and relevance to lipoxygenase inhibition. Journal of Agricultural and Food Chemistry, 49(1): 295-302.

Rose D A. 1969. A proposed model of micelle structure in bovine milk. Dairy Science, 31: 171-175.

Sadeghi M, Mohammadifar M A, Khosrowshahi A, et al. 2011. Rheological properties of acid casein gels made by acidification with glucono-δ-lactone. Milchwissenschaft-milk Science International, 66(3): 265-269.

Schilling W, Marriott N G, Acton J, et al. 2002. Chemical properties of restructured boneless pork produced from PSE and RFN pork utilizing modified food starch, sodium caseinate, and soy protein concentrate. International Congress of Meat Science and Technology.

Schmidt D G. 1980. Colloidal aspects of casein. Netherlands Milk and Dairy Journal, 34(1): 42-64.

Schorsch C, Jones M G, Norton I T. 1999. Thermodynamic incompatibility and microstructure of milk protein/locust bean gum/sucrose systems. Food Hydrocolloids, 13(98): 89-99.

Singh H, Fox P E. 1985. Heat stability of milk: pH-dependent dissociation of micellar κ-casein on heating milk at ultra high temperatures. Journal of Dairy Research, 52: 529-538.

Singh H, Fox P F. 1987. Heat stability of milk: role of β-lactolobulin in the pH-dependent dissociation of micellar κ-casein. Journal of Dairy Research, 54(4): 509-521.

Slattery C W, Evard R. 1973. A model for the formation and structure of casein micelles from subunits of variable composition. Biochimica et Biophysica Acta (BBA) - Protein Structure, 317(2): 529-538.

Southward C R. 1994. Utilisation of milk components: casein// Robinson R K. Modern Dairy Technology. Boston, USA: Springer: 375-432.

Srinivasan M, Singh H, Munro P A. 1999. Adsorption behaviour of sodium and calcium caseinates in oil-in-water-emulsions. International Dairy Journal, 9(3-6): 337-341.

Srinivasan M, Singh H, Munro P A. 2003. Influence of retorting (121℃ for 15min), before or after emulsification, on the properties of calcium caseinate oil-in-water emulsions. Food Chemistry, 80(1): 61-69.

Surh J, Decker E A, McClements D J. 2006. Influence of pH and pectin type on properties and stability of sodium-caseinate stabilized oil-in-water emulsions. Food Hydrocolloids, 20(5): 607-618.

Swaisgood H E. 2003. Chemistry of the caseins//Fox P F, McSweeney P L H. Advanced Dairy Chemistry—1 Proteins. Boston, USA: Springer.

Swaisgood H E, Brunner J R. 1962. Characterization of κ-casein obtained by fractionation with trichloroacetic acid in a concentrated urea solution and. Journal of Dairy Science, 45(1): 1-11.

Thompson M P. 1966. DEAE-cellulose-urea chromatography of casein in the presence of 2-mercaptoethanol. Journal of Dairy Science, 49(7): 792-795.

Tomasula P M. 2002. Edible, water-solubility resistant casein masses: US, 6379726.

Trujillo A J, Guamis B, Carretero C. 1997. Hydrolysis of caprine β-casein by plasmin. Journal of Dairy Science, 80(10): 2258-2263.

Tuinier R, Rolin C, de Kruif C G. 2002. Electrosorption of pectin onto casein micelles. Biomacromolecules, 3(3): 632-638.

Udabage P, Mckinnon I R, Augustin M A. 2001. Effects of mineral salts and calcium chelating agents on the gelation of renneted skim milk. Journal of Dairy Science, 84(7): 1569-1575.

Vaia B, Smiddy M A, Kelly A L, et al. 2006. Solvent-mediated disruption of bovine casein micelles at alkaline pH. Journal of Agricultural and Food Chemistry, 54(21): 8288-8293.

Van Der Veen M, Norde W, Stuart M C. 2004. Electrostatic interactions in protein adsorption probed by comparing lysozyme and succinylated lysozyme. Colloids and Surfaces B: Biointerfaces, 35(1): 33-40.

Vasbinder A J, Rollema H S, Bot A, et al. 2003. Gelation mechanism of milk as influenced by temperature and pH; studied by the use of transglutaminase cross-linked casein micelles. Journal of Dairy Science, 86(5): 1556-1563.

Veloso A C, Teixeira N, Ferreira I M. 2002. Separation and quantification of the major casein fractions by reverse-phase high-performance liquid chromatography and urea-polyacrylamide gel electrophoresis-detection of milk adulterations. Journal of Chromatography A, 967(2): 209-218.

Vol N. 1994. Use of hydrolysates for protein supplementation. Food Technology, 48(10): 86-88.

Walstra P. 1990. On the stability of casein micelles. Journal of Dairy Science, 73(8): 1965-1979.

Walstra P. 1999. Casein sub-micelles: do they exist? International Dairy Journal, 9(3-6): 189-192.

Walters, Haslam E. 1912. Studies in the action of trypsin. Ⅰ. On the hydrolysis of casein by trypsin. Journal of Biological Chemistry, 11(3): 698-701.

Waugh D F, Noble R W. 1965. Casein micelles. Formation and structure. Ⅱ. Journal of the American Chemical Society, 87(10): 2246-2257.

Yaguchi M, Davies D T, Kim Y K. 1968. Preparation of κ-casein by gel filtration. Journal of Dairy Science, 51(4): 473-477.

Ye A. 2011. Functional properties of milk protein concentrates: emulsifying properties, adsorption and stability of emulsions. International Dairy Journal, 21(1): 14-20.

Youssef M K, Barbut S. 2010. Effects of caseinate, whey and milk proteins on emulsified beef meat batters prepared with different protein levels. Journal of Muscle Foods, 21(4): 785-800.

Zhang Z P, Aoki T. 1996. Behaviour of calcium and phosphate in bovine casein micelles. International Dairy Journal, 6(8-9): 769-780.

Zhuang F C, Li X, Hu J H, et al. 2018. Effects of casein micellar structure on the stability of milk protein-based conjugated linoleic acid microcapsules. Food Chemistry, 269: 327-334.

Zittle C A, Cerbulis J, Pepper L. 1959. Preparation of calcium-sensitive α-casein. Journal of Dairy Science, 42(12): 1897-1902.

Zittle C A, Custer J H. 1963. Purification and some of the properties of α_s-casein and κ-casein. Journal of Dairy Science, 46(11): 1183-1188.

第6章 乳白蛋白

6.1 引　　言

α-乳白蛋白(α-LA)是一种由哺乳动物(人、牛、山羊、骆驼、马、荷兰猪、鼠等)乳腺分泌的球状蛋白，是乳清蛋白的重要组成部分。牛乳中 α-LA 含量约为1.2g/L，占总蛋白的3.5%，占乳清蛋白的20%～25%，仅次于β-乳球蛋白；而在人乳中，α-LA 占乳清蛋白的主导地位，其中74%的氨基酸序列与牛乳中的 α-LA 具有同源性(尹睿杰，2010)。α-LA 是一种小分子酸性蛋白质，其分子质量为14420Da，等电点在4～5之间，其结构中含有123个氨基酸，富含色氨酸及半胱氨酸，它们都具有良好的生理功能(尹睿杰，2010)。其中，色氨酸作为5-羟色胺的前体，对神经性反应如生物钟、睡眠、情绪等的调节具有十分积极的作用，而半胱氨酸是牛磺酸合成的前体物质，同时也存在于谷胱甘肽中，其为体内重要的抗氧化剂和自由基清除剂(Permyakov and Berliner，2009；Beulens et al.，2004)。

过去，绝大部分 α-LA 作为高营养价值的蛋白质常随同乳清一起排掉，对于食品工业和乳品工业来说都是极大的损失，随着加工技术的发展及研究的深入，回收乳清的方法越来越成熟，且从乳清蛋白中获取 α-LA 的技术也不断发展起来，于是 α-LA 作为一种具有良好功能性质的食品配料而有了十分广泛的应用。为使读者对这一乳品配料有更全面深入的了解，本章主要围绕 α-LA 的结构和理化性质、生理功能、分析检测方法、分离制备技术及其应用展开介绍。

6.2 乳白蛋白的结构与性质

α-LA 具有完整的一级、二级、三级结构，其结构会随着所处温度、离子强度、pH 等环境不同而发生改变。它是乳清蛋白中唯一的钙结合蛋白，也能螯合其他金属离子，还可与磷脂、脂肪球膜及其他蛋白等发生相互作用，在这期间，其结构也将发生不同程度的改变。

6.2.1 乳白蛋白的结构

α-LA 是一种结构紧密的球蛋白，其结构与溶菌酶具有较高的相似性(Smith

et al., 1987)。其二级结构中大部分为无序结构，占比为 60%，此外，α 螺旋占 26%，β 折叠占 14%；其三级结构可分为较大的 α 螺旋区域和较小的 β 区域。其中，α 螺旋区域又包含 3 个 α 螺旋和 2 个 3_{10}-螺旋，分别对应的是第 5～11 位、23～24 位、86～98 位氨基酸残基以及第 18～20 位、115～118 位氨基酸序列；β 区域由 3 个 β 折叠和 1 个 3_{10}-螺旋组成，其中这 3 个 β 折叠反向平行，对应 41～44 位、47～50 位、55～56 位氨基酸残基，而 3_{10}-螺旋则对应第 77～80 位的氨基酸序列。α 螺旋区域和 β 区域通过形成钙离子桥连接在一起，同时，第 6 位和第 120 位、第 28 位和第 111 位、第 61 位和第 77 位、第 73 位和第 91 位的 8 个半胱氨酸残基分别形成 4 个分子内二硫键，使 *α*-LA 的空间构象处于稳定状态(Aits et al., 2009; Permyakov and Berliner, 2009; Pettersson et al., 2006)。*α*-LA 有 N 型构象(天然构象)和 A 型构象(酸构象)两种，在 6.6～6.8 的 pH 下，其呈 N 型构象，pH < 5 时，N 型构象向 A 型构象转变，而高温处理、加入低浓度变性剂或螯合剂处理都将除去 *α*-LA 中的 Ca^{2+}，均会使其构象发生类似转变，其三级结构也会受到破坏，形成熔融球蛋白结构，但其二级结构仍保持完好(Arai and Kuwajima, 2000)。

6.2.2　乳白蛋白的性质

α-LA 是乳清蛋白中的金属结合蛋白，其结构中含有很强的 Ca^{2+}结合位点，由处于第 82 位、87 位、88 位的 3 个天冬氨酸残基与第 79 位和 84 位的多肽中的 2 个羧基间的氧配位体形成，该位点处于两个螺旋之间的环上，这一氧配位体形成了一个五棱锥的结构。此外，还有研究发现，在 *α*-LA 分子表面附近也存在一个 Ca^{2+}结合位点，第 38 位的苏氨酸、第 39 位的谷氨酰胺、第 83 位的天冬氨酸以及第 81 位的亮氨酸中的羰基氧这 4 种氨基酸残基参与了 Ca^{2+}的配位，形成了一个四面体结构(Chandra et al., 1998)。天然状态下，*α*-LA 分子中 4 个天冬氨酸可与 1 分子的 Ca^{2+}结合，与 Ca^{2+}的结合导致了 *α*-LA 三级结构及功能性质的变化(Permyakov et al., 1985)，而当 pH 低于 5 时，天冬氨酸残基发生质子化，从而失去 Ca^{2+}结合能力。含有 Ca^{2+}的 *α*-LA 热稳定性好，而除去 Ca^{2+}后，*α*-LA 在较低温度下即可发生变性且变性后无法复性(Veprintsev et al., 1997)。

α-LA 结构中还含有 Zn^{2+}结合位点，其中一个结合位点恰好位于形成溶菌酶活性中心的裂缝区域(Ren et al., 1993)。人乳 *α*-LA 的 Zn^{2+}处于二聚晶体单元格中对称亚基上的第 49 位谷氨酸和第 116 位谷氨酸(牛乳蛋白中为天冬氨酸)之间，这被认为是人乳中一个很强的 Zn^{2+}结合位点。Eugene 和 Lawrence(1994)通过 Forster 荧光能量转移法测得 Zn^{2+}与 Ca^{2+}结合位点之间的空间距离为 14～18Å($1Å=10^{-10}m$)，这一距离与人乳中 *α*-LA 的 X 射线结构中的空间距离 17.5Å 相一致。然而，有研究表明，在溶解状态下，牛乳 *α*-LA 中 Zn^{2+}结合位点与人乳 *α*-LA 的 X 射线结构显示的并不一致，它处于蛋白质的 N 端附近，且若处于第 1 位的谷

氨酸残基定向诱变为甲硫氨酸残基，则这一较强的 Zn^{2+}结合位点将会消失。人们猜测这一处于蛋白质 N 端附近的 Zn^{2+}结合位点可能存在于第 1 位或 7 位或 11 位谷氨酸残基或是第 37 位天冬氨酸残基上，且通过测定后发现，Ca^{2+}结合位点与这些可能的 N 端 Zn^{2+}结合位点间的距离为 14Å，与之前测得的空间距离相一致（Veprintsev et al.，1999；Eugene and Lawrence，1994）。

除了 Ca^{2+}和 Zn^{2+}以外，α-LA 还可与其他一些有重要生理功能的金属离子结合，如 Mg^{2+}、Mn^{2+}、Na^{+}、K^{+}，它们也会与 Ca^{2+}竞争同一结合位点，并具有各自的结合常数，从而导致 α-LA 的结构发生改变（Permyakov et al.，1985）。其中，α-LA 中存在 2 个 Mg^{2+}结合位点，因而其有 2 个结合常数。尽管 Mg^{2+}、Na^{+}、K^{+}的结合常数均很小，在 37℃下分别为 211M^{-1}、46M^{-1}、36M^{-1}和 6M^{-1}，但由于它们在细胞中浓度高，因而有人推测它们在体内很有可能会在结合位点替代 Ca^{2+}（Permyakov et al.，1985；Berliner et al.，1983）。

Veprintsev 等（1997）发现，阳离子与 α-LA 中 Ca^{2+}结合位点的结合将提高 α-LA 的热稳定性。差示扫描量热分析法（DSC）结果显示，Ca^{2+}与 α-LA 结合后，α-LA 的热转变温度至少提高了 40℃，而 Mg^{2+}、Na^{+}、K^{+}的结合也会提高 α-LA 的稳定性，且阳离子与蛋白质的结合力越强，蛋白质热转变温度变化越大。然而，Zn^{2+}与含钙 α-LA 的结合却会降低其热稳定性，引起蛋白聚集，使得其更易被蛋白酶消化，形成的聚合物可运输非极性物质、脂溶性维生素及代谢产物，起到清垢剂及抗癌作用。当 Zn^{2+}与蛋白质的摩尔比达到 100 时，含钙 α-LA 在室温下即发生热转变，说明在高 Zn^{2+}浓度下，含钙 α-LA 结构处于部分展开状态（Permyakov et al.，1991；Permyakov and Kreimer，1986）。此外，金属阳离子与 α-LA 的结合可减弱变性剂（如尿素、盐酸胍等）的影响；Ca^{2+}与 α-LA 的结合可提高蛋白质在高压处理下的稳定性，其中钙结合环的稳定性要高于整个 α-LA 二级结构（Dzwolak et al.，1999；Permyakov et al.，1985）。

在低 pH 条件下，H^{+}将与 Ca^{2+}竞争同一羧基氧，并在 pH 很低的条件下取代 Ca^{2+}。在 pH 较低的情况下，酸性状态下的 α-LA 为典型的熔球态。Dolgikh 等（1981）将该状态定义为一个有着波动的三级结构的致密状态。含 Ca^{2+}的原始 α-LA 的回转半径为 15.7Å，而熔球态下 α-LA 的回转半径为 17.2Å（Kataoka et al.，2010）。熔球态的 α-LA 仍保持其球状结构，但在原 α-LA 基础上有所胀大，此时的 α-LA 大约结合了 270 个水分子，是一种高度水合的状态，其内部质量密度比原始 α-LA 低 5%，而其内部压缩系数则是原始 α-LA 的两倍（Kharakoz and Bychkova，1997）。

此外，α-LA 还有一些结合位点可与磷脂及脂肪球膜结合。Grishchenko 等（1996）通过凝胶过滤法制得了 α-LA 和二肉豆蔻酰磷脂酰胆碱（DMPC）及二棕榈酰磷脂酰胆碱（DPPC）的复合物，并对该复合物进行热稳定性及荧光光谱检测，发现有很大一部分蛋白质与脂质体结合。Bañuelos 和 Muga(1996)则研究了水溶液中不同构象 α-LA 的结构及稳定性对其与带负电的大单室脂质体相互作用的影响，结果表明 α-LA 与负电脂质体间的亲和力很大程度上取决于其在溶液中的构象。在溶液中，一些具有灵活结构的 α-LA 中间产物的产生是 α-LA 能与膜发生相互作用的先决条件。

α-LA 还可与多种低分子量的有机化合物相互作用且这些作用将受阳离子结合的影响，例如，α-LA 可与乳糖合酶反应底物尿苷二磷酸(UDP)-半乳糖发生交联，同时也可与 UDP、尿苷三磷酸(UTP)发生相互作用，其交联常数与蛋白所处状态有关，而与 UDP-半乳糖的交联常数最大可达 10^3～10^4M^{-1} (Permyakov et al., 1991；Permyakov and Kreimer，1986)。Permyakov 等(1991)还发现，α-LA 可与一种提取自蜂毒的短肽发生交联，该蜂毒肽常被用于钙调素的靶向蛋白模型。α-LA 仅在 Ca^{2+}不存在时才会与蜂毒肽发生相互作用，这一现象与其他钙结合蛋白有较大不同。α-LA 与蜂毒肽的结合将蜂毒肽构象从无规卷曲转变为螺旋结构。α-LA 还可与脂肪酸结合，其结合常数也取决于蛋白质所处状态(Cawthern et al.，1997)。

6.3 乳白蛋白的生理功能

α-LA 是乳清蛋白重要的组成成分，对于人体来说，它具有许多重要的生理功能，包括抗原性、调节乳糖合成、抗肿瘤、乳汁分泌、缓解压力、改善睡眠和提高免疫力等作用(尹睿杰，2010)。

6.3.1 乳白蛋白的抗原性

α-LA 是球状单体蛋白，属于溶菌酶家族，虽然牛乳 α-LA 与人乳 α-LA 在氨基酸序列上具有高度同源性，但对于婴幼儿来说，牛乳 α-LA 是一种主要的乳蛋白过敏原，这说明 α-LA 的三级结构对其致敏性有重要作用。牛乳 α-LA 与人乳 α-LA之间差别最大的序列存在于第5位赖氨酸残基和第15位亮氨酸残基之间的肽段，该肽段具有最高的亲水性，可以推测该肽段为主要抗原结合位点(廖萍等，2012)。虽然 α-LA 的分子质量仅为 14.4kDa，但其具有很强的抗原性。亲水性分析图谱表明，α-LA 分子表面序列(5～12)具有很高的抗原性，这与 β-乳球蛋白(β-LG)分子上的同源序列(124～134)相一致。Adams 等(1991)采用人工合成的方法制备了 α-LA 中的这一过敏肽段，发现其确实与两份人血清中的 IgE 抗体有较强的结合能力。但也有研究发现，肽段(42～49)的构象与 β-LG 中(48～55)的环状结构相似，推测这一肽段是引起过敏的表位，动物试验模型则表明，α-LA

中(60～80)：S—S：(91～96)的成环肽段是最主要的抗原部位(Van et al.，2010)。Järvinen 等(2001)选用 57 个重叠十肽和持久性牛乳过敏患者血清研究了 *α*-LA 与 IgE 的结合表位，发现 *α*-LA 中肽段 1～16 位、13～26 位、47～58 位和 93～102 位 4 个表位可与 IgE 结合，其中 1～16 位、13～26 位反应最强，α-LA 可与天然 *α*-LA 结合更说明了 *α*-LA 的构象表位对其致敏性的重要作用。对 *α*-LA 结构的修饰，如展开、聚合、与其他成分交联以及化学修饰等，均会影响 *α*-LA 的抗原性，因而加工过程中常常通过一些处理方法对 *α*-LA 的结构进行改性修饰，以降低其免疫原性，其中包括热加工、高压处理、辐照、功率超声、发酵酶解、糖基化等。但其免疫原性的变化程度还取决于所选处理方法的类型、程度、时间以及所处环境等，因而还需要进行更深入的研究。

6.3.2 乳白蛋白对乳糖合成的调节作用

α-LA 是乳糖合成酶的组成成分之一，它最主要的生理功能就是可调节哺乳动物乳腺中的乳糖合成。有研究表明，哺乳动物乳中的乳糖含量与 *α*-LA 的含量成正比，而海洋哺乳动物由于其乳中不含 *α*-LA，因而也不含乳糖(尹睿杰，2010)。如果缺乏 *α*-LA，乳汁会因黏度过高而无法分泌，小鼠试验表明，*α*-LA 基因失活的老鼠泌乳量减少，其乳汁中没有 *α*-LA 或者乳糖，但乳脂率非常高，这样的乳汁不足以正常哺育和养活后代(Stinnakre et al.，1994)。*α*-LA 是合成乳糖的关键酶，乳糖合成酶可将 UDP-半乳糖和葡萄糖转化为乳糖，这与 *α*-LA 和 *β*-1,4-糖基转移酶-Ⅰ(*β*-1,4-GT-Ⅰ)形成的复合物有很大关系(任发政，2015；Brew，2003)。*β*-1,4-GT-Ⅰ是高尔基体反面囊膜组分之一，具有穿膜螺旋，它的催化区可与 *α*-LA 发挥作用促进乳糖合成，随后乳糖在高尔基体中浓度升高发生堆积形成一定渗透压，从而将水分泵入乳汁。*α*-LA 可与 *β*-1,4-GT-Ⅰ的底物(如 *N*-乙酰氨基葡萄糖、Mn^{2+}等)结合，结合浓度比为 1∶1，如果二乙酰基或 *N*-乙酰葡萄糖胺糖苷先于 *β*-1,4-GT-Ⅰ与 *α*-LA 结合，会竞争性抑制葡萄糖与 *β*-1,4-GT-Ⅰ的结合(朱红梅，2016)。Malinovskii 等(1996)对牛乳 *α*-LA 进行突变后分析发现，有 5 个氨基酸残基在 *α*-LA 与 *β*-1,4-GT-Ⅰ复合物形成过程中发挥着重要作用，其中 31 位的苯丙氨酸、32 位的组氨酸和 110 位的亮氨酸将影响 *α*-LA 与葡萄糖的结合，而 117 位的谷氨酰胺和 118 位的色氨酸则可增强 *α*-LA 与 *β*-1,4-GT-Ⅰ结合复合物的稳定性。

6.3.3 乳白蛋白对肿瘤细胞的诱导凋亡作用

α-LA 具有诱导肿瘤细胞凋亡的作用，但体外试验表明，单独状态下的 *α*-LA 并不能引起肿瘤细胞的凋亡，只有与油酸形成复合物才能发挥作用，这一复合物在体内和临床试验上均显示出良好的靶向性抗肿瘤活性，具有广阔的应用前景(任

发政，2015）。Håkansson 等（1995）发现，人乳可杀死黏附有细菌的细胞，其中结合了 Ca^{2+}的多聚化状态下的 α-LA 发挥了关键性作用。这种能杀死肿瘤细胞的活性物质可通过除去人乳 α-LA 折叠结构中的 Ca^{2+}形成熔融球蛋白结构的 α-LA 结合油酸后制得，这一合成物称为 HAMLET（human α-lactalbumin made lethal to tumor cells），它对多种类型的肿瘤细胞均具有致死作用，且只有肿瘤细胞和不成熟细胞会被诱导凋亡（Svensson et al.，2010；Svensson et al.，2000）。Mossberg 等（2010）对小鼠膀胱注射人膀胱癌细胞，后对其灌注 HAMLET 进行治疗后发现小鼠膀胱肿瘤体积明显缩小，凋亡检测结果呈阳性；对 HAMLET 进行荧光标记后发现其仅存在于膀胱癌组织中，而不分布在周围正常组织中。

HAMLET 可通过清除婴儿肠道内的肿瘤细胞来降低新生儿癌症发生率，这可能是由于人乳中存在结合有 Ca^{2+}的 α-LA，当乳汁通过婴幼儿肠道时，α-LA 在酸性 pH 条件下发生去折叠，并与甘油三酯消化后产生的油酸结合形成了 HAMLET（Puthia et al.，2014；Köhler et al.，2010）。HAMLET 能抵抗蛋白酶的消化，从而完整通过肠道环境，杀死对其敏感的肿瘤细胞，包括肠癌细胞等。除去折叠 α-LA-油酸复合物具有抗肿瘤效果以外，还有研究发现折叠状态 α-LA 与脂肪酸（C18：1）也可导致肿瘤细胞凋亡，其作用机理与去折叠 α-LA-油酸复合物相类似。张明等（2015）以乳白蛋白-油酸为参照，利用乳白蛋白和亚油酸制备复合物，并以亚甲基蓝测定细胞活性评价了 α-LA-亚油酸复合物对肿瘤细胞的杀伤活性，发现这一复合物对肝癌细胞、结肠癌细胞、乳腺癌细胞均展现出良好的抗肿瘤活性。此外，来自于不同种属（如人、牛、马、猪、山羊及骆驼等）的 α-LA，均能结合油酸形成具有抗肿瘤活性的复合物；而 α-LA 经酶解后的不同片段也可同油酸聚合，如经胃蛋白酶和胰蛋白酶处理 α-LA 后获得了氨基酸序列 53～103 以及二硫键连接的（1～40）/（53～123）和（1～40）/（104～123）三条片段均可与油酸成功聚合，并对人淋巴瘤细胞表现出抗肿瘤活性，这些研究均表明 α-LA 具备潜在生物抗肿瘤功能（朱红梅，2016；任发政，2015）。

α-LA-油酸复合物诱导肿瘤细胞凋亡的作用在细胞水平、动物试验及临床研究中均得到了证实。从首次发现 HAMLET 可杀死肺癌细胞至今，其活性已在 40 余种其他肿瘤细胞上得到了证实，其中包括来源于肾、结肠、膀胱、卵巢、皮肤、淋巴等的肿瘤细胞，尤其是淋巴类肿瘤细胞的敏感性高于其他实体瘤细胞（方冰，2013）。此外，学者们还对 HAMLET 在小鼠体内的抗肿瘤活性进行了探讨。Fischer 等（2004）通过在裸鼠大脑中建造恶性胶质瘤模型对 HAMLET 的抗肿瘤活性进行了研究。他们发现，经同等剂量无抗肿瘤活性 α-LA 灌注后的老鼠在 8 周后出现颅腔压力，而灌注 HAMLET 的老鼠则无此症状，且 HAMLET 可显著减小小鼠脑内肿瘤体积，同时促进肿瘤细胞凋亡，延长老鼠生存期。HAMLET 的临床治疗目前主要在皮肤乳头状瘤及膀胱癌中得到验证。在 2006 年，Gustafsson 等（2004）用

HAMLET 对 40 例皮肤乳头状瘤患者进行治疗研究，研究发现一个月后安慰剂对照组患者皮肤乳头状瘤体积仅缩小 15%～20%，而 HAMLET 治疗组的患者其皮肤乳头状瘤体积平均缩小了 75%。研究者随后又对安慰剂组患者使用 HAMLET，一个月后发现其皮肤乳头状瘤体积缩小了 82%。对所有这些患者观察 2 年后发现肿瘤并未复发，也未出现其他副反应。2010 年，Mossberg 等(2010)又对膀胱癌患者进行了 HAMLET 治疗研究，他们给 9 例患表浅性膀胱癌的患者患处滴注浓度为 25mg/mL 的 HAMLET，每天 5 次，给药 10d 后对患者的膀胱组织进行内镜检查，发现其中有 8 名患者的膀胱癌组织体积减小且膀胱癌细胞脱落。对患者体内残留的癌组织进行凋亡检测发现，这些组织的细胞都呈现出明显的凋亡特征。此外，在患者尿液中也检测出凋亡的膀胱癌细胞，而癌细胞旁的正常细胞未呈现任何凋亡特征。以上研究充分证明了 *α*-LA-油酸复合物具有可诱导肿瘤细胞凋亡的功能，使得其在抗肿瘤领域有较好的研究及应用前景。

6.3.4 乳白蛋白的其他生理功能

除以上主要生理功能外，*α*-LA 还具有减轻压力、改善睡眠、提高免疫力、控制肥胖者体重、促进骨骼肌代谢等重要生理功能，这些作用对婴幼儿生长发育的影响尤为显著。其中，减压、改善睡眠等作用主要得益于其中较高的色氨酸含量。食用较高色氨酸含量的蛋白质有助于提高血液中复合胺的释放，而日常饮食摄入色氨酸则有助于大脑中神经递质和肠道内褪黑激素的合成，这些物质均与睡眠调节相关(Markus et al.，2002；Markus et al.，2000)。*α*-LA 由于含有高含量的色氨酸而常被添加到婴幼儿配方乳中。对于新生儿来说，睡眠在其大脑生长发育过程中起着至关重要的作用。人乳中色氨酸平均浓度约达到 2.5%(质量分数)，尤其在夜间达到最高值，而标准婴幼儿配方乳粉中色氨酸含量仅有 1.0%～1.5%(质量分数)。有试验表明，降低婴幼儿配方乳中其他蛋白成分的同时升高 *α*-LA 含量可使幼儿血浆色氨酸浓度达到和母乳喂养的幼儿相同的水平，而由于色氨酸是 5-羟色胺合成的前体，其浓度的升高又有利于婴儿的睡眠；此外，对色氨酸的调节还有助于缩短婴幼儿的入睡时间，延长做梦及深度睡眠的时间，同时还能提高睡眠效率(Davis et al.，2008；Sandström et al.，2008)。

人乳中 *α*-LA 还有助于新生儿肠道发育及提高其免疫力。人类新生儿肠道在细胞结构和免疫功能方面都是发育不成熟的，人乳能为肠道发育提供重要的营养及生物活性物质，而蛋白质是这些功能性营养物质的主要成分。其中 *α*-LA 在肠道发育中的特殊影响还未研究透彻，但已有部分研究表明其影响得益于其中含有的色氨酸及半胱氨酸。色氨酸是 5-羟色胺的直接前体物质，5-羟色胺除对中枢神经系统有调节作用以外，还能调节食物摄入量及能量平衡，对胃肠和内分泌功能及心肺功能均有调节作用；此外，色氨酸还会在犬尿氨酸通路中被降解生成谷氨酸盐及喹啉酸。这两者均可能影响肠道蠕动及免疫功能；半胱氨酸是抗炎抗菌的谷胱甘肽的直接前体物质，也是合成牛磺酸的前体物质，谷胱甘肽可参与保护机体免受过氧化损伤，而牛磺酸对于促进婴儿大脑发育、保护心血管系统及增强机体免疫力均发挥重要作用(朱红梅，2016)。有研究表明，*α*-LA 水解后获得的短肽可抗革兰氏阳性菌，其某种折叠状态对耐药链球菌具有抗菌活性(Chatterton et al.，2006)。Pellegrini 等(1999)研究发现，*α*-LA 对肠道益生菌生长也具有促进作用，同时可在体外形成多功能抗菌肽，抵抗多种细菌感染。在人体中，*α*-LA 的这些水解肽可在肠道以上器官形成，后在通过小肠和结肠的过程中发挥作用(Lönnerdal，2014)。*α*-LA 在小肠中被消化，其中的氨基酸以单体或者小肽的形式被吸收，在人乳喂养的婴幼儿粪便中检测不到完整的 *α*-LA。这些从 *α*-LA 中释放出的小肽会发挥生物效应，用胰蛋白酶对牛乳蛋白进行体外消化可分离得到一种免疫刺激三肽(Gly-Leu-Phe)，这一存在于人乳及牛乳 *α*-LA 中的三肽会刺激巨噬细胞的细胞吞噬作用，从而抵抗细菌感染。

α-LA 除对婴幼儿生长发育及身体免疫力有积极影响以外，对于成年人来说，它也是一种具有积极作用的必不可少的蛋白质。*α*-LA 被认为可以控制食欲，从而控制体重增长。*α*-LA 富含色氨酸和亮氨酸等生酮氨基酸，这些氨基酸的存在可以抑制饥饿感产生。有研究表明，血浆中氨基酸含量较高时也会产生食欲节制信号，*α*-LA 对饥饿的抑制可能也与其能导致血浆中氨基酸水平快速升高有关，因为与酪蛋白遇胃酸沉淀不同的是，乳清蛋白能完好到达空肠，且其在胃肠中的流动速度也快于酪蛋白。此外，*α*-LA 也可增加机体生热效应，它含有丰富的色氨酸、赖氨酸及半胱氨酸等人体必需氨基酸，这些氨基酸合成蛋白质后的剩余部分将发生氧化作用，增加能量的消耗(朱红梅，2016；Mellinkoff et al.，2012)。*α*-LA 对成人的大部分影响与婴幼儿类似，即它的摄入可提高人脑中色氨酸的水平，可调节睡眠和情绪。有学者比较了摄入 40g *α*-LA 和 40g 酪蛋白的健康女性体内色氨酸与总氨基酸的比值随时间的变化规律，发现在摄入 *α*-LA 的健康女性体内，该比值在 150min 内从 0.098 上升到了 0.138，而在摄入酪蛋白的健康女性体内则从 0.099 降到了 0.078，而对健康男性做相同试验，摄入 *α*-LA 的男性体内该比值上升幅度更大(Scrutton et al.，2007)。*α*-LA 有利于癫痫的治疗，这也得益于其中色氨酸的存在。色氨酸对狒狒及小鼠癫痫的积极作用已被证实，但直接发挥作用的并不是色氨酸，而是色氨酸的代谢产物 5-羟色胺，此外色氨酸的另一代谢产物犬尿喹啉酸也有助于减少癫痫的发作(Meldrum et al.，1972)。*α*-LA 中的半胱氨酸也有利于成人的氧化应激及免疫功能。半胱氨酸在人体 *α*-LA 中以 4 个二硫键的形式存在，经过人体消化后会以二硫化胱氨酸或是游离半胱氨酸的形式释放到血液中。被寄生虫感染的小鼠在摄入 *α*-LA 后，其肝脏中谷胱甘肽的含量会有所升高，且升高量与摄入 *α*-LA 的量呈正相关，其血液中总白细胞计数及淋巴细胞数量均增加。

α-LA 中的亮氨酸还可调节人体骨骼肌的合成代谢（Layman et al.，2018；Layman et al.，2015）。

6.4　乳白蛋白的分析检测

随着人们生活水平的提高，乳制品在我国的消费量迅速增长，但在婴幼儿中牛乳过敏症较为普遍且呈现逐年增长趋势，α-LA 则是其中一种主要的蛋白过敏原，因而建立对 α-LA 的高特异性、高灵敏度、快速准确的检测方法至关重要（García-Ara et al.，2010）。目前常用的 α-LA 检测方法主要有 SDS-聚丙烯酰胺凝胶电泳法、毛细管电泳（CE）法、凝胶过滤色谱（GFC）法、反相高效液相色谱法、酶联免疫吸附试验法、聚合酶链反应（PCR）法等（王莹等，2013）。

6.4.1　SDS-聚丙烯酰胺凝胶电泳法

SDS-PAGE 利用不同分子质量蛋白质在电场中泳动的迁移率不同而对蛋白质进行分离鉴定，常用于蛋白质的分离及检测，其能较好地分离蛋白质，是一种初步测定蛋白质亚基、单体蛋白质分子质量的经典方法，常被用于检测变性的 α-LA（朱广廉和杨中汉，1982）。张杉等（2008）采用 SDS-PAGE 分析多种婴幼儿配方乳粉中的 α-LA 及 β-LG，并采用光度扫描法对蛋白条带进行定量分析，发现该方法可对乳清蛋白粉和市售婴幼儿配方奶粉中的 α-LA 和 β-LG 进行定量分析，且线性关系良好。SDS-PAGE 结合凝胶成像分析还可测定 UHT 乳中部分变性 α-LA 成分及其含量，其在部分变性蛋白检测领域有重要作用（巫庆华等，2005）。此外，臧家涛等（2012）还制备了一种以癸基硫酸钠替代 SDS 作为电荷改性剂的癸基硫酸钠-聚丙烯酰胺凝胶电泳，并将其用于检测包括牛乳 α-LA 在内的 5 种非变性蛋白的分子质量，结果表明该方法只能用于测定牛乳 α-LA 等有限种类的非变性蛋白的分子质量。SDS-PAGE 所需设备简单，实验简便快捷，样品用量少，是蛋白质测定常用的经典方法，但其也存在邻近条带界面不清楚，以及不同批次染色、脱色易产生误差等问题，且其作为一种半定量方法，在准确定量方面也有较大局限性。

6.4.2　毛细管电泳法

毛细管电泳法是以高压电场为驱动力，以毛细管为分离通道，根据样品各组分之间的淌度及分配上的行为差异来实现蛋白分离的一类液相分离技术，其仪器装置主要包括高压电源、毛细管、在线监测器、电极及电极液和加样系统。其中检测器的灵敏度极大地影响着该方法的分离效果（徐祥云等，2012）。传统的毛细管电泳法根据其分离机理的差异又可分为多种模式，包括根据分离物质荷质比差异实现分离的毛细管区带电泳(CZE)、填充凝胶状介质实现筛网作用的毛细管凝胶电泳(CGE)、根据蛋白及多肽等电点进行分离的毛细管等电聚焦(CIEF)及根据样品在假固相和溶液相中分配程度不同实现分离的微团电动毛细管色谱(MEKC或MECC)(聂燕芳，2002)。其中，毛细管区带电泳最常用于 α-LA 的分析检测，常用毛细管电泳仪来实现。孙国庆等(2010)建立了一种毛细管电泳法测定牛乳中 α-LA 含量，首先将样品在毛细管电泳仪上跑电泳，利用毛细管色谱检测系统检测样品吸光度并以图谱形式表达出来，进而准确检测 α-LA 含量。该方法选用 pH 3.0 的柠檬酸作为电泳缓冲液，所用检测器为二极管阵列检测器，选用检测温度和电压分别为 40℃和 27kV，检测波长为 214nm，结果表明利用该方法检测牛乳中 α-LA 含量的平均回收率为 80%～100%，相对标准偏差为 0.17%～2.8%，最低检出限为 0.005mg/mL，是一种简便、准确、灵敏度高的分析方法。尹睿杰等(2010)用类似测试条件的毛细管电泳法来测定牛乳中的 α-LA 和 β-LG，但其选用测试温度为 25℃，发现该方法对 α-LA 和 β-LG 的检出限分别为 13.2μg/mL 和 20μg/mL，线性范围分别为 30～2940μg/mL 和 50～4960μg/mL，适用于牛乳中 α-LA 和 β-LG 的含量测定。赖心田等(2011)则利用毛细管电泳法来测定市场上常见的 10 个品牌的 13 个婴幼儿乳粉样品中的 α-LA 和 β-LG，检测条件有所调整，所得分析结果较好。该检测方法成本低廉、操作简便、准确迅速。宋宝花等(2010)和 Ding 等(2013)则在检测过程中分别将毛细管电泳法与 SDS-PAGE 及高效液相色谱法进行比较，结果发现，在测定 α-LA 和 β-LG 纯度方面，与 SDS-PAGE 相比，毛细管电泳法结合校正峰面积归一化法具有分析时间短、分离效率高、省时省力等特点；而在测定乳清蛋白粉、初乳、原料乳及婴儿配方奶粉中 α-LA、β-乳球蛋白 A 及 β-乳球蛋白 B 含量中，紫外检测-毛细管电泳(UV-CE)及二极管阵列检测-高效液相色谱这两种方法在测定的浓度范围内回收率均在 90.7%～116.8%，而毛细管电泳法适合于乳清蛋白粉、牛初乳及原料乳样品中 α-LA、β-乳球蛋白 A 及 β-乳球蛋白 B 的同时分离与测定，而高效液相色谱法中因乳铁蛋白干扰 α-LA，仅能定量其中的 β-乳球蛋白 A 和 β-乳球蛋白 B。

6.4.3 凝胶过滤色谱法

凝胶过滤色谱法是根据样品分子质量大小将各组分进行分离的。传统的凝胶过滤色谱存在流速慢、柱效低、检测灵敏度和操作的自动化程度不高等问题，常常仅作为分离手段。现在更为常用的其实是高效凝胶色谱，它不仅可分离蛋白，也能用于蛋白质分子质量的测定，其主要由输液泵、进样阀、检测器及凝胶色谱柱组成(姚志建和马立人，1984)。赵玉娟等(2017a)以牛乳乳清蛋白为研究对象，采用该方法测定了其中的主要蛋白 α-LA 和 β-LG 的分子质量及分布。研究选用示差折光检测器，以磷酸盐缓冲液(PBS)作为流动相，在流动相流速为 1mL/min 和柱温为 35℃下进行测定，并在相同色谱条件下进行了重复性和稳定性测试，结果表明，该高效凝胶色谱系统在测定样品分子质量时重复性良好、精密度高，样品回收率也均在 90%以上。此外，凝胶过滤色谱法也可用于测定婴儿配方乳粉中的 α-LA，选用流动相为 6mol/L 盐酸胍溶液，在波长 280nm 下进行紫外吸收检测，在该条件下 α-LA 的检出限为 2.8μg/mL，回收率在 93%～106%之间，相对标准偏差为 3.2%。该方法可检测出婴儿配方乳粉中非变性和在加工过程中变性的 α-LA 总量，且操作简单，结果准确可靠，精密度高，重现性好，可以满足日常检测要求，可用于生产企业和质量监督部门监督产品质量的检测(贾云虹等，2015)。颜春荣(2018)用该方法测定了 30 种婴幼儿乳粉及其他乳粉和蛋白粉中的 α-LA 含量，选用的检测器为二极管阵列检测器。其在样品中加入还原剂 2-巯基乙醇以断开蛋白质之间的 S—S 化学键，使 α-LA 形成展开的单体结构。结果表明，该方法对 α-LA 的检出限和定量限分别为 0.01g/100g 和 0.03g/100g。该方法特异性强，准确度高，在婴幼儿配方乳粉质量监管中具有重要意义。

6.4.4 反相高效液相色谱法

RP-HPLC 是一种利用不同蛋白质亲疏水特性进行分离的方法。在反相高效色谱中，疏水性越强的化合物越容易从流动相中被挤出而与固定相结合，从而在色谱柱中的滞留时间也长。RP-HPLC 是分析乳清蛋白成分的有效方法之一，与其他色谱方法相比具有分辨率和回收率高、重复性好、操作简便等优势(刘桂洋等，2008)。影响 RP-HPLC 分析检测效率的因素主要包括流动相组成、洗脱温度、洗脱液 pH、离子对试剂及流速等，其最常采用的是低离子强度酸性有机洗脱液和烷基硅胶键合固定相。RP-HPLC 测定 α-LA 常配备紫外检测，且选用 C_4 色谱柱，此外 C_8 和 C_{18} 柱也较常用。李慧等(2007)和王莹等(2013)均选用 C_8 柱检测牛乳乳清蛋白和奶粉中的 α-LA 和 β-LG，并采用梯度洗脱的方式，用二极管阵列检测器在波长为 215nm 下进行测定，选用的流动相均为三氟乙酸-水溶液和三氟乙酸-乙腈-水溶液。虽然两者选用的色谱柱和梯度洗脱条件有所不同，但均达到了较好的分离检测结果，其中王莹等所用方法的检测时间略短，为 20min 左右。两者均对相应方法做了稳定性和重现性试验，结果表明方法重现性好，适合用于乳清蛋白或奶粉中 α-LA 的快速检测。还有学者选用 C_{18} 柱测定牛乳中的 α-LA，取得了较好的检测结果。此外，RP-HPLC 还可用于检测酶解乳清蛋白后 α-LA 和 β-LG 的降解情况，Mercier 等(2004)用该方法测定了乳清蛋白经微滤和离子交换处理后又经酶解后的 α-LA、β-LG 等的含量，结果发现微滤乳清蛋白样品中的 α-LA 含量要高于离子交换乳清蛋白样品。Kee 和 Hong(1992)及 Wang 等(2006)均采用 RP-HPLC 来分析热变性后的 α-LA，发现该方法适合于热处理变性后 α-LA 的分析。在用 RP-HPLC 分析 α-LA 时，常常会遇到检测结果相关性问题，因而将 RP-HPLC 与其他分析方法相结合以共同分析检测 α-LA 有待进一步研究和更广泛的开发应用。

6.4.5　酶联免疫吸附试验法

如前所述，α-LA 是牛乳中的主要过敏原之一，具有较强的抗原性，由它获得的免疫血清特异性非常好，因而对它的分析检测还可采用生物学方法，如 ELISA。该方法具有操作简单、灵敏度高、快速便捷等优点(张忠华，2009)。对过敏原的检测方法要求不仅只局限于完整蛋白质的检测能力，也要求其能对一些残基进行检测，同时具备价格低廉、操作简便易行且能一次性批量检测大量样品等优点，ELISA 法则完全符合上述要求，已成为食品行业中对牛乳中过敏原检测和定性最常用的方法。ELISA 的基本原理是首先使抗原或抗体在适当条件下结合到酶标板微孔固相载体表面，成为保持免疫活性的包埋物，随后应用酶标技术制备酶标抗原(抗体)，使其同时具有抗原(抗体)的免疫活性和酶的催化活性。检测时，将待检样品与酶标抗原(抗体)反应，随后对其进行洗涤，使待测样品的量与酶标板上的酶量成比例。底物将被酶催化变色，随后根据变色程度来进行定性和定量分析(陈福生等，2004；焦奎和张书圣，2004)。该方法包括包埋的抗原(抗体)、酶标抗体(酶标抗原)和底物。根据不同的检测需要，ELISA 法可分为很多种，主要包括间接 ELISA 法、竞争 ELISA 法、夹心 ELISA 法和 ABS-ELISA 法等(潘洁，2011)。竞争 ELISA 法常用于 α-LA 的检测，其又可分为直接竞争 ELISA 法和间接竞争 ELISA 法，其中直接竞争 ELISA 法是将样本中抗原和一定量的酶标抗原同时加入固相抗体中，使其相互竞争结合固相抗体，后根据酶系统显色深浅来推断抗原的量，理论上来说，抗原量将与显色程度成反比，因为样本中抗原量越多，则结合的酶标抗原越少，酶系统颜色越浅。间接竞争 ELISA 法是将已知定量的抗原吸附在固相载体表面，随后在反应孔中加入样品与一定量抗体的混合物，使之与固相抗原反应。样品与固相抗原相互竞争与抗体反应，样品中抗原量越高，则其与抗体结合越多，则固相抗原与抗体的结合量越少，加入酶标二抗和底物显色后，利用吸光度判定样品中的抗原量。宋宏新等(2016)即利用竞争 ELISA 法对牛乳中 α-LA 进行了快速定量分析，他们以新西兰大白兔为免疫对象，首先制备了特异性好的抗 α-LA 的多克隆抗体，又采用过碘酸钠氧化法制备了辣根过氧化物酶标记的 α-LA 抗原，且该酶标抗原标记率和纯度均较高，进而建立了检测 α-LA 的竞争 ELISA 法，该法不仅可用于测定牛乳中 α-LA 的含量，同时也可检测羊乳、水牛乳或其他品种乳中掺伪牛乳的情况。张忠华(2009)则以鲜牛乳乳清为原料，采用饱和硫酸铵盐析法分级沉淀蛋白,然后利用 DEAE-52 阴离子交换色谱分离纯化 α-LA 和 β-LG,

并以该纯化蛋白为抗原免疫新西兰大白兔制备了兔抗 α-LA 和 β-LG 的抗血清，测得其效价均达到了 1∶12800，最终建立了牛乳 α-LA 和 β-LG 的间接竞争 ELISA 法，方法中 β-LG 理想的包被抗原浓度为 1μg/L，抗血清的工作浓度为 1∶1600，酶标二抗的工作浓度为 1∶800，而 α-LA 理想的包被抗原浓度为 5μg/L，抗血清的工作浓度与酶标二抗的工作浓度与 β-LG 相同，两种方法的最佳检测范围、检出限等指标均符合间接竞争 ELISA 检测的要求，可用于乳制品及其相关食品中牛乳 α-LA 和 β-LG 的检测(张忠华，2009)。

6.4.6 聚合酶链反应法

PCR 法目前常用于乳品掺假检测，它以牛特异性基因——线粒体 12S rRNA 基因中的 223bp 片段为靶基因进行检测。对 α-LA 的检测通常使用 PCR 特异性引物对 α-LA 的 DNA 进行特异性扩增，随后对该扩增产物进行分离检测。由于 DNA 分子结构比较稳定，因此受食品加工、运输和储存的影响较小，易被检出(潘洁，2011；张忠华，2009)。关潇等(2013)尝试建立 PCR 方法来检测牛乳中的过敏原 α-LA，得出 PCR 反应的最佳退火温度为 56.5℃，引物浓度为 0.15μmol/L，循环数为 35，检测灵敏度可达到 0.04ng DNA。用此方法检测牛乳、乳饮料、豆浆、饼干等十余种食品中的过敏原，结果均与商品标示一致，表明该方法有较高准确性和可靠性，有实际应用价值。常规 PCR 法虽然快速灵敏，但仍存在一些问题，由于过敏原基因与过敏原蛋白的过敏原性不完全相关，因此检测结果即使为阳性也不能完全说明有对应过敏蛋白的存在，且该方法较适用于定性检测 α-LA，而牛乳中具体过敏原含量采用该方法则较难检出，因而有研究者对 PCR 法进行了改进，将其与荧光技术相结合，从而实现了牛乳中 α-LA 的实时荧光定量检测。他们根据 α-LA 基因序列设计特异性引物及 Taqman 探针进行 PCR 扩增，构建质粒，经酶切鉴定测序后，建立拷贝数(copies)-循环阈值标准曲线，该标准曲线在$(1.12\times10^3)\sim(1.12\times10^8)$ copies 范围内线性关系良好。该方法成功克隆出了 α-LA 目的基因，液体样品检测限达到 1000copies/mL，灵敏度高，特异性强，稳定性好。该方法比常规 PCR 方法更简单、安全、灵敏，且大大降低了复杂生物基质中交叉反应导致的假阳性结果，同时也避免了对大量抗体的需求，可应用于试剂食品中 α-LA 过敏原的检测(贾敏等，2015)。

牛乳具有极高的营养价值，但由于 α-LA 等的存在，其过敏原性不容忽视，开展 α-LA 过敏原的检测研究具有重要的意义，同时做好 α-LA 的分析检测也将成为其开发利用的重要一环。上述这些 α-LA 的检测方法均可应用于实际食品中乳蛋白过敏原的检测，也可降低婴幼儿食品过敏的风险。

6.5 乳白蛋白的分离制备

乳白蛋白营养丰富，含有高比例的色氨酸及半胱氨酸，对情绪、睡眠、胃口、生物钟等均有调节作用，为生产出富含 α-LA 的蛋白配料，并将其用于食品中以丰富食品营养组成，则需对牛乳中 α-LA 进行分离制备，这也成为研究热点。目前 α-LA 的分离制备方法主要包括沉淀法、膜分离法、双水相萃取法及层析法等。

6.5.1 沉淀法

沉淀法是利用牛乳中各种蛋白在不同温度、离子强度和 pH 下的稳定性不同从而发生不同程度的沉淀来实现蛋白分离的，常见的是热附聚法、盐析法和等电点沉淀法。

牛乳中脂肪可采用离心方式除去，乳糖可通过膜分离除去，而其中的无机物、酶及维生素含量甚微，可忽略不计，因而牛乳中 α-LA 的分离其实就是牛乳中 α-LA 与其他蛋白成分的分离。而将牛乳加热到一定温度并保持一段时间后，牛乳中的不同成分均会发生一定程度的变化，而牛乳蛋白之间也会发生一系列的复杂反应，α-LA 的热附聚法分离就是利用了这些蛋白间的相互作用。牛乳中主要成分为酪蛋白和乳清蛋白，加热时乳清蛋白与乳清蛋白、乳清蛋白与酪蛋白之间均会发生聚合反应，其中 β-LG 与 κ-CN 将通过二硫键结合，两者还会在温度降至室温时发生反应，结合比例为 3∶1，而 α-LA 与 κ-CN 间则很难形成复合物，两者之间的反应受温度、pH、离子强度、缓冲液浓度及类型等的影响，但 α-LA 在 β-LG 存在条件下可间接与 κ-CN 发生反应，这是因为加热处理时，α-LA 将与 β-LG 形成复合物，而该复合物又能通过二硫键与 κ-CN 相结合。加热处理虽然会使牛乳中的 α-LA 和 β-LG 均完全变性，但两者的变性和聚合速率均存在差异，其中 β-LG 与酪蛋白的热附聚速率和程度均高于 α-LA，因而可采用适当手段分离附聚的 β-LG/酪蛋白和未附聚的 α-LA（尹睿杰，2010；Hollar et al.，1995；Singh and Fox，1995）。闫序东等（2011）采用热附聚法结合凝乳酶处理实现了鲜牛乳中 α-LA 的分离提取，获得了富含 α-LA 的乳清和附聚 β-LG 的凝乳酶酪蛋白副产物，其得出的最优分离条件为在 pH 5.0 及 80℃下加热 20min，所得 α-LA 与 β-LG 的浓度比达到了 3.03，α-LA 的得率为 43.1%，而该方法获得的副产物与市售凝乳酶酪蛋白差异不大。与其他分离方法相比，该方法可直接分离出鲜牛乳中的 α-LA 而不需要以乳清蛋白为原料，操作也更加简单方便。

蛋白质在低盐浓度下的溶解度将随盐溶液浓度升高而增加，但当盐浓度不断上升时，不同蛋白质的溶解度又会有不同程度的下降，随后在不同时间点析出，从而实现不同蛋白质的分离，这一方法称为盐析法。蛋白质在等电点时溶解度最低，根据牛乳中各种蛋白具有不同的等电点的特点进行分离的方法称为等电点沉淀法，常用于提取后去除杂蛋白，具体为调节提取液的 pH 使与所需提纯的蛋白质等电点相距较大的杂蛋白从溶液中沉出。等电点沉淀法和盐析法常常相结合使用实现 α-LA 的分离。通常步骤为在酪蛋白的等电点下沉淀酪蛋白后，获得乳清蛋白，继而结合盐析实现乳清蛋白中 α-LA 与 β-LG 的分离。李红等（2013）用等电点沉淀法先对中国水牛乳中的乳清蛋白和酪蛋白进行分离，进而利用铁盐沉淀法和钙盐沉淀法对乳清蛋白中的 α-LA 进行了活性分离，结果表明在 pH 4.5～4.7 的酸性条件下和在 pH 7.0 的中性条件下分别采用质量分数为 0.04%和 0.005%的铁盐均能保证分离得的 α-LA 纯度达到电泳纯，但酸性条件下 α-LA 的得率明显高于中性条件，而等电点沉淀结合钙盐沉淀法虽然能很好地保持 α-乳白蛋白的活性，但其分离纯度过低，不适用于中国水牛乳中 α-LA 的活性分离。张楠楠等（2009）获得乳清蛋白中 α-LA 的最佳分离条件为在 40℃、pH 为 3.9 条件下沉淀 45min，然后用质量分数为 7%的 NaCl 在 45℃下清洗沉淀两次，最后采用浓度为 0.1mol/L 的 $CaCl_2$ 在 40℃下复溶沉淀，最终得到了纯度为 73%的 α-LA 冻干粉末，其回收率达到了 85%左右，且除去了乳清浓缩蛋白中 95%的 β-LG，可用于婴幼儿配方食品的生产。Alomirah 等（2004）采用类似的方法分离出乳清、乳清分离蛋白、乳清浓缩蛋白中的 α-LA 与 β-LG，发现柠檬酸钠和六偏磷酸钠适用于乳清蛋白来源的 β-LG 和 α-LA 的分离，其中柠檬酸钠分离得 β-LG 的产量为 47%～69%，而其纯度可达 83%～90%，蛋白含量达到 69%～99%，而六偏磷酸钠分离得 α-LA 的产量为 44%～89%，纯度为 86%～90%，蛋白含量为 65%～94%。

沉淀法经济简便，对设备要求不高，所分离得到的 α-LA 的纯度和产量均可满足研究及应用的要求，因此常作为一种较为常用的粗提方法。

6.5.2 膜分离法

膜分离法是利用高分子膜间的选择透过性，通过天然或人工合成的高分子膜，在膜两侧施加某种推动力，使得流体混合物中的组分选择性透过膜从而实现不同组分的分离、分级、提纯及浓缩的方法，其中的推动力可以是压力差、浓度差、蒸气分压差、电位差等。膜分离过程在密闭系统中进行，过程中无须加热，无相变化和化学变化，能耗也低，常用于乳蛋白等热敏性物质的分离提纯。乳蛋白的分离提纯常以压力差作为推动力，根据分离对象不同其又可分为微滤、超滤、纳滤和反渗透。其中微滤常用于截留 0.02～10μm 的粒子；超滤膜孔径则在 2～20nm 之间，用于分离相对分子质量从几千到数百万的可溶性大分子；纳滤膜孔径更小，平均在 1～2nm 之间，其可同时完成浓缩与脱盐，可用于分离分子质量介于 200～1000Da 的小分子，如氨基酸；而反渗透膜结构致密，可截留离子，常用于小分子产品的浓缩（姚红娟等，2003）。其中微滤和超滤最常用于乳清蛋白中 α-LA 的分离制备。Muller 等(1999)即采用 300kDa 的无机超滤膜从酸性酪蛋白乳清中分离 α-LA，其还研究了连续浓缩、间歇浓缩、连续渗滤及连续浓缩-连续渗滤组合等操作对所分离得的 α-LA 的纯度和产量的影响，发现组合操作可提高透过液中 α-LA 的产量和纯度。孙颜君等(2015)以甜乳清粉为原料，制备富含 α-LA 的乳清蛋白浓缩物，其中 α-LA 占总蛋白含量的 64.37%。他们首先采用 0.2μm 的聚偏氟乙烯去除甜乳清溶液中的脂肪和酪蛋白等，使得脂肪质量分数由 0.15%降低至 0.03%，随后分别比较了 pH 4.30 下聚偏氟乙烯和聚醚砜膜对 α-LA 与 β-LG 的分离效果，结果表明采用 50kDa 聚醚砜膜的平均膜通量及 α-LA 的得率均高于 50kDa 的聚偏氟乙烯膜，而从膜的选择透过性和获得的 α-LA 的纯度来说，则是聚偏氟乙烯膜更优。Valentina 等(2009)也采用微滤-超滤二级膜过滤的方式实现了超高温瞬时灭菌脱脂乳中 α-LA 与 β-LG 的分离提纯，其中微滤阶段采用 0.2μm 孔径的陶瓷膜对酪蛋白及乳清蛋白进行分离，超滤步骤则以微滤透过液为原料，选用 50kDa 的聚醚砜膜进行分离，从而将 β-LG 富集在截留液中，α-LA 则富集在透过液中。超滤法还可与阴离子交换色谱相结合，从富含 α-LA 的浓缩乳清蛋白中分离出 α-LA，最终获得的蛋白纯度达到了 97.4%(Geng et al.，2015)。

膜分离技术在乳品分离提纯生产中有广泛的应用，但其也存在一定的局限性，如超滤过程中的蛋白质和脂肪可能会对膜造成不可逆的污染，因此还需要研究更好的膜分离材料和条件，同时也需要开发更多新技术来对 α-LA 进行分离制备。

6.5.3 双水相萃取法

双水相体系是某些高聚物之间或高聚物与无机盐之间，在水中以适当的浓度溶解后形成的互不相溶的两相或多相水相体系。高聚物-高聚物-水体系主要由于高聚物之间有不相溶性，即高聚物分子间存在空间阻碍作用，使得体系分相；而高聚物-盐-水体系的分相则一般认为是盐析作用的结果。双水相萃取法是依据物质在两相间选择性分配系数差异实现物质的分离。当物质进入双水相体系后，由于表面性质、电荷作用、疏水键、氢键及离子键等的影响，其在上下相中的浓度存在差异，其浓度比称为分配系数(K)。不同蛋白质的 K 值不同，因而双水相萃取法对各类蛋白质的分配均具有较好的选择性。双水相中聚合物的分子质量、浓度、体系中的添加剂、pH、温度等均会影响蛋白质在两相中的分配，因而采用双水相萃取法分离蛋白质时，须对各个因素进行调节，对分离条件选择优化，以获得较好的富集效果(郑楠和刘杰，2006)。Jara 等(2011)尝试以 WPC-羟丙基甲基纤维素为双水相体系对 WPC 中的 α-LA 与 β-LG 进行分离，但并未分离成功，α-LA 与 β-LG 分子质量较低，均被保留在了上相中，且分配比达到了 90%。Kalaivani 和 Regupathi(2015)则利用 PEG1000/柠檬酸钠双水相体系对乳清蛋白中的 α-LA 与

β-LG 进行分离，通过对 pH、双水相体积比、乳清蛋白浓度等变量的研究，得出了最优的提取条件，使得上下相中 α-LA 和 β-LG 的提取率分别为 89%和 96%，纯化率分别为 96%和 76%，但相比较而言，α-LA 的提取率还偏低。Alcântara 等(2014)选用了 PEG/NaPA 双水相体系分离奶酪乳清中的 α-LA 和 β-LG，并利用响应面分析法对两相分配情况进行优化，结果发现 PEG 相中仅含 α-LA，但盐相中同时含有 α-LA 和 β-LG。Sivakumar 和 Iyyaswami(2015)则选用 PEG/柠檬酸钠双水相体系分离乳清蛋白中的 α-LA 和 β-LG，得到 α-LA 在上相中最佳分配系数为 16.67，此时 β-LG 在下相中分配系数为 0.27。基于上述研究，张鹤等(2016)建立了基于聚(乙二醇-ran-丙二醇)单丁基醚与磷酸盐、氯化钠的双水相体系以对乳清蛋白中 α-LA 和 β-LG 进行分离，并优化了分离条件；此外，他们还系统研究了双水相体系 pH、乙二醇-ran-丙二醇与 KH_2PO_4 溶液体积比、NaCl 添加量和 WPI 浓度对分离效果的影响，得出最佳条件为 pH 4.0，40%(质量分数)聚合物与 15.5%(质量分数)KH_2PO_4 的体积比为 4∶4，NaCl 添加量为 0.04g/mL，WPI 浓度为 1mg/mL，此时上相中 α-LA 的萃取率为 98.2%，下相中 β-LG 萃取率为 96.6%。

双水相萃取法与其他分离方法相比，其优势在于体系含水量高，蛋白质在其中不易变性。与传统液-液分离方法相比，其界面张力低，有助于相际间的质量传递；分离所需时间短，成本低，易于进行连续性操作；萃取环境温和且其中的聚合物对蛋白质结构有稳定剂保护作用，只要找到合适的萃取条件就能很好地实现对 α-LA 的分离。

6.5.4 层析法

前述几种 α-LA 的分离方法主要用于蛋白质的粗分离，用于制备富集 α-LA 的产品，而层析法则主要用于 α-LA 的纯化，常用于牛乳中 α-LA 过敏原的纯化。该法与其他几种分离方法相比，成本较高，故也常常用于上述几种方法之后，对粗分离得的 α-LA 进行纯化，其又包括离子交换层析、凝胶层析、疏水作用层析、羟基磷灰石层析等(蔡小虎等，2010)。

离子交换层析法是使用最广泛的、用于纯化蛋白质的层析手段，操作简便，分离效率高，它的柱填充物为离子交换剂。它的纯化原理是利用不同蛋白质表面所带电荷性质不同，等电点是离子交换层析的重要依据，其可分为阴离子交换和阳离子交换两大类。选用合适的离子交换树脂、缓冲体系及洗脱条件有利于获得最佳的分离结果。El-Sayed 和 Chase(2010)采用阳离子交换色谱分离得到了纯度为 54%、回收率为 67%的 α-LA 和纯度为 95%、回收率为 78%的 β-LG。该方法常常与凝胶层析法联合使用以获得纯化 α-LA。

凝胶层析是根据蛋白质分子的大小不同，通过分子筛效应达到蛋白分离目的的。凝胶层析柱中的过滤填料有许多微孔，一些大分子蛋白及蛋白复合物会被阻挡在外，容易流出，而小分子物质进入填料孔中，达到柱底所需时间较长，从而实现大小分子之间的分离。罗曾玲等(2006)则先用等电点沉淀法对水牛乳中蛋白进行粗分离，进而对比了凝胶柱层析与阴离子交换法对其中 α-LA 和 β-LG 的分离效果，分别选用了 SephadexG-75 凝胶层析柱和 DEAE-Sepharose Fast Flow 阴离子交换柱，结果表明，离子交换层析和凝胶层析分离所得 α-LA 的得率分别为 52.86%和 84.19%，即在实验范围内凝胶层析的分离得率明显高于离子交换层析。赵玉娟等(2017b)先采用双水相萃取法对脱盐乳清粉中的 α-LA 和 β-LG 进行粗分离，萃取的蛋白进而经 SephadexG-75 凝胶层析和 DEAE 离子交换层析，获得了纯度达 85%的 α-LA。程伟(2012)首先建立了离子交换色谱层析联合凝胶色谱层析分离浓缩乳清中 α-LA 的方法，选用了 DEAE-Sepharose Fast Flow 阴离子交换层析柱和 Sephadex G-75 凝胶色谱层析柱，α-LA 的纯化得率为 21.18%，纯度高于 90%。应有成(2013)则利用两种层析法获得了冻干 α-LA 和 β-LG 标准物质，并设计完成了两种蛋白标准物质的中试规模工艺流程，其首先利用凝胶层析初步纯化乳清蛋白，随后用离子交换层析对洗脱液进行进一步纯化，获得 α-LA 的纯度和得率分别为 97%和 28.18%，对小试放大 8 倍后进行中试生产，获得的 α-LA 纯度和得率分别达到了 99%和 28.67%。

疏水作用层析是根据蛋白质表面的疏水性不同而对蛋白质进行分离纯化的方法，不同蛋白质由于疏水性不同，其表面疏水性区域与固定相上疏水性配基相互作用力存在差异，从而可将不同蛋白质组分分离开来。与离子交换层析相比，该方法在层析过程中蛋白质与固定相的相互作用力较弱，因此蛋白质活性在层析分离过程中不易丧失，更利于过敏原的相关免疫学性质的研究。张焱(2010)比较了离子交换层析和疏水层析分离重组牛乳白蛋白的效果，发现同源重组牛乳 α-LA 在离子交换层析中的分离度不高。疏水作用层析常用于乳铁蛋白的制备，在乳白蛋白制备中的应用还较少。

羟基磷灰石层析是利用羟基磷灰石对某些蛋白会发生吸附作用实现蛋白质的分离。羟基磷灰石微粒可与生物分子中的官能团相互结合，因此生物分子中官能团种类、数目、分子空间结构及分子大小均影响生物分子与羟基磷灰石的相互作用，使得不同蛋白的洗脱时间不同，从而把它们分离开来。该方法的优点在于低消耗以及无毒无害，所获得的产物具有高回收率且以自然状态存在。Rossano 等(2001)用该方法分离了 α-LA 和 β-LG，得到 α-LA 的得率和纯度分别为 48.3%和 84.7%，β-LG 的得率和纯度分别为 32.1%和 86.7%。

对 α-LA 分离制备的技术虽然很多，但仍存在一些问题，如一些方法的回收率及纯度不是很高，但操作简便、对设备要求不高，一些方法虽然回收率和纯度均很高，但成本却很贵，因此从生产成本及经济效益考虑，α-LA 的分离制备还有待进一步研究。在 α-LA 的分离纯化过程中，仅选用一种分离方法常常无法达到很好的分离效果，因而须采用两种或多种不同的分离方法，以达到最优的分离制备效果,而不同方法的联合使用也需要进行进一步研究,以获得最优组合。对 α-LA 的分离制备纯化方法的深入研究将大大提高 α-LA 的实际应用价值，使得其能广泛应用于食品、医药等领域。

6.6 乳白蛋白的应用

乳白蛋白由于其独特的生理功能常作为功能性蛋白配料在食品与医药领域中广泛应用。对于婴幼儿来说，它可丰富和完善婴幼儿配方乳粉中的蛋白组成，使婴幼儿配方乳粉成分更接近于人乳，从而使得食用配方乳粉的婴幼儿生长发育情况及身体免疫力等与母乳喂养婴幼儿相当；对于成年人来说，α-LA 由于其中较高的色氨酸和半胱氨酸的含量而具有调节中枢神经系统等作用，因而能用于具有改善睡眠、调节情绪等保健品的生产；作为 HAMLET 的组成成分，其具有良好的抗肿瘤活性，可用于抗肿瘤产品的生产；此外，其还可作为乳化剂和药物包埋剂等用于食品及药品生产中。

6.6.1 婴幼儿配方乳粉

对于婴幼儿来说，人乳是最理想的食物，因为其中富含独特的营养物质及高质量的蛋白质，但对于许多哺乳期女性来说，乳汁并不总是充足，因而婴幼儿配方乳粉作为母乳的替代物逐渐进入市场。在过去近 100 年的时间里，学者们致力于提高婴幼儿配方乳粉中蛋白质的品质，以使其更接近于人乳。然而人乳是一个复杂的体系，包含了许多营养素和生物活性物质，因而要实现人乳的完全复制非常困难。所以，目前更现实的目标是尽量优化婴幼儿乳粉配方，从而使得由乳粉喂养的婴幼儿的生长发育能达到与母乳喂养的婴幼儿相同的水平。在婴幼儿配方乳粉中添加一些含有必需氨基酸的特定的蛋白质，如 α-LA，即可改善婴幼儿的肠道健康、促进免疫反应及生长发育，同时也能提高婴幼儿对一些必需微量元素的吸收(Layman et al.，2018)。

牛乳是婴幼儿配方乳粉成分最主要的来源，但人乳与牛乳在乳清蛋白-酪蛋白含量比、α-LA 及乳铁蛋白等特定蛋白含量以及氨基酸组成方面均存在较大差异。α-LA 作为人乳中占主要地位的蛋白质，在牛乳中含量却很低，牛乳中色氨酸和半胱氨酸含量也仅是人乳中的一半左右。因而为保证配方乳粉中必需氨基酸的浓度与人乳一致，其中蛋白质浓度常常远高于人乳，可达到 13～15g/L (Koletzko et al.，2009)。然而婴幼儿长期食用高蛋白含量的婴幼儿配方乳粉，其体重比母乳喂养的婴幼儿增长得更快，有研究表明婴幼儿时期过快的体重增长及新陈代谢将使得其在今后的生活中更容易增重以至于得肥胖症(Trabulsi et al., 2011)。α-LA 常常作为一种高品质的蛋白质添加到婴幼儿配方乳粉中，以提高婴幼儿乳粉中 α-LA 的含量并减少乳粉中的总蛋白含量，因为 α-LA 中色氨酸含量相对较高，且其蛋白质质量好。已有一些临床研究表明，降低婴幼儿配方乳粉中总蛋白含量的同时提高其中 α-LA 的含量，会使得婴幼儿血浆中必需氨基酸含量与人乳喂养的婴幼儿相近(Lien, 2013)。与以乳清蛋白为主要原料未进行蛋白强化的配方相比，α-LA 强化的婴幼儿配方乳粉可在减少婴幼儿总蛋白摄入量的情况下仍能为婴幼儿提供正常生长所需的充足的必需氨基酸的摄入量。Räihä(2004)分别用普通婴幼儿配方乳粉及 α-LA 强化乳粉对 134 位 14 个月以下的婴幼儿进行为期 12 周的喂养，发现即使 α-LA 强化乳粉中总蛋白含量较少，其喂养的婴幼儿的生长状况等均与普通乳粉具有可比性。Sandström 等(2008)也做了双盲随机对照试验，选取的试验对象为 6 周至 6 个月不等的婴幼儿，分别给他们喂食标准婴幼儿配方乳粉(α-LA 占总蛋白 11%)及 α-LA 强化乳粉(α-LA 占总蛋白 25%)，两种乳粉中总蛋白含量均为 13.1g/L，并将他们与母乳喂养的婴幼儿进行对比，结果表明，α-LA 强化乳粉组的婴幼儿生长模式更接近于人乳喂养的婴幼儿，其血浆中必需氨基酸的浓度也与母乳喂养的婴幼儿相近，甚至比他们更高。

由于 α-LA 也具有促进婴幼儿肠胃成熟及提高身体免疫力的功能，因而添加 α-LA 的婴幼儿配方乳粉也常有益于婴幼儿肠胃健康。Dupont 等(2010)比较了 α-LA 强化乳粉和普通配方乳粉对 66 位年龄在 3 周到 3 个月的疝痛婴幼儿的影响，结果发现，两组试验中婴幼儿生长发育状况相同，但 α-LA 强化乳粉组婴幼儿的胃肠不良反应较少。动物试验则表明，α-LA 对幼鼠胃部组织有保护作用，通过对小鼠进行灌胃来控制其对 α-LA 的摄入量，发现小鼠胃部组织中前列腺素分泌增多，从而提高了黏蛋白保护层中黏蛋白及碳酸氢盐分泌物的量(Ushida et al., 2003)。对猕猴幼崽喂食 α-LA 强化配方乳粉可有效缓解由肠道致病菌大肠杆菌引发的痢疾，这可能是因为 α-LA 消化后的多肽段可阻碍肠道致病菌埃希氏菌、沙门氏菌以及弗氏志贺氏菌对肠道细胞的黏附，因此可能抑制致病菌感染，这些小的肽段可在接下来的消化中不被降解从而在结肠中发挥它们的抗菌活性(Bruck et al., 2003)。

对于婴幼儿来说，充足的微量元素(铁、锌等)的摄入对其快速生长发育有着至关重要的作用。由于婴幼儿配方乳粉中微量元素的生物利用率较低，因而其配方中微量元素的含量常高于人乳。对猕猴幼儿及人婴幼儿的研究表明，婴幼儿配方乳粉中的 α-LA 可提高幼儿对锌的摄入，但对铁的摄入的影响并不显著，但也有研究表明，α-LA 经消化后释放出的多肽与铁有很高的亲和性，可形成复合物，而体外合成这一多肽-铁复合物则可提高人肠道 Caco-2 细胞对铁的吸收。此外，

α-LA 可刺激人体内双歧杆菌等益生菌的生长，降低肠道 pH，从而提高婴幼儿对微量元素的吸收(Layman et al.，2018)。邵胜荣等(2014)制备了一种含 α-LA 及乳铁蛋白的婴幼儿配方乳粉，其中 α-LA 及乳铁蛋白的添加总量占 0.12%～6.3%，该乳粉中 α-LA 和乳铁蛋白的含量通过调整后更接近于人乳组成，安全性好，可有效提高婴幼儿抵抗力和免疫力，是一种含 α-LA 的优质的婴幼儿配方乳粉。

6.6.2 保健品

乳清分离蛋白作为必需氨基酸的充足来源，其具有良好的风味、很好的水溶性、热稳定性及营养功能性质，已经被广泛应用于保健品中。乳清蛋白还是支链亮氨酸的很好的来源，这一氨基酸可在用餐后刺激肌蛋白的合成。乳清分离蛋白中必需氨基酸含量高，因而摄入少量该蛋白即可获得肌蛋白合成的最佳条件，从而减少总热量的摄入，适合运动员及在减肥、卧床及年龄增长过程中骨骼肌质量下降的人群。虽然乳清分离蛋白已被广泛用于保健产品中，但 α-LA 作为一种特定的乳清蛋白，在保健产品中的应用则相对较少，一部分原因可能是从乳清蛋白中获得纯化的 α-LA 具有一定的难度。但如前所述，近年来出现了许多可大规模生产纯度大于 93%的 α-LA 的离子交换和膜分离技术等，这使得 α-LA 能与其他蛋白质、脂质以及乳糖分离开来。这些纯化 α-LA 的技术给学者们研究 α-LA 的营养价值、氨基酸组成及生物活性多肽提供了更多的可能性。目前学者们对添加了 α-LA 的保健品的研究主要集中于其中的色氨酸对人体神经学和行为学(如睡眠及情绪等)的影响。含色氨酸的保健品已经被证实有提高睡眠质量的作用，可延长总睡眠时长，缩短清醒时间。从理论上来说，摄入色氨酸含量较高的 α-LA 也将达到与摄入色氨酸类似的积极效果(Layman et al.，2018)。因而有学者进行了研究以验证这一推测。Markus 等(2005)选取 14 名睡眠较浅的成年人与 14 名无睡眠问题的成年人进行研究，每一位参与者分别在 18:30 和 19:30 食用蛋白强化奶昔，每一份奶昔中添加有 20g 的 α-LA(色氨酸含量为 4.8%)或 20g 的酪蛋白(色氨酸含量为 1.4%)，在参与者第二次食用奶昔后 2h 内测定其血清中色氨酸含量，发现食用 α-LA 强化奶昔的参与者体内色氨酸含量更高。目前来说，对 α-LA 用于保健品的研究还较少见，亟待学者们进行开发。

6.6.3 抗肿瘤产品

如前所述，α-LA 可以同油酸结合形成诱导肿瘤细胞凋亡的复合物，即 HAMLET。它可杀伤肿瘤细胞和癌变前细胞而不影响正常细胞的生理功能，且可通过多条通路杀伤肿瘤细胞，当其中一条途径被阻断时，另一条途径仍可以发挥作用，这使得 HAMLET 具有广泛而快速抗肿瘤效应。体外研究和临床试验均证明，HAMLET 具有较理想的抗肿瘤效果，并且未发现对正常细胞造成可检测到的毒性作用。除人乳 α-LA 外，研究还发现其他哺乳动物部分解折叠的 α-LA 与油酸也可以形成具有抗肿瘤效果的类似 HAMLET 的复合物，这就为抗癌药物的开发提供了丰富的原料，并且能降低制药成本（于海涛等，2011）。赵菲菲和赖宏鑫（2017）制备了一种 α-LA-油酸复合物和卡拉胶的组合抗癌药物。由于 α-LA-油酸复合物具有广谱的抗病毒活性，该复合物对阴道正常菌群没有影响，适合在女性抗病毒产品中使用，而卡拉胶除了可将失活的人乳头瘤病毒吸附、包裹、排出体外，还对其有抑制效果，因而这一组合药物可用于阻断女性人乳头瘤病毒感染和传播，同时也可预防和治疗人乳头瘤病毒感染引起的宫颈癌变及治疗后的复发以及防止女性妇科革兰氏阴性菌感染，这一药物具有转阴率高、疗效好等特点。目前所试验的抗癌药物主要是局部用药，如皮肤乳头瘤、膀胱癌等，但对体内和全身用药的研究较少，这可能因为 HAMLET 易被消化酶降解，因而通过口服无法进入体内发挥作用，这就使得 HAMLET 作为抗癌药治疗一些体内肿瘤具有一定的局限性，如何突破这一局限性也许将成为今后 HAMLET 抗肿瘤药物研究的重点。随着研究的深入，HAMLET 很可能成为一种安全有效的新型绿色抗癌药物，并得到广泛应用。

除抗癌药物外，α-LA-油酸复合物还被用于其他抗肿瘤产品中。陈进和孔岩（2016）即发明了一种 α-LA-油酸复合物抗肿瘤保健饮料，该饮料含有 0.5%～5%的 α-LA-油酸复合物冻干粉、15%～85%的奶粉或鲜奶、14%～80%的水、蔗糖和食品添加剂。其中的 α-LA-油酸复合物冻干粉的制备是将乳白蛋白和油酸通过活性剂超声快速混合后，经加热处理、冷却离心除去多余油酸，再经真空冷冻干燥制备而成。这一保健饮料含丰富蛋白质和氨基酸，可抑制病毒，提高人体免疫力和抗肿瘤能力。由于 α-LA-油酸复合物的抗肿瘤特性，它也将作为一种功能性物质用于越来越多的抗肿瘤产品当中。

6.6.4　其他应用

除上述应用外，α-LA 作为乳清蛋白的重要组成成分之一，还可作为乳化剂用于乳液的制备，且由于其分子内含有大量抗氧化氨基酸，如色氨酸和半胱氨酸，其制备的乳液也将具有较好的功能性质，适合推广到食品生产中。刘蕾（2016）即以 α-LA 作为乳化剂，以 β-胡萝卜素为芯材通过微射流高压均质机制备了一种水包油的 β-胡萝卜素乳液，发现 α-LA 的添加量对 β-胡萝卜素乳液的稳定性有显著影响，其中添加量为 1.5%时可获得稳定性较好的乳液，α-LA 的这一应用可满足消费者对天然食品添加剂（乳化剂）的需求，同时 α-LA 也可作为功能因子提高乳液的营养价值。

此外，α-LA 可用于一些药物的包埋。但用作药物包埋的 α-LA 常经过酶解处理，其酶解后可形成两亲性多肽，在水环境中可自组装形成纳米胶束，疏水性内核可实现疏水性药物的装载，从而解决一些药物的难溶性问题。李唯(2016)将 α-LA 进行酶解，制备得到粒径均一的具有疏水性内核的酶解 α-LA 胶束，并成功包埋疏水性抗肿瘤药物姜黄素。将该 α-LA 包埋药物作用于肿瘤细胞，发现其具有高效的抗肿瘤效果，且生物兼容性好，副作用小。该酶解 α-LA 胶束还可用于包埋 β-胡萝卜素，从而使得 β-胡萝卜素可在胃肠液中控制释放，且其热稳定性也有所提高。

6.7 小结与展望

本章主要综述了 α-LA 在结构及理化性质、生理功能、分析检测、分离制备等方面的研究进展。α-LA 作为一种乳蛋白，在人乳总蛋白含量中占比超过三分之一。其是乳清蛋白中唯一的钙结合蛋白，同时还可结合铁、锌、镁等其他金属离子。α-LA 作为乳中的蛋白过敏原之一，具有较强的抗原性；而作为乳糖合成酶的成分之一，其又能调节人体中乳糖合成及乳汁分泌；与油酸复合后，可引起肿瘤细胞的凋亡；由于其独特的氨基酸组成，其还有许多独特的神经调节和免疫调节功能。随着科技的进步和研究的深入，α-LA 的分析检测及纯化制备技术不断完善，纯化 α-LA 的生产已然实现了商业化，这为研究 α-LA 的营养价值及医用价值均提供了更多的机会，同时也有利于 α-LA 应用于功能性食品配方中。α-LA 受到学者们的广泛关注，因为其具有独特的物理特性(独特的风味、良好的水溶性等)以及生物学特性等，这就使得其在多种多样的营养品中的应用成为可能。其中，α-LA 最常用于婴幼儿配方乳粉中，以使其组成更接近于人乳，同时也常用于营养强化剂中，以改善成年人的睡眠状况以及情绪。此外，其在癌症治疗及提高人体免疫应答方面的应用价值也受到了广泛关注。到目前为止，大多数 α-LA 的应用均得益于其中独特的氨基酸组成，尤其是其中必需氨基酸色氨酸的存在，有利于人体神经递质 5-羟色胺的合成。此外，α-LA 也是含硫氨基酸的重要来源，其中半胱氨酸与甲硫氨酸的比值为 5∶1。α-LA 还含有支链氨基酸、赖氨酸以及生物活性多肽。作为一种蛋白强化剂，α-LA 可促进婴幼儿的生长发育、增强肠胃功能，同时可改善成年人由于年龄增长而发生的肌肉萎缩，其在临床癌症治疗及提高免疫功能方面也有较广阔的应用前景。

参考文献

蔡小虎, 李欣, 陈红兵, 等. 2010. 牛乳中主要过敏原的分离纯化研究进展. 食品科学, 31(23): 429-433.

陈福生, 高志贤, 王建华. 2004. 食品安全检测与现代生物技术. 北京: 化学工业出版社.

陈进，孔岩. 2016. 一种乳白蛋白和油酸复合物抗肿瘤的保健饮料及其制备方法: CN, 104068123B.

程伟. 2012. 多酚氧化酶交联牛乳 α-乳白蛋白的结构变化及其消化性与过敏原性的评估. 南昌大学硕士学位论文.

方冰. 2013. 乳白蛋白-油酸抗肿瘤复合物的制备及其作用机制研究. 中国农业大学硕士学位论文.

关潇，蔡琴，陈沁. 2013. 基于 α-乳白蛋白基因序列的牛奶过敏原 PCR 检测. 乳业科学与技术, 36(4): 19-22.

贾敏，张亦凡，张银志，等. 2015. 牛奶 α-乳白蛋白基因实时荧光定量 PCR 检测方法的建立. 分析科学学报, 31(2): 165-170.

贾云虹，宋晓青，杨凯. 2015. 凝胶过滤色谱法测定婴儿配方乳粉中 α-乳白蛋白. 食品科技, (5): 310-312.

焦奎，张书圣. 2004. 酶联免疫分析技术及应用. 北京: 化学工业出版社.

赖心田，詹家芬，邓武剑，等. 2011. CE 法检测 α-乳白蛋白和 β-乳球蛋白. 食品研究与开发, 32(10): 115-118.

李红，杨同香，薛一为，等. 2013. 中国水牛乳中 α-乳白蛋白活性分离方法比较. 食品工业科技, (4): 277-280.

李慧，陈敏，李赫，等. 2007. 反相高效液相色谱法测定乳清蛋白中的 α-乳白蛋白和 β-乳球蛋白. 色谱, 25(1): 116-117.

李唯. 2016. 基于肿瘤微环境响应的酶解 α-乳白蛋白胶束在递送姜黄素的研究. 北京化工大学硕士学位论文.

廖萍，罗永康，李铮，等. 2012. 德氏乳杆菌保加利亚亚种发酵对牛乳中 β-酪蛋白抗原性的影响. 中国乳品工业, 40(3): 11-14.

刘桂洋，毛香菊，陈晋阳. 2008. 反相高效液相色谱的基本原理及其应用. 宁波化工, (3): 22-25.

刘蕾. 2016. EGCG 对 α-乳白蛋白构建的 β-胡萝卜素乳液稳定性影响及其机理探究. 中国农业大学博士学位论文.

罗曾玲，陈红兵，陈福. 2006. 水牛乳中主要过敏原的分离纯化. 食品科学, 27(10): 428-432.

聂燕芳. 2002. 毛细管电泳原理及其应用. 中山大学研究生学刊(自然科学. 医学版), (2): 38-43.

潘洁. 2011. 乳源蛋白的 ELISA 检测技术研究. 陕西科技大学硕士学位论文.

任发政. 2015. 乳蛋白及多肽的结构与功能. 北京: 中国农业科学技术出版社.

邵胜荣，吴芝岳，孙俊，等. 2014. 含 α-乳白蛋白和乳铁蛋白的婴幼儿配方奶粉及制备方法: CN, 102524422B.

宋宝花，赵广莹，杨媛媛，等. 2010. 高效毛细管电泳测定 α-乳白蛋白、β-乳球蛋白 A 及 β-乳球蛋白 B 的纯度. 河北农业大学学报, 33(4): 124-127.

宋宏新，程妮，薛海燕，等. 2016. 快速定量分析牛乳中 α-乳白蛋白的竞争酶联免疫吸附法. 中国科学院大学学报, 33(3): 360-364.

孙国庆，康小红，刘卫星. 2010. 毛细管电泳法测定牛乳中 α-乳白蛋白含量的研究. 食品科技, (10): 273-276.

孙颜君，莫蓓红，郑远荣，等. 2015. 膜分离法制备高 α-乳白蛋白质量分数的乳清蛋白浓缩物 80. 中国乳品工业, 43(1): 11-15.

王莹, 屈玉霄, 刘春红, 等. 2013. 高效液相色谱法测定 α-乳白蛋白和 β-乳球蛋白. 食品研究与开发, (2): 57-60.

巫庆华, 苏米亚, 郑小平, 等. 2005. α-乳白蛋白在 UHT 奶中的应用研究. 乳业科学与技术, 27(1): 8-11.

徐祥云, 彭君, 何志坤. 2012. 浅谈毛细管电泳的基本原理及相关技术. 宁夏农林科技, 53(11): 91-92.

颜春荣. 2018. 凝胶色谱法测定婴幼儿配方乳粉中的 α-乳白蛋白含量. 食品安全质量检测学报, (4): 814-820.

闫序东, 王彩云, 云战友, 等. 2011. α-乳白蛋白提取工艺研究及副产物功能性质评价. 食品工业科技, 32(6): 253-256.

姚红娟, 王晓琳, 丁宁. 2003. 膜分离在蛋白质分离纯化中的应用. 食品科学, 24(1): 167-171.

姚志建, 马立人. 1984. 高效凝胶色谱测定蛋白质分子量. 生物化学与生物物理进展, (3): 67-69.

尹睿杰, 陈忠军, 云战友, 等. 2010. 毛细管电泳法定量分析牛乳中的 α-乳白蛋白和 β-乳球蛋白. 食品科技, (9): 287-289.

尹睿杰. 2010. 牛乳中 α-乳白蛋白的分离研究. 内蒙古农业大学硕士学位论文.

应有成. 2013. 牛乳主要过敏原 α-乳白蛋白和 β-乳球蛋白标准物质的制备. 南昌大学硕士学位论文.

于海涛, 陈科达, 阎辉. 2011. 肿瘤细胞致死性人 α-乳清蛋白的抗肿瘤作用及其机制的研究进展. 中国肿瘤生物治疗杂志, 18(2): 220-224.

臧家涛, 徐竞, 李东红, 等. 2012. 癸基硫酸钠-聚丙烯酰胺凝胶电泳分析非变性蛋白质分子量的适用性鉴定. 实验技术与管理, 29(4): 55-58.

张鹤, 姜彬, 冯志彪, 等. 2016. 聚合物/磷酸盐双水相分离乳清分离蛋白中 α-乳白蛋白和 β-乳球蛋白条件的优化. 分析化学, 44(5): 754-759.

张明, 方冰, 张录达, 等. 2015. 牛 α-乳白蛋白-亚油酸复合物的结构及抗肿瘤活性. 光谱学与光谱分析, 35(9): 2609-2612.

张楠楠, 李丹丹, 曹阳阳, 等. 2009. 乳清浓缩蛋白中的 α-乳白蛋白的分离纯化. 中国乳品工业, 37(10): 7-10.

张杉, 陈敏, 李慧. 2008. SDS-PAGE 电泳测定乳清蛋白方法的研究. 食品科技, 33(1): 215-219.

张猋. 2010. 乳腺生物反应器表达的重组人乳清蛋白质的纯化策略与应用. 中国科学院研究生院硕士学位论文.

张忠华. 2009. 牛乳 α-乳白蛋白和 β-乳球蛋白间接竞争 ELISA 检测方法的建立. 昆明医学院硕士学位论文.

赵菲菲, 赖宏鑫. 2017. 一种乳白蛋白-油酸复合物与卡拉胶组合药物及其制备方法和应用: CN, 106267167A.

赵玉娟, 段翠翠, 高磊, 等. 2017a. 凝胶色谱法测定乳清中主要蛋白的相对分子量及其分布. 东北农业科学, (4): 44-48.

赵玉娟, 段翠翠, 高磊, 等. 2017b. 乳清中 α-乳白蛋白和 β-乳球蛋白分离制备技术研究. 东北农业科学, (2): 53-59.

郑楠, 刘杰. 2006. 双水相萃取技术分离纯化蛋白质的研究. 化学与生物工程, 23(10): 7-9.

朱广廉, 杨中汉. 1982. SDS-聚丙烯酰胺凝胶电泳法测定蛋白质的分子量. 植物生理学报, (2): 45-49.

朱红梅. 2016. TALENs介导的人 α-乳白蛋白基因定点敲入 β-乳球蛋白位点奶山羊生产. 西北农林科技大学博士学位论文.

Adams S L, Barnett D, Walsh B J, et al. 1991. Human IgE-binding synthetic peptides of bovine β-lactoglobulin and α-lactalbumin. *In vitro* cross-reactivity of the allergens. Immunology & Cell Biology, 69 (3): 191-197.

Aits S, Gustafsson L, Hallgren O, et al. 2009. HAMLET (human α-lactalbumin made lethal to tumor cells) triggers autophagic tumor cell death. International Journal of Cancer, 124 (5): 1008-1019.

Alcântara L A P, Amaral I V, Bonomo R C F, et al. 2014. Partitioning of α-lactalbumin and β-lactoglobulin from cheese whey in aqueous two-phase systems containing poly (ethylene glycol) and sodium polyacrylate. Food and Bioproducts Processing, 92 (4): 409-415.

Alomirah H F, Alli I. 2004. Separation and characterization of β-lactoglobulin and α-lactalbumin from whey and whey protein preparations. International Dairy Journal, 14 (5): 411-419.

Arai M, Kuwajima K. 2000. Role of the molten globule state in protein folding. Advances in Protein Chemistry, 53 (53): 209-282.

Bañuelos S, Muga A. 1996. Structural requirements for the association of native and partially folded conformations of α-lactalbumin with model membranes. Biochemistry, 35 (13): 3892-3898.

Berliner L J, Ellis P D, Murakami K. 1983. Manganese (Ⅱ) electron spin resonance and cadmium-113 nuclear magnetic resonance evidence for the nature of the calcium binding site in α-lactalbumins. Biochemistry, 22 (22): 5061-5063.

Beulens J W, Bindels J G, De G C, et al. 2004. α-Lactalbumin combined with a regular diet increases plasma Trp-LNAA ratio. Physiology & Behavior, 81 (4): 585-593.

Brew K. 2003. α-Lactalbumin//McSweeney P L H, Fox P F. Advanced Dairy Chemistry—1 Proteins. Boston, USA: Springer.

Bruck W M, Kelleher S L, Gibson G R, et al. 2003. rRNA probes used to quantify the effects of glycomacropeptide and α-lactalbumin supplementation on the predominant groups of intestinal bacteria of infant rhesus monkeys challenged with enteropathogenic *Escherichia coli*. Journal of Pediaterc Gastroenterology and Nutrition, 37 (3): 273-280.

Cawthern K M, Narayan M, Chaudhuri D, et al. 1997. Interactions of α-lactalbumin with fatty acids and spin label analogs. Journal of Biological Chemistry, 272 (49): 30812-30816.

Chandra N, Brew K, Acharya K R. 1998. Structural evidence for the presence of a secondary calcium binding site in human α-lactalbumin. Biochemistry, 37 (14): 4767-4772.

Chatterton D E W, Smithers G, Roupas P, et al. 2006. Bioactivity of β-lactoglobulin and α-lactalbumin—technological implications for processing. International Dairy Journal, 16 (11): 1229-1240.

Davis A M, Harris B J, Lien E L, et al. 2008. α-Lactalbumin-rich infant formula fed to healthy term infants in a multicenter study: plasma essential amino acids and gastrointestinal tolerance. European Journal of Clinical Nutrition, 62 (11): 1294-1301.

Ding X, Yang Y, Zhao S, et al. 2013. Analysis of α-lactalbumin, β-lactoglobulin A and B in whey protein powder, colostrum, raw milk, and infant formula by CE and LC. Dairy Science &

Technology, 91(2): 213-225.

Dolgikh D A, Gilmanshin R I, Brazhnikov E V, et al. 1981. α-Lactalbumin: compact state with fluctuating tertiary structure. Febs Letters, 136(2): 311-315.

Dupont C, Rivero M, Grillon C, et al. 2010. α-Lactalbumin-enriched and probiotic-supplemented infant formula in infants with colic: growth and gastrointestinal tolerance. European Journal of Clinical Nutrition, 64(7): 765-767.

Dzwolak W, Kato M, Shimizu A, et al. 1999. Fourier-transform infrared spectroscopy study of the pressure-induced changes in the structure of the bovine α-lactalbumin: the stabilizing role of the calcium ion. Biochimica et Biophysica Acta, 1433(1-2): 45-55.

El-Sayed M M H, Chase H A. 2010. Purification of the two major proteins from whey concentrate using a cation-exchange selective adsorption process. Biotechnology Progress, 26(1): 192-199.

Eugene A P, Lawrence J B. 1994. Co^{2+}, binding to α-lactalbumin. Journal of Protein Chemistry, 13(3): 277-281.

Fischer W, Gustafsson L, Mossberg A, et al. 2004. Human α-lactalbumin made lethal to tumor cells (HAMLET) kills human glioblastoma cells in brain xenografts by an apoptosis-like mechanism and prolongs survival. Cancer Research, 64(6): 2105-2112.

García-Ara M C, Boyano-Martínez M T, Díaz-Pena J M, et al. 2010. Cow's milk-specific immunoglobulin E levels as predictors of clinical reactivity in the follow-up of the cow's milk allergy infants. Clinical & Experimental Allergy, 34(6): 866-870.

Geng X L, Tolkach A, Otte J, et al. 2015. Pilot-scale purification of α-lactalbumin from enriched whey protein concentrate by anion-exchange chromatography and ultrafiltration. Dairy Science & Technology, 95(3): 353-368.

Grishchenko V M, Kalinichenko L P, Deikus G Y, et al. 1996. Interactions of α-lactalbumins with lipid vesicles studied by tryptophan fluorescence. Biochemistry and Molecular Biology International, 38(3): 453-466.

Gustafsson L, Sc M, Leijonhufvud I, et al. 2004. Treatment of skin papillomas with topical α-lactalbumin. The New England Journal of Medicine, 350(26): 2663-2672.

Håkansson A, Zhivotovsky B, Orrenius S, et al. 1995. Apoptosis induced by a human milk protein. Proceedings of the National Academy of Sciences of the United States of America, 92(17): 8064-8068.

Hollar C M, Parris N, Hsieh A, et al. 1995. Factors affecting the denaturation and aggregation of whey proteins in heated whey protein concentrate mixtures. Journal of Dairy Science, 78(2): 260-267.

Jara F, Pilosof A M R. 2011. Partitioning of α-lactalbumin and β-lactoglobulin in whey protein concentrate/hydroxypropylmethylcellulose aqueous two-phase systems. Food Hydrocolloids, 25(3): 374-380.

Järvinen K M, Chatchatee P, Bardina L, et al. 2001. IgE and IgG binding epitopes on α-lactalbumin and β-lactoglobulin in cow's milk allergy. International Archives of Allergy and Immunology, 126(2): 111-118.

Kalaivani S, Regupathi I. 2015. Synergistic extraction of α-Lactalbumin and β-Lactoglobulin from acid whey using aqueous biphasic system: process evaluation and optimization. Separation and

Purification Technology, 146(11): 301-310.

Kataoka M, Tokunaga F, Kuwajima K, et al. 2010. Structural characterization of the molten globule of α-lactalbumin by solution X-ray scattering. Protein Science, 6(2): 422-430.

Kee H J, Hong Y H. 1992. Determination of α-lactalbumin in heated milks by HPLC. Korean Journal of Food Science and Technology, 24(4): 393-395.

Kharakoz D P, Bychkova V E. 1997. Molten globule of human α-lactalbumin: hydration, density, and compressibility of the interior. Biochemistry, 36(7): 1882-1890.

Köhler C, Gogvadze V, Håkansson A, et al. 2010. A folding variant of human α-lactalbumin induces mitochondrial permeability transition in isolated mitochondria. Febs Journal, 268(1): 186-191.

Koletzko B, Von K R, Closa R, et al. 2009. Lower protein in infant formula is associated with lower weight up to age 2 y: a randomized clinical trial. American Journal of Clinical Nutrition, 89(6): 1836-1845.

Layman D K, Anthony T G, Rasmussen B B, et al. 2015. Defining meal requirements for protein to optimize metabolic roles of amino acids. American Journal of Clinical Nutrition, 101(6): 1330S-1338S.

Layman D K, Lönnerdal B, Fernstrom J D. 2018. Applications for α-lactalbumin in human nutrition. Nutrition Reviews, 76(6): 444-460.

Lien E L. 2003. Infant formulas with increased concentrations of α-lactalbumin. American Journal of Clinical Nutrition, 77(6): 1555S-1558S.

Lönnerdal B. 2014. Infant formula and infant nutrition: bioactive proteins of human milk and implications for composition of infant formulas. American Journal of Clinical Nutrition, 99(3): 712S-717S.

Malinovskii V A, Tian J, Grobler J A, et al. 1996. Functional site in α-lactalbumin encompasses a region corresponding to a subsite in lysozyme and parts of two adjacent flexible substructures. Biochemistry, 35(35): 9710-9715.

Markus C R, Jonkman L M, Lammers J H, et al. 2005. Evening intake of α-lactalbumin increases plasma tryptophan availability and improves morning alertness and brain measures of attention. American Journal of Clinical Nutrition, 81(5): 1026-1033.

Markus C R, Olivier B, Haan E H D. 2002. Whey protein rich in α-lactalbumin increases the ratio of plasma tryptophan to the sum of the other large neutral amino acids and improves cognitive performance in stress-vulnerable subjects. American Journal of Clinical Nutrition, 75(6): 1051-1056.

Markus C R, Olivier B, Panhuysen G E, et al. 2000. The bovine protein α-lactalbumin increases the plasma ratio of tryptophan to the other large neutral amino acids, and in vulnerable subjects raises brain serotonin activity, reduces cortisol concentration, and improves mood under stress. American Journal of Clinical Nutrition, 71(6): 1536-1544.

Matsumoto H, Shimokawa Y, Ushida Y, et al. 2001. New biological function of bovine α-lactalbumin: protective effect against ethanol- and stress-induced gastric mucosal injury in rats. Bioscience Biotechnology and Biochemistry, 65(5): 1104-1111.

Meldrum B S, Balzamo E, Wada J A, et al. 1972. Effects of L-tryptophan, L-3,4, dihydroxyphenylalanine and tranylcypromine on the electroencephalogram and on photically induced epilepsy in the baboon, *Papio papio*. Physiology & Behavior, 9(4): 615-621.

Mellinkoff S M, Frankland M, Boyle D, et al. 2012. Relationship between serum amino acid concentration and fluctuations in appetite. Obesity, 5(4): 381-384.

Mercier A, Gauthier S F, Fliss I. 2004. Immunomodulating effects of whey proteins and their enzymatic digests. International Dairy Journal, 14(3): 175-183.

Mossberg A K, Wullt B, Gustafsson L, et al. 2010. Bladder cancers respond to intravesical instillation of HAMLET (human α-lactalbumin made lethal to tumor cells). International Journal of Cancer, 121(6): 1352-1359.

Muller A, Daufin G, Chaufer B. 1999. Ultrafiltration modes of operation for the separation of α-lactalbumin from acid casein whey. Journal of Membrane Science, 153(1): 9-21.

Pellegrini A, Bramaz N P, Von F R, et al. 1999. Isolation and identification of three bactericidal domains in the bovine α-lactalbumin molecule. Biochim Biophys Acta, 1426(3): 439-448.

Permyakov E A, Berliner L J. 2009. α-Lactalbumin: structure and function. Febs Letters, 473(3): 269-274.

Permyakov E A, Grishchenko V M, Kalinichenko L P, et al. 1991. Calcium-regulated interactions of human α-lactalbumin with bee venom melittin. Biophysical Chemistry, 39(2): 111-117.

Permyakov E A, Kreimer D I. 1986. Effects of pH, temperature and Ca^{2+} content on the conformation of α-lactalbumin in a medium modelling physiological conditions. General Physiology and Biophysics, 5(4): 377-389.

Permyakov E A, Morozova L A, Burstein E A. 1985. Cation binding effects on the pH, thermal and urea denaturation transitions in α-lactalbumin. Biophysical Chemistry, 21(1): 21-23.

Permyakov E A, Shnyrov V L, Kalinichenko L P, et al. 1991. Binding of Zn(Ⅱ) ions to α-lactalbumin. Journal of Protein Chemistry, 10(6): 577-584.

Permyakov E A, Yarmolenko V V, Kalinichenko L P, et al. 1981. Calcium binding to α-lactalbumin: structural rearrangement and association constant evaluation by means of intrinsic protein fluorescence changes. Biochemical and Biophysical Research Communications, 100(1): 191-197.

Pettersson J, Mossberg A K, Svanborg C. 2006. α-Lactalbumin species variation, HAMLET formation, and tumor cell death. Biochemical and Biophysical Research Communications, 345(1): 260-270.

Puthia M, Storm P, Nadeem A, et al. 2014. Prevention and treatment of colon cancer by peroral administration of HAMLET (human α-lactalbumin made lethal to tumour cells). Gut, 63(1):131-142.

Räihä N C. 2004. Growth and safety in term infants fed reduced-protein formula with added bovine α-lactalbumin. Journal of Pediatric Gastroenterology and Nutrition, 38(2): 170-176.

Ren J, Stuart D I, Acharya K R. 1993. α-Lactalbumin possesses a distinct zinc binding site. Journal of Biological Chemistry, 268(26): 19292-19298.

Rossano R, D'Elia A, Riccio P. 2001. One-step separation from lactose: recovery and purification of major cheese-whey proteins by hydroxyapatite—a flexible procedure suitable for small- and medium-scale preparations. Protein Expression and Purification, 21(1): 165-169.

Sandström O, Lönnerdal B, Graverholt G, et al. 2008. Effects of α-lactalbumin-enriched formula containing different concentrations of glycomacropeptide on infant nutrition. American Journal of Clinical Nutrition, 87(4): 921-928.

Scrutton H, Carbonnier A, Cowen P J, et al. 2007. Effects of α-lactalbumin on emotional processing in healthy women. Journal of Psychopharmacology, 21(5): 519-524.

Singh H, Fox P F. 1995. Heat-induced Changes in Casein, Including Interactions with Whey Proteins. CAB Direct[2018-06-04].

Sivakumar K, Iyyaswami R. 2015. Recovery and partial purification of bovine α-lactalbumin from whey using PEG 1000-trisdoium citrate systems. Separation Science, 50(6): 833-840.

Smith S G, Lewis M, Aschaffenburg R, et al. 1987. Crystallographic analysis of the three-dimensional structure of baboon α-lactalbumin at low resolution. Homology with lysozyme. Biochemical Journal, 242(2): 353-360.

Stinnakre M G, Vilotte J L, Soulier S, et al. 1994. Creation and phenotypic analysis of α-lactalbumin-deficient mice. Proceedings of the National Academy of Sciences of the United States of America, 91(14): 6544-6548.

Svensson M, Håkansson A, Mossberg A K, et al. 2000. Conversion of α-lactalbumin to a protein inducing apoptosis. Proceedings of the National Academy of Sciences of the United States of America, 97(8): 4221-4226.

Svensson M, Mossberg A, Pettersson J, et al. 2010. Lipids as cofactors in protein folding: stereo-pecific lipid-protein interactions are required to form HAMLET (human α-lactalbumin made lethal to tumor cells). Protein Science, 12(12): 2805-2814.

Trabulsi J, Capeding R, Lebumfacil J, et al. 2011. Effect of an α-lactalbumin-enriched infant formula with lower protein on growth. European Journal of Clinical Nutrition, 65(2): 167-174.

Ushida Y, Shimokawa Y, Matsumoto H, et al. 2003. Effects of bovine α-lactalbumin on gastric defense mechanisms in naive rats. Journal of the Agricultural Chemical Society of Japan, 67(3): 577-583.

Valentina E, Michel Y J, Lu H D. 2009. Extraction and separation of α-lactalbumin and β-lactoglobulin from skim milk by microfiltration and ultrafiltration at high shear rates: a feasibility study. Separation Science and Technology, 44(16): 3832-3853.

Van H E M, Escalonamonge M, de Swert L F, et al. 2010. Allergenic and antigenic activity of peptide fragments in a whey hydrolysate formula. Clinical & Experimental Allergy, 28(9): 1131-1137.

Veprintsev D B, Narayan M S, Uversky V, et al.1999. Fine tuning the *N*-terminus of a calcium binding protein: α-lactalbumin. Proteins Structure Function and Bioinformatics, 37(1): 65-72.

Veprintsev D B, Permyakov S E, Permyakov E A, et al. 1997. Cooperative thermal transitions of bovine and human apo-α-lactalbumins: evidence for a new intermediate state. Febs Letters, 412(3): 625-628.

Wang Q, Tolkach A, Kulozik U. 2006. Quantitative assessment of thermal denaturation of bovine α-lactalbumin via low-intensity ultrasound, HPLC, and DSC. Journal of Agricultural and Food Chemistry, 54(18): 6501-6506.

第7章 乳铁蛋白

7.1 引　　言

乳铁蛋白(LF)又称为转铁乳蛋白，是一种结合铁离子的糖蛋白，首次于1939年被Sorensen在分离牛乳乳清蛋白时发现，当时称为红色蛋白(Sorensen et al., 1940)。接着在1959年，另有研究者用色谱法又得到这种红色蛋白，并确认它可以与铁结合，称之为乳铁蛋白(Groves，1960)。一年之后，科学家首次在母乳中发现了乳铁蛋白；紧接着，又有相关文献报道在一些生物体的体液和各种细胞中发现了乳铁蛋白，从此之后对乳铁蛋白开始了大量研究(侯占群和牟德华，2006)。自1992年以来，有关乳铁蛋白的国际研讨会已召开多次，前几次主要探讨了乳铁蛋白的结构、性质以及生理活性功能等；后来就它的一些最新研究以及在临床上的应用进行了探讨；2001年第五次会议讨论了关于乳铁蛋白性质、结构、体内外的表达、临床数据等方面的最新进展。总之，已有大量研究表明，乳铁蛋白具有许多特殊的生理活性，可用于开发新型的保健食品。

乳铁蛋白与血清中的转铁蛋白相关，但是它们是不同分子、不同基因表达产物，在生物体内有不同的作用，乳铁蛋白比血清转铁蛋白有更强的铁亲和能力。乳铁蛋白主要由乳腺上皮细胞分泌，同时也能被其他腺体分泌，在各种体液或分泌物中，乳汁特别是初乳的乳铁蛋白含量最高，人初乳中乳铁蛋白含量为1～16mg/mL，人常乳中大约为1mg/mL，牛初乳中乳铁蛋白含量为0.2～5mg/mL，牛常乳中减少到0.1mg/mL。有研究表明，非正常分泌的人和牛乳腺分泌物中，乳铁蛋白的含量往往很高(高达50mg/mL)，这是因为白细胞激活释放大量的乳铁蛋白，乳铁蛋白对乳腺有保护作用，所以乳腺炎乳房分泌的乳中乳铁蛋白的含量往往会升高数倍。

乳铁蛋白主要存在于哺乳动物乳清中的球蛋白中，是母乳中含量第二多的蛋白质，占普通母乳蛋白质的10%。近年来，随着对乳铁蛋白研究的进一步发展，乳铁蛋白的开发研究已引起国际广泛关注。

7.2 乳铁蛋白的结构与性质

7.2.1 乳铁蛋白的结构

乳铁蛋白是一种具有多种生理功能的铁结合型糖蛋白，因糖基化和铁结合率的不同，不同状态和来源的乳铁蛋白分子质量有所差异，分子质量约为 80kDa。目前，对乳铁蛋白的结构与特性的研究已经相当深入。

人乳铁蛋白和牛乳铁蛋白是目前研究最多的乳铁蛋白，其全部氨基酸序列已经清楚。乳铁蛋白由约 690 个氨基酸组成。人乳铁蛋白的分子质量为 82.4kD，有 692 个氨基酸残基；牛乳铁蛋白的分子质量为 83.1kD，由 689 个氨基酸残基组成，牛乳铁蛋白和人乳铁蛋白在序列上有 69%的相似性。牛乳铁蛋白的氨基酸序列是由 cDNA 序列推定的，人乳铁蛋白序列是由氨基酸序列测定和 cDNA 序列推断得出的，其他哺乳动物如山羊、猪、小鼠等乳铁蛋白序列也有报道。乳铁蛋白分子主体是一条多肽链，约 690 个氨基酸残基可以折叠成两个球状叶，一端是 C 端，一端是 N 端，如图 7.1 所示。每一叶状结构都含有一个 Fe^{3+}和一个 HCO_3^- 或 CO_3^{2-} 结构部位，且每一叶都能高亲和性、可逆地与铁结合。其中 Fe^{3+} 结构位于一个很深的裂缝中，当铁离子缺乏时，裂缝就可以通过每一片叶片的曲折进行打开或关闭，但如果铁离子与多肽链结合时，则裂缝会处于闭锁状态(朱玉英和王存芳，2015)。乳铁蛋白含有较多的精氨酸和赖氨酸，是一种碱性蛋白质，等电点介于 8～9，大量的正电荷分布在其表面。在生理条件下，乳铁蛋白分子呈正电性，能够强烈地和许多负电性的生物分子结合，如肝素、细菌脂多糖、溶酶菌、免疫球蛋白(特别是 IgA)、酪蛋白以及 DNA，这可能是乳铁蛋白发挥其生物活性的作用方式之一。

乳铁蛋白二级结构以 α 螺旋和 β 转角结构为主，两者沿氨基酸序列交替排列，且 α 螺旋结构多于 β 转角结构。每个乳铁蛋白分子含有 2 个金属结合位点，每个位点可结合 1 个 1 Fe^{3+}和 1 个 HCO_3^- 或 CO_3^{2-} 。X 射线衍射图谱表明，乳铁蛋白主体呈无柄银杏叶并列球形结构，铁结合部位在两叶切入部位(铁离子间隔 2.8～4.3nm)，椭圆形叶大小为 5.5nm×3.5nm×3.5nm。一分子乳铁蛋白除含有 2 个铁结合部位外，还含有 15～16 个甘露糖、5～6 个半乳糖、10～11 个乙酰葡萄糖胺和 1 个唾液酸，其中中性糖含量为 8.5%，氨基糖含量为 2.7%。这些糖基的作用目前尚不确定，去除糖基对乳铁蛋白的功能与特性无显著影响，但对其受体结合作用有无影响，尚存在争议。乳铁蛋白与铁离子结合后，铁离子进入每叶缝隙内部，此区域闭合，使乳铁蛋白分子结构更加紧密。

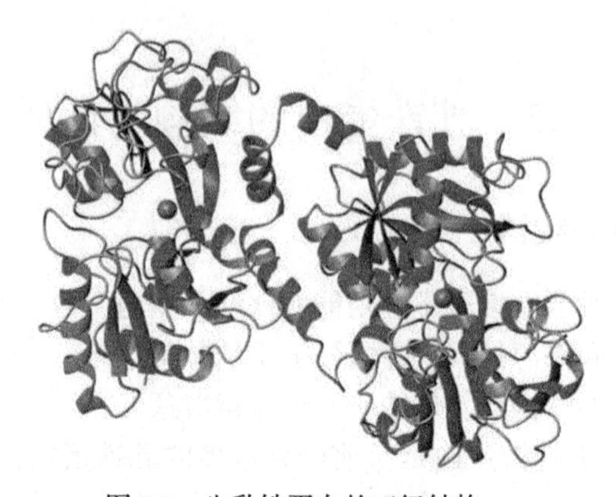

图 7.1　牛乳铁蛋白的三级结构

蓝色部分为β折叠结构，橘色和红色部分为α螺旋，两个紫色的圆点代表铁离子，彩图见封三

资料来源: Gifford et al., 2005

7.2.2　乳铁蛋白的性质

乳铁蛋白具有可逆的铁结合特性，铁结合的乳铁蛋白可随 pH 的降低而释放铁离子。根据乳铁蛋白结合 Fe^{3+}的多寡，可将其分为缺铁型乳铁蛋白(apoLF)、铁半饱和型乳铁蛋白及铁饱和型乳铁蛋白(holoLF)三种形式。不同形式的乳铁蛋白具有不同的抗变性能力，其抗巴氏杀菌热变性能力依次为 holoLF>铁半饱和型乳铁蛋白>apoLF。乳铁蛋白的抑菌效果与 pH 密切相关，研究表明，乳铁蛋白在中性 pH 下具备较强活性。体系的 pH 为 7.4 时，效果明显强于 pH 6.8，当 pH<6 时，则基本无抑菌作用。乳铁蛋白一般在 pH 降至 6.0 时开始释放铁，pH 4.0～5.0 时铁释放速率最快，pH 2.5 时趋于稳定，铁完全释放(李翠玲，2011)。长期以来，人们都认为乳铁蛋白容易受热失活。早在 1977 年，研究人员就研究了牛乳超滤透过液中牛乳铁蛋白的热稳定性，其在 pH 为 6.6、温度为 65～69℃时开始失活(Baker and Baker，2009)。此后，人乳铁蛋白的热稳定性得到系统研究，结果表明，70℃加热处理 15～30min 已使它完全降解。然而，上述结果大多是在中性或碱性条件下获得的。直至 1991 年，Hiroaki 等研究了牛乳铁蛋白在酸性条件下的热稳定性，在酸性条件下脱铁乳铁蛋白非常稳定，在 pH 为 4.0 和 90℃下加热处理 5min，其铁结合能力、抗原活性以及抗菌活性与未处理以前的一样(任发政，2015)。此外，脱铁乳铁蛋白在 pH 为 2.0～3.0 和 100～200℃下处理 5min 时明显发生降解，然而其抗菌活性却有所增强。上述结果表明，降解以后的小分子仍具有抗菌活性，说明乳铁蛋白的活性部位是很稳定的，能耐受酸性降解。

能够与铁离子结合是乳铁蛋白的重要结构特征，铁离子的结合和释放会影响乳铁蛋白的空间构象。位于乳铁蛋白 N 端和 C 端的 Fe^{3+}结合位点是高度保守的。在每个 Fe^{3+}结合部位中，由 2 个酪氨酸、1 个天冬氨酸和 1 个组氨酸组成的配体螯合 1 分子的 Fe^{3+}，其结合常数(K_d)约为 1×10^{-30}，约为转铁蛋白与铁离子亲和性的 300 倍。在 Fe^{3+}的结合过程中，Fe^{3+}的正电荷被配基提供的 3 个负电荷所中和，协同结合的 CO_3^{2-} 所带负电荷则被 Arg121 和 N 端的第 5 个 α 螺旋所带的正电荷所中和，从而达到稳定 Fe^{3+}结合的目的，但乳铁蛋白的铁结合能力会因配位体发生突变而被削弱。当 Fe^{3+}进入到乳铁蛋白亚基结构裂缝内部时，此结构会发生闭合，同时其分子结构也趋于紧密，如图 7.2 所示。

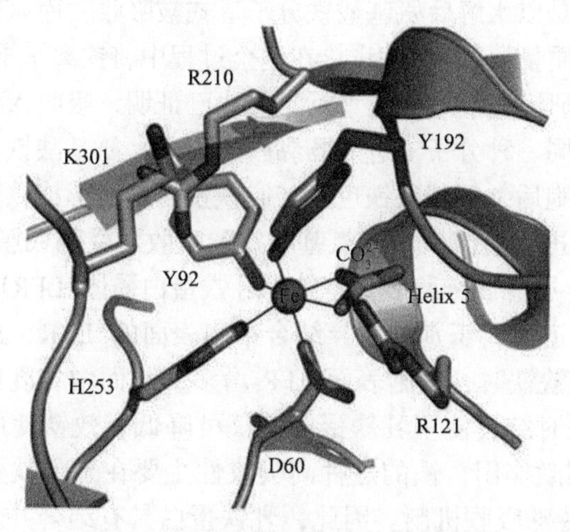

图 7.2 乳铁蛋白铁结合位点示意图

乳铁蛋白 N 端铁结合位点，Tyz92、Tyr192、Asp60 和 His253 组成铁结合配基，Arg121 和 N 端的第 5 个 α 螺旋有助于稳定协同结合的 CO_3^{2-} 。同时，位于铁结合位点的两个碱性氨基酸残基 Arg210 和 Lys310 参与调节 Fe^{3+}的释放

资料来源: Baker E N and Baker H M，2009

乳铁蛋白是一种糖蛋白，等电点为 8.7，因铁结合、糖基化程度不同，等电点有所波动。乳铁蛋白另外一个重要结构特征就是糖基化，不同物种的糖基化状态有所不同，但是所有的乳铁蛋白都有糖基化。牛乳铁蛋白有 5 个潜在的糖基化位点，但是已知的只有 4 个被糖基化。天然乳铁蛋白有 3 个潜在的 *N*-糖基化位点，其中 2 个糖基化位点被复合型 N 端多聚糖糖基化，第 3 个位点(Asn632)没有糖基化。来源于外分泌液中和来源于中性粒细胞的乳铁蛋白具有不同的分子质量，其差别主要来自糖基化程度和组分的不同。糖基化位点对于乳铁蛋白的功能影响现在研究较少，可能与免疫识别、免疫调节、结构稳定性有关。

7.3 乳铁蛋白的生理功能

7.3.1 乳铁蛋白促进铁吸收的作用

维持铁摄入量的平衡对机体的健康至关重要。机体的许多代谢都需铁的参与，但如果铁过多，会促进一些微生物的生长或产生自由基，对机体造成损伤。乳铁蛋白分子含有两个六配位金属结合位点，可牢固结合两个铁离子，其余铁离子是与乳铁蛋白靠静电力作用结合。乳铁蛋白所携带铁离子与无机铁盐具有完全不同的代谢形式，铁的吸收既不需要离子化，也不受胃内 pH 影响。另外，配位键及共价键使铁离子在化学活性上呈惰性状态，不受具有使之沉积作用的阴离子影响。其特定结构使乳铁蛋白铁具有很高稳定性，因而也不受纤维素影响。乳铁蛋白铁在小肠被吸收时，是以水解后氨基酸铁分子形式被吸收，而氨基酸铁吸收途径与肠黏膜吸收低分子质量短肽途径相同，在这个过程中将铁离子携入到黏膜细胞内，不需要载体协助。研究人员用同位素标记方法已证明，吸收入血液的氨基酸络合物与它被摄入时是同一种分子。进入肠黏膜过程中，氨基酸铁不需要转铁蛋白协助，进入肠黏膜细胞后，氨基酸铁也不与脱铁蛋白结合形成铁蛋白，而是迅速扩散到基底膜穿过其进入血液，因而氨基酸铁的吸收不受肠黏膜屏障影响(贾洪锋等，2006)。人的小肠黏膜细胞表面有特殊乳铁蛋白受体(LFR)与乳铁蛋白结合，当乳铁蛋白到达肠道后，识别并特异结合细胞表面的 LFR，进入细胞内部释放出 Fe^{3+}。当细胞内缺铁时，细胞表面 LFR 增多，从而增加乳铁蛋白与其受体结合机会，在补充铁时结合使用乳铁蛋白不仅可降低有效铁使用量，也可避免游离铁对肠道直接刺激作用，铁的这种高吸收性主要在于乳铁蛋白铁的高溶解性或 Fe-LF 中铁的特殊吸收机制。因此，乳铁蛋白具有结合并输送铁的能力，并能增强铁的实际吸收性和生物利用率，可降低有效铁使用量，同时还可减少铁对机体的负面影响。

在人体观察试验中，氨基酸铁组血红蛋白恢复效果好于硫酸亚铁组，这样的试验结果也能证明氨基酸铁吸收特性。乳铁蛋白通过它的氨基和羧基末端两个铁结合区域，能高亲和性可逆地与铁结合，并维持铁元素在一个较广的 pH 范围内，而完成铁在十二指肠细胞的吸收和利用。Kawakami 等(1988)证实，给贫血的小鼠进食结合了铁的乳铁蛋白和普通硫酸亚铁，为了达到同样治疗效果，后者的摄入量须是前者的 4 倍(分别为 50μg 和 200μg)。试验发现，机体对铁的吸收有负反馈调节机制，当细胞缺铁时，细胞就会在其表面合成特异的铁受体，如血液中的转铁蛋白和肠道中的乳铁蛋白。此外，在摄入铁时若结合摄入乳铁蛋白则可明显减缓铁对肠道的刺激作用，一是因为乳铁蛋白螯合了铁，避免了铁离子对肠道的直接刺激作用；二是进食乳铁蛋白可以减少无机铁离子的摄入量。

乳铁蛋白是由转铁蛋白转化而来，但其结合铁的能力是后者的 260 倍左右(Naidu and Amold，1997)。乳铁蛋白的分子质量约为 80kD，每分子可结合两个 Fe^{3+}，因此每克乳铁蛋白最多可结合 1.4mg 铁。但 pH 变化、铁的溶解度增加等可能会增加乳铁蛋白结合铁的容量，增幅甚至可达 70～140 倍(Nagasako et al.，1993)。牛乳中铁的吸收率为 5%～12%，人乳为 40%～70%；人乳中的乳铁蛋白含量是牛乳中的10倍以上(龚广予和巫庆华，2000)。

7.3.2　乳铁蛋白的免疫调节作用

乳铁蛋白具有调节巨噬细胞活性和刺激淋巴细胞合成的能力；而且嗜中性粒细胞是含乳铁蛋白最多的细胞，当机体受感染时就可将乳铁蛋白释放出来，释放出的乳铁蛋白夺取致病菌的铁离子致使后者死亡。机体感染时会产生6～20倍以上的乳铁蛋白参与抗菌过程(李林等，2006)。乳铁蛋白还具有促进中性白细胞对受伤部分的吸附和聚集、增加粒细胞黏性、促进细胞间相互作用、调节免疫球蛋白分泌、参与调节机体免疫耐受能力、抑制补体系统激活或激活已有的补体途径等功能。另外，研究显示，乳铁蛋白对抗体生成、T细胞成熟、淋巴细胞中自然杀伤细胞比例都有调节作用(曹阳等，2002)。体外模拟试验和小鼠体内试验分别证实了乳铁蛋白的免疫调节功能。乳铁蛋白具有调节巨噬细胞活性和刺激淋巴细胞合成的能力，还能促进多形核白细胞(PMN)巨噬细胞对细菌的吞噬，促进自然杀伤细胞的活化及淋巴球的增生，抑制颗粒球巨噬细胞菌落刺激因子的产生和释放(Mattsby-Baltzer et al.，1996)。

用牛乳的乳铁蛋白治疗猫的口腔炎，发现嗜中性粒的噬菌细胞活性明显被激活；在人体内也发现类似现象(Miyauchi et al.，1998；Sato et al.，1996)。对照试验证实，连续4周给老鼠进食乳铁蛋白能刺激其肠道和脾内的IgA和IgG分泌。

7.3.3　乳铁蛋白的抗病毒作用

乳铁蛋白在宿主体内起到很好的抗病毒作用。近年来的研究表明，乳铁蛋白可抑制人类免疫缺陷性病毒(HIV)、细胞巨化病毒、疱疹病毒、丙型肝炎病毒、流感病毒等(曹劲松，2000)。

在HIV-1感染C8166T细胞株前期或早期，Fe^{3+}-bLF、Zn^{2+}-bLF或apo-bLF能以剂量依赖形式有效抑制HIV-1的复制以及合胞体的形成，加入Fe^{3+}-bLF可在感染后20h显著减少C8166细胞内的HIV-1 DNA。Berkhout等(2002)研究表明，乳铁蛋白抑制HIV-1主要是阻碍其入侵通道。Beljaars等(2004)等研究了乳铁蛋白对巨化病毒的抑制作用后指出，乳铁蛋白对病毒的作用主要是阻碍病毒入侵通道，而非通过调节免疫系统。但Waarts等(2005)等认为，乳铁蛋白抑制病毒主要是通过干预病毒与受体的结合，并非影响其入侵通道或者影响其复制过程。关于乳铁蛋白抑制病毒的作用机制，至今尚无一致见解。目前主要存在以下几种理论：①抑制病毒的入侵通道，可能是蛋白结合病毒后影响了病毒与细胞结合，也可能是蛋白与细胞结合而阻止病毒与细胞结合；②通过促进T细胞和B细胞的成熟来调节机体的免疫反应，增强机体的防御能力；③与病毒颗粒结合，防止病毒的血凝集作用以及病毒与易感染细胞的结合，防止病毒与细胞受体的结合；④诱导机体分泌 IFN-γ 和 IL-18，增强了细胞质对病毒的反应。

7.3.4 乳铁蛋白的抗菌作用

1972 年，Bullen 等首先提出了乳铁蛋白的抑菌作用。乳铁蛋白属于广谱抑菌剂，既抑制需铁的革兰氏阴性菌，也抑制革兰氏阳性菌。早期研究表明，它能抑制生理需铁的大肠杆菌、沙门氏菌、志贺氏菌等革兰氏阴性菌以及金黄色葡萄球菌和单胞李斯特菌等革兰氏阳性菌。但对乳酸菌一类生理需铁较低的微生物，乳铁蛋白基本上不表现抑菌活性。所以，早期研究一直认为乳铁蛋白的抑菌功能在于其铁结合活性。近几年来的研究表明，乳铁蛋白对链球菌的变异菌株和霍乱弧菌等有直接的致死效果，而此种作用与铁无关。同时，Terrguchi 等(2008)研究了牛乳铁蛋白对鼠肠内细菌的影响，结果发现，用含乳铁蛋白的牛乳喂饲小鼠时，其肠道内肠球菌受到抑制，抑制效果与乳铁蛋白的浓度和喂食时间相关，而与乳铁蛋白的铁结合能力无关，乳铁蛋白降解产生的乳铁多肽素表现出强杀菌活性。所以，乳铁蛋白对微生物的抑制作用并非仅依赖于铁结合活性，还可通过直接作用达到抑菌杀菌效果。

微生物对铁的需求程度、外源铁的生物利用率、乳铁蛋白的铁饱和度、盐类、pH、抗体及其他免疫物质和介质等都不同程度地影响着乳铁蛋白的抑菌效果。根据研究结果，乳铁蛋白抑菌可归纳为几种主要方式：①与微生物竞争铁而使其致死；②氨基末端具有较强的阳离子结合域，可使菌膜通透性增加，脂多糖外渗，实现杀菌；③水解得到抗菌肽，可直接抗菌。

7.3.5 乳铁蛋白阻断自由基生成的作用

机体内氧自由基过剩，形成过氧化脂，损伤细胞和组织，是疾病或衰老的表现。游离铁离子和氧结合有很强催化自由基反应的能力，正常情况下铁处于稳定大分子包围封闭状态中，一旦铁离子逃出这种封闭，与巯基结合便具有很强催化作用，在铁离子催化下可产生活性很强的羟基自由基(·OH)和其他氧化剂。乳铁蛋白能结合 Fe^{3+}，阻断氧自由基生成。在病菌体内乳铁蛋白能促使机体产生氧自由基参与粒细胞对微生物的杀伤作用，而在一般细胞外的 pH 条件下，乳铁蛋白通过激活单核细胞和铁结合的途径，抑制自由基的产生，从而保护嗜中性粒细胞免遭脂质过氧化作用，也阻止了自由基对组织的氧化损伤。通过阻断自由基的产生，乳铁蛋白可降低自由基对动脉血管壁弹性蛋白的破坏，达到预防和治疗动脉粥样硬化和冠心病的目的。细胞内的一些重要酶发挥作用也必须依赖于乳铁蛋白与铁离子结合，从而发挥氧化还原活性。

由于乳铁蛋白能结合 Fe^{3+}，抑制了由铁引起的脂质过氧化作用，阻断氧自由基的生成。铁是产生能导致心血管疾病、肠道癌等氧自由基的重要催化剂。在氧自由基反应(Haber-Weiss 反应)中，Fe^{3+}将过氧负离子($O_2^- \cdot$)氧化为Fe^{2+}和O_2，Fe^{2+}又将H_2O_2还原为$\cdot OH$，$O_2^- \cdot$和Fe^{3+}最终完成了由$O_2^- \cdot$和H_2O_2生成$\cdot OH$、O_2和OH^-的反应。Haber-Weiss 反应如式 7.1～式 7.3 所示。

$$O_2^- \cdot + Fe^{3+} \longrightarrow O_2 + Fe^{2+} \tag{7.1}$$

$$H_2O_2 + Fe^{2+} \longrightarrow \cdot OH + OH^- + Fe^{3+} \tag{7.2}$$

$$O_2^- \cdot + H_2O_2 \longrightarrow \cdot OH + OH^- + O_2 \tag{7.3}$$

嗜中性粒细胞、单核细胞和巨噬细胞等是通过$O_2^- \cdot$将侵入机体的致病菌杀死，而聚集在炎症或受感染处的Fe^{3+}和Fe^{2+}会催化上述自由基反应，导致机体出现过多的氧自由基。乳铁蛋白能结合铁，使其不再会催化 Haber-Weiss 反应。人和牛的乳铁蛋白都已被发现有抑制脂质过氧化的作用，抑制铁诱导脂质过氧化过程所产生硫代巴比妥酸和丙二醛生成，阻断氧自由基生成。乳铁蛋白还降低吞噬细胞经自由基产生可能性，从而抑制单核细胞膜铁催化自动氧化反应，可认为乳铁蛋白抗氧化机制主要是螯合易引起氧化的铁离子，减少自由基的生成。因此，乳铁蛋白用作食品和饲料添加剂可以起到抗氧化剂的作用。另外，牛乳铁蛋白能降解酵母中的 tRNA，具有核糖核酸酶活性，且能抑制超氧离子形成。所有这些都可降低人体内自由基对动脉血管壁弹性蛋白的破坏，达到预治动脉粥样硬化和冠心病的目的。

7.3.6 乳铁蛋白促进肠道健康的作用

肠道是机体营养物质消化吸收的主要场所，也是机体抵御异物的第一道防线。有研究显示，乳铁蛋白在治疗极低出生体重儿的晚发败血症和坏死性小肠结肠炎中具有较好的疗效和安全性(Sherman，2013)；口服乳铁蛋白，可降低 83%的结肠癌发病率。乳铁蛋白对肠道健康有调节作用主要是因为乳铁蛋白具有多种生物活性：①宿主防卫中抵御致病菌和促进有益菌的作用。在人体肠道内定植的细菌至少有 500～1000 种，占人体总质量的 1%～2%，许多肠道微生物对人类健康起到重要作用，正常情况下，肠道微生物之间以稳定的比例关系与宿主肠道相互依存又相互影响，形成动态的微生态平衡。肠道正常菌群与肠道免疫系统的形成和功能、肠上皮细胞的生长有密切关系，并可以阻挡病原微生物的入侵。乳铁蛋白可以抑制胃中的革兰氏细菌，并具有促进双歧杆菌、乳酸菌增殖的作用，保护肠道不被有害细菌损伤。②免疫调节和抗炎作用，如口服乳铁蛋白可刺激消化道上皮产生 IL-18，发挥其免疫调节作用，可破坏肠道内的革兰氏阳性和革兰氏阴性致病菌，减少它们对小肠上皮和黏膜的入侵。③对小肠细胞生长的调节作用。④调节体内铁离子水平的活性和酶活性等。增加肠道中铁的溶解性和吸收，降低过量铁导致的肠道损伤。在肠道疾病中，尤其以炎性疾病为主，检测粪乳铁蛋白，将其作为一种疾病标志物来辅助诊断，结果表明其敏感度和特异性均较高。

此外，乳铁蛋白有促进婴儿肠道生长的特殊作用。在母乳喂养时，初生婴儿在 1～3d 内肠道会突然变长，在动物中也发现这种情况。如果喂普通的配方乳，无论是初生婴儿或初生动物都不会发生肠道在几天内突然变长的现象。当把配方乳中的乳铁蛋白加到母乳初乳的含量时，则和喂母乳的结果一样。肠道短的婴儿会发生短肠综合征，伴随着很难处理的腹泻，添加乳铁蛋白的婴儿配方乳或乳铁蛋白的营养补充剂可解决这一问题。另外，母乳喂养的婴儿较用配方奶粉喂养的婴儿体内的双歧杆菌和乳酸菌数要多，pH 也较低，而且溶菌酶活性和有机酸含量都有所增加，这是乳铁蛋白与母乳其他因子共同作用的结果。

7.3.7 乳铁蛋白的成骨活性

乳铁蛋白对骨骼发育的影响以及对骨质疏松的预防治疗作用是乳铁蛋白研究领域近年来研究的热点。研究发现，乳铁蛋白在体内可以有效治疗卵巢切除大鼠模型的骨质疏松症，展现了强大的体内外成骨活性。同时，乳铁蛋白具有促进成骨细胞增殖、分化、存活和抑制破骨生长的活性。

2006 年，研究人员首次发现乳铁蛋白在动物体内具有促进骨骼生长的作用。Cornish 等（2004)将乳铁蛋白局部注射于小鼠颅骨表面(4mg/d，连续 5d)，发现注射部位的骨骼增长是对照部位的 4 倍，组织形态评估还显示矿物叠积率和骨形成率明显增加，表明乳铁蛋白在体内可以直接促进骨骼生长。研究人员推测，这是乳铁蛋白具有在动物体内能够直接促进骨合成、抑制骨吸收的双重作用的结果。郭慧媛等(2009)首次对口服乳铁蛋白的大鼠绝经后骨质疏松症治疗作用进行了全面评价。研究人员采用卵巢切除大鼠骨质疏松模型，对试验动物进行为期 3 个月的乳铁蛋白灌胃，试验结束后对试验动物骨密度、骨小梁微观结构、骨生物力学及骨转换生化标志物进行检测。结果显示，口服中高剂量乳铁蛋白 3 个月后，大鼠股骨和椎骨的骨密度显著高于对照组，虽然无法使模型大鼠的骨密度恢复正常水平，但口服乳铁蛋白可以显著阻止卵巢切除后大鼠股骨的骨量流失。同时乳铁蛋白能够有效提高腰椎骨的最大抗压力，高剂量较对照组最大提高了 11.9%。

研究人员利用体外培养的成骨细胞以及破骨细胞模型，对乳铁蛋白作用下成骨细胞增殖、分化、凋亡以及破骨细胞生长等方面进行了研究，结果表明，乳铁蛋白能够促进骨细胞的增殖和分化。Cornish 等(2004)利用胸腺嘧啶渗入方法，在人与大鼠原代成骨细胞、人成骨细胞系 SaOS-2 和基质细胞系 ST2 中，测定了牛乳铁蛋白促进骨细胞增殖的作用，结果表明，1～100μg/mL 的乳铁蛋白以浓度依赖的方式促进细胞 DNA 的合成，不同细胞中促增殖的效果显著。此外，也有研究发现，在人骨髓瘤细胞系MG63中，乳铁蛋白可以显著提高骨细胞分化指标骨钙素的分泌量，同时促进细胞外基质(ECM)形成，表明乳铁蛋白对骨细胞的矿化成熟也有明显的促进作用。

7.4 乳铁蛋白的分析检测

7.4.1 随机免疫扩散法

随机免疫扩散(RID)，即抗原、抗体在琼脂糖凝胶中自由扩散，两者在比例适当处相遇，发生沉淀反应，反应的沉淀物因颗粒较大，在凝胶中不再扩散，形成沉淀带。龚广予等(2000)曾用此方法测定婴儿配方奶粉中乳铁蛋白的含量，其试验步骤是：将混有乳铁蛋白抗体的琼脂糖溶液倒入制备好的平板，固化冷冻后用打孔器打小孔，在小孔中注入乳铁蛋白样品，样品在孔中呈放射形扩散，在小孔外形成抗原-抗体反应沉淀带(环状)，用染色液染色后精确测量环的直径，计算出已知直径的环的面积，以代表乳铁蛋白的浓度，根据得出的数值做出曲线图，通过曲线图计算出试验样品中乳铁蛋白的浓度。

7.4.2 放射免疫分析法

放射免疫分析法(RIA)，指利用同位素标记的与未标记的抗原同抗体发生竞争性抑制反应的放射性同位素体外微量分析方法，又称竞争性饱和分析法。王崇道等(1999)曾用该方法测定乳铁蛋白的含量：用氯胺T标记法制备 ^{125}I-LF，然后分别与羊抗兔二抗、人抗兔血清反应，进行LF-RIA，抗体结合的采用 ^{125}I-LF用γ计数器测量。计算结合率，处理数据并做标准曲线。最小检测限为 2×10^{-6}mg。随机免疫扩散和放射免疫法曾先后被用来检测乳铁蛋白，这两种方法的检测范围有限，定量检测准确度不高，操作烦琐，仅能实现在一定浓度范围内的定性检测，且存在一定的放射危害。

7.4.3 分光光度法

分光光度法是通过测定物质在特定波长处或一定波长范围内光的吸收度，对该物质进行定性和定量分析的方法。曲练达等(2006)采用分光光度法测定乳铁蛋白浓度，首先将乳铁蛋白样品溶液在400～650nm进行波段扫描，发现其在475nm波长处产生特征吸收峰。依据475nm处的吸光度，做出浓度 Y 与吸光度 X 的线性回归方程，所得回归方程为 Y=827.49X+5.7315(R^2=0.9954)，乳铁蛋白的质量浓度为0.10173mg/mL。分光光度法具有快速简便的特点，由于其对仪器设备的要求不高，可以快速地测定乳铁蛋白的含量，适用于工厂中分离纯化过程中的在线检测，但其准确性比较差。

7.4.4 高效液相色谱法

高效液相色谱是以液体为流动相，采用高压输液系统，将具有不同极性的单一溶剂或不同比例的混合溶剂缓冲液等流动相泵入装有固定相的色谱柱，在柱内各成分被分离后，进入检测器进行检测，从而实现对试样的分析，分为正相和反相两种。

正相高效液相色谱法是由极性固定相和非极性流动相所组成的液相色谱体系。任璐曾等(2009)利用正相高效液相色谱法测定乳铁蛋白质量浓度。其试验流程是：将市售乳粉样品进行预处理，采用 IEC CM-825 弱阳离子色谱柱分离，以磷酸缓冲盐溶液(pH 7.0)和氯化钠的混合溶液作为流动相进行梯度洗脱，检测波长为 280nm。所获得乳铁蛋白的标准曲线方程为 $Y=4.94439\times10^5X+2.5044\times10^4$ ($R^2=0.9991$)，乳铁蛋白在质量浓度为 0.05～4.0mg/mL 范围内呈线性相关。

反相高效液相色谱法是由非极性固定相和极性流动相所组成的液相色谱体系，与正相高效液相色谱体系相反。许宁等(2004)采用 Vydac C_4 色谱柱(250mm×4.6mm，5μm)，检测波长为 220nm，流动相 A 为 0.1% 三氟乙酸水溶液，流动相 B 为乙腈-水-TFA(95 ∶ 5 ∶ 0.1)。所获得乳铁蛋白的标准曲线方程为 $Y=1.123\times10^4X-2.146\times10^5$ ($R^2=0.999$)，最低检测限为 1.6×10^{-4}mg，浓度范围为 0.025～1mg/mL。

以上两种方法均属于高效液相色谱，高效液相色谱法测定快速方便、准确可靠、精密度高、重现性好，适用于初步分离效果的监控，但对纯度较低的乳铁蛋白检测时，由于乳铁蛋白与其他杂蛋白分子质量相近，在凝胶色谱上保留时间接近，很难达到基线分离，仅适用于高纯度的样品测定。

7.4.5 酶联免疫法

酶联免疫法，是继 20 世纪 50 年代的免疫荧光(IFA)和 20 世纪 60 年代的放射免疫技术发展起来的一种免疫酶技术。其基本方法是将已知的抗原或抗体吸附在固相载体(聚苯乙烯微量反应板)表面，使酶标记的抗原抗体反应在固相表面进行，再用洗涤法将液相中的游离成分洗除。张英华等(1999)向酶标板中加入标准乳铁蛋白样品和抗体的混合物，再加入 HRP 标记的羊抗兔 IgG，然后加入 HRP 底物，用酶联免疫检测仪测定波长为 410nm 时的吸光度，得到标准曲线方程 $Y=-22.721X+21.375$ ($R^2=0.996$)。试验得出乳铁蛋白最小检出量为 5×10^{-7}mg/mL，线性范围为$(8\times10^{-7})\sim(1\times10^{-4})$ mg/mL。

酶联免疫法具有灵敏度高、最小检测限低、样品无须纯化等特点，因此该法应用范围最广，适用于初乳和乳粉等一系列产品中乳铁蛋白质量浓度或质量分数的测定，但该法所用试剂盒昂贵，进行测定时，对样品要进行多次稀释，才能保证读取有效的吸光度，一般需要1d以上的时间，往往不能在进一步的分离纯化中同步检测，且当进行大批量样品分析时，重现性不好，不适于长期大量检测乳铁蛋白的质量浓度或质量分数。

7.4.6 SDS-聚丙烯酰胺凝胶电泳法

SDS-PAGE是根据蛋白分子质量亚基的不同而分离蛋白，主要用于蛋白质纯化、定性分析等。李珊珊等(2008)报道了定量测定乳及乳制品中乳铁蛋白的SDS-PAGE法。该试验采集了24种不同的样品进行测定，结果表明，该方法对液态奶、干酪和奶粉的检出限分别为2.9mg/100g、29.0mg/100g和29.0mg/100g，定量限分别为9.7mg/100g、97.0mg/100g和97.0mg/100g，相对标准偏差为0.01%～8.70%，这也表明该方法简易、快速、准确，可初步作为定量测定乳及乳制品中乳铁蛋白的方法。

7.4.7 表面等离子共振技术

表面等离子共振技术(SPR)是一种物理现象，当入射光以临界角入射到两种不同折射率的介质界面时，可引起金属自由电子的共振，由于共振致使电子吸收了光能量，从而使反射光在一定角度内大大减弱。表面等离子共振技术随表面折射率的变化而变化，而折射率的变化又和结合在金属表面的生物分子质量成正比。因此可以通过获取生物反应过程中角的动态变化，得到生物分子之间相互作用的特异性信号。有学者运用表面等离子共振技术检测市售牛乳、牛初乳和婴儿配方奶粉中乳铁蛋白的含量。其获得的结果是检测浓度范围在0～1×10^{-3}mg/mL，最低检测限达到0.0199mg/mL(Indyk and Filonzi，2005)。该技术自动测定婴儿配方奶粉中低含量乳铁蛋白，样品消耗量低，具有分析自动迅速、灵敏准确、能够实现在线连续检测等特点，在食品安全、环境监测、药物筛选和生命科学基础研究等领域有广泛的应用前景，但实验中实验温度及样品组成对测定结果有一定的影响，且仪器价格比较昂贵。

7.4.8 毛细管电泳法

毛细管电泳(CE)又称高效毛细管电泳(HPCE)，是近年来发展最快的分析方法之一。由于CE符合以生物工程为代表的生命科学各领域中对多肽、蛋白质(包括酶和抗体)、核苷酸乃至脱氧核糖核酸的分离分析要求，得到了迅速的发展。Riechel等于1998年率先报道了毛细管区带电泳技术(CZE)检测浓缩乳清蛋白粉中乳铁蛋白含量的方法。他们通过将带正电的乳铁蛋白与带负电的荧光素标记脂多糖(FITC-LPS)混合后上样检测，建立了乳铁蛋白含量与峰迁移时间的指数回归方程，从而对乳铁蛋白进行定量检测。此外，他们还用 FITC 标记的乳铁蛋白抗体替代 FITC-LPS，建立了类似的 CE 方法；并利用两种方法检测了 6 份样品，结果与 ELISA 比较均偏低(Riechel et al.，1998)。许宁等则建立了检测乳铁蛋白纯品的 CE 方法，试验采用熔融石英毛细管柱 67cm(有效长度 55cm)× 50μm，缓冲液为 33mmol/L 磷酸二氢钾和 10mmol/L 磷酸溶液（pH 2.5)，进样压力 6.9kPa，时间为 5s，电压为 25kV，检测波长为 214nm，毛细管柱温为 25℃。当乳铁蛋白进样浓度在 100～600mg/L 范围内线性关系良好(R^2= 0.9995)，方法的最低检测限为 25mg/L，简便可靠(许宁等，2005)。

7.5 乳铁蛋白的分离纯化

对乳铁蛋白结构和功能进行探索的同时，人们也在采用多种方法分离提纯乳铁蛋白，如层析法、膜分离法及磁性分离等。下面将对乳铁蛋白的分离、纯化方法进行总结，为低成本、高效率的乳铁蛋白工业化生产工艺开发提供参考。

7.5.1 层析法

在蛋白质的分离纯化技术中，层析是一门关键技术，因其具有纯化效率高、适应性广、操作相对简单等特点，而得以广泛的应用。在乳铁蛋白的分离纯化过程中，常用的层析方法主要有凝胶过滤层析、离子交换层析与亲和层析。

1. 凝胶过滤层析

凝胶过滤层析又称排阻层析或分子筛法，主要是根据蛋白质的大小和形状进行分离和纯化。凝胶过滤层析操作简便，所需设备简单，且层析所用的凝胶属于惰性载体，不会影响分离物的活性，在乳铁蛋白的分离纯化过程中得以广泛的应用。凝胶过滤层析要求上样量一般不超过凝胶总体积的 5%～10%，因此乳铁蛋白样品上样前往往需要先盐析沉淀。研究人员用硫酸铵沉淀，然后过 Sephadex G-100 凝胶柱的方法成功从牛初乳、驼乳中分离到乳铁蛋白(曲练达等，2009)。凝胶过滤层析对流速要求较高，且对于分子质量相差不多的物质难以实现很好的分离，用该方法分离乳铁蛋白效果不如离子交换层析。Li 等(2015)用离子交换层析与凝胶过滤层析相结合的方法从酵母表达系统中分离重组羊乳铁蛋白，取得了较好的分离效果，乳铁蛋白收率为 57.5%，纯化倍数达 39.9。

2. 离子交换层析

离子交换层析是利用被分离组分与固定相之间发生离子交换能力的差异来实现分离。Groves 最早于 1960 年使用二乙氨乙基离子交换层析分别从牛乳和人乳中分离出较纯的乳铁蛋白(Groves，1960)。之后采用离子交换层析分离纯化乳铁蛋白的研究纷纷涌现，研究人员通过变换层析介质、改变层析条件，以及与其他方法联合等对乳铁蛋白进行分离，可以得到纯度在90%以上的产品。例如，吕立获等(2005)使用带羧甲基的弱酸性阳离子交换剂 CM-Sepharose Fast Flow 从牛初乳中分离乳铁蛋白，使用质量分数为1.5%和5%的NaCl溶液进行阶跃洗脱，经过两步阶跃洗脱得到的乳铁蛋白纯度可达95%以上。Lu 等(2007)采用超滤和强阳离子交换层析相结合的方法从牛初乳中分离乳铁蛋白，使用分子截留量为100kD和10kD的膜进行超滤后，再用强阳离子交换层析进行纯化，乳铁蛋白的纯度和回收率分别达94.2%和82.46%。

3. 亲和层析

亲和层析是利用蛋白质特异、可逆地结合配基的特性，专一地分离纯化蛋白质的一类方法。亲和层析技术具有高选择性、高回收率等特点，在乳铁蛋白的分离纯化过程中扮演了重要的角色。根据亲和配基的不同，分离乳铁蛋白所用到的层析技术有金属螯合亲和层析、肝素亲和层析、染料亲和层析及免疫亲和层析。

1977年，Carlsson 等首次使用金属螯合亲和层析技术从人乳中分离乳铁蛋白，研究发现该方法具有柱容量高、不损坏蛋白活性、容易再生等优点(Carlsson et al.，1977)。1988年，Al-Mashikhi 等用该技术从干酪乳清中成功分离到乳铁蛋白和免疫球蛋白(Al-Mashikhi et al.，1988)。Carvalho 等(2014)用载有铜离子的聚丙烯酰胺晶胶介质作为吸附剂从干酪乳清中纯化乳铁蛋白，研究发现，含有环氧基团的晶胶介质在较宽的流速范围内展现出高的渗透性和低的轴向扩散系数，该系统在分离纯化乳铁蛋白方面具有良好的前景。

肝素亲和层析也是分离高纯度乳铁蛋白的有效方法，自1980年 Blckberg 和 Hernell 首次使用肝素亲和层析从人乳中分离乳铁蛋白以来(Blckberg et al.，1980)，该方法相继被用于从牛乳清、人初乳、猪初乳及牛初乳中分离乳铁蛋白，且都得到了高纯度的乳铁蛋白(叶震敏等，2005)。1996年，Grasselli 和 Cascone 以8种染料作为亲和层析的配基从乳清中分离乳铁蛋白，发现红色染料 HE-3B 的选择性最好，且在 pH 7.0 时对乳铁蛋白的吸附效果最佳，用该染料为亲和配基开发的亲和色谱方法能够从乳清中分离出82%的乳铁蛋白，且纯度高达98%(Grasselli and Cascone, 1996)。Baieli 等(2014a 和 2014b)比较了红色染料 HE-3B 和黄色染料 HE-4R 为配基的染料亲和层析对乳铁蛋白的分离效果，发现以黄色染料 HE-4R 为配基的色谱方法具有更高的产率和纯化倍数。随后他们又开发了以染料为配基、壳聚糖小球为载体的层析方法从乳清中分离乳铁蛋白，乳铁蛋白的纯度在90%以上，回收率达77%。

免疫亲和层析是亲和层析技术中最受欢迎的一种，它以抗原抗体中的一方作为配基，亲和吸附另一方而实现目标物的分离。由于抗体与抗原之间的作用专一性高、亲和力强，该方法用于分离纯化乳铁蛋白，可以成功实现一步分离。最初研究人员通过乳铁蛋白免疫兔子或小鼠获得乳铁蛋白抗体，并且将抗体与凝胶进行连接，制备免疫亲和柱来纯化乳铁蛋白（Kawakami et al.，1987）。后来开发了用乳铁蛋白免疫母鸡，然后从蛋黄中分离乳铁蛋白抗体来制备免疫亲和柱的技术（Tu et al.，2010）。近年来，随着转基因技术的发展，转人乳铁蛋白基因的牛、羊已经成功培育，转基因动物乳中的乳铁蛋白与重组人乳铁蛋白高度同源，难以分离，而以单域抗体为配基的免疫亲和技术，则可以将两者成功分离。Tillib 等（2014）采用单域抗体制备技术获得了特异性结合重组人乳铁蛋白的抗体，并制备了免疫亲和柱，成功将重组人乳铁蛋白从羊乳中分离出来。该抗体能够与人乳铁蛋白或重组人乳铁蛋白结合，而不与羊乳铁蛋白进行结合。免疫亲和层析分离乳铁蛋白效果好，产品纯度和回收率极高，但是单克隆抗体的制备工艺复杂，成本昂贵，因此难以实现工业化应用。

7.5.2 膜分离法

1. 超滤

超滤是一种基本的膜分离技术，其原理是根据膜孔径不同实现不同分子质量和分子形状的大分子物质的分离。超滤法操作简便，易于形成规模化工业生产；其缺点是产品的纯度较低，且膜容易堵塞，需经常清洗。乳铁蛋白分子质量为 80kD，所以用分子质量截留值为 50～80kD 的超滤膜，可将乳铁蛋白与乳清中的其他低分子质量蛋白、乳糖和无机盐分开。于长青和陈秋（1999）建立了超滤法分离乳铁蛋白的工艺，先后经截留分子质量 60kD 和 100kD 的超滤膜分离乳铁蛋白，其回收率为 69%，浓缩倍数为 2.7。针对膜容易堵塞的问题，刘江丽和张丽萍（2011）研究了膜分离技术分离乳铁蛋白的工艺条件及膜清洗方法，发现 38℃、操作压力 0.19MPa、pH 6.9 时膜通量和膜效能最高，采用水洗 10min，浓度为 0.5mol/L 的 NaOH 与质量分数为 4%的 NaCl 混合液清洗 15min 的方式，膜通量恢复率可以达到 95%以上。针对超滤法所得乳铁蛋白纯度较低的问题，Lu 等（2007）选用超滤与离子交换层析相结合的方法，得到了纯度为 94.2%的乳铁蛋白。

2. 膜层析

膜层析技术是在柱层析技术上发展而来的一项新型高效纯化技术，膜层析介质是以膜为基质，偶联相应的离子、疏水基团、亲和基团等制备而成。在膜层析系统中，目标分子流经膜内部孔隙而被固定在表面的配基吸附，该技术可以大幅度降低物质传输的阻力，节省操作时间，此外，膜层析过程没有吸附、洗脱步骤，可以节约层析介质、缓冲液及废水处理的成本(Wolman et al., 2007; Teepakorn et al., 2015)。Wolman等(2007)将红色染料HE-3B固定到中空纤维膜上，开发了亲和膜层析技术从牛乳清中分离乳铁蛋白，研究发现，每毫升膜对乳铁蛋白的吸附能力高达111mg，远高于结合了染料配基的琼脂糖颗粒的9.3mg；此外，膜层析的生产能力比琼脂糖颗粒高500%，经过一步纯化所得乳铁蛋白的纯度为94%。Plate等(2006)用阳离子交换膜层析从乳清中分离乳铁蛋白、乳过氧化物酶和乳铁素，且将该技术从实验室规模升级到工业化生产规模，用升级后的层析系统分离乳铁蛋白，回收率可达90%以上。离子交换膜层析，膜的吸附能力受流速的影响显著，此外，乳铁蛋白的铁饱和情况及溶液的pH也会影响阳离子交换膜层析的吸附能力，因此在实际操作过程中需要准确控制膜层析的条件，以实现最高效的分离。Saufi和Fee(2011a，2011b，2013)先后用基于阳离子交换、阴离子-阳离子交换和疏水交互作用的混合基质膜从乳清中分离乳铁蛋白，都展现出比传统柱层析更优越的性能。Teepakorn等(2015)用强阴离子-阳离子交换混合基质膜从乳清中分离蛋白，分离出分子质量相近而等电点不同的蛋白，如乳铁蛋白和牛乳清白蛋白，研究发现这种快速有效的分离方法可以用于规模化的工业生产。

7.5.3 磁分离法

自20世纪70年代开始，磁性聚合物微球引起了人们的关注，这种微球具有常规聚合物微球的诸多性质，还能对外加磁场做出响应，即在外加磁场作用下迅速地从介质中分离出来，大大地简化了分离步骤。近年来，基于磁性聚合物微球的磁分离技术在蛋白质的分离、富集方面得到了广泛的应用，与其他分离方法相比，磁分离的操作过程非常简单，所有的分离步骤可以在一个容器内完成，不需要昂贵的液相色谱系统，也不需要离心、过滤等装置(Safarik and Safarikova, 2004)。与此同时，研究人员也在尝试用磁分离技术来分离乳铁蛋白，Meyer等(2007)开发了一个磁性微离子交换剂联合高梯度磁分离技术的乳铁蛋白纯化系统，该系统可自动化分离牛乳清中的乳铁蛋白，磁性离子交换剂在前10次循环中的吸附量为160mg/g，之后下降到100mg/g，并保持稳定。Chen等(2007)制备了一种微米级的磁性亲和剂，通过固定在磁性粒子上的肝素来亲和分离乳铁蛋白，所得产品的纯度比标准品还高，这种磁性粒子的最大吸附量为164mg/g，具有批量生产乳铁蛋白的潜力及生产高纯度乳铁蛋白的前景。

7.6 转基因乳铁蛋白的研究现状

分子生物学及基因工程技术的发展为外源基因的重组表达提供了有力的技术

支持。目前，已发展出多种乳铁蛋白的表达系统，如细菌、真菌、植物、动物细胞系和哺乳动物表达系统。

7.6.1 乳铁蛋白在细菌中的表达体系

1. 乳铁蛋白在大肠杆菌中的表达

大肠杆菌表达系统是基因工程中使用最为广泛的表达系统。由于大肠杆菌的遗传背景比较清楚，比较容易控制基因的表达，而且培养过程简单、生长速度较快、转化效率较高，可以以低成本进行目的蛋白的大规模表达，因此往往作为首选的蛋白质表达系统(Nuc and Nuc，2006)。但是如果需要表达真核基因编码的蛋白产物，则要求翻译后进行正确的折叠或者糖基化。由于大肠杆菌的折叠机制与真核细胞存在差异，所以大肠杆菌表达系统在一定程度上存在缺陷。

在大肠杆菌中表达的乳铁蛋白已经报道的有小鼠的乳铁蛋白和牛的乳铁蛋白。从泌乳期小鼠的乳腺细胞中提取总 RNA，反转录后将小鼠乳铁蛋白 cDNA 克隆到 pET28a(+)载体上，转化到 BL21(DE3)中进行乳铁蛋白和乳铁蛋白 N 端的表达，经过镍柱纯化后得到表达量为 17mg/L、纯度为 92.1%的重组乳铁蛋白和表达量为 20mg/L、纯度为 98.5%的乳铁蛋白 N 端(Wang et al.，2010)。在进行抗菌性试验中发现，当乳铁蛋白 N 端浓度为 25μmol/L 时对于金黄色葡萄球菌具有 48.6%的抗菌能力，但是浓度为 12.5μmol/L 的重组乳铁蛋白未检测到抗菌活性。将牛乳铁蛋白 cDNA 克隆到 pET32a(+)载体上，在大肠杆菌中表达得到的目的蛋白产量为 15.3mg/L，纯度为 90.3%，抗菌活性为 79.6%，略低于牛乳铁蛋白肽 86.9%的抗菌活性(García-Montoya et al.，2013)。

2. 乳铁蛋白在乳酸杆菌中的表达

乳铁蛋白不会抑制对铁离子需求量较低的乳酸菌的生长，反而可以促进肠道内双歧杆菌和乳酸杆菌的生长。因此用乳酸杆菌作为乳铁蛋白表达宿主具有一定的优越性。于慧等(2014)将经过密码子优化的猪乳铁蛋白成熟肽编码序列克隆到乳杆菌表达载体上，获得的重组质粒被分别转化入 4 种不同的乳杆菌中；最后均得到分子质量为 73kD 并具有抑菌活性的表达产物。

7.6.2 乳铁蛋白在真菌中的表达体系

1. 乳铁蛋白在酵母中的表达

酵母细胞既有原核生物繁殖快、易于培养、培养成本不高和实验过程简单等特点，又具有强有力的启动子，还可以对外源蛋白进行加工折叠和翻译后修饰，具备典型真核生物表达体系的特点。酿酒酵母和甲醇酵母已经成为高效表达外源蛋白的宿主系统被普遍应用。甲醇酵母包括毕赤酵母、念珠酵母和汉逊酵母。Liang等于1993年首次使用酿酒酵母作为重组人乳铁蛋白的表达宿主，得到了有生物活性并可以和铁离子、铜离子结合的重组产物，表达量为1.5～2mg/L(Liang et al., 1993)。Paramasivam等(2002)使用pPIC9K载体首次在毕赤酵母中成功表达马乳铁蛋白，表达量为40mg/L。

2. 乳铁蛋白在曲霉中的表达

丝状真菌具有良好的生长特性和分泌大量胞外蛋白的能力，能够将蛋白质前体进行正确加工修饰，如糖基化、形成二硫键等。其中，米曲霉作为重要的重组蛋白生产宿主，其安全性得到了美国食品药品监督管理局和世界卫生组织的认可。Ward课题组最早用米曲霉作为重组人乳铁蛋白表达系统，获得的乳铁蛋白表达量为25mg/L，且产生的重组蛋白与自然提取的乳铁蛋白有相同的分子大小、免疫反应性和铁离子结合能力(Ward et al., 1992a)。同年，该课题组又在构巢曲霉中表达了重组人乳铁蛋白，其产量为5mg/L，并有大约30%分泌到培养基中(Ward et al., 1992b)。进一步优化表达条件，Ward等(1995)建立了重组人乳铁蛋白表达量达2g/L的泡盛曲霉表达系统。

7.6.3 乳铁蛋白在转基因植物中的表达体系

相对于微生物反应器而言，植物生物反应器有其自身优势。植物细胞中蛋白质合成是采用真核生物蛋白质合成途径，表达产物能够正确折叠装配并进行糖基化修饰；而且若重组蛋白在植物可食用部分进行表达，则简化了目的蛋白的后续加工处理过程。另外，还可以通过控制转基因植株的耕种面积控制蛋白质的产量和规模。选择合适的植物表达系统进行乳铁蛋白的表达不仅可以为医疗或者工业生产提供所需蛋白质，还可以通过增强植物的抗病能力以达到农作物产量提高的目的(Stefanova et al., 2008)。目前，利用植物表达系统生产外源蛋白仍面临着目标蛋白表达量低的问题。

1. 乳铁蛋白在烟草中的表达

烟草是世界上第一例转基因植物。建立烟草的遗传转化和再生系统并不困难，且一棵植株可以产生数量可观的种子，有利于大规模生产。所以烟草已经用于表达抗体、疫苗等多种蛋白产物。但是由于烟叶中含有大量的生物碱毒素，提取方法复杂且费用高昂，因此烟草在生产药用蛋白方面有一定的局限性。1994年，有研究报道在烟草细胞株中表达了分子质量为43kDa的乳铁蛋白，且从愈伤组织中分离得到的乳铁蛋白抗菌性优于商品化的乳铁蛋白(Mitra, 1994)。Zhang等(1998)将含有人乳铁蛋白的cDNA通过农杆菌介导方法转入烟草，使乳铁蛋白在烟草中表达。用青枯雷尔氏菌感染这些转基因烟草植株，大部分植株表现该细菌性萎蔫病症的时间都推迟了 3 周，且植株中的蛋白水平与植株对病菌的抗性呈现明显正相关。

2. 乳铁蛋白在土豆和甘薯中的表达

土豆的生长周期短，表达量高，可以特异性地使目的蛋白在块茎中表达，有利于产物的储存和运输。Chong 和 Langridge（2000）构建了受生长素诱导的甘露碱合成酶 P2 启动子和花椰菜花叶病毒 35S 串联启动子调控的重组乳铁蛋白基因表达载体，并通过农杆菌侵染土豆叶片外植体，得到了转基因植株，重组乳铁蛋白的表达量占其全部可溶蛋白总量的 0.01%～0.1%。这是首次在可食用植物中表达了具有生物活性的乳铁蛋白。Min 等（2006）在甘薯顶端分生组织的愈伤组织中转染含有乳铁蛋白的 cDNA，在表达量最高的细胞株中检测到占其总蛋白含量 0.32%的乳铁蛋白。他们认为选择植物的细胞表达目的蛋白比选择完整植株更省时、更高效。

3. 乳铁蛋白在水稻中的表达

作为一种简单易得、过敏性低并研究较为广泛的重要粮食作物，水稻也被作为重组蛋白表达系统，如表达大豆铁蛋白、球蛋白（Humphrey et al.，2002）和乳铁蛋白（Pham et al.，2015）。Nandi 等（2002）将全基因合成的人乳铁蛋白序列和水稻谷蛋白 1 启动子连接，转染到水稻细胞中，产生的目的蛋白含量占水稻米粒干重的 0.5%，并与天然乳铁蛋白具有相同的 N 端序列、等电点、铁离子结合能力、抗菌活性和抗蛋白酶水解的能力。

7.6.4 乳铁蛋白在动物细胞系中的表达体系

用哺乳动物细胞表达系统表达目的蛋白，可以获得与天然蛋白在结构和功能上都高度一致的表达产物，目前使用比较广泛的是幼仑鼠肾（BHK）和中国仓鼠卵巢（CHO）细胞。Stowell 等（1991）将融合了乳铁蛋白基因的 pNUT 载体转入 BHK 细胞并进行了诱导表达，表达量为 20mg/L。Kruzel 等（2013）在 CHO 细胞中诱导表达的乳铁蛋白产量在 200mg/L 以上，而且其与天然乳铁蛋白具有一致的分子结构和氧化应激反应。但是细胞培养在技术和经济层面要求比较高，且容易污染或携带人类病原物，因此利用哺乳动物细胞建立大规模表达体系受到限制。

7.6.5 乳铁蛋白在转基因哺乳动物中的表达体系

随着转基因技术的迅猛发展，转基因动物早已成为表达重组蛋白的生物反应器并被广泛应用于实验研究和工业生产。世界上首例转基因哺乳动物是携带生长激素融合基因的小鼠（Palmiter et al.，1982）。对于转基因哺乳动物而言，一般首选乳腺作为外源基因的表达场所，因为乳腺是一个外分泌器官，其分泌的乳汁不进入体循环，不会影响宿主本身的生理代谢反应。

1. 乳铁蛋白在鼠中的表达

小鼠是第一种成功表达重组乳铁蛋白的转基因动物(Platenburg et al.，1994)，将乳铁蛋白的基因序列与牛 α_{s1}-酪蛋白的调控元件融合，在乳汁中得到了产量为0.1～36mg/L 的重组乳铁蛋白，且具有与天然乳铁蛋白相同的分子质量和免疫活性。Nuijens 等(1997)报道了人乳铁蛋白在转基因小鼠中的表达情况。他们用乳腺特异的表达载体，使转基因小鼠只在泌乳期分泌人乳铁蛋白，分泌量达 13g/L。在对与各种配基的结合能力、N 端序列及 pH 依赖的铁离子释放曲线进行测定后发现，重组人乳铁蛋白具有与天然人乳铁蛋白一致或相似的性质。

2. 乳铁蛋白在牛中的表达

为了高效获取目的蛋白，牛乳腺生物反应器凭借其不影响自身生理代谢、产量高、易获取、易提纯的优势，成为较理想的目的蛋白表达系统。van Berkel 等(2002)用酪蛋白启动子构建转基因载体，使人乳铁蛋白在转基因公牛和正常母牛杂交获得的子代母牛中得到很好的表达。研究重组乳铁蛋白的特性后发现，它具有与天然乳铁蛋白相同的铁离子结合、解离能力及相同的抗菌能力。为了检测细胞毒性，Appel 等(2006)用牛乳中分离的重组乳铁蛋白连续口服饲喂 Wistar 大鼠13 周，未观察到毒性反应。

3. 乳铁蛋白在其他动物中的表达

Cui 等(2015)获得了转基因猪，利用猪乳腺反应器得到的乳铁蛋白产量为6.5g/L。Yu 等(2012)将 3.3kb 的人乳铁蛋白基因与 β-酪蛋白调控元件融合构建转基因山羊，得到的目的蛋白在整个哺乳期内稳定表达，产量为 30g/L，且具有与天然乳铁蛋白相似的分子质量、N 端序列、等电点、免疫反应等生物学特征，而且蛋白纯化后具有抗肿瘤活性。

7.7 乳铁蛋白的主要应用

乳铁蛋白具有抗菌、抗病毒和免疫调控等许多重要而独特的生物学功能和理化性质，它不仅参与铁的转运，而且具有抗微生物、抗氧化、抗癌、调节免疫系统等功能。美国等许多国家经过试验证明其安全可靠，无副作用。高纯度的乳铁蛋白无臭、无味，既可作为食品成分或食品添加剂使用，也可应用于饲料和医药领域。婴幼儿食品中添加乳铁蛋白，可增强免疫力、促进生长发育；制成口香糖、化妆品、胶囊或饮料，作为补铁制剂用来治疗和预防铁缺乏症，或用于治疗腹泻、STU 症及增强抗炎能力等。

7.7.1 婴幼儿配方产品

美国食品药品监督管理局允许乳铁蛋白作为食品添加剂用于运动、功能性食品，日本、韩国也允许乳铁蛋白作为食品添加剂用于食品。目前这种营养物质在国外已广泛应用于乳制品中，如酸奶、婴儿配方奶粉，尤其是在婴儿配方奶粉中的使用较多，其具体使用情况如表 7.1 所示。

表 7.1　国外婴幼儿配方奶粉中乳铁蛋白的使用情况

使用范围	产品名称	乳铁蛋白含量/(mg/g)	国家
婴儿配方奶粉	HAGUKUMI	0.50	日本
较大婴儿配方奶粉	Chimil ayumi	0.45	日本
婴儿配方奶粉	BMT	0.50	印度尼西亚
婴儿配方奶粉	BF-1	0.50	罗马尼亚
婴儿配方奶粉	BF-1	0.50	巴基斯坦

由表 7.1 可以看出，国外的婴儿配方奶粉中乳铁蛋白的添加量基本在 0.50mg/g 左右。在我国，卫生部在国家标准《食品添加剂使用卫生标准》2004 年增补品种中，批准允许在婴幼儿配方奶粉中添加乳铁蛋白，添加量允许范围为 0.30～1mg/g。

乳铁蛋白在母乳中含量较多，但在普通婴儿配方奶粉中含量甚微，而乳铁蛋白对婴儿的生长发育和营养需求是必要的，不可缺少的。试验证明，按特定的比例(0.5mg/g)添加乳铁蛋白，采用干法混合的办法生产含乳铁蛋白的婴幼儿配方奶粉，其成分可以进一步接近母乳。而且许多资料表明，乳铁蛋白功能将有利于改善婴儿的肠道菌群、提高机体免疫力、调节对铁的消化吸收、减少疾病等。乳铁蛋白添加到婴幼儿奶粉中不仅是一种趋势，更是乳品科技进步的一种表现形式。

7.7.2 液态奶与发酵乳制品

近几年来，日本、韩国等国家出现了在发酵乳制品中添加乳铁蛋白的热潮。作为肠道中双歧杆菌的生长促进剂，乳铁蛋白日益成为发酵乳制品中的新型配料。另外，也有在纯奶、乳饮料中添加乳铁蛋白的产品出现，具体情况如表 7.2 所示。

表 7.2　国外液态奶中乳铁蛋白的使用情况

应用产品	商品名称	产品诉求	添加量/(mg/200mL)
铁强化优酪	Yoplait	增强体力，抗病毒，增加保护力	50～100
LF 强化牛奶	Dr. Milker	抗病毒，增强保护力	50～100
益生菌饮料	Bifeine M (Yakult)	抗氧化，治疗腹泻，维护肠道健康	200

我国已经有高铁牛奶在市场上销售，这为女性消费者提供了好的补血产品。产品是在新鲜优质的牛奶中添加了乳化活性铁和乳铁蛋白。相信在不远的将来，随着人们对功能性食品认识的提高，在牛奶中添加乳铁蛋白将成为一种时尚。

7.7.3 动物饲料

在母畜日粮中添加适量的乳铁蛋白可以提高母乳中内源性乳铁蛋白含量，从而达到预防仔畜贫血和改善孕畜缺铁状况的效果。将乳铁蛋白作为饲料添加剂添加到日粮中，不但具有防止饲料中营养成分被氧化、促进动物生长、抑制体内病原微生物增殖、预防和治疗动物贫血、增强畜禽免疫功能等多重效果，同时也解决了传统饲料添加剂功能单一、作用不全面等问题。

近年来，乳铁蛋白已经被广泛应用于仔猪生产。断奶后的仔猪由于自身消化不良，加之免疫系统尚未完善，很容易由于环境中的各种应激引起一系列相关疾病，具体表现为精神不振、食欲不振、腹泻、饲料利用率低、生长缓慢、严重影响养猪业的经济效益。而乳铁蛋白作为一种新型营养素和绿色安全的饲料添加剂，可提高早期断奶猪仔的养分利用率，并有提高血清中总蛋白水平的趋势(李美君等，2012)。乳铁蛋白对犊牛的生长发育也具有促进作用。Joslin 等(2002)的研究表明，饲喂乳铁蛋白能够提高犊牛断奶前的日增重和胸围，在犊牛断奶前饲喂乳铁蛋白可以增加犊牛的采食量，同时可使其断奶日龄提前 2～3d，这表明代乳粉中添加乳铁蛋白能够提高犊牛的生长性能。

7.7.4 化妆品

乳铁蛋白因具有广泛的抗菌、抗炎、促进胶原蛋白形成及抑制黑色素形成的作用，可应用于相应功能化妆品的开发。戴亚妮等(2017)已经就重组人乳铁蛋白对哺乳动物局部皮肤和眼睛的刺激作用、皮肤的光毒性进行研究，认为重组人乳铁蛋白安全，对皮肤和眼睛均无刺激性且无光毒性。于添等(2017)对基因重组乳铁蛋白致畸效应进行考察，表明重组人乳铁蛋白和牛乳铁蛋白为安全物质。乳铁蛋白作为一种安全物质且具有广泛的生物学功能，被认为是一种极具潜力的化妆品新原料，可作为多功能有效成分用于化妆品制剂的开发。

1. 防腐剂

乳铁蛋白具有广谱的抗革兰氏阴性菌、革兰氏阳性菌及真菌、DNA 病毒、RNA 病毒等致病微生物的功能，且乳铁蛋白为体内天然成分，可作为新型防腐剂用于化妆品制剂的开发。宋薇等(2014)已经将乳铁蛋白作为防腐成分与其他防腐剂复配应用于化妆品的开发中。但并未见到将乳铁蛋白作为化妆品制剂防腐剂的系统研究报告，乳铁蛋白在化妆品制剂开发中的应用浓度及其防腐配伍体系有待深入研究。

2. *痤疮治疗*

Kim 等(2010)对 36 名受试者进行试验研究，受试者饮用含乳铁蛋白 200mg 日剂量的发酵乳制品，发现乳铁蛋白组与对照组比较可显著降低痤疮的等级，痤疮体积显著变小，但乳铁蛋白组与对照组的皮肤水合度和 pH 无显著差异。Mueller 等(2011)的研究表明，39 名受试者每次服用含牛乳铁蛋白 100mg 的咀嚼片，每日 2 次，8 周后痤疮程度显著降低。鉴于乳铁蛋白具有良好的透皮性和广谱的抗菌、抗炎功效，将乳铁蛋白及其他具有抗菌、抗炎、调节皮脂腺分泌的生物活性分子(如重组人溶菌酶、抗菌肽等活性成分)组合，有望开发制得具有痤疮治疗功效且安全性高的新一代生物功能化妆品。

3. *美白*

黑色素是影响皮肤颜色的重要因素之一。在黑色素生成、转运及代谢这些影响因素中，学者们一度认为通过抑制真黑素形成限速酶——酪氨酸酶活性是调控肤色的主要途径。数十年来对酪氨酸酶活性抑制剂的研究众多，并开发出了相应的组方美白制剂，然而安全美白效果并不理想。最近研究报道，乳铁蛋白具有减少酪氨酸酶含量的功能，这为美白化妆品的开发提供了新思路。Ishii 等(2017)的试验表明，乳铁蛋白在转录水平可显著降低小眼畸形相关转录因子(MITF)mRNA 水平，且可降解体内已经表达的 MITF 蛋白，而 MITF 是酪氨酸酶表达调控因子，其在体内的含量直接影响酪氨酸酶的含量，酪氨酸酶又是真黑素形成的限速酶，可减少体内真黑素的形成，实现美白效果；此外乳铁蛋白能增强胞外信号调节激酶(ERK)磷酸化水平，也是具有美白功能的重要原因之一；采用 3D 皮肤模型对乳铁蛋白的美白功能进行验证，发现乳铁蛋白减少黑色素形成的能力与其含量呈剂量关系，最高可减少 20%黑色素，同时发现乳铁蛋白可经皮吸收。这些研究表明，乳铁蛋白美白机理明确，效果显著，虽然分子质量高达 80kD，但是透皮性好，可用于美白化妆品的开发。目前关于乳铁蛋白美白化妆品制剂研究的报道较少，市场上尚无此类产品销售，乳铁蛋白美白制剂的开发市场潜力大。

7.8 小　　结

乳铁蛋白是乳中最为重要的功能活性蛋白，乳铁蛋白的研究从 1960 年至今，一直是食品营养学的研究热点。乳铁蛋白最初被发现具有高效广谱抗菌性，其生理活性开始受到关注。随着研究的深入，从最初的分离纯化、理化性质研究到现在的结构鉴定、功能评价分析及应用，其研究范围不断扩大，研究的内容逐步深入。本章就乳铁蛋白的结构、性质、生理功能、检测方法、分离制备及应用进行了综述。另外，乳铁蛋白的广谱抗菌性、抗病毒、免疫调节、抗氧化等生理活性使其在医疗、食品、动物饲养、化妆品方面具有广泛的用途。现在乳铁蛋白已经在结构与基因表达、受体与定位、免疫活性调节、铁代谢、肥胖、细胞增殖与分化、母乳与配方奶粉、神经系统感染等众多领域开展了丰富的研究工作。近年来，逐渐有学者对乳铁蛋白的成骨活性作用及机制进行了初步研究，发现一些影响乳铁蛋白发挥生物活性的重要受体及信号转导通路，但相关机制有待进一步研究。乳铁蛋白一方面可以直接从牛乳中纯化获得，也可以通过基因重组表达的方式获得。因此，乳铁蛋白的转化应用依然是亟待并值得人们投入大量精力和时间来研究的问题。随着基因工程技术的发展和人们对乳铁蛋白的持续关注，我们相信在不久的将来乳铁蛋白将会作为营养品以及治疗药物进入人们的日常生活，有效地改善人们的健康状况并提升人们的生活品质。

参考文献

曹劲松. 2000. 初乳功能性食品. 北京: 中国轻工业出版社.

曹阳, 包永明, 安利佳, 等. 2002. 乳铁蛋白研究现状. 食品科学, 23(12): 132-138.

戴亚妮, 杨雪珍, 王建武, 等. 2017. 重组人乳铁蛋白作为化妆品新原料的安全性评价. 中国卫生检验杂志, (13): 1851-1854.

高松柏. 2003. 婴儿配方乳的发展趋势. 中国乳品工业, 31(1): 45-49.

龚广予, 巫庆华. 2000. 乳铁蛋白的生理功能. 乳业科学与技术, 29(3): 20-23.

龚广予, 巫庆华, 吴正钧, 等. 2000. 乳铁蛋白的检测方法——随机免疫扩散法. 乳业科学与技术, (3): 19-21.

侯占群, 牟德华. 2006. 乳铁蛋白及其应用研究进展. 食品工程, (4): 8-11.

贾洪锋, 贺稚非, 刘丽娜, 等. 2006. 乳铁蛋白及其生理功能. 粮食与油脂, (2): 44-47.

李翠玲. 2011. 乳铁蛋白的研究现状. 中国奶牛, (14): 57-61.

李林, 刘思国, 成国祥. 2006. 乳铁蛋白的结构与功能. 食品与药品, 8(12): 28-31.

李珊珊, 王加启, 魏宏阳, 等. 2008. 凝胶成像系统 SDS-PAGE 法测定乳及乳制品中乳铁蛋白. 农业工程学报, (s2): 283-288.

刘江丽, 张丽萍. 2011. 膜分离牛初乳中乳铁蛋白的工艺参数研究. 食品工业, (5): 17-20.

李美君, 方成堃, 张凯, 等. 2012. 饲粮中添加乳铁蛋白对早期断奶仔猪生长性能、肠道菌群及肠黏膜形态的影响. 动物营养学报, 24(1): 111-116.

吕立获, 周晓云, 姚婷婷, 等. 2005. 乳铁蛋白的分离工艺研究. 饲料工业, 26(17): 11-14.

曲练达, 王术德, 侯喜林, 等. 2006. 乳铁蛋白的分离纯化. 黑龙江八一农垦大学学报, 18(3): 61-63.

曲练达, 王术德, 侯喜林. 2009. 乳铁蛋白的分离纯化以及免疫佐剂作用的研究. 中国兽医杂志, 45(2): 16-17.

任发政. 2015. 乳蛋白及多肽的结构与功能. 北京: 中国农业科学技术出版社.
任璐, 龚广予, 杭锋, 等. 2009. 采用HPLC测定乳铁蛋白质量浓度的方法研究. 中国乳品工业, 37(2): 49-52.
宋薇. 2014. 一种含牛乳铁蛋白的化妆品: 中国, 103735424B.
王崇道, 强亦忠, 金坚. 1999. 乳铁蛋白(LF)的提纯及其放射免疫分析在肺癌诊断中的应用. 同位素, 12(1): 5-9.
许宁. 2005. 高效毛细管电泳法测定牛乳铁蛋白的含量. 中国医院药学杂志, 25(4): 296-297.
许宁, 李士敏, 吴筱丹, 等. 2004. 牛乳铁蛋白的反相高效液相色谱法含量测定. 药物分析杂志, (1): 49-51.
叶震敏, 王志耕, 余为一. 2005. 牛初乳中乳铁蛋白的分离纯化与免疫功能检测. 食品科学, 26(7): 208-211.
于长青, 陈秋. 1999. 超滤技术制备乳铁蛋白制品工艺的研究. 黑龙江八一农垦大学学报, 11(3): 56-61.
于慧, 姜艳平, 崔文, 等. 2014. 猪乳铁蛋白在4种重组乳杆菌中的表达及抑菌活性比较. 生物工程学报, 30(9): 1372-1380.
于添, 刘燊, 王建武, 等. 2017. 重组人乳铁蛋白大鼠致畸试验. 毒理学杂志, (3): 247-250.
张英华, 董平. 1999. 酶联免疫法测定牛初乳中乳铁蛋白含量. 中国乳品工业, (6): 19-20.
周泽渊, 杨祯瑾, 黄鹂, 等. 2017. 乳铁蛋白及张应力对成骨细胞成骨功能影响的实验研究. 现代口腔医学杂志, (4): 193-197.
朱玉英, 王存芳. 2015. 乳中乳铁蛋白的研究进展. 中国乳品工业, 43(10): 34-36.
Al-Mashikhi S A, Li-Chan E, Nakai S. 1988. Separation of immunoglobulins and lactoferrin from cheese whey by chelating chromatography. Journal of Dairy Science, 71(7): 1747-1755.
Appel M J, van Veen H A, Vietsch H, et al. 2006. Sub-chronic (13-week) oral toxicity study in rats with recombinant human lactoferrin produced in the milk of transgenic cows. Food and Chemical Toxicology, 44(7): 964-973.
Baieli M F, Urtasun N, Miranda M V, et al. 2014a. Bovine lactoferrin purification from whey using Yellow HE-4R as the chromatographic affinity ligand. Journal of Separation Science, 37(5): 484-487.
Baieli M F, Urtasun N, Miranda M V, et al. 2014b. Isolation of lactoferrin from whey by dye-affinity chromatography with Yellow HE-4R attached to chitosan mini-spheres. International Dairy Journal, 39(1): 53-59.
Baker E N, Baker H M. 2009. A structural framework for understanding the multifunctional character of lactoferrin. Biochimie, 91(1): 3-10.
Beljaars L, van der Strate B W A, Bakker H I, et al. 2004. Inhibition of cytomegalovirus infection by lactoferrin *in vitro* and *in vivo*. Antiviral Research, 63(3): 197-208.
Berkhout B, Wamel J L B V, Beljaars L, et al. 2002. Characterization of the anti-HIV effects of native lactoferrin and other milk proteins and protein-derived peptides. Antiviral Research, 55(2): 341-355.
Blackberg L, Hernell O. 1980.Isolation of lactoferrin from human whey by a single chromatographic step. Febs Letters, 109(2): 180-184.
Carlsson J, Porath J, Lönnerdal B. 1977.Isolation of lactoferrin from human milk by metal-chelate affinity chromatography. Febs Letters, 75(1): 89-92.

Carvalho B M A, Carvalho L M, Silva W F, Jr, et al. 2014.Direct capture of lactoferrin from cheese whey on supermacroporous column of polyacrylamide cryogel with copper ions. Food Chemistry, 154(7): 308-314.

Chen L, Guo C, Guan Y, et al. 2007.Isolation of lactoferrin from acid whey by magnetic affinity separation. Separation and Purification Technology, 56(2): 168-174.

Chong D K, Langridge W H. 2000.Expression of full-length bioactive antimicrobial human lactoferrin in potato plants. Transgenic Research, 9(9): 71-78.

Cornish J, Callon K E, Naot D, et al. 2004.Lactoferrin is a potent regulator of bone cell activity and increases bone formation *in vivo*. Endocrinology, 145(9): 4366-4374.

Cui D, Li J, Zhang L, et al. 2015.Generation of bi-transgenic pigs overexpressing human lactoferrin and lysozyme in milk. Transgenic Research, 24(2): 365-373.

García-Montoya I, Salazar-Martínez J, Arévalo-Gallegos S, et al. 2013.Expression and characterization of recombinant bovine lactoferrin in *E. coli*. Biometals, 26(1): 113-122.

Gifford J L, Hunter H N, Vogel H J. 2005.Lactoferricin: a lactoferrin-derived peptide with antimicrobial, antiviral, antitumor and immunological properties. Cellular and Molecular Life Sciences CmLs, 62(22): 2588-2598.

Grasselli M, Cascone O. 1996.Separation of lactoferrin from bovine whey by dye affinity chromatography. Netherlands Milk and Dairy Journal, 50(4): 551-561.

Groves M L. 1960.The isolation of a red protein from milk. Journal of the American Chmical Society, 82(13): 3345-3350.

Guo H Y, Jiang L, Ibrahim S A, et al. 2009.Orally administered lactoferrin preserves bone mass and microarchitecture in ovariectomized rats. Journal of Nutrition, 139(5): 958-964.

Humphrey B D, Huang N, Klasing K C. 2002.Rice expressing lactoferrin and lysozyme has antibiotic-like properties when fed to chicks. Journal of Nutrition, 132(6): 1214-1218.

Indyk H E, Filonzi E L. 2005.Determination of lactoferrin in bovine milk, colostrum and infant formulas by optical biosensor analysis. International Dairy Journal, 15(5): 429-438.

Ishii N, Ryu M, Suzuki Y A. 2017.Lactoferrin inhibits melanogenesis by down-regulating MITF in melanoma cells and normal melanocytes. Biochemistry and Cell Biology-biochimie et Biologie Cellulaire, 95(1): 119-125.

Joslin R S, Erickson P S, Santoro H M, et al. 2002.Lactoferrin supplementation to dairy calves. Journal of Dairy Science, 85(5): 1237-1242.

Kawakami H, Hiratsuka M, Dosako S.1998. Effects of iron-saturated lactoferrin on iron absorption. Agricultural and Biological Chemistry, 52(4): 903-908.

Kawakami H, Shinmoto H, Dosako S, et al. 1987. One-step isolation of lactoferrin using immobilized monoclonal antibodies. Journal of Dairy Science, 70(4): 752-759.

Kim J, Ko Y, Park Y K, et al. 2010. Dietary effect of lactoferrin-enriched fermented milk on skin surface lipid and clinical improvement of acne vulgaris. Nutrition, 26(9): 902-909.

Kruzel M L, Actor J K, Zimecki M, et al. 2013. Novel recombinant human lactoferrin: differential activation of oxidative stress related gene expression. Journal of Biotechnology, 168(4): 666-675.

Levay P F, Viljoen M. 1995. Lactoferrin: a general review. Haematologica, 80(3): 252-267.

Li J B, Zhu W Z, Luo M R, et al. 2015. Molecular cloning, expression and purification of lactoferrin from Tibetan sheep mammary gland using a yeast expression system. Protein Expression and Purification, 109: 35-39.

Liang Q, Richardson T. 1993. Expression and characterization of human lactoferrin in yeast *Saccharomyces cerevisiae*. Journal of Agricultural and Food Chemistry, 41 (10): 1800-1807.

Lu R R, Xu S Y, Wang Z, et al. 2007. Isolation of lactoferrin from bovine colostrum by ultrafiltration coupled with strong cation exchange chromatography on a production scale. Journal of Membrane Science, 297 (1): 152-161.

Mattsby-Baltzer I, Roseanu A, Motas C, et al. 1996. Lactoferrin or a fragment thereof inhibits the endotoxin-induced interleukin-6 response in human monocytic cells. Pediatric Research, 40 (2): 257-262.

Meyer A, Berensmeier S, Franzreb M. 2007. Direct capture of lactoferrin from whey using magnetic micro-ion exchangers in combination with high-gradient magnetic separation. Reactive & Functional Polymers, 67 (12): 1577-1588.

Min S R, Woo J W, Jeong W J, et al. 2006. Production of human lactoferrin in transgenic cell suspension cultures of sweet potato. Biologia Plantarum, 50 (1): 131-134.

Mitra A. 1994. Expression of human lactoferrin cDNA in tobacco cell produces antibacterial protein (s). Plant Physiology, 106 (3): 977-981.

Miyauchi H, Hashimoto S, Nakajima M, et al. 1998. Bovine lactoferrin stimulates the phagocytic activity of human neutrophils: identification of its active domain. Cellular Immunology, 187 (1): 34-37.

Mueller E A, Trapp S, Frentzel A, et al. 2011. Efficacy and tolerability of oral lactoferrin supplementation in mild to moderate acne vulgaris: an exploratory study. Current Medical Research and Opinion, 27 (4): 793-797.

Nagasako Y, Saito H, Tamura Y, et al. 1993. Iron-binding properties of bovine lactoferrin in iron-rich solution. Journal of Dairy Science, 76 (7): 1876-1881.

Naidu A S, Arnold R R. 1997. Influence of lactoferrin on host-microbe interactions//Hutchens T W, Lönnerdal B. Lactoferrin. Interactions and Biological Functions. Clifton, New Jersey, USA: Humana Press: 259-275.

Nandi S, Suzuki Y A, Huang J, et al. 2002. Expression of human lactoferrin in transgenic rice grains for the application in infant formula. Plant Science, 163 (4): 713-722.

Nuc P, Nuc K. 2006. Recombinant protein production in *Escherichia coli*. Postepy Biochem, 52 (4): 448-456.

Nuijens J H, van Berkel P H, Geerts M E, et al. 1997.Characterization of recombinant human lactoferrin secreted in milk of transgenic mice. Journal of Biological Chemistry, 272 (13): 8802-8807.

Palmiter R D, Brinster R L, Hammer R E, et al. 1982. Dramatic growth of mice that develop from eggs microinjected with metallothionein-growth hormone fusion genes. Biotechnology, 300 (5893): 611-615.

Paramasivam M, Saravanan K, Uma K, et al. 2002. Expression, purification, and characterization of equine lactoferrin in *Pichia pastoris*. Protein Expression and Purification, 26 (1): 28-34.

Pham P, Wu L, Bartley G, et al. 2002. Expression of human lactoferrin in transgenic rice grains for the application in infant formula. Plant Science, 163(4): 713-722.

Plate K, Beutel S, Buchholz H, et al. 2006. Isolation of bovine lactoferrin, lactoperoxidase and enzymatically prepared lactoferricin from proteolytic digestion of bovine lactoferrin using adsorptive membrane chromatography. Journal of Chromatography A, 1117(1): 81-86.

Platenburg G J, Kootwijk E P A, Kooiman P M, et al. 1994. Expression of human lactoferrin in milk of transgenic mice. Transgenic Research, 3(2): 99-108.

Riechel P, Weiss T, Weiss M, et al. 1998. Determination of the minor whey protein bovine lactoferrin in cheese whey concentrates with capillary electrophoresis. Journal of Chromatography A, 817(1-2): 187-193.

Safarik I, Safarikova M. 2004. Magnetic techniques for the isolation and purification of proteins and peptides. Biomagnetic Research and Technology, 2(1): 1-17.

Sato R, Inanami O, Tanaka Y, et al. 1996. Oral administration of bovine lactoferrin for treatment of intractable stomatitis in feline immunodeficiency virus (FIV)-positive and FIV-negative cats. American Journal of Veterinary Research, 57(10): 1443-1446.

Saufi S M, Fee C J. 2011a. Simultaneous anion and cation exchange chromatography of whey proteins using a customizable mixed matrix membrane. Journal of Chromatography A, 1218(50): 9003-9009.

Saufi S M, Fee C J. 2011b. Recovery of lactoferrin from whey using cross-flow cation exchange mixed matrix membrane chromatography. Separation and Purification Technology, 77(1): 68-75.

Saufi S M, Fee C J. 2013. Mixed matrix membrane chromatography based on hydrophobic interaction for whey protein fractionation. Journal of Membrane Science, 444(10): 157-163.

Sherman M P. 2013. Lactoferrin and necrotizing enterocolitis. Clinics in Perinatology, 40(1): 79-91.

Sorensen M, Sorensen S P L. 1940. The proteins in whey. Compte Rendu Des Travaux Du Laboratoire De Carlsberg Ser Chim, 23(7): 55-99.

Stefanova G, Vlahova M, Atanassov A. 2008. Production of recombinant human lactoferrin from transgenic plants. Biologia Plantarum, 52(3): 423-428.

Stowell K M, Rado T A, Funk W D, et al. 1991. Expression of cloned human lactoferrin in baby-hamster kidney cells. Biochemical Journal, 276(2): 349-355.

Teepakorn C, Fiaty K, Charcosset C. 2015. Optimization of lactoferrin and bovine serum albumin separation using ion-exchange membrane chromatography. Separation and Purification Technology, 151: 292-302.

Teraguchi S, Ozawa K, Yasuda S, et al. 2008. The bacteriostatic effects of orally administered bovine lactoferrin on intestinal enterobacteriaceae of SPF mice fed bovine milk. Journal of the Agricultural Chemical Society of Japan, 58(3): 482-487.

Tillib S V, Privezentseva M E, Ivanova T I, et al. 2014. Single-domain antibody-based ligands for immunoaffinity separation of recombinant human lactoferrin from the goat lactoferrin of transgenic goat milk. Journal of Chromatography B Analytical Technologies in Biomedical and Life Sciences, 949-950(4): 48-57.

Tu Y Y, Chen C C, Chang J H, et al. 2010. Characterization of lactoferrin（LF）from colostral whey using anti-LF antibody immunoaffinity chromatography. Journal of Food Science, 67(3): 996-1001.

van Berkel P H, Welling M M, Geerts M, et al. 2002. Large scale production of recombinant human lactoferrin in the milk of transgenic cows. Nature Biotechnology, 20(5): 484-487.

Waarts B L, Aneke O J, Smit J M, et al. 2005. Antiviral activity of human lactoferrin: inhibition of alphavirus interaction with heparan sulfate. Virology, 333(2): 284-292.

Wang J, Tian Z, Teng D, et al. 2010. Cloning, expression and characterization of Kunming mice lactoferrin and its N-lobe. Biometals, 23(3): 523-530.

Ward P P, Lo J, Duke M, et al. 1992a. Production of biologically active recombinant human lactoferrin in *Aspergillus oryzae*. Biotechnology, 10(7): 784-789.

Ward P P, May G S, Headon D R, et al. 1992b. An inducible expression system for the production of human lactoferrin in *Aspergillus nidulans*. Gene, 122(1): 219-223.

Ward P P, Piddington C S, Cunningham G A, et al. 1995. A system for production of commercial quantities of human lactoferrin: a broad spectrum natural antibiotic. Biotechnology, 13(5): 498-503.

Wolman F J, Maglio D G, Grasselli M, et al. 2007. One-step lactoferrin purification from bovine whey and colostrum by affinity membrane chromatography. Journal of Membrane Science, 288(1): 132-138.

Yu H, Chen J, Sun W, et al. 2012. The dominant expression of functional human lactoferrin in transgenic cloned goats using a hybrid lactoferrin expression construct. Journal of Biotechnology, 161(3): 198-205.

Zhang Z, Coyne D P, Vidaver A K, et al. 1998. Expression of human lactoferrin cDNA confers resistance to ralstonia solanacearum in transgenic tobacco plants. Phytopathology, 88(7): 730-734.

第 8 章　免疫球蛋白

免疫球蛋白(Ig)是一类具有抗体活性，能与相应抗原发生特异性结合的球蛋白。它不仅存在于血液中，还存在于体液、黏膜分泌液以及 B 淋巴细胞膜中。它是构成体液免疫作用的主要物质，能与抗原结合从而排除或中和毒性，与补体结合后可杀死细菌和病毒，因此可以增强机体的防御能力。免疫球蛋白在 19 世纪末被 Behring 首先发现，1964 年，WHO 首次提出了人体免疫球蛋白的名称(岳喜庆等，2005)。此后人们对其进行了广泛的研究，其中免疫球蛋白的种类、结构、功能等已基本研究清楚。

8.1　免疫球蛋白的结构与性质

免疫球蛋白和抗原决定簇是具有相同物理化学特征的一类高分子质量蛋白质家族。它具有两个显著的特点：高度的特异性和丰富的多样性。特异性是指免疫球蛋白通常只能与引起它产生反应的相应抗原发生反应；多样性是指免疫球蛋白可以和成千上万种抗原发生反应。虽然抗体的类型和活性与特定种类的免疫球蛋白有关，但它们的分类不是基于抗体的特异性，而是基于这些抗原蛋白的物理化学特征。免疫球蛋白分子家族具有相似的结构，所有免疫球蛋白几乎都是由四个链分子组成的单体或聚合物，包括两条轻链(L 链)和两条重链(H 链)。图 8.1 显示了人 IgG 的线性模型。重链和轻链间通过共价键和二硫键链接成分子质量为 150kDa 左右的复合体。免疫球蛋白单体分子的两条重链在一端彼此相互作用，在另一端分别与轻链相互作用，形成 Y 形结构。免疫球蛋白结构的研究通常利用还原和烷基化分子以产生多肽链。此外，免疫球蛋白可以被蛋白水解酶水解或溴化氰碎裂。用木瓜蛋白酶水解兔或人 IgG 产生 2 个抗原结合(Fab)片段和 1 个单一的可结晶(Fc)片段(图 8.1)。Fab 片段包含半个重链的 NH_2 末端和整个二硫键结合轻链，残基 214～221 个。用巯基试剂还原 Fab 片段释放轻链和含有 210 个氨基酸称为 Fd 片段的重链。Fc 片段包含—COOH 末端 240～250 个氨基酸的重链。Fc 片段也含有大部分碳水化合物。

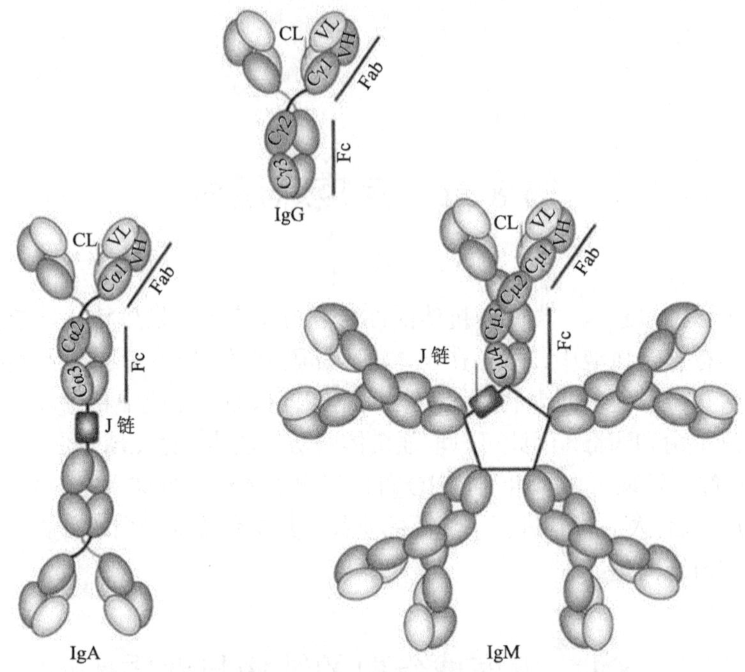

图 8.1　免疫球蛋白是由两条轻链(～25kD)和两条重链(～55kD)组成的 Y 型杂合体

轻链与重链的氨基末端相互作用，形成包含其尖端的抗原结合位点分子的 Fab 结构域。重链的羧基部分结合形成 Fc 结构域，允许与补体和 Fc 受体相互作用。免疫球蛋白种类由重链的类型和它们与 J 链（～15kDa）连接的相互作用力来区分，在 IgA 和 IgM 的情况下重链连接形成聚合免疫球蛋白(Rojas et al.，2002)

资料来源：Hurley，2003

IgG 具有两个相同的抗体结合位点：分别在每个重链和轻链对应的—NH_2 末端(图 8.1)。重链和轻链—NH_2 末端的差异性可能与不同人体内拥有的抗体特异性有关。IgG 的 Fc 部分不能特异性地与抗原结合，但具有与补体结合、皮肤固定、胎盘转移等性质，并且它携带物种特异性和类特异性抗原决定簇（Butler，1974）。

每个免疫球蛋白分子或单体单元具有两个 κ 轻链或两个 λ 轻链。这两条链在免疫球蛋白中的分布随物种和某些免疫现象而变化。在啮齿类动物、家兔和人中，κ/λ 链比例较高，而在偶蹄动物(牛、羊)和食肉动物中，κ/λ 链的比例较低，马的免疫球蛋白仅含有 λ 链(Hood et al.，1967)。此外，具“冷凝集”的人免疫球蛋白几乎都不含有 κ 轻链(Schubothe，1967)。

8.1.1　免疫球蛋白的种类

在初乳或成熟乳中发现的免疫球蛋白或抗体与血液或黏膜分泌物中的免疫球蛋白或抗体相同。它们是一系列具有保护性生物活性的蛋白质家族。免疫球蛋白根据其单体中重链类型(CH 抗原性)的不同，可分为 IgG(γ)、IgA(α)、IgM(μ)、

IgE(δ)和 IgD(ε) 五类(表 8.1)(Smith et al.,1948),分子质量范围为 150～950kDa。每一类免疫球蛋白都有不同的亚类，如 IgG1-4、 IgA1-2。根据轻链(抗原性)的不同，免疫球蛋白分为 κ 型或 λ 型(表 8.1)。根据 λ 链个别氨基酸的差异，免疫球蛋白又分为 λ1-4 亚型。

表 8.1　免疫球蛋白的类型

免疫球蛋白类别	重链类型(相对分子质量)	轻链类型(相对分子质量)	多肽链成分	近似相对分子质量
IgG	γ(53000)	κ 或 λ(22500)	γ2κ2，γ2λ2	150000(单体)
IgA	α(64000)	κ 或 λ	$(\alpha2\kappa2)_n$，n=1，2，3	320000(二聚体)
IgM	μ(70000)	κ 或 λ	$(\mu2\kappa2)_n$；$(\mu2\lambda2)_n$，n=1 或 5	950000(五聚体)
IgD	δ(58000)	κ 或 λ	δ2κ2；δ2λ2	185000(单体)
IgE	ε(75000)	κ 或 λ	ε2κ2；ε2λ2	190000(单体)

IgG、IgA 和 IgM 是乳腺分泌物中的主要免疫球蛋白。IgM 是当生物体首次暴露于抗原(初次感染)环境时最初出现的免疫球蛋白。IgM 的特异性较低，因此抑制感染的作用也较低。IgA 是在黏膜分泌物中发现的主要免疫球蛋白，它可以通过凝集微生物防止黏膜感染。而 IgG 是初乳和成熟乳中发现的主要免疫球蛋白。其中，IgG1 和 IgG2 是血清中 IgG 的主要亚型。免疫球蛋白单体具有相同的基本分子结构，均是由两个相同的重链和两个相同的轻链组成（Gapper et al.，2007；Larson and Fox，1992；Butler，1983）。重链和轻链分别包括恒定区域和可变区域，且通过二硫键连接在一起，形成免疫球蛋白分子的经典 Y 形（Mix et al.，2006）。免疫球蛋白的种类取决于二硫键的数量和位置。每个免疫球蛋白分子均具有两个抗原结合位点，这两个抗原结合位点也称为 Fab 片段，Fab 片段包括可变氨基酸结构域。在分子的另一端是恒定片段 Fc，它在同一亚类分子之间具有相同氨基酸序列，并赋予免疫球蛋白特定子类的身份。分子的 Fc 区域是可以与各种细胞类型上的 Fc 受体结合的区域。

在乳中的免疫球蛋白聚合体包括 IgA 和 IgM 的聚合物，都是由免疫球蛋白的单体通过共价相互作用与 J 链连接在一起而形成的（Mix et al.，2006）。其中 IgA 形成的是二聚体，IgM 形成的是五聚体。这些免疫球蛋白与 J 链的不同结合方式决定了这些免疫球蛋白的特殊性质。例如，抗原结合位点的高价态使它们能够凝集细菌；有限的补体激活活性使它们能够保持抗炎症的状态；高亲和力的聚合物免疫球蛋白受体(PIGR)负责转运上皮细胞分泌的 IgA 和 IgM 到黏膜中（Johansen et al.，2010）。

除了免疫球蛋白种类之间的差异，重链中较小的抗原的理化差异也会引起亚类的差异。IgG 就存在这种亚类差异，如人类 IgG 有四个亚类：IgG1、IgG2、IgG3 和 IgG4。IgG 在猪、绵羊、山羊、牛和兔中有两个亚类；在小鼠、马和大鼠中有三个亚类(Dosogne et al.，2002)。

重链的理化和抗原差异引起免疫球蛋白的种类和亚类的差异，同时也是引起免疫蛋白分子结构差异的原因。例如，人 IgG 亚类之间的一个主要结构差异取决于链间和链内二硫键的位置和数目(图 8.2)。IgM 是一类聚合物，由四五个链亚基通过其 μ 重链中 Fc 部分的链间二硫键相连(图 8.1)。这种特殊的结构使 IgM 含有十个潜在的抗体结合位点。虽然 IgA 是众所周知的聚合物，但单体的结构类似于 IgG。小鼠和人的 IgA 至少有一个例外的亚类，其中轻链与重链二聚体是由疏水作用结合的(图 8.1)。外分泌的 IgA 倾向于由四个 IgA 单链的二聚体加上一种被称为“分泌”或“运输”的糖蛋白构成。分泌片段是一个 50000 的分子，起到调控 IgA 分泌或促进其细胞间质运输的作用。IgD 和 IgE 的结构研究仍然比较少(图 8.2)，但现有结果表明，它们都有比 IgG 或 IgM 稍大的 H 链，并且 H 链是由单一的二硫键结合在一起。不同种类的免疫球蛋白中的碳水化合物的数量和组成也存在差异性。IgG 中碳水化合物的含量相对较低(2%～3%)，IgA 中碳水化合物的含量为 7%～10%，IgM、IgD 和 IgE 均含有 10%～12%的碳水化合物。

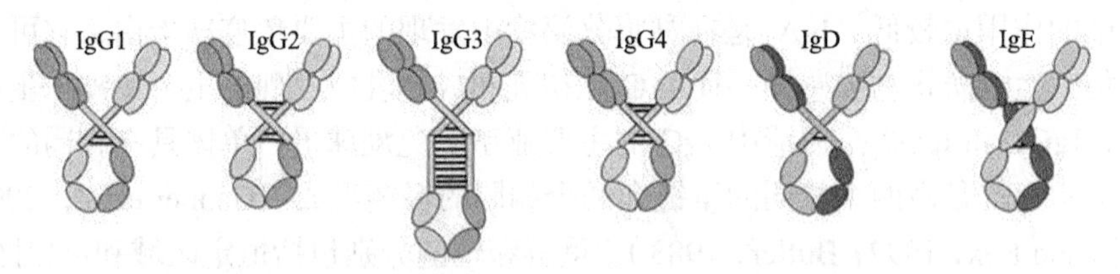

图 8.2　人 IgG 的四个亚类、分泌型 IgD 和 IgE 的模型

所有模型展示了链间二硫桥，以及 IgE 重链间形成的二硫键环。注意 IgG 亚类中二硫键之间的差异

资料来源：Butler，1974

下面主要讲述三种常见的免疫球蛋白 IgG、分泌型 IgA 和 IgM。

1. IgG

虽然产生 IgG 的浆细胞存在于乳腺组织内，但它们分泌到初乳中的 IgG 的含量远远小于分泌到血清中的 IgG，因此乳中 IgG 主要来自于血清 (Hurley，2003)。在炎症(乳腺炎)发生时免疫球蛋白可能存在有限细胞旁通路，但免疫球蛋白在乳腺上皮屏障上的摄取和运输主要是通过 Fc 受体的介导(Cianga et al.，2015；Hunziker et al.，1998；Larson and Fox，1992；Lascelles，1979)。免疫球蛋白被认为与乳腺上皮细胞的基底侧表面的受体结合。这些受体与免疫球蛋白分子的 Fc 部分是特异结合的。受体结合的免疫球蛋白通过内吞作用(He et al.，2008)，转运到细胞顶端并释放到肺泡腔中。最近的研究为这一过程的细节提供了更多的证据

(Cervenak and Kacskovics，2009)。

转运 IgG 进入牛初乳的受体称为 FcRn，或新生儿 Fc 受体，因为它最初在刚出生的啮齿动物肠道中发现，是具有促进母体 IgG 的特异性摄取的受体(Simister and Rees，2010；Rodewald et al.，1984)。FcRn 也参与了人类和其他物种(Pent et al.，2010；Simister，2003；Simister et al.，1997)中 IgG 的跨胎盘转运，这可能涉及内吞和跨细胞过程 (Fuchs et al.，2010)。自从发现 FcRn 以来，FcRn 已经在许多组织中鉴定出来(Cervenak and Kacskovics，2009)。该受体是由与 MHC Ⅰ 分子和 β_2-微球蛋白相似的膜结合的 α 链组成的异源二聚体(Simister et al.，1989)。IgG 与 FcRn 的结合是受 pH 影响的，在酸性 pH 下亲和性结合较强，但在中性或碱性 pH 下亲和性结合较弱(Cervenak and Kacskovics，2009)。这一发现表明，上皮细胞摄取的 IgG 可能在内涵体的酸性环境中与 FcRn 结合。运输到上皮细胞并释放到初乳或成熟乳的准确机制还有待进一步证实。

初乳形成过程中，由乳腺上皮细胞摄取的大部分 IgG2 可能不是传递到肺泡腔，而是循环回细胞外液。FcRn 在体内各种组织中对 IgG 的回收起着重要作用(Telleman et al.，2010；Junghans，1997；Junghans et al.，1996)。也就是说，在各种组织中丢失的 IgG 可能通过与 FcRn 结合并被相应的细胞回收到血液或淋巴。

FcRn 在牛、羊和水牛乳腺组织中的位置表明，受体在分娩前均匀分布于整个上皮细胞，但分娩后主要位于的乳腺上皮细胞的顶端表面 (Mayer et al.，2010，2005，2002；Sayed-Ahmed et al.，2010)。虽然这种类型证实了 FcRn 对初乳中 IgG 转运起着重要的作用(至少对于反刍动物而言)，但染色的 FcRn 在乳腺细胞中的重新分布的意义仍有待研究。有趣的是，在绵羊乳腺上皮中观察到染色的 FcRn 在乳腺细胞退化过程中扩散(Mayer et al.，2010，2002)。IgG 的转运也可能会在牛的乳腺退化过程中瞬时增加(Zou et al.，1988)。激素和局部因素是控制初乳形成过程中免疫球蛋白转运的主要因素 (Mcfadden et al.，1997)。

2. 分泌型 IgA 与 IgM

IgA 是人类初乳和成熟乳中的主要免疫球蛋白，但它也存在于大多数其他物种的乳中。初乳和成熟乳中 IgA 和 IgM 以分泌型 sIgA 和 sIgM 的形式存在。其中大部分是由乳腺组织中的浆细胞产生的。浆细胞是肠道相关淋巴组织(GALT)的一部分，它是生物体内最大的免疫器官，包括固有层的集合淋巴小结、淋巴样和髓样细胞，以及上皮内淋巴细胞 (Spencer et al.，2007；Ishikawa et al.，2005)。淋巴细胞从 GALT 系统迁移到乳腺，并与母体黏膜免疫系统中的抗原暴露反应有直接联系，特别是通过肠黏膜免疫系统和乳腺分泌的免疫球蛋白(Brandtzaeg，2010)。这意味着牛初乳和成熟乳中将含有针对新生儿肠道和其他黏膜组织中病原体的抗体(Brandtzaeg，2010，2003；Hanson et al.，2010)。

GALT 和乳腺之间免疫联系的主要因素是 sIgA，这也是母乳喂养重要性的关键因素之一(Hanson et al., 2010)。在人类婴儿中 GALT 的免疫激活一般是延迟的，乳中 sIgA 和 sIgM 通过免疫排斥作用和抗炎作用为新生儿肠道提供保护作用(Brandtzaeg，2010；Hanson et al.，2010)。

IgA 和 IgM 通过 PIGR 完成乳腺上皮细胞的跨上皮转运，PIGR 主要结合黏膜组织中的二聚体 IgA 和五聚体 IgM (Mostov and Kaetzel, 1999)。IgA 和 IgM 的聚合性质来自于它们与 J 链肽的结合 (Johansen，et al.，2010)。只有结合了 J 链的 IgA 或 IgM 和 PIGR 才有较高的亲和性(Johansen et al.，2010；Braathen et al.，2007；Johansen et al.，2001)。事实上，J 链在四足动物进化中相对稳定，人类聚 IgA 可以与爪蟾的 PIGR 结合 (Braathen et al.，2007)。聚合物 IgA 或 IgM 与 PIGR 结合后，会被内化并通过内吞作用输送到乳腺上皮细胞的顶端。PIGR 分子通过裂解作用释放一种受体片段，称为分泌成分(SC)，这种分泌成分仍然可以与免疫球蛋白结合(Charlotte et al.，2005；Hunziker et al.，1998)。在 PIGR 受体位点没有被免疫球蛋白占据的情况下，分泌组分仍然会通过与膜结合的 PIGR 裂解释放作用而成为游离分泌成分。分泌成分通过阻断肠毒性大肠杆菌的上皮黏附以及中和其他病原体的影响而具有自身的保护作用 (Brandtzaeg，2003)。乳腺中 PIGR 的表达受泌乳激素的控制 (Rinchevalarnold et al.，2002)。转运 IgA 也可能在牛的乳腺退化过程中升高，并持续到断奶 (Zou et al.，1988)。

8.1.2　免疫球蛋白随哺乳期的变化

初乳和成熟乳中的免疫球蛋白含量的多少与动物物种有很大的相关性(Hurley，2003；Lascelles，1972)。同样，不同免疫球蛋白的相对比例也因物种的差异而不同(表 8.2)。乳中免疫球蛋白在不同物种中的差异性主要是为了适应动物的繁殖和出生时后代的发育。动物物种可分为三类 (Butler and Kehrli，2005)：有些物种的免疫球蛋白主要通过胎盘运输给胎儿(人和兔)；有些物种的后代出生时没有免疫球蛋白，主要是通过乳腺分泌的乳汁来传递免疫球蛋白(蹄类动物，如马、猪、牛和山羊)；有些物种中的免疫球蛋白既通过胎盘也通过乳腺分泌乳汁传递(大鼠、小鼠和狗)。

表 8.2　免疫球蛋白在不同物种间的差异性

物种	免疫球蛋白	浓度/(mg/mL)		免疫球蛋白/%	
		初乳	成熟乳	初乳	成熟乳
人	IgG	43	4	90	87
	IgA	17035	1000		
	IgM	1059	10		
	FSC	2009	2		

续表

物种	免疫球蛋白	浓度/(mg/mL)		免疫球蛋白/%	
		初乳	成熟乳	初乳	成熟乳
牛	IgG 总量	1220～1400	72	85	66
	IgG1	20～200	6		
	IgG2	1200	12		
	IgA	305	13		
	IgM	807	4		
	FSC	5	2		
马	IgG 总量	11304	39	88	43
	IgG	1502	9		
	IgA	1007	48		
	IgM	504	3		
猪	IgG	5807	300	80	70
	IgA	1007	707		
	IgM	302	3		
狗	IgG	2304	24	68	85
	IgA	908	2063		
	IgM	8	22		
鼠	IgG 总量	206	>1053	76	>1053mg/mL
	IgG2	9	1053		
	IgA	8	59		
	IgM	ND	ND		

注：ND 表示未检出；FSC 表示游离分泌成分。

资料来源：Hurley，2003.

这些物种间的差异性对初乳和成熟乳中免疫球蛋白的组成以及初乳的作用都有一定的影响。对于大鼠、小鼠、狗和有蹄类动物来说，摄取足够质量和足够数量的初乳对后代在短期内提高自身免疫功能是非常重要的，而人类初乳的主要作用是为了保护婴幼儿的肠道系统。这也是为什么人初乳中的总免疫球蛋白含量比其他物种初乳较低的原因(图 8.3) (Butler and Kehrli，2005)。人初乳中 IgG 含量较低(2%)，在出生前 IgG 可通过胎盘转移运输给胎儿起到免疫保护作用(Bardare et al.，1968)。相反，在许多其他物种的初乳中，IgG 含量占总免疫球蛋白含量的75%以上(图 8.3)。不同的免疫球蛋白传递途径也会导致不同物种中初乳向成熟乳转变过程中免疫球蛋白相对含量的变化。例如，人初乳中的免疫球蛋白的比例与成熟乳中的比例相似，IgA 在初乳和成熟乳中的含量都是最高的(占免疫球蛋白总量的 88%～90%）(Bardare et al.，1968)。这与牛乳的变化是相反的，其中 IgG 在牛初乳含量最高，随着哺乳期的延长，IgG 的含量迅速下降。对于其他动物，如大鼠、小鼠、狗(Quesnel，2011)和蹄类动物，初乳和成熟乳中免疫球蛋白的作用是提供免疫保护和胃肠道系统的保护，这反映在免疫球蛋白的含量和成分从初乳到成熟乳过渡期间的变化。目前研究比较多的驼乳中，免疫球蛋白的含量在初乳到成熟乳的过渡过程中也是逐渐降低的 (Merin et al.，2001)。IgG 是猪的初乳中含量最高的免疫球蛋白,且随着哺乳期的延长而下降。在最初的 6d 内猪乳中的 IgG 含量下降了 96%，IgM 下降了 75%，IgA 下降了 80%，而 IgG 和 IgA 在免疫球蛋白中的比例在猪的初乳和成熟乳中是相反的(Markowskadaniel et al.，2010)。

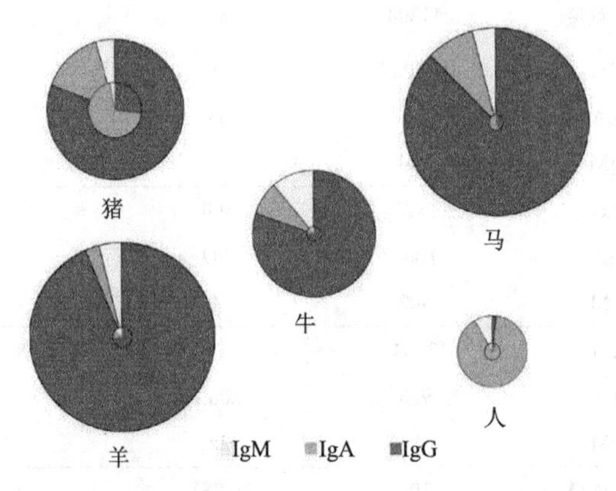

图 8.3　IgG、IgA 和 IgM 在五种物种初乳(外圈)和成熟乳(内圆)中的分布

圆的相对大小代表了物种之间的总免疫球蛋白的总浓度以及在初乳和成熟乳中的比较

资料来源：牛和羊(Butler and Kehrli，2005)；人和猪(Butler，1974)；马(Rouse et al.，1970)

8.1.3　免疫球蛋白的稳定性

牛初乳中高浓度的免疫球蛋白在冷冻条件下相对稳定。这对乳品行业储存初乳来喂养小牛具有实用价值。但是初乳中高浓度的免疫球蛋白是对热非常敏感的(Chen et al.，2010)。为了保证乳制品的安全性和延长其货架期，热处理是处理原料奶的一种常用方式。常见的加热方法过程包括 UHT、低温巴氏杀菌、高温巴氏杀菌和灭菌。此外，喷雾干燥通常用于生产粉末产品。热处理可以改变乳中成分的特性，特别是乳清蛋白的性质。乳清蛋白通常是具有刚性结构的球状蛋白质，加热可以诱导这些结构的展开，并促进乳清蛋白聚集(Struff and Sprotte，2008)。蛋白质结构的一般变化伴随着三级和二级结构的展开、二硫键断裂、新的分子间相互作用、二硫键重排和蛋白聚集(Bu et al.，2009)。在不同加热条件下，主要的乳清蛋白的变性已被广泛报道，如热诱导 β-乳球蛋白聚集体的形成动力学(Despina et al.，2010；Zúñiga et al.，2010)。

除此之外，也有文献报道了免疫蛋白的热稳定性。以 IgG 为研究对象，研究表明，IgG 活性在 62.7°C 加热 30min 仍然没有变化(Lichan et al.，1995)。也有研究表明，IgG 在 pH 5.5～6.5 时 70℃加热 30min、72℃加热 350s 或 400～600MPa 的高压下处理 60min 均可保持抗原结合能力(Indyk et al.，2008)。Mainer 等(1997)研究了牛乳 IgG、IgA 和 IgM 热变性的动力学和热力学参数，结果表明，免疫球蛋白在低温巴氏杀菌(72℃，15s)中相对稳定，热稳定性顺序为 IgG>IgA>IgM。母乳中的 IgG 在 62.5℃加热 30min 的巴氏杀菌处理过程中仍然可以保持完整，但是 IgA 和 IgM 的含量会有所降低(Saraj et al.，1983)。在闪电-加热时(快速加热乳到 72.9℃，然后维持乳温度在 56℃以上 375s)，母乳中 IgA 和 IgG 的总浓度显著降低，但是其免疫球蛋白的抗原结合能力仍然保持为未处理的 66%(Chantry et al.，2009)。Czank 等(2009)报道，母乳中 IgA 在低温巴氏杀菌处理下(57℃，30min)仍可以保持 90%的免疫活性。OgunDele(2000)研究表明，免疫球蛋白(IgA、IgM 和 IgG)在 56℃温度下是稳定的，但在 62.5℃时是不稳定的，经灭菌后免疫球蛋白变性失活。Koenig 等(2005)也观察到初乳中的免疫球蛋白经过巴氏杀菌后，其浓度降低显著(IgA、IgG 损失为 61%，而 IgM 损失率为 72%～100%)。当温度超过 65℃时，免疫球蛋白由于对热敏感，即发生变性而失活。免疫球蛋白热变性十分复杂，当它遇热后，球状结构慢慢伸展，经过一定的温度和时间作用后，—S—S—键断裂，产生游离的巯基，巯基与另外的免疫球蛋白分子重新构建—S—S—键凝集成团状(谢继志，1999)。另外免疫球蛋白的 Fab 片断中的 cH 区域相对热稳定性差，最先展开，使 Fab 片断结构发生变化，免疫球蛋白失去免疫活性(Roterman et al.，1994)。采用常规的加热法杀菌，将破坏免疫乳中抗体的活性。Mainer 等(1997)关于初乳中抗轮状病毒抗体稳定性的研究结果表明，低于 65℃热处理未引起免疫球蛋白抗体活性的损失，72℃、15s 条件下有 0.5%的抗体活性损失。Oldfield 报道，IgG 在初始浓度为 0.45mg/mL 时，其变性反应为二级反应，在 70～85℃条件下，其活化能为(2693 ± 37.6) kJ/mol，且 IgG 较其他乳蛋白容易变性(Oldfield et al.，1998)。2000 年，Jemv 和 Tyler 等研究比较了牛犊对经 76℃和 63℃处理的初乳中 IgG 的吸收情况，结果表明，63℃杀菌引起牛犊血清 IgG 浓度显著下降，但这一温度不能杀灭初乳中的病原菌；76℃杀菌效果好于 63℃，但会引起被动免疫活性的消失。羊初乳中 IgG 对加热比较敏感，随着加热温度的上升，其变性率增大，在 55℃加热 30min，变性率为 25.5%；65℃加热 30min，变性率为 38.1%；75℃加热 7min 时，变性率已达 100%；于 85℃加热 2.0min 时，变性率也已达 100%（李娜等，2006）。

免疫球蛋白在 pH 4.0～9.0 范围内稳定性比较高。pH 的改变使蛋白质表面电荷特性和分布发生变化，从而使其构象发生变化，引起免疫球蛋白的变性(Owen et al.，1964)。孙天松通过荧光分析指出，当 pH < 1.0 或 pH>11.0 时，与之相对应的猪 IgG

溶液最大发射波长显著增大，说明 IgG 的构象发生变化，其内部的荧光基团(如色氨酸基团)有所暴露(孙天松，2002)。

胃蛋白酶和胰蛋白酶因能引起免疫球蛋白的水解而使其变性失活。胃蛋白酶将免疫球蛋白分解为 Fab 和 Fc 两个片断，其中免疫球蛋白的抗原结合位点集中在 Fab 片断上，没有被胃蛋白酶所破坏，因此，抗体的凝集价没有发生变化。Hipert 等通过免疫电泳表明，牛初乳抗体进入胃肠道被胃蛋白酶消化后，仍保持活性，粪便中含有完整抗体分子，电泳检测出 Fab 片段存在(Hipert et al.，1974)。胰蛋白酶对免疫球蛋白的作用是通过造成抗原结合区 H 链和 L 链的断裂而引起免疫球蛋白的变性，经胰蛋白酶水解后免疫球蛋白不具有抗原凝集活性。但免疫球蛋白对胰蛋白酶表现出较强的抵抗酶解能力，这可能是由于免疫球蛋白表面与胰蛋白酶作用位点数量有关。同时，牛乳中含有胰蛋白酶抑制剂，抑制剂一般吸附结合在免疫球蛋白分子上，能有效保护免疫球蛋白免遭肠道蛋白酶的降解(Kirihara et al.，1995)。Laskowsk 等(1951)报道乳中的胰蛋白酶抑制剂在一定程度上能减少肠液对 IgG 的破坏。

8.1.4 免疫球蛋白的功能特性

后天免疫在哺乳动物中的转移一方面涉及从母体向后代转移免疫球蛋白的时间，而另一方面包括免疫球蛋白在新生儿中的代谢和功能(Butler and Kehrli，2005；Larson et al.，1992)。人初乳中 IgG 在新生儿肠道中的转移是稀少的，其免疫能力主要通过胎盘供给。在大鼠和小鼠幼崽的小肠中有 FCRN 受体完成初乳和成熟乳的 IgG 摄取。牛、羊、山羊和猪等有蹄类动物出生时基本上是无丙种球蛋白血症的，并完全依赖于摄取初乳中的免疫球蛋白，特别是 IgG，用于免疫系统保护。

初乳有显著促进小牛犊胃肠道完善的作用(Staley et al.，1985)。刚出生后牛、羊、山羊、猪等物种中肠吸收是暂时的和非选择性的。在出生后 24～36h 后，随着肠道系统的逐渐完善，肠道细胞便无法吸收大分子物质(Godden，2008；Staley et al.，1985)。肠细胞逐渐停止吸收大分子的过程称为“闭合”。在肠道细胞闭合之前，肠细胞将无选择地吸收大分子蛋白质和其他分子(Staley et al.，1985)。通过这种转运的大分子被释放到固有层，然后被吸收进入淋巴或静脉循环。小牛血清中 IgG 水平在关闭之前没有达到 IgG 的阈值浓度(低于 10mg/mL)，意味在这些物种后天免疫转移没有成功(Godden，2008)。通过母体转移的 IgG 在小牛血液出生后的最初一个月是逐渐下降的，其半衰期约为 16d(Husband et al.，1972)。

免疫球蛋白的功能特性主要包括促进新生儿免疫系统的发育、与肠道的相互作用以及免疫球蛋白本身具有的营养价值。下面将从三个方面重点介绍免疫球蛋白的功能特性。

1. 免疫球蛋白-免疫系统的发育

通常母乳中的 sIgA 不能被婴儿的肠道黏膜直接吸收(Brandtzaeg et al.,2007)。人类的肠道闭合发生在出生前，在婴幼儿出生后几乎没有免疫球蛋白能被肠道细胞完全吸收(Brandtzaeg et al.，2007)。但是，乳中 sIgA 在肠腔中能够对肠上皮屏障起到保护作用(Charlotte et al.，2007)。乳中 sIgA 在肠道中将结合细菌、毒素和其他大分子，降低它们与肠道细胞结合的能力，从而通过黏膜运输到固有层以引起全身免疫反应(Sharma et al.，2015)。在 pIgR 缺陷的不能将 sIgA 运输到肠腔的成鼠中，共生生物体和食物抗原反应会使其血清中 IgA 和 IgG 的含量增加。这可能是因为 sIgA 不能被分泌到肠腔中参与其在免疫排斥中的反应,最终导致肠管腔中食物抗原和微生物抗原逐渐增加,递增的传递到固有层并引起特异性抗体反应。GALT 系统的发展依赖于微生物刺激。微生物结合 sIgA 的功能可以调节胃肠道的早期微生物定植以及这些微生物与促进新生儿免疫系统的发育的相互作用(Barrington et al.，2001)。

2. 初乳和成熟乳中免疫球蛋白与肠道相互作用

通过上述乳免疫成分的讨论可知，这些产品对新生儿的健康以及幼儿和成人的健康都有保护作用。目前，乳中免疫成分的作用机理尚不清楚，值得做进一步研究。

初乳和成熟乳不仅含有免疫球蛋白，而且含有一系列抗菌因子和可能影响免疫系统的因子(Playford et al.，2000；Staley et al.，1985)。主要包括铁结合抗菌乳铁蛋白、抗菌酶乳过氧化物酶、抗菌和裂解溶菌酶、作为黏膜表面微生物配体类似物的寡糖、热稳定性抗菌肽(防御素)和可溶性 CD14。此外，初乳和成熟乳含有白细胞，包括活化的中性粒细胞、巨噬细胞和淋巴细胞。初乳还含有可能影响新生儿肠道发育的细胞因子和生长因子，以及成人肠道对疾病的免疫反应因子(Playford et al.，2000)。这些因子的相对浓度在物种间差异很大。此外，初乳为新生儿提供能量来源，这可能也会影响乳中 IgG 的吸收，并为有效的免疫应答提供额外的能量(Bikker et al.，2010)。

需要考虑的是，虽然大多数大分子被消化酶降解，但部分大分子仍然可以被完整地转运到肠道，包括蛋白质(Weiner，1988)。在免疫乳中摄取的大部分免疫球蛋白可能会被部分或完全消化，然而免疫球蛋白的某些部分将保持完整或至少部分完整，且这些免疫球蛋白片段仍具有与抗原结合的能力。

所有初乳和成熟乳都含有一定量的 sIgA，这些是从牛身上收集的。在这些分泌物中存在的 sIgA 可能对乳中免疫物质起到保护作用。分泌型 IgA 被认为是负责肠道黏膜表面免疫保护的主要免疫球蛋白(Brandtzaeg et al.，2007)。分泌型 sIgA 和 sIgM 作为各自免疫球蛋白的聚合形式，通过与分泌成分结合而稳定。它们具有抗菌特性，如凝集微生物与中和病毒，以及通过抑制黏膜上皮的黏附和侵袭来治疗细胞外及细胞内的炎症(Brandtzaeg et al., 2007)。当 sIgA 被肠细胞传递并与体内系统的病毒颗粒接触时，细胞内会发生免疫排斥反应(van de Perre, 2003)。细菌肠毒素可以通过结合 sIgA 以及肠上皮细胞的内化被中和(Fernandez et al., 2003)。

此外，IgA 在肠内通过抑制口服抗原的促炎反应在免疫机制中起主要作用，这是肠道内口服耐受机制的一部分。这种抑制促炎机制与全身免疫因子(包括系统性 IgG)处在平衡状态，一旦抗原穿过上皮屏障至固有层，可能会导致炎症和组织损伤(Brandtzaeg et al., 2007)。

肠道吸收关闭后，任何在肠道固有层中的 IgG，无论是来自全身还是来自肠腔的摄取，都可能促进肠道中的促炎反应(Brandtzaeg et al., 2007)。事实上，IgG 的摄取在肠道封闭后可以通过 FcRn 受体进行。前人已经在成人肠道中鉴定出 FcRn (Dickinson et al., 1999)，这与之前推测的 FcRn 会参与 IgG 回收的假设一致。然而，跨肠细胞对 IgG 的转运似乎是双向的，这也说明了 IgG 参与免疫监视和黏膜内的防御(Dickinson et al., 1999)。肠道 FcRn 可将 IgG 抗原免疫复合物递送至固有层进行免疫反应(Brandtzaeg et al., 2007)，从而增强局部黏膜的免疫应答反应。

此外，保留在肠腔中功能完整的 IgG，可能与抗原结合，并通过免疫排斥方式对组织起到保护作用。肠黏液层已被证实在肠道组织与微生物相互作用中起到重要保护屏障的作用(Guarner et al., 2003)。更有趣的是，IgG-Fc 结合位点已经在肠黏液中鉴定出来(Kobayashi et al., 2002)。但是，IgG-Fc 结合蛋白与 FcRn 受体不同。Fc 结合蛋白可阻断 IgG 抗原复合物进入肠细胞表面，从而阻断其向固有层吸收、转运，同时也可能导致复合物在肠腔中降解并排泄(Kobayashi et al., 2002)。

初乳的摄入也可能影响新生儿的免疫系统的发育(Butler and Kehrli, 2005)。这些母体抗体可以抑制婴儿对疫苗管理的反应和影响婴儿免疫系统的发育(Siegrist, 2003)。

3. 免疫球蛋白的营养功能

初乳和成熟乳中的乳糖和蛋白质，特别是酪蛋白一般是易消化的，其中 97%或更多的宏量营养素可以在幼崽体内被消化 (Devillers et al., 2016; Lin et al., 2009; Dividich et al., 2005)。相反，免疫球蛋白往往是不容易消化的(Danielsen et al., 2011)。免疫球蛋白在肠道中的消化是乳清蛋白里最慢的，它为新生儿提供的可吸收的氨基酸与其他主要乳清蛋白相比，所占的比例最小(Yvon et al., 1993)。体外研究表明，羊乳中 IgA 在肠道内的消化水平比 IgG 还要低 (Stelwagen et al., 2009)。牛乳中 IgG1 在胃蛋白酶作用下比 IgG2 更容易水解，而 IgG2 对胰蛋白酶更敏感(de Rham et al., 1977)。免疫球蛋白可进一步被胰酶水解，其中糜蛋白酶优先水解 IgM，其次是 IgG；而胰蛋白酶优先水解牛的 IgG 而不是 IgM(Brock et al.，1977)。

免疫球蛋白的消化吸收率取决于和免疫球蛋白同时摄入的营养成分。这意味着初乳中的成分也可能是影响免疫球蛋白吸收的一个因素(Bikker et al.，2010)。在喂小猪猪初乳时，免疫球蛋白的吸收率远远高于喂养牛初乳时免疫球蛋白的吸收率，这可能是物种间初乳成分的差异性导致的免疫球蛋白吸收率的不同(Jensen et al.，2001)。

8.2　免疫球蛋白的分离制备

母乳是婴儿最理想的天然营养物，它含有丰富的活性免疫球蛋白和多种生物活性物质，其中含量最高的即为 sIgA，它能为婴儿提供重要的营养，提高其免疫力，增强体质，免受传染病的侵害。但母乳资源有限；牛初乳中的 sIgA 与母乳 sIgA 具有免疫同源性，大量研究也表明哺乳动物物种之间的免疫球蛋白是可以转移的，因此可以向婴儿食品中添加牛初乳中分离的 sIgA，使之“母乳化”。同时牛初乳中 IgG 的含量是免疫球蛋白中含量最高的，因此分离自牛乳中的免疫球蛋白可以用于婴儿配方奶粉以及功能性食品的开发。

免疫球蛋白的分离技术已步入较为成熟的阶段。分离乳中的免疫球蛋白的方法主要根据免疫蛋白分子大小、电荷多少、溶解度等特征，其中包括盐析法和色谱法(Butler，1983)、超滤法(钟凯，2002)、膜过滤法 (Stott et al.，1989；Kothe et al.，1987)等。

8.2.1　盐析法

免疫球蛋白的提取盐析法是利用抗体与杂质之间对盐浓度敏感程度的差异性进行的。选择一定浓度范围的盐溶液使部分杂质呈“盐析”状态，抗体成分呈“盐溶”状态。离心去除盐析沉淀状态的杂蛋白，得到的上清液再选择一定浓度范围的盐溶液使抗体成分呈盐析状态(盐析时溶液的 pH 在免疫球蛋白的等电点处效果最好)，离心得到的沉淀物即为纯化的目标抗体。目前常用的中性盐有硫酸铵、氯化钠、硫酸钠等。其中硫酸铵是盐析法中最常用的无机盐，主要原因是其溶解度大，随温度变化小，对蛋白质有保护作用，高浓度时可抑制微生物和蛋白酶的活性。免疫球蛋白的饱和硫酸铵分布盐析法操作简单，对设备和操作条件要求不高，便于工业化生产。Page 等报道 45%硫酸铵可以将血浆中的 IgG 完全沉淀出来。Mckinney 等采用硫酸铵沉淀法从兔子血清中分离 IgG，回收率为 80%。

8.2.2　有机溶剂沉淀法

有机溶剂沉淀法广泛用于生产蛋白质制剂，常用的试剂是丙酮和乙醇等，其中以乙醇最为常用，如冷乙醇分离法。目前国际上常用的冷乙醇法有两种，一种是美国等国家主要使用的 Cohn-Oncley 法，另一种是西欧等地区主要使用的 Kistler 和 Nitschmann 法。冷乙醇分离法是 WHO 规程和中国生物制品规程推荐用的方法，不仅分离物质多，可同时分离多种成分，分辨率高，提纯效果好，而且有抑菌、清除和灭活病毒的作用，但是需要在低温下操作(顾有方等，2004)。

8.2.3 超滤法

超滤是集蛋白质浓缩和分离于一身的一种纯化方法，在大规模蛋白质纯化工艺中是许多纯化方法不可取代的技术。超滤膜可以截留分子质量范围在 300Da～500kDa。从目前试剂应用角度来看，超滤法生产成本低、工艺成熟、分离效果好，且适合工业化生产(赵明等，2006)。

2002 年，河南农业大学的硕士研究生钟凯对超滤法分离制备牛初乳 IgG 过程中可达到的浓缩倍数、截留率、产率以及膜运行时间、物料浓度、温度、操作压力、pH 等参数对透水通量的影响进行了试验研究。试验收集乳牛产后 3d 之内初乳，经去脂、去酪蛋白后所得牛初乳乳清，在上述试验优选的条件下(操作压力 0.1MPa，室温，pH 3.6)用中空纤维超滤器(截留分子质量 100kD)进行浓缩分离，浓缩 4.8 倍，IgG 的截留率高于 95%，产率在 90%以上(钟凯，2002)。

2007 年，范丽娟等选用截留分子质量为 100kD 的中孔纤维超滤膜对免疫牛初乳乳清中的 IgG 进行浓缩，确立了最适操作压力为 0.15MPa，最适操作温度为 25℃；从而使浓缩 IgG 纯度得到进一步提高，超滤浓缩液中 IgG 收率为 87.6%，冷冻干燥后 IgG 达到 71%。

李长彪等用实验级切向流浓缩纯化系统装置以梯度洗脱方式对牛初乳中的 IgG 乳清液进行分离浓缩，采用 SDS-聚丙烯酰胺电泳检测分离后的纯度，并同 Sephadex G-200 层析后的 IgG 纯度进行比较分析。试验结果显示，超滤中的梯度洗脱法大大提高了超滤乳清液中 IgG 的含量；进一步证明，超滤浓缩中梯度洗脱法是进一步提高牛初乳中 IgG 分离纯度的有效手段 (李长彪等，2005)。

8.2.4 离子交换色谱法

离子交换色谱法是根据离子交换剂对不同离子或离子化合物的结合不同而实现目标物质的分离。离子交换剂是由基质、电荷基团(功能基团)和反离子构成，它在水中成不溶状态，能与溶液中其他离子或离子化合物相互结合，其结合力的大小由离子交换剂的选择性决定。由于蛋白质是良性电解质，在 pH 低于其等电点时，其带正电，能被阳离子交换剂吸附，在 pH 高于其等电点时，带负电，能被阴离子交换剂所吸附。IgG 的等电点为 5.8～7.3，离子交换色谱也可以根据等电点的差异选择性吸附杂质蛋白而对 IgG 进行纯化。离子交换色谱法工艺成熟、操作成本较低已被广泛应用于 IgG 的进一步分离纯化。

王学万等对采用 MEP Hypercel 树脂分离牛乳中 IgG 的工艺进行了研究，探索 IgG 浓度、离子强度、吸附 pH 及停留时间对 MEP HyPercel 层析动态吸附容量的影响。优化的最佳工艺为：pH 7 的牛初乳乳清上样，相同 pH 的缓冲溶液冲洗柱子，用含 0.5mol/L NaCl 的 pH 5.5 乙酸钠缓冲溶液洗脱小分子杂蛋白，pH 4.5 乙酸钠缓冲溶液洗脱 IgG，pH 4.0 乙酸钠缓冲溶液洗脱并再生层析柱，分离得到的 IgG 纯度高达 93.9%，回收率达 91.5%。

王晓工等采取二甲基十二烷基苄基溴化铵(DMLBAB)作为预处理介质，采用离子交换色谱和凝胶过滤色谱联合分离纯化牛初乳中的 IgG1 和 IgG2。最终实际取得实验室制备规模的目标物，IgG1 总量在 85%～90%，其中 IgG2 含量占 90%。但上述分离一般只针对牛初乳中单一活性蛋白进行提纯，所用盐析与凝胶过滤分离单元操作，大大限制了分离工艺的工业化。范丽娟和潘道东(2007)采用硫酸铵一次性盐析、DEAE-SepharoseFF 离子交换层析和 Sephacryl S-200 凝胶过滤层析法，分离纯化免疫初乳中的 IgG，并采 SDS-PAGE 电泳、单向火箭免疫电泳及试管凝集法对 IgG 分离物进行了定性定量检测，结果表明所得 IgG 纯度高，活性大。

国外自从 19 世纪 80 年代以来，就有很多关于从牛初乳或者乳清中分离纯化免疫球蛋白的研究进展的报道，其主要是采用超滤或者结合超滤和色谱法分离。1988 年，Baba 等从血清中纯化 IgG1，采用 45%饱和硫酸铵沉淀，经 Sephacryl S-300 凝胶过滤，DEAE-Sephacel 和 CM-纤维素离子交换层析得到纯度很高的 IgG。该方法虽然纯度高，但因三次过柱，产量很低(Baba et al.，1988)。

8.2.5 高效亲和色谱法

高效液相色谱法利用混合物中各物质在两相间分配系数的差别，当溶质在两相间做相对移动时，各物质在两相间进行多次分配，从而使各组分得到分离。高效亲和色谱法具有分离效率高、应用范围广、分析速度快、样品用量少而且灵敏度高、分离和测定一次完成、易于自动化、可在工业流程中使用等优点(孙柳寒等，2011)。亲和色谱目前已用于多种免疫球蛋白的分离纯化，亲和色谱对乳铁蛋白的吸附量达 164mg/g 亲和膜(树脂)，且纯度高于乳铁蛋白标准品，但其高操作成本的缺点限制了其在工业化中的广泛应用(Verdoliva et al.，2002)。

熊勇华等(2003)运用凝胶色谱柱(TSK—G3000sW)建立了牛初乳中 IgG 的高效液相色谱检测法。流动相为 0.1mol/L PB+0.1mol/L Na_2SO_4+0.05% NaN_3(pH 6.7)；流速 1.0mL/min；UV(280nm)检测。试验所得牛初乳中 IgG 含量在 40～70mg/mL，3d 后初乳 IgG 含量下降很快，第 7d IgG 含量平均值在 1.6mg/mL 左右；其线性相关系数 R=0.9915，回收率平均大于 98.5%。

Yang 等研究了含有 Fc 可结合的树脂吸附分离细胞培养物中的 hIgG，研究发现 HWRGWV 树脂对 hIgG 分离效果最好，得率为 94.8%，纯度为 97.7%。

杨祖英等(2003)采用高效亲和色谱柱 Pharmacia HI-TrapProtein G 柱，在 pH 6.5 磷酸盐缓冲液条件下将样品中的 IgG 与配基连接，在 pH 2.5 的盐酸甘氨酸条件下洗脱 IgG，光学多通道检测器(PDAD，280nm)进行测定。试验得出其线性相关系数为 0.9960，最低检出浓度为 0.5mg/g，回收率为 88%～102%。李莉(2004)在与杨祖英试验中所用的色谱柱、检测波长、流动相相同的情况下，得出 IgG 保留时间为 11.7min，平均回收率为 93.16%，在批内相对标准偏差为 2.2%条件下离心 20～30min，得较高纯度的 IgG(李莉，2004)。

8.2.6 膜过滤法

膜分离技术作为生化分离技术的一项主要内容，已被许多国家的乳品行业采用。现已应用到乳品行业的膜分离技术有超滤(UF)、反渗透(RO)和纳滤(NF)。膜技术在乳清蛋白回收、乳糖的分离、乳清脱盐、牛乳浓缩等方面都取得了很大成果和经济效益(孙柳寒等，2011)。工业规模分离和纯化初乳或干酪乳清中免疫球蛋白的方法有很多种，其中膜分离法(Stott et al.，1989；Kothe et al.，1987)、膜分离和色谱技术(Bottomley，1989)已获专利。这些方法提取免疫球蛋白的回收率从 25%到 70%不等。Thomas 等(2010)开发了一种在烧结不锈钢管上形成原位膜来选择性地富集乳清中免疫球蛋白的方法。该方法同时使用大小排阻和蛋白质等电点周围的电荷来选择性地通过或拒绝组分。奶酪乳清中的 IgG 可以从总乳清蛋白的 8%富集到 20%，IgG 回收率可达 90%。最近，Baruah 和 Belfort (2004) 使用预测的聚集运输模型和微滤(0.1mm 孔径)分离转基因山羊奶中的免疫球蛋白，此方法在低均匀跨膜压力、低渗透速率和渗透通量下操作，使渗透液中的免疫球蛋白收率从 1%降至 95%以上。同样，微滤(0.1mm 膜孔隙率)与超滤膜(膜切割 100kDa)相结合的方法分离牛、马和山羊初乳，可以回收 80%的 IgG，再用超滤法处理 IgG/乳清蛋白纯度超过 90%(Piot et al.，2004)。Mehra 和 Kelly (2004)还通过干酪陶瓷膜(0.1mm 孔径)制备的微滤膜来富集免疫球蛋白组分，该组分的免疫球蛋白含量是原乳清蛋白的 2.5～3 倍。

膜分离牛乳/初乳乳清免疫球蛋白的纯度或回收率一般都不高。为了进一步提高免疫球蛋白的纯度和回收率，特殊色谱技术已经应用于免疫球蛋白的分离，但这一方法不适合大规模的生产。固定化金属亲和层析(IMAC)也用于乳清中 IgG 的分离。通过超滤法浓缩乳清再经过含有铜的 IMAC 柱，分离出的奶酪、酸奶酪和切达奶酪乳清 IgG 纯度分别为 52%(Fukumoto et al.，2010)、77.2%和 53%(Al-Mashikhi et al.，1988)。免疫亲和层析方法也适合从切达干酪乳清或初乳中分离纯化 IgG 亚类 IgG1 和 IgG2(Akita et al.，1998)。膨胀床吸附色谱法(EBAC)并用配位配体化学吸附剂也用于分离乳清中的免疫球蛋白(Nielsen et al.，2002)。EBAC 比传统填充床柱色谱具有明显的优势。当液体向上流动时，吸附介质在柱中膨胀的特性允许颗粒流自由地在柱中流过。用该方法得到的免疫球蛋白纯度为 50%～70%(Mehra et al.，2006)。

膜分离技术分离牛初乳中的 IgG 可避免因酸沉淀、受热对 IgG 分子结构、活性的破坏，得到高效的免疫球蛋白(孙柳寒等，2011)。张小平研究了超滤分离牛初乳乳清中 IgG 的方法，测定不同超滤温度和压力条件下 IgG 含量和活性的变化情况。结果表明，通过超滤可将乳清中 IgG 含量提高 1 倍左右；超滤压力增加，IgG 含量相应增加，IgG 活性基本不变。在压力 0.08MPa 时，IgG 含量为 45.98mg/mL，活性未变，仍为 1024；超滤温度增加，初乳中的 IgG 含量先稍有增加然后减少，IgG 活性则下降。在超滤温度 40℃时，IgG 含量最高，达到 46.85mg/mL，IgG 活性未有变化(张小平，2006)。

此外，蛋白分离的方法还有盐析与凝胶层析法结合、混合模式扩张床吸附法、疏水性相互作用色谱、疏水性电荷诱导层析等，这几种提纯方法都对蛋白提取纯度较高，实验室研究效果较好，但或多或少还存在一些不足，如分离效率低、处理量小、成本高、不利于产业化等缺点。最近也有利用免疫特性分离免疫球蛋白的方法，主要包括蛋白质 A/G 固定化的电纺聚醚砜膜分离法(Ma et al.，2009)、金属螯合层析(Kaneko et al.，2010)，以及聚酸酐微粒吸附法(Carrilloconde et al.，2010)。因此，筛选采用一种简单高效、低成本、高纯度的分离纯化工艺用于国内免疫球蛋白的生产是非常有必要的。

8.3　免疫球蛋白的应用

免疫球蛋白是组成免疫系统的重要蛋白质。它的功能类似于抗体，当外来物质(抗原)侵入身体时，身体便会产生这种蛋白质。由于免疫球蛋白具有特殊的免疫生理功能，因此从富含免疫球蛋白的物质中分离免疫球蛋白并将其添加到功能食品中，将对改善婴幼儿、中老年人及免疫力低下人群的健康具有重要意义。国外从 20 世纪 70 年代末就开始研究从初乳、乳清、血清、蛋黄中提取免疫球蛋白并开发出了含免疫球蛋白的免疫活性添加剂。

除此之外，免疫球蛋白还在食品的防腐保鲜，食品病原菌、有毒成分和功能性成分的免疫快速检测等多方面得到应用。例如，现已证实特异性 IgY 对食品腐败菌有杀灭作用，从而对食品起到保鲜作用，是一种安全的生物防腐剂。随着分析技术的不断发展，免疫球蛋白作为食品分析工具的应用也将越来越多，这对实现食品的快速、高灵敏度检测将具有重要的意义(赵明等，2006)。

8.3.1 临床药物

近几年，抗体医学品产业正在欧美国家蓬勃发展，并已开始向健康食品领域拓展，由此产生了一种新型的食品，即“抗体食品”。抗体食品含有大量的免疫球蛋白及其他具有特殊功能的生物活性因子。经研究发现，抗体食品具有提高免疫力、抗癌、抗老化、促进生长发育以及预防和改善风湿病症等诸多作用。目前上市的抗体食品有免疫牛奶、免疫鸡蛋、小牛球蛋白、初乳等。1990 年，美国的 Stoll Internation 公司和新西兰合作，用免疫的方法使乳牛产生富含免疫球蛋白的牛乳，并生产了一种含活性 IgG 的奶粉，该产品可抗人类常见的 24 种致病菌和病毒。我国在“抗体食品”的研究与开发领域也取得了一定的进展。例如，内蒙古农业大学张和平教授主持的“免疫乳及其制品的研究”课题组，从 1993 年开始在我国率先对免疫乳开展了系统性研究，1996 年成功研制出含抗人肠道 10 种病原微生物抗体的免疫乳，并批量生产系列免疫乳制品，其中的 IgG 含量达 2～3mg/g。

免疫球蛋白临床研究已经表明，牛奶中免疫球蛋白对预防婴儿感染性疾病的死亡率起着重要的作用(Narayanan et al.，1983)。口服从非活病原体免疫的奶牛体内挤出的乳已被证明能保护肠道免受细菌感染(Kobayashi et al.，2006)。也有研究表明，来自非免疫牛乳的 IgG 在预防婴儿胃肠疾病方面具有一定的效果(Ballabriga，1980)。

静脉注射免疫球蛋白具有很强的抗炎活性，静脉注射免疫球蛋白是一种有效的替代治疗严重的皮肤药物反应的手段(Sanwo et al.，1996)。静脉注射免疫球蛋白在治疗多种神经免疫紊乱中具有重要作用。静脉注射免疫球蛋白已经用于治疗急性/慢性特发性炎症性脱髓鞘性多发性神经病、多灶性运动神经病、重症肌无力、二线治疗皮肌炎和僵硬人综合征，也可能适用于脊髓灰质炎综合征、发作性睡病和阿尔茨海默病(Gold et al.，2007)。

对泌乳母牛定期注射选定的免疫原(抗原疫苗)，通过免疫应答，则在初乳之后的常乳中也将含有具免疫活性的抗体物质，这种含有特异性抗体的乳即为免疫乳。根据免疫乳生产的基本原则，可以利用不同的抗原或抗原组合来生产不同的免疫乳(陈树兴等，2002)。

美国的 Biomune Systems 公司开发了一种富含免疫球蛋白的产品，其商品名为 Optimune，已经用于 HIV 患者的辅助治疗，经临床试验证实，该产品可帮助患者促进营养吸收、肌肉生长、提高生活质量，并增强被破坏的免疫系统的各项功能。印度研究人员发现，口服免疫球蛋白可防治低体重婴儿的感染发病率。美国科学家甚至发现，成人也可通过服用免疫球蛋白来防止因致病性大肠杆菌等肠道致病菌引起的腹泻等症。至此，开发免疫球蛋白作为生理活性的食品功能因子成为科学家近年来的研究重点(杨严俊等，2001)。

8.3.2　配方奶粉

母乳喂养作为乳儿的最佳喂养方式，能够保护免疫功能不成熟的新生儿免于感染，而这种作用主要来自于天然存在于母乳中的各种抗感染物质，其中主要的活性物质为免疫球蛋白和乳铁蛋白。更有研究表明，母乳中的免疫球蛋白对婴儿的生长发育的影响可能要一直延续十几年之久。然而现在的婴儿配方奶粉由于经过传统加热、干燥工艺，其中免疫球蛋白和乳铁蛋白的含量极微，仅为痕量。因此依靠婴儿配方奶粉喂养的婴儿在生长发育、抵抗疾病等方面均比母乳喂养的要差得多。正因为母乳有如此之多的优越性，医学界近年来一直倡导母乳喂养。但随着生活方式的改变和生活节奏的加快，有不少母亲乳汁减少，不足以哺育乳儿却是不争的事实。这就需要有良好的母乳代用品来满足乳儿的生长发育。事实上，以母乳为模型，广泛深入地研究其中的生物活性物质的结构与功能，开发新的功能食品因子和类母乳化食品，一直是食品界的最热门课题。至此，类母乳化食品的发展趋势，开始从单独的营养成分模拟向添加生物活性物质方面转化，母乳化奶粉研究进入新阶段。目前的研究重点是模拟母乳中具有生物免疫活性的功能因子，其中最重要的有免疫球蛋白、转铁蛋白及溶菌酶。并由此产生了最新一代的具有生理活性的婴儿配方奶粉，也称为免疫奶粉或生物活性奶粉（杨严俊和周建新，2001）。

1. 国外免疫球蛋白应用于婴儿配方奶粉研究的开发现状

免疫球蛋白对增强机体的免疫抗病能力其实早为人知，但其仅用于医疗。只是在最近二十年，国际上才开始对免疫球蛋白作为功能因子进行深入研究，发现母乳中免疫球蛋白含量达 600mg/L，与母乳其他生物活性物质，如乳铁蛋白、溶菌酶和乳过氧化物酶等一起在调节动物体的生理功能和某些特定物质的代谢方面起着重要作用。Hilpert 首先于 1977 年提出了将牛初乳乳清中的免疫球蛋白富集后，再应用于婴儿奶粉中的设想，并且对提取的免疫球蛋白种类、加工过程中的活性保存、免疫球蛋白与肠内致病微生物的作用机制、抵抗蛋白酶消化的能力及临床是否有效等问题进行了深入研究，得到了满意的结果。1991 年，美国的 Century Labs 公司介绍了微胶囊化免疫球蛋白类婴儿食品的配方，这类婴儿食品在脂肪酸组成上和人乳相近，利于婴儿吸收，对婴儿生长发育有促进作用（赵明和刘宁，2006）。

2. 我国免疫球蛋白应用于婴儿奶粉的研究和开发现状

免疫活性物质的开发最为典型的是初乳的初级产品，其产品质量指标大体为蛋白质大于 50%，水分低于 4%，脂肪少于 1%，酸度小于 28.8°T，生物活性大于 2000U/g，其中并无免疫球蛋白或乳铁蛋白的含量指标，实际有效活性成分与含量不明确。随着我国对功能食品法规的改进和完善，此类产品面临淘汰的危险，与国际先进水平更是相距甚远。另外我国也有使用初乳粉开发的含免疫活性物质的婴儿配方奶粉。

相关技术和产品有东北农业大学的郭本恒等报道了含牛初乳免疫球蛋白和低聚果糖的婴儿奶粉的制备方法；黑龙江完达山乳业有限公司生产出含牛初乳免疫球蛋白的“乳珍”、婴儿配方奶粉等；北京小西保健食品有限公司生产了口服型免疫球蛋白“复合牛初乳宝珍”；1996 年内蒙古农牧学院张和平等成功研究出含抗人肠道 10 种病原微生物抗体的免疫乳，并批量生产系列免疫乳制品，其中的 IgG 含量达 2～3mg/g（赵明和刘宁，2006）。

除了婴儿配方奶粉之外，目前奶粉的配方根据不同年龄人群以及特殊人群也做了相应的分类，如适合儿童以及中学生的配方奶粉、适合孕产妇的配方奶粉以及适合中老年人的配方奶粉。儿童奶粉配方主要目的是营养均衡吸收，改善胃口，从而防止儿童出现身高偏矮、体重偏轻、偏食挑食、便便不通、体质虚弱、抵抗力弱等问题。中学生奶粉除了添加所必需的营养素之外，一般会强化钙、铁、锌等微量元素，促进骨骼发育、钙的吸收，满足中学生快速成长的需要。免疫球蛋白在孕妇奶粉中的主要作用是提高孕产妇的免疫力，减少疾病的发生。目前我国已有很多孕妇奶粉都添加了免疫球蛋白，例如，施恩孕妇奶粉特别添加了牛初乳，富含活性免疫球蛋白；伊利的孕妇奶粉也具有一定的免疫保护作用。中老年配方乳粉弥补了中老年人食量少，一些微量营养素摄取不足或不全面的缺陷，同时免疫球蛋白的添加还可以提高中老年人的免疫力。

8.3.3 保健食品

Lannier Inds 公司报道了用于改善幼儿对疾病抵御能力和改善幼儿生长发育的活性乳清食品添加剂，该公司由液态乳清制得免疫性粉状产品，该产品由低含量的乳糖与矿物质、70%以上的低分子质量蛋白质和不少量 7%的免疫球蛋白组成，最适含量为乳糖与矿物质 10%～30%，免疫球蛋白为 9%～20%，蛋白质总量为 70%～85%，将它稀释为浓度不低于 3.9g/L 的溶液，其免疫能力和初乳相近，该产品能提高婴幼儿对疾病的免疫力，有利于婴幼儿生长，是婴幼儿食品的理想添加剂（赵明和刘宁，2006）。

美国 Stolle Internation 公司生产了一种功能性奶粉，产品含有活性免疫蛋白，声称可抗人类常见的 24 种致病菌及病毒（赵明和刘宁，2006）。1998 年，新西兰 Healtheries 公司生产了牛初乳粉和牛初乳片，每 100g 分别含 IgG 555mg 和 4166mg。德国利用牛初乳开发生产的口服型产品，含 IgG（51.6g/L）、IgM（8.6g/L）和 IgA（1.0g/L），该产品对与腹泻相关的细菌、细菌性毒素、病毒和原生虫具有很高的抗体效价（金涌，2001）。随着人们保健意识的增强，免疫球蛋白功能食品必将进一步开拓市场，产生更大的经济和社会效益，免疫球蛋白的应用前景是十分光明的。

8.3.4　生物防腐剂

除此之外，免疫球蛋白还在食品的防腐保鲜，以及食品病原菌、有毒成分和功能性成分的免疫快速检测等多方面得到应用。例如，现已证实特异性 IgY 对食品腐败菌有杀灭作用，从而对食品起到保鲜作用，是一种安全的生物防腐剂。随着分析技术的不断发展，免疫球蛋白作为食品分析工具的应用也将越来越多，这对实现食品的快速、高灵敏度检测将具有重要的意义(赵明和刘宁，2006)。也有研究表明，免疫球蛋白对龋齿有预防和治疗的作用，已应用于牙膏、漱口水、口腔喷雾剂、口香糖等产品的生产中(陈健芬和俞敬武，2003)。

参 考 文 献

陈健芬, 俞敬武. 2003. 无氟抗龋免疫球蛋白(IgY)作用及其在口腔护理用品中应用. 2003 年中国牙膏工业学术研讨会论文集: 7-12.

陈树兴, 韩海周, 任发政. 2002. 牛初乳及免疫乳功能食品的开发. 中国乳业, (3): 19-21.

范丽娟, 潘道东. 2007.超滤法分离免疫牛初乳中的 IgG.食品科学, 7: 242-244.

顾有方, 刘艳慧, 陈会良, 等. 2004. 免疫球蛋白分离提取方法及其应用的研究进展. 畜牧兽医科技信息, (12): 12-14.

金涌. 2001. 免疫球蛋白在营养保健食品中的应用. 延边大学农学学报, 23(4): 266-269.

李莉. 2004. 牛初乳素产品中免疫球蛋白 IgG 的测定及分析. 江苏预防医学, 15(3): 68-69.

李娜, 李兴民, 刘毅, 等. 2006. 羊初乳免疫球蛋白(IgG)稳定性的研究. 中国乳品工业, 34(5): 4-7.

李长彪, 刘长江, 贺殿方, 等. 2005. 超滤法分离牛初乳中免疫球蛋白 IgG. 食品工业科技, (7): 116-117.

孙柳寒, 刘宁. 2011. 牛初乳 IgG 的分离提纯方法研究. 城市建设理论研究, (23): 1-2.

孙天松. 2002. 猪免疫球蛋白体外稳定性研究. 内蒙古农业大学硕士学位论文.

王学万. 2011. 牛乳中乳铁蛋白和免疫球蛋白 G 分离与纯化的研究.浙江大学博士学位论文.

谢继志. 1999. 液态乳制品科学与技术. 北京: 中国轻工业出版社.

熊勇华, 许杨, 魏华, 等. 2003. HPLC 法检测牛初乳中 IgG 含量. 食品工业科技, 24(9): 80-82.

杨严俊, 周建新. 2001. 免疫活性蛋白的开发及其在乳制品中的应用. 中国食品添加剂, (1): 34-38.

杨祖英, 宋书锋. 2003. 高效亲和色谱法测定初乳素免疫球蛋白 IgG. 卫生研究, 32(1): 53.

岳喜庆, 冯巧萍, 张和平, 等. 2005. 牛血清免疫球蛋白的盐析法提取与纯化. 中国乳品工业, 33(3): 16-21.

张和平, 郭军. 2002. 免疫乳——科学与技术. 北京: 中国轻工业出版社.

张小平. 2006. 超滤法对牛初乳中 IgG 含量和活性的影响. 乳业科学与技术, 28(1): 4-6.

赵明, 刘宁. 2006. 免疫球蛋白的开发及其在食品中的应用. 食品工程, (1): 25-27.

钟凯. 2002. 超滤法制备牛初乳免疫球蛋白 G 的研究. 河南农业大学硕士学位论文.

Al-Mashikhi S A, Li-Chan E, Nakai S. 1988. Seporation of immunoglobulins and lactoferrin from cheese whey by chelating Chromatography. Journal of Dairy Science, 71(7): 1747-1755.

Akita E M, Lichan E C. 1998. Isolation of bovine immunoglobulin G subclasses from milk, colostrum, and whey using immobilized egg yolk antibodies. Journal of Dairy Science, 81(1): 54-63.

Ashraf H, Mahalanabis D, Mitra A K, et al. 2010. Hyperimmune bovine colostrum in the treatment of shigellosis in children: a double-blind, randomized, controlled trial. Acta Paediatrica, 90(12): 1373-1378.

Baba T, Masumoto K, Nishida S, et al. 1988. Harderian gland dependency of immunoglobulin A production in the lacrimal fluid of chicken. Immunology, 65(1): 67-71.

Baker K, Blumberg R S, Kaetzel C S.1999. Immunoglobulin transport and immunoglobulin receptors//Mestecky J, Strober W, Russell M W, et al. Mucosal Immunoligy, 4th. Salt Lake City, USA: Academic.

Ballabriga A. 1980. Immunity of the infantile gastrointestinal tract and implications in modern infant feeding. Pediatrics International, 24(2): 235-239.

Bardare M, Cislaghi G U. 1968. Changes in content of immunoglobulins in human colostrum and milk in the first days of lactation. Minerva Pediatrica, 20(30): 1519-1525.

Barrington G, Parish S M. 2001. Bovine neonatal immunology. Veterinary Clinics of North America Food Animal Practice, 17(3): 463-476.

Baruah G L, Belfort G. 2004. Optimized recovery of monoclonal antibodies from transgenic goat milk by microfiltration. Biotechnology and Bioengineering, 87: 274-285.

Bikker P, Kranendonk G, Gerritsen R, et al. 2010. Absorption of orally supplied immunoglobulins in neonatal piglets. Livestock Science, 134(1): 139-142.

Bottomley R C. 1993. Isolation of an immunoglobulin rich fraction from whey: EP, 0320152.

Braathen R, Hohman V S, Brandtzaeg P, et al. 2007. Secretory antibody formation: conserved binding interactions between J chain and polymeric Ig receptor from humans and amphibians. Journal of Immunology, 178(3): 1589-1597.

Brandtzaeg P. 2003. Mucosal immunity: integration between mother and the breast-fed infant. Vaccine, 21(24): 3382-3388.

Brandtzaeg P. 2010. The mucosal immune system and its integration with the mammary glands. Journal of Pediatrics, 156(2): S8-S15.

Brandtzaeg P, Johansen F E. 2007. IgA and intestinal homeostasis // Kaetzel C S. Mucosal Immune Defense: Immunoglobulin A. New York: Springer: 221-268.

Brock J H, Arzabe F R, Ortega F, et al. 1977. The effect of limited proteolysis by trypsin and chymotrypsin on bovine colostral IgG1. Immunology, 32(2): 215-219.

Bu G, Luo Y, Zhe Z, et al. 2009. Effect of heat treatment on the antigenicity of bovine α-lactalbumin and β-lactoglobulin in whey protein isolate. Food and Agricultural Immunology, 20(3): 195-206.

Butler J E. 1974. CHAPTER FIVE - Immunoglobulins of the mammary secretions//Larson B L, Smith V R. Nutrition and Biochemistry of Milk /Maintenance. New York: Elsevier.

Butler J E, 1983. Bovine immunoglobulins: an augmented review. Veterinary Immunology and Immunopathology, 4(1-2): 43-152.

Butler J E, Kehrli M E, Jr. 2005. Immunoglobulins and immunocytes in the mammary gland and its secretions // Mestecky J, Lamm M, Strober W, et al. Mucosal Immunology, 3rd. Burlington: Elsevier Academic Press.

Carrilloconde B, Garza A, Anderegg J, et al. 2010. Protein adsorption on biodegradable polyanhydride microparticles. Journal of Biomedical Materials Research Part A, 95A (1): 40-48.

Cervenak J, Kacskovics I. 2009. The neonatal Fc receptor plays a crucial role in the metabolism of IgG in livestock animals. Veterinarry Zmmunology and Immunopathology, 128 (1-3): 171-177.

Chantry C J, Israel-Ballard K, Moldoveanu Z, et al. 2009. Effect of flash-heat treatment on immunoglobulins in breast milk. The Journal of Acquired Immune Deficiency Syndromes, 51 (3): 264-267.

Chen C C, Tu Y Y, Chang H M. 2010. Thermal stability of bovine milk immunoglobulin G (IgG) and the effect of added thermal protectants on the stability. Journal of Food Science, 65 (2): 188-193.

Cianga P, Medesan C, Richardson J A, et al. 2015. Identification and function of neonatal Fc receptor in mammary gland of lactating mice. European Journal of Immunology, 29 (8): 2515-2523.

Czank C, Prime D K, Hartmann B, et al. 2009. Retention of the immunological proteins of pasteurized human milk in relation to pasteurizer design and practice. Pediatric Research, 66 (4): 374-379.

Danielsen M, Pedersen L J, Bendixen E. 2011. An *in vivo* characterization of colostrum protein uptake in porcine gut during early lactation. Journal of Proteomics, 74 (1): 101-109.

de Rham O, Isliker H. 1977. Proteolysis of bovine immunoglobulins. International Archives of Allergy and Immunology, 55 (1-6): 61-69.

Despina G, Apenten R K. 2010. Heat-induced denaturation and aggregation of β-Lactoglobulin: kinetics of formation of hydrophobic and disulfide linked aggregates. International Journal of Food Science and Technology, 34 (5-6): 467-476.

Devillers N, Milgen J V, Prunier A, et al. 2016. Estimation of colostrum intake in the neonatal pig. Animal Science, 78 (2): 305-313.

Dickinson B L, Badizadegan K, Wu Z, et al. 1999. Bidirectional FcRn-dependent IgG transport in a polarized human intestinal epithelial cell line. Journal of Clinical Investigation, 104 (7): 903-911.

Dosogne H, Vangroenweghe F, Burvenich C. 2002. Potential mechanism of action of J_5 vaccine in protection against severe bovine coliform mastitis Veterinarry Research, 33 (1): 1-12.

Fernandez M I, Pedron T, Tournebize R, et al. 2003. Anti-inflammatory role for intracellular dimeric immunoglobulin A by neutralization of lipopolysaccharide in epithelial cells. Immunity, 18 (6): 739-749.

Fuchs R, Ellinger I. 2010. Endocytic and transcytotic processes in villous syncytiotrophoblast: role in nutrient transport to the human fetus. Traffic, 5 (10): 725-738.

Fukumoto L R, Skura B J, Nakai S. 2010. Stability of membrane-sterilized bovine immunoglobulins aseptically added to UHT milk. Journal of Food Science, 59 (4): 757-759.

Gapper L W, Copestake D E, Otter D E, et al. 2007. Analysis of borine immunoglobulin G in milk colostrum and dietary supplements: a review. Analytical and Bioanalytical Chemistry, 389 (1): 93-109.

Godden S. 2008. Colostrum management for dairy calves. Veterinary Clinics of North America Food Animal Practice, 24(1): 19-39.

Gold R, Stangel M, Dalakas M C. 2007. Drug insight: the use of intravenous immunoglobulin in neurology—therapeutic considerations and practical issues. Nature Clinical Practice Neurology, 3(1): 36-44.

Guarner F, Malagelada J R. 2003. Gut flora in health and disease. Lancet, 361(9371): 512-519.

Hanson L, Silfverdal S A, Strömbäck L, et al. 2010. The immunological role of breast feeding. Pediatric Allergy and Immunology, 12(s14): 15-19.

He W, Ladinsky M S, Hueytubman K E, et al. 2008. FcRn-mediated antibody transport across epithelial cells revealed by electron tomography. Nature, 455(7212): 542-546.

Hipert H, Gerber H, Peyer E D, et al. 1974. Gastrointestinal passage of bovine anti-*E. coli* milk immunoglobulins (Ig) in infants. Neastle Research News, 75: 134-138.

Hood L, Gray W R, Sanders B G, et al. 1967. Light chain evolution. Cold Spring Harbor Symposia on Quantitative Biology, 32(4): 133-146.

Hunziker W, Kraehenbuhl J P. 1998. Epithelial transcytosis of immunoglobulins. Journal of Mammary Gland Biology and Neoplasia, 3(3): 287-302.

Hurley W L. 2003. Immunoglobulins in mammary secretions//Fox P F, McSweeney P L H. Advanced Dairy Chemistry-1Proteins. Boston, USA: Springer.

Husband A J, Brandon M R, Lascelles A K. 1972. Absorption and endogenous production of immunoglobulins in calves. Australian Journal of Experimental Biology and Medical Science, 50(4): 491-498.

Indyk H E, Williams J W, Patel H A. 2008. Analysis of denaturation of bovine IgG by heat and high pressure using an optical biosensor. International Dairy Journal, 18(4): 359-366.

Ishikawa H, Kanamori Y, Hamada H, et al. 2005. Chapter 21-Development and function of organized gut-associated lymphoid tissues//Mestecky J, Lamm M E, McGhee J R, et al. Mucosal Immunology (Third Edition), Amsterdam: Elsevier: 385-405.

Jensen A R, Elnif J, Burrin D G, et al. 2001. Development of intestinal immunoglobulin absorption and enzyme activities in neonatal pigs is diet dependent. Journal of Nutrition, 131(12): 3259-3265.

Johansen F E, Braathen R, Brandtzaeg P. 2001. The J chain is essential for polymeric Ig receptor-mediated epithelial transport of IgA. Journal of Immunology, 167(9): 5185-5192.

Johansen F E, Braathen R, Brandtzaeg P. 2010. Role of J chain in secretory immunoglobulin formation. Scandinavian Journal of Immunology, 52(3): 240-248.

Junghans R P. 1997. Finally! the brambell receptor (FcRB). Immunologic Research, 16(1): 29-57.

Junghans R P, Anderson C L. 1996. The protection receptor for IgG catabolism is the $\beta 2$-microglobulin-containing neonatal intestinal transport receptor. Proceedings of the National Academy of Sciences of the United States of America, 93(11): 5512-5516.

Kaetzel C S. 2007. Mucosal Immune Defense: Immunoglobulin A. New York: Springer.

Kaetzel C S, Bruno M E C. 2007. Epithelial Transport of IgA by the Polymeric Immunoglobulin Receptor. New York: Springer.

Kaetzel C S, Mostov K. 2005. Immunoglobulin Transport and the Polymeric Immunoglobulin Receptor. Elsevier.

Kaneko T, Wu B T, Nakai S. 2010. Selective concentration of bovine immunoglobulins and α-lactalbumin from acid whey using $FeCl_3$. Journal of Food Science, 50 (6) : 1531-1536.

Kirihara O, Ohishi H, Hosono A. 1995. Purification and characterization of a low molecular mass cysteine proteinase inhibitor from bovine colostrum. Lebensmittel-Wissenschaft und-Technologie, 28 (5) : 495-500.

Kobayashi K, Ogata H, Morikawa M, et al. 2002. Distribution and partial characterisation of IgG Fc binding protein in various mucin producing cells and body fluids. Gut, 51 (2) : 169-176.

Kobayashi T, Ohmori T, Yanai M, et al. 2006. Protective effect of orally administering immune milk on endogenous infection in X-irradiated mice. Journal of the Agricultural Chemical Society of Japan, 55 (9) : 2265-2272.

Koenig A, Em D A D, Barbosa S F, et al. 2005. Immunologic factors in human milk: the effects of gestational age and pasteurization. Journal of Human Lactation, 21 (4) : 439-443.

Korhonen H, Marnila P, Gill H S. 2000. Milk immunoglobulins and complement factors. British Journal of Nutrition, 84 (S1) : 75-80.

Kothe N, Dichtelmuller H, Stephan W, et al. 1987. Method of preparing a solution of lactic or colostric immunoglobulins or both and use thereof: US, 4644056A.

Larson B L, Fox P F. 1992. Immunoglobulins of the mammary secretions. Advanced Dairy Chemistryproteins, 2: 231-254.

Lascelles A K. 1979. The immune system of the ruminant mammary gland and its role in the control of mastitis. Journal of Dairy Science, 62 (1) : 154-160.

Laskowski M, Laskowski M. 1951. Crystalline trypsin inhibitor from colostrum. Journal of Biological Chemistry, 190 (2) : 563-573.

Lichan E, Kummer A, Losso J N, et al. 1995. Stability of bovine immunoglobulins to thermal treatment and processing. Food Research International, 28 (1) : 9-16.

Lin C, Mahan D C, Wu G, et al. 2009. Protein digestibility of porcine colostrum by neonatal pigs. Livestock Science, 121 (2) : 182-186.

Ma Z, Lan Z, Matsuura T, et al. 2009. Electrospun polyethersulfone affinity membrane: membrane preparation and performance evaluation. Journal of Chromatography B, 877 (29) : 3686-3694.

Mainer G, Sanchez L, Ena J M, et al. 1997. Kinetic and thermodynamic parameters for heat denaturation of bovine milk IgG, IgA and IgM. Journal of Food Science, 62 (5) : 1034-1038.

Markowskadaniel I, Pomorskamól M. 2010. Shifts in immunoglobulins levels in the porcine mammary secretions during whole lactation period. Bulletin-Veterinary Institute in Pulawy, 54 (3) : 345-349.

Mayer B, Doleschall M, Bender B, et al. 2005. Expression of the neonatal Fc receptor (FcRn) in the bovine mammary gland. Journal of Dairy Research, 72 (S1) : 107-112.

Mayer B, Zolnai A, Frenyó L V, et al. 2002. Localization of the sheep FcRn in the mammary gland. Vet Immunol Immunopathol, 87 (3) : 327-330.

Mayer B, Zolnai A, Frenyó L V, et al. 2010. Redistribution of the sheep neonatal Fc receptor in the mammary gland around the time of parturition in ewes and its localization in the small intestine of neonatal lambs. Immunology, 107 (3) : 288-296.

Mcclelland D B. 1982. Antibodies in milk. Journal of Reproduction and Fertility, 65 (2) : 537-543.

Mcfadden T B, Besser T E, Barrington G M. 1997. Regulation of immunoglobulin transfer into mammary secretions of ruminants. Gut, 45(2): 199-209.

Mehra R, Kelly P M. 2004. Whey protein fractionation using cascade membrane filtration. International Dairy Federation Bulletin, 389: 40-44.

Mehra R, Marnila P, Korhonen H. 2006. Milk immunoglobulins for health promotion. International Dairy Journal, 16(11): 1262-1271.

Merin U, Bernstein S, Creveld C V, et al. 2001. Camel (*Camelus dromedarius*) colostrum and milk composition during the lactation. Milchwissenschaft-milk Science International, 56(2): 70-74.

Mix E, Goertsches R, Zettl U K. 2006. Immunoglobulins: basic considerations. Journal of Neurology, 253(5): v9-v17.

Narayanan I, Prakash K, Verma R K, et al. 1983. Administration of colostrum for the prevention of infection in the low birth weight infant in a developing country. Journal of Tropical Pediatrics, 29(4): 197-200.

Nielsen W K, Olander M A, Lihme A. 2002. Expanding the frontiers in separation technology. Scandinavian Dairy Information, 2: 50-52.

Ogundele M O. 2000. Techniques for the storage of human breast milk: implications for anti-microbial functions and safety of stored milk. European Journal of Pediatrics, 159(11): 793-797.

Oldfield D J, Singh H, Taylor M W, et al. 1988. Kinetics of denaturation and aggregation of whey proteins in skim milk heated in an ultra-high temperature (UHT) pilot plant. International Dairy Journal, 8(4): 311-318.

Owen B D, Bell J M. 1964. Further studies of survival and serum protein composition in colostrum-deprived pigs reared in a non-isolated environment. Canadian Veterinary Journal La Revue Veterinaire Canadienne, 44(1): 1-7.

Pent N, Laan J W V D. 2010. An interspecies comparison of placental antibody transfer: new insights into developmental toxicity testing of monoclonal antibodies. Birth Defects Research Part B Developmental and Reproductive Toxicology, 86(4): 328-344.

Piot M, Fauquant J, Madec M N, et al. 2004. Preparation of serocolostrum by membrane microfiltration. Lait, 84: 331-341.

Playford R J, Macdonald C E, Johnson W S. 2000. Colostrum and milk-derived peptide growth factors for the treatment of gastrointestinal disorders. American Journal of Clinical Nutrition, 72(1): 5-14.

Quesnel H. 2011. Pattern of immunoglobulin, G concentration in canine colostrum and milk during the lactation. Animal, 5(10): 1546-1553.

Rinchevalarnold A, Belair L, Djiane J. 2002. Developmental expression of pIgR gene in sheep mammary gland and hormonal regulation. Journal of Dairy Research, 69(1): 13-26.

Rodewald R, Kraehenbuhl J P. 1984. Receptor-mediated transport of IgG. Journal of Cell Biology, 99(2): 159s-164s.

Rojas R, Apodaca G. 2002. Immunoglobulin transport across polarized epithelial cells. Nature Reviews Molecular Cell Biology, 3(12): 944-955.

Roterman I, Konieczny L, Stopa B, et al. 1994. Heat-induced structural changes in the Fab fragment of IgG recognized by molecular dynamics stimulation-implications for signal transduction in antibodies. Folia Biologica, 42(3-4): 115-128.

Rouse B T, Ingram D G. 1970. The total protein and immunoglobulin profile of equine colostrum and milk. Immunology, 19(6): 901-907.

Russell M W. 2007. Biological functions of IgA//Kaetzel C S. Mucosal Immune Defense: Immunoglobulin A. New York: Springer.

Sanwo M, Nwadiuko R, Beall G. 1996. Use of intravenous immunoglobulin in the treatment of severe cutaneous drug reactions in patients with AIDS. Journal of Allergy and Clinical Immunology, 98(6, Part 1): 1112-1115.

Saraj G, Jamess D, Haroldm B, et al. 1983. IgA, IgG, IgM and lactoferrin contents of human milk during early lactation and the effect of processing and storage. Journal of Food Protection, 46(1): 4-7.

Sayed-Ahmed A, Kassab M, Abd-Elmaksoud A, et al. 2010. Expression and immunohistochemical localization of the neonatal Fc receptor (FcRn) in the mammary glands of the Egyptian water buffalo. Acta Histochemica, 112(4): 383-391.

Schubothe H. 1967. The paraproteinaemia-like features of cold and warm autoantibody anaemias. Third Nobel Symposium, June 12-17, Interscience, New York.

Sharma D, Hanson L Å, Korotkova M, et al. 2015. Chapter 104-Human milk: its components and their immunobiologic functions// Mestecky J, Lamm M E, McGhee J R, et al. Mucosal Immunology (Third Edition). New York: Academic Press: 1795-1827.

Siegrist C A. 2003. Mechanisms by which maternal antibodies influence infant vaccine responses: review of hypotheses and definition of main determinants. Vaccine, 21(24): 3406-3412.

Simister N E. 2003. Placental transport of immunoglobulin G. Vaccine, 21(24): 3365-3369.

Simister N E, Mostov K E. 1989. An Fc receptor structurally related to MHC class Ⅰ antigens. Nature, 337(6203): 184-187.

Simister N E, Rees A R. 2010. Isolation and characterization of an Fc receptor from neonatal rat small intestine. European Journal of Immunology, 15(7): 733-738.

Simister N E, Story C M. 1997. Human placental Fc receptors and the transmission of antibodies from mother to fetus. Journal of Reproductive Immunology, 37(1): 1-23.

Smith E L, Holm A. 1948. The transfer of immunity to the new-born calf from colostrum. Journal of Biological Chemistry, 175(1): 349-357.

Spencer J, Boursier L, Edgeworth J D. 2007. IgA Plasma Cell Development. New York: Springer.

Staley T E, Bush L J. 1985. Receptor mechanisms of the neonatal intestine and their relationship to immunoglobulin absorption and disease. Journal of Dairy Science, 68(1): 184-205.

Stelwagen K, Carpenter E, Haigh B, et al. 2009. Immune components of bovine colostrum and milk. Journal of Animal Science, 87(13): 3-9.

Stott G H, Lucas D O. 1989. Immunologically active whey fraction and recovery process: US 4834974 A.

Stuff W, Sprott G. 2008. Bovine colostrum as a biologic inclinical medicine: a review. A part Ⅱ: clinical studies. International of Clinical Pharmacology and Therapelltics, 46(5): 211-225.

Telleman P, Junghans R P. 2010. The role of the Brambell receptor (FcRB) in liver: protection of endocytosed immunoglobulin G (IgG) from catabolism in hepatocytes rather than transport of IgG to bile. Immunology, 100(2): 245-251.

Thomas R L, Cordle C T, Criswell L G, et al. 2010. Selective enrichment of proteins using formed-in-place membranes. Journal of Food Science, 57(4): 1002-1005.

Tizard I. 2001. The Protective Properties of Milk and Colostrum in Non-Human Species. New York: Springer.

Uruakpa F O, Ismond M A H, Akobundu E N T. 2002. Colostrum and its benefits: a review. Nutrition Research, 22(6): 755-767.

Van de Perre P. 2003. Transfer of antibody via mother's milk. Vaccine, 21(24): 3374-3376.

Verdoliva A, Pannone F, Rossi M, et al. 2002. Affinity purification of polyclonal antibodies using a new all-D synthetic peptide ligand: comparison with protein A and protein G. Journal of Immunological Methods, 271(1): 77-88.

Weiner M L. 1988. Intestinal transport of some macromolecules in food. Food and Chemical Toxicology, 26(10): 867-880.

Yvon M, Levieux D, Valluy M C, et al. 1993. Colostrum protein digestion in newborn lambs. Journal of Nutrition, 123(3): 586-596.

Zou S, Hurley W L, Hegarty H M, et al. 1988. Immunohistological localization of IgG1, IgA and secretory component in the bovine mammary gland during involution. Cell and Tissue Research, 251(1): 81-86.

Zúñiga R N, Tolkach A, Kulozik U, et al. 2010. Kinetics of formation and physicochemical characterization of thermally-induced β-lactoglobulin aggregates. Journal of Food Science, 75(5): E261-E268.

第 9 章　乳脂肪球膜蛋白

9.1　乳脂肪球膜的结构、种类与性质

9.1.1　乳脂肪球膜蛋白结构

乳脂肪是乳的主要成分之一，一般占乳成分的 3%～5%，并以乳脂肪球的形式存在，乳脂肪球一般呈圆球形或者椭圆形，其表面被一层 10～20nm 的膜覆盖，称为乳脂肪球膜(MFGM)。MFGM 上存在 25%～75%的膜蛋白，称为乳脂肪球膜蛋白(MFGMP)。

MFGM 在乳腺分泌细胞内形成，由乳腺分泌细胞分泌(Patton and Keenan, 1975)。粗面内质网在表面或内部合成甘油三酯后，利用空泡化或出芽形成包被有单层薄膜的乳脂微滴。乳脂微滴在运送到乳腺分泌细胞顶端的同时，在细胞质内相互融合形成大小不等的脂肪滴。乳腺上皮细胞将脂肪滴分泌出胞外形成乳脂球的机制有两种推测(Cavaletto et al., 2008)：①脂肪滴被乳腺上皮细胞顶端的细胞膜包被，成为含有 3 层膜的 MFGM；②脂肪滴表面的分泌小泡相互融合，并通过胞外分泌的形式释放(Jeong et al., 2013；Keenan, 2001)。分泌出的乳脂球大小为 0.1～15μm，平均大小为 4μm，具有厚度为 10～20nm 的 3 层有序膜结构(Walstra et al., 2006)。

MFGM 中的蛋白质比例在 25%～70%变动。这些蛋白质以多种方式与膜结合，分为整合蛋白、外周蛋白及松散附着在 MFGM 上的蛋白质。其中的外周蛋白松散结合在膜上，执行重要的生理功能，它是数量最多的膜蛋白组分。MFGM 主要成分为糖蛋白、磷脂、神经鞘磷脂类(Houlihan et al., 1992)。但是由于所使用的分离纯化和分析技术有较大的差异，因此对于 MFGM 组分的分析结果未达成一致(Elloly, 2011)，其基本组分如表 9.1 所示。

表 9.1　MFGM 各组分平均测量值

组分	脂肪球/(mg/100g)	乳脂肪球膜干重/(g/100g)
蛋白质	1800	70
磷脂	650	25
脑苷脂	80	3

续表

组分	脂肪球/(mg/100g)	乳脂肪球膜干重/(g/100g)
胆固醇	40	2
甘油三酯	+	—
水	+	—
类胡萝卜素+维生素 A	0.04	0.0
Fe	0.03	0.0
Cu	0.01	0.0
总量	>2570	100

注：+表示存在，但数量未知。

资料来源：Walstra et al.，2006.

MFGM 的三层结构理论已经被人们普遍接受(Heid and Keenan，2005)。从脂肪球内核向外观察，MFGM 最内层是一个内质网合成的极性脂质和蛋白质组成的单层膜，包裹着脂肪球内核的脂肪液滴；中间一层是一个附着在双层膜内表面的高密度蛋白层；最外层才是真正来自乳腺上皮细胞顶膜的脂双层(图 9.1)。细胞质在高密度蛋白层和外部脂双层之间形成细胞质月牙(Evers，2004)。

MFGM 大部分来源于分泌细胞顶膜，因此对于该膜结构最被接受的模型即为类似细胞膜的流动镶嵌模型。该模型显示，流动态的磷脂双分子层充当膜骨架，而外围膜蛋白部分镶嵌或松散结合在脂双层上，跨膜蛋白贯穿于脂双层结构中，糖脂或糖蛋白的糖基在外层膜表面分布，而胆固醇出现在极性脂双层分子膜中(Elloly，2011)。

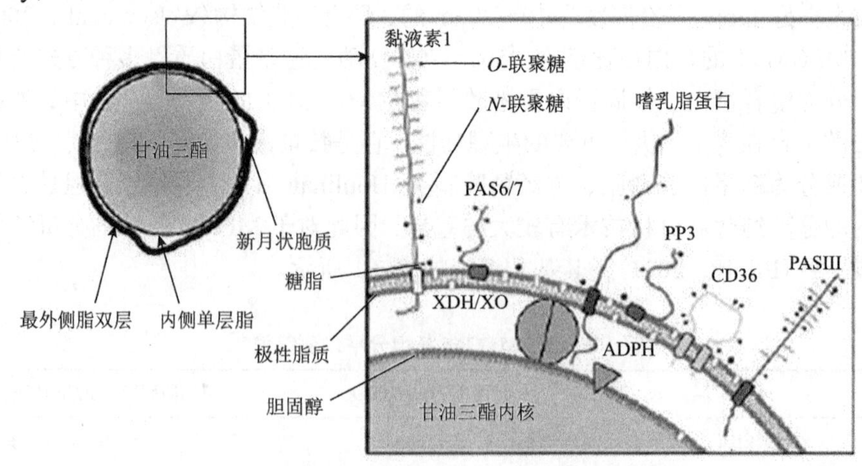

图 9.1　MFGM 主要蛋白排布方式结构模型图

从新鲜的酪乳或稀奶油中分离出的 MFGM 组分是一种高效天然表面活性物质，具有较高的乳化活性(Corredig and Dalgleish，1997)，能够稳定豆乳的水包油型乳浊液，这种乳化性是由于磷脂降低了界面张力的作用。

然而，从目前工业酪乳中分离出的 MFGM 成分的乳化活性却很差（Corredig and Dalgleish，1997）。这可能是在奶油制造过程中，热处理及搅拌工艺影响了 MFGM 的功能特性。研究表明，对乳进行加热处理后，β-乳球蛋白能够与 MFGM 结合，分子之间形成二硫键。并且开始结合的温度(60～65℃)低于蛋白质的变性温度(78℃)，最大结合量约占 β-乳球蛋白总量的 1%(Ye et al.，2004)。α-乳白蛋白和 κ-酪蛋白也能够与 MFGM 发生少量结合。有研究认为，这种结合主要是对乳进行均质处理造成的，在新鲜乳中不存在这种现象。

除此之外，MFGM 还可以被用来制备微脂囊。微脂囊是由双极性分子通常是磷脂组成的泡囊，呈球形结构，直径从 20nm 到几个微米，由一个或许多磷脂双分子层合围一个水核组成。在微脂囊形成过程中，疏水分子被结合在脂双层中，而亲水分子被包围在水核中。

微脂囊常用于制药和化妆品工业领域，捕获或控制药物或营养成分的释放；在食品工业领域也有良好的应用前景，保护敏感成分，增加食品添加剂的功效，限制异味产生。

有关微脂囊的制备方法已有许多文献报道(Snow et al.，2010)，一般从大豆和蛋黄中纯化磷脂制备微脂囊。从 MFGM 中提取的磷脂与从大豆或蛋黄提取的磷脂在组成上有较大的差异。MFGM 含有丰富的神经鞘磷脂，其主要的脂肪酸是饱和脂肪酸与单不饱和脂肪酸，这些差别可能影响制备出的微脂囊的结构与特性。利用 MFGM 磷脂的独特组成成分制成的微脂囊，在传递和保护敏感化合物、提高其功能特性方面表现出重要作用。

同时，MFGM 对于婴幼儿脑发育和生长也有很重要的作用，有研究表明，MFGM 可以提高认知能力。Timby 等(2014)在瑞典开展的前瞻性随机双盲对照试验，160 名小于 2 月龄婴儿被随机分为补充牛 MFGM 实验配方奶和普通配方奶喂养至 6 月龄，另 80 名母乳喂养儿为对照。实验配方奶磷脂和胆固醇含量分别为 70mg/100mL 和 8mg/100mL，普通配方奶分别为 30mg/100mL 和 4mg/100mL。12 月龄时依据 Bayley 婴幼儿发展评估量表(第 3 版)进行评分，结果显示，MFGM 组认知评分为(105.8±9.2)分，显著高于普通配方组的(101.8±8.0)分($P = 0.008$)，而与母乳喂养组无显著差异[(106.4±9.5)分，$P = 0.73$]。因此研究人员认为在 2～6 月龄配方奶粉中添加 MFGM 可减少配方粉喂养儿和母乳喂养儿在 12 月龄时认知发展上的差异。在比利时和法国开展的前瞻性随机对照双盲试验中，253 名 2.5～6 岁(平均 4.4 岁)儿童随机分为两组，均给予 200mL/d 巧克力奶，试验组奶添加富含磷脂的 MFGM(2.5%)提高牛奶磷脂含量至 250mg/100mL，对照组磷脂含量为 30mg/100mL，两种巧克力奶在能量、蛋白质、其他脂肪酸构成方面一致。试验持续 4 个月，其中 71 名儿童因累计饮用天数低于 90d 而被排除，Achenbach 经验性儿童心理行为问题系统评估表评分显示，试验组的内向性得分、外向性得分和总评分均优于对照组，表现出较好的行为管理能力。研究人员认为，学龄前儿童添加磷脂有助于改善行为调节能力(Veereman-Wauters et al.，2012)。

MFGM 的蛋白成分主要位于外侧的双层膜，呈现非对称分布，而脂肪分化相关蛋白(ADFP)与甘油三酯有高度亲和力，主要位于内侧单层膜。黄嘌呤氧化还原酶(XO/XDH)附着在单层膜的内表面，并与外层膜的跨膜嗜乳脂蛋白(BTN)，以及脂肪滴结合蛋白(ADPH)紧密连接。这些充当定位点的蛋白质形成了一个联系内外两层膜结构的超分子复杂体系(Keenan et al.，1988)。在 ADPH 和 XO/XDH 的协助下,BTN 对 MFGM 的组装和稳定发挥着重要作用。其他蛋白质,如 PAS6/7，位于 MFGM 外部。一些 MFGM 蛋白的糖基化水平极高，如 MUC1，其糖基部分均分布在膜表面外部(Evers，2004)。

奶牛生理状况、乳中微生物数量、哺乳期以及季节等都会对 MFGM 组分和稳定性产生影响。此外，乳的分泌、挤奶、加工过程等也会改变 MFGM 组分及其结构。影响 MFGM 的因素大致可以分为三类，即生理学因素，包括奶牛的饲料、品种、脂肪球大小及哺乳期阶段；物理及机械因素，主要存在于挤奶过程以及之后的加工过程中，如成熟、搅动、气泡、离心、热处理等；化学/酶类因素。

1. 气泡

在农场奶罐中，多个加工步骤都会向牛乳内引入空气，造成乳表面形成气泡，从而显著降低 MFGM 的稳定性。当脂肪球和气泡接触时，MFGM 很容易破裂，进而造成膜物质、脂质内核在空气/乳清两相交界面扩散并释放进乳清(van Boekel and Walstra，1989)。

2. 搅动

挤出的牛乳会经历从农场奶罐泵入奶罐车的搅动过程，该步骤会对 MFGM 造成进一步的破坏。但只有在剪切强度足够高的条件下，MFGM 才会受到明显影响(Evers，2004)，而且大脂肪球受到的影响程度更大(Wiking et al.，2003)。

3. 温度

乳清中表面活性物质的吸附或膜组分发生特异性/非特异性解吸附会导致 MFGM 组分变化，进而影响 MFGM 的其他特性(Hofi et al.，1977)。如冷却可能诱发铜离子、极性脂质及蛋白质从 MFGM 迁移到乳清中，反之热处理具有相反作用。加热还会使 MFGM 蛋白变性，形成分子间二硫键，导致 BTN 和 XO 聚集络合(Evers，2004；Ye et al.，2002)。同时 MFGM 组分的氧化能够引发膜流动性和稳定性的改变(Evers，2004)。微生物数量、乳腺炎以及细菌污染会产生不同酶类，如脂肪酶、磷脂酶、蛋白酶和糖苷水解酶。这些酶类会影响 MFGM 的特性和组成，还可能导致乳脂肪成团、牛奶酸败等缺陷。

4. 泌乳阶段

在对水牛乳 MFGM 的研究中发现，中性脂质和磷脂的数量从泌乳初期开始降低，并在第三个月跌至最低值，之后出现回升直至泌乳末期(Hofi et al.，1977)。同时，膜蛋白质水平最高值在初乳中检出，之后基本保持不变，末期会有微小的上升趋势(Evers，2004)。对牛乳而言，Bitman 发现奶牛产后 3～180d 的牛乳中 5 种主要磷脂含量保持不变(Bitman and Wood, 1990)。而两种主要的膜蛋白，即 BTN 和 XO 水平在泌乳初期都有较高水平，之后逐渐下降直至泌乳中期，最后在到达泌乳末期之前又呈上升趋势。以上结果表明，泌乳中期的膜物质质量低于早期或晚期。这可能意味着泌乳中期的脂肪球稳定性低于初期和末期(Evers，2004)。

9.1.2　乳脂肪球膜蛋白种类

乳脂肪球膜蛋白的分泌特点决定了其成分，尽管乳脂肪球膜蛋白只占乳蛋白总量的 1%～2%，但其来源广泛、功能丰富，可以部分代表泌乳细胞中的蛋白质(Mcmanaman et al.，2007；Mcmanaman and Neville，2003)。芦晶等(2013)运用过滤器辅助样品前处理法(FASP)结合纳升液相质谱(nano LC-MS/MS)测定牛乳乳脂肪球膜蛋白的种类和数量，鉴别出了 169 种蛋白质。根据功能性质对乳脂肪球膜蛋白进行分析，其中与免疫及宿主防御反应相关的蛋白所占比例最大，其他功能性质还有信号转导、蛋白质运输、脂类代谢、细胞周期及黏着、蛋白质合成、折叠、修饰、胞膜运输、氧化还原、糖类代谢等。而对乳脂肪球膜蛋白的亚细胞定位显示，大多数蛋白质来自于细胞的膜结构，其中细胞顶膜是其主要来源，也有来自于细胞内部膜结构的蛋白质，包括内质网膜、高尔基体膜、线粒体膜及膜泡结构。

乳脂肪球膜蛋白是膜结合蛋白。由于乳脂分泌是顶浆分泌，包裹乳脂小球的质膜被上皮细胞释放到乳腺腺泡腔中，与膜结合的蛋白一起被分泌到乳中。乳脂肪球膜蛋白一般都是长链状具有高度糖基化的蛋白质，包括位于胞浆的 C 端部分、跨膜区和高度糖基化的胞外 N 端，其氨基酸分析表明，谷氨酸、天冬氨酸和亮氨酸含量最高，含硫氨基酸和组氨酸含量较低。乳脂肪球膜蛋白糖基成分有唾液酸、己糖和氨基己糖等(Patton et al.，1995)。其中乳脂肪球膜蛋白丰度最高的有 8 种(Riccio，2004)，其中 6 种是糖蛋白，包括黏液素 1 (MUC1)、黄嘌呤氧化还原酶、黏液素 15(MUC15 或 PASⅢ)、CD36(或 PAS Ⅳ)、嗜乳脂蛋白和乳凝集素(MFG-E8 或 PAS 6/7)；另外 2 种都是分子质量更小的非糖基化蛋白，分别为脂肪分化相关蛋白和脂肪酸结合蛋白(FABP)。

9.1.3 乳脂肪球膜蛋白的功能特性

1. 黏蛋白

黏蛋白是一类通过共价键与碳水化合物连接的蛋白质，这些碳水化合物有一定的持水能力，因此在黏蛋白周围的水相是十分黏稠的。黏蛋白有两种类型：一种属于分泌型，如来自于肠道杯状细胞；另一种是膜的整体组分，如上皮细胞的质膜。牛乳中的黏蛋白属于后者，它们最初存在于泌乳表皮细胞的膜表面，泌乳时会包裹在脂肪球膜表面进入乳汁中(Patton，1999)。两种黏蛋白分别是黏蛋白-1 和黏蛋白-X，目前，黏蛋白-1 得到广泛研究，因此下面主要讨论黏蛋白-1 的相关内容。

黏蛋白-1(>200kD)是一种高度 *O*-糖基化跨膜黏蛋白，分子由肽核心和糖链组成，其中糖链占其质量的 50%～90%。在不同组织中，黏蛋白-1 的核心序列表达是相同的，但是糖基化的形式是不同的。在不同类型的上皮细胞和不同生理状态的细胞中，黏蛋白-1 异质表达。糖基化不仅取决于表达黏蛋白-1 的组织，还与该组织中的糖基转移酶的分布有关。黏蛋白-1 的糖基化是复杂的，糖基化的分析要滞后于蛋白质的分析。关于黏蛋白-1 糖基化的相关知识是从抗体反应性研究推断出来的；在 MUC1 胞丝外的肽链含有一个由 20 个氨基酸组成的重复片段，其中两个丝氨酸和三个苏氨酸是潜在的 *O*-糖基化位点。在哺乳期的乳腺中，黏蛋白-1 具有聚乳糖胺链，可以阻碍抗体肽的结合；然而，在癌变的乳腺中，黏蛋白-1 有较短且不太复杂的链，这导致肽核心暴露，从而和抗体结合，因此检测癌变后黏蛋白-1 的异常表达十分有意义。虽然肿瘤细胞合成的黏蛋白-1 对许多特异性多肽有反应性，但是令人惊讶的是至少一种癌细胞系 T47D 是具有高度 *O*-糖基化的。

关于黏蛋白-1 的功能性也有许多的报道，黏蛋白-1 是黏膜物理防御的重要组成成分，物理防御的第一道防线是黏液凝胶(Perezvilar and Hill，1999)，主要由黏蛋白-2、黏蛋白-5AC、黏蛋白-5B 和黏蛋白-6 组成。参与凝胶形成的黏蛋白很难表征，因为特异性抗体一般不会和完全糖基化的黏蛋白反应。使用黏蛋白-1 抗体对凝胶染色(在具有表达人黏蛋白-1 的囊性纤维化的转基因小鼠中)，发现在凝胶和细胞的表面表现出强烈的反应性，表明黏蛋白-1 的胞外域参与了凝胶的形成(Parmley and Gendler，1998)。另外，黏蛋白-1 缺陷小鼠的肠道会比较容易清除凝胶，说明黏蛋白-1 可能是通过碳水化合物相互作用吸附在黏膜表面(Parmley and Gendler，1998)。也有许多研究证明，黏蛋白-1 具有免疫功能，对大肠杆菌和幽门螺旋杆菌都有很强的抑制效果，并且体外试验验证了黏蛋白-1 对 HIV 有一定的抑制效果。多数分泌上皮细胞均含有黏蛋白，包括肺脏、胰腺、胃肠道、肾脏、膀胱等，可以形成物理屏障来防御病原体。

由于黏蛋白-1 在肿瘤组织中的异常表达，使其成为一种潜在的肿瘤生物学标志物，目前已用于肿瘤的诊断和生物学治疗。其功能体现在以下几个方面(张立新和李春海，2000)：

(1)介导细胞间相互作用：黏蛋白-1 糖链含有大量的唾液酸，使细胞带有较多的负电荷，同时黏蛋白-1 在肿瘤细胞表面表达量较高，这些因素阻碍了细胞与细胞、细胞与基质的相互作用。有文献报道，黏蛋白-1 可能是黏附分子 ICAM21 的配体，从而增强细胞间的黏附。黏蛋白-1 分子中的某些糖基表位可与植物血凝素发生特异性结合，增强抗原对 T 细胞的呈递。黏蛋白-1 也是唾液酸黏连素的配体，唾液酸黏连素只分布于巨噬细胞表面，黏蛋白-1 通过与它的结合可以聚集大量的巨噬细胞到肿瘤组织的局部。

(2)诱导抗肿瘤免疫应答：研究从乳腺癌和卵巢癌患者体内分离得到了能以人类白细胞抗原(HLA)非限制性方式杀伤表达黏蛋白-1 细胞的细胞毒性 T 细胞(CTL)。CTL 识别的表位位于可变数目串联重复(VNTR)核心序列内。其可能的机制是黏蛋白-1 通过 VNTR 使 T 细胞受体(TCR)发生交联，从而以黏蛋白-1 类非限制性的方式直接活化 CTL。同时，黏蛋白-1 也可以通过主要组织相容性复合体(MHC) Ⅰ类非限制性的方式诱导产生免疫应答。黏蛋白-1 的串连重复多肽刺激 T 辅助细胞，并诱导了 T 辅助细胞的增殖。此外，肿瘤细胞表面黏蛋白-1 多肽表位暴露，还能刺激机体产生针对多肽表位的抗体。由此可见，机体针对黏蛋白-1 的免疫应答除了表现为细胞免疫应答外，体液免疫应答也是一个很重要的组成部分。黏蛋白-1 除了可以诱导机体产生 CTL 细胞和抗体外，还对 T 细胞的应答有一定的抑制作用。

(3)通过各种途径参与肿瘤侵袭和转移：肿瘤的侵袭和转移是一个复杂的过程，涉及肿瘤细胞、宿主细胞与基质间的相互作用。黏附是肿瘤侵袭转移的第一步。肿瘤细胞首先通过膜表面受体黏附于基底膜及细胞外基质的成分纤维素黏连蛋白、层黏连蛋白和Ⅳ型胶原蛋白上，然后肿瘤细胞通过蛋白酶降解基底膜和基质，并经血道和淋巴道转移。E-钙黏蛋白的下调表达是肿瘤细胞侵袭性增强的步骤之一，而研究表明，黏蛋白-1 可使 E-钙黏蛋白下调表达。体外试验证实，黏蛋白-1 可能因此而有利于肿瘤的侵袭和转移。

(4)参与多种信号转导通路：黏蛋白-1 及其同种型表达于细胞表面，与多种细胞表面受体具有相似的结构，因此其可作为膜受体参与信号转导。在乳腺癌细胞株 MCF-7 中，黏蛋白-1 通过磷酸化能结合 Rrb/SOS，参与受体酪氨酸激酶介导的信号转导，而酪氨酸磷酸化是膜受体参与信号转导的一个关键步骤。

2. 黄嘌呤氧化还原酶

黄嘌呤氧化还原酶是大量存在于乳中的一种氧化还原酶，集中分布于大多数的反刍动物、啮齿动物以及灵长类动物的MFGM中,是一种分子质量高的糖蛋白。黄嘌呤氧化还原酶占MFGM蛋白总量的20%，是含量第二高的MFGM蛋白，仅次于嗜乳脂蛋白。其中，牛乳中33%黄嘌呤氧化还原酶存在于MFGM的内表面，20%存在于脱脂乳中的膜内表面(源自MFGM)，另外47%溶于乳液中(Silanikove and Shapiro，2007)。黄嘌呤氧化还原酶是由两个相同的146kDa亚基组成的二聚体,每个二聚体含有1330个氨基酸残基。每个黄嘌呤氧化还原酶都有一个Mo原子、一个FAD^+分子、两个Fe原子、两个S原子和两个氧化还原中心，Mo原子和黄嘌呤氧化还原酶的活性密切相关。黄嘌呤氧化还原酶有两种存在形式：黄嘌呤脱氢酶(XDH)主要负责嘌呤的代谢，黄嘌呤氧化酶(XO)存在于MFGM中。这两种不同形式的酶可以在巯基试剂的作用下相互转化，黄嘌呤脱氢酶可以通过蛋白水解作用不可逆地转化为黄嘌呤氧化酶，如纤溶酶(Enroth et al.，2000)。这两种酶的催化活性不尽相同，XDH催化黄嘌呤/ NAD^+氧化的活性较高，催化黄嘌呤/分子氧氧化的活性较低，而XO催化黄嘌呤/ NAD^+氧化的活性较低，催化黄嘌呤/分子氧氧化的活性较高。除了牛乳外，黄嘌呤氧化还原酶也存在于哺乳动物的许多组织中，在肝和小肠中的含量也很丰富。对鼠肝和鸡肝的研究表明，肝脏中含有的黄嘌呤氧化还原酶表现出与牛乳中同样的酶性质(Harrison，2002)。

黄嘌呤氧化还原酶是一种高度保守、普遍存在的蛋白质。有证据表明，在乳脂肪滴包裹和释放的过程中黄嘌呤氧化还原酶起到了重要作用，其中黄嘌呤氧化还原酶的作用只是结构性的，并不需要酶的活性及嘌呤的代谢。原因是：虽然在怀孕后期和泌乳期黄嘌呤氧化还原酶的表达和活性显著增加，但其代谢的最终产物尿酸在乳腺中的含量始终很低；XDH主要负责嘌呤的代谢，但XO是乳中MFGM的主要形式，在乳中的XO对嘌呤的活性很低，表明黄嘌呤氧化还原酶在乳腺中的作用与嘌呤代谢无关(韩立强等，2006)。

Mcmanaman等(2010)认为MFGM能够诱导XDH到XO的转化，这可能是乳脂肪滴包裹和分泌的重要信号。介导乳脂肪滴包裹的主要物质是蛋白质，这些蛋白质在未分化的乳腺中并不表达,在MFGM结构中的内层和包含乳脂肪滴的质膜外层之间存在一种帽子物质，这种帽子物质是质膜蛋白和胞浆蛋白组成的蛋白层。黄嘌呤氧化还原酶和嗜乳脂蛋白(BTN)是组成这种帽子物质的主要蛋白。BTN能特异地结合到黄嘌呤氧化还原酶上,BTN/黄嘌呤氧化还原酶复合物的形成可以引发其他辅助分子的结合从而形成蛋白核心，参与蛋白核心形成的主要脂肪滴表面蛋白是脂肪滴结合蛋白，脂肪滴结合蛋白经常结合在胞浆的脂肪滴表面，与BTN/黄嘌呤氧化还原酶一起形成蛋白核心。黄嘌呤氧化还原酶作为一个二聚体可以结合两个BTN分子，在分子聚集形成膜结构时起主要作用，因此研究认为只有膜上定植有足够的黄嘌呤氧化还原酶才能成功包裹脂肪滴。

黄嘌呤氧化还原酶在牛乳和乳制品中有许多功能。

(1)抗菌性：越来越多的证据表明，黄嘌呤氧化还原酶具有抗菌性，幼儿食用富含黄嘌呤氧化还原酶的母乳可以降低患肠道疾病的概率。研究也发现，在厌氧环境下，黄嘌呤氧化还原酶能够还原亚硝酸盐为 NO(一种有抗菌性的信号传递物质)，在有氧的情况下，仍能发挥还原性能产生超氧阴离子，后者快速与 NO 反应，生成氧化硝酸盐(更重要的抗菌物质)，从这些活性氧和活性氮产物来看，在新生儿肠道内乳中的黄嘌呤氧化还原酶能够起到合理的抗菌作用(Munckhof et al.，1995)。对纯化的牛黄嘌呤氧化还原酶的酶动力分析表明，在厌氧环境中，黄嘌呤和亚硝酸盐存在时，黄嘌呤氧化还原酶能够明显起到催化作用产生 NO。亚硝酸盐虽然在消化道中的浓度不高，但在肠道细菌的微环境中含量很高，厌氧培养时，细菌通过异化的硝酸还原酶能够分泌微量的亚硝酸盐，并且这些细菌也与 MFGM 上的黄嘌呤氧化还原酶具有功能上的联系。MFGM 是通过乳腺分泌细胞的胞吐作用进入乳汁的，它携带有上皮细胞膜抗原，致病性的细菌与消化道上皮细胞膜结合，同样也能结合到 MFGM 的抗原上，这个过程不仅能够使细菌从原来的靶目标转移，而且能够与黄嘌呤氧化还原酶紧密接触。黄嘌呤氧化还原酶能够与酸性多糖亲和也证明此性质。需要指出的是，在厌氧环境下黄嘌呤氧化还原酶催化产生 NO 的最适 pH 是 6，低于有氧环境下的 8.8，更适合于在肠道中发挥作用。

研究还发现，新鲜的人和牛乳样品都能够抑制大肠杆菌的代谢活性(Godber et al.，2000)。使用一种转化的大肠杆菌能够表达 *LuxCDABE* 基因，当代谢正常时可发出荧光，代谢损害时发光强度减弱。通过这样的方法研究发现，乳对大肠杆菌代谢的抑制依赖于亚硝酸盐的存在，并且抑制作用能被黄嘌呤氧化还原酶的抑制剂所阻断，这些发现表明，乳中的黄嘌呤氧化还原酶抗菌活性依赖于 NO 和氧化硝酸的生成。

(2)作为热处理的指标：Andrews 等(1987)研究表明，在加热温度为 80～90℃时，黄嘌呤氧化还原酶可以作为一个指示指标，其是否失活可以判断加热强度。

(3)脂质氧化：黄嘌呤氧化还原酶可以激发稳定的三重态氧($^3O_2$)变为单线态氧($^1O_2$)，是一种强效的亲氧化剂。在牛乳中加入大约 10 倍正常水平的黄嘌呤氧化酶，牛乳会自发氧化酸败(Aurand et al.，1977，1967)。

(4)脂肪球的分泌：黄嘌呤氧化还原酶最重要的作用是使乳腺分泌细胞分泌乳脂。乳液中的甘油三酯在内质网中合成，甘油三酯形成的微脂滴，通过嗜酸性粒细胞的蛋白质释放出来。被 ADPH 覆盖的脂肪小球向细胞顶端膜移动，通过微管系统获得其余膜材料、细胞质蛋白和磷脂。在膜顶端处，ADPH 与嗜乳脂蛋白、黄嘌呤氧化还原酶通过二硫键形成复合物。通过某种方式，黄嘌呤氧化还原酶引起膜气泡来释放脂肪球到泡腔中(Mcmanaman et al.，2010；Mcmanaman et al.，2007；Vorbach et al.，2002)。在脂肪的分泌过程中，黄嘌呤氧化还原酶没有发挥酶的作用，因此有提议称乳脂肪球的分泌变为嗜乳脂蛋白控制(Robenek et al., 2006)。

3. 嗜乳脂蛋白

嗜乳脂蛋白占膜蛋白总量的 20%～40%，在泌乳期的乳腺中高度表达，可以调节乳汁的分泌。嗜乳脂蛋白是 MFGM 上唯一的Ⅰ型跨膜糖蛋白分子，属于免疫球蛋白家族的一员，主要分布于乳腺上皮细胞顶层质膜。

Keenan 等(1982)在电镜下观察乳脂肪球膜相关蛋白时，发现分子质量为 155kD 的黄嘌呤氧化还原酶和分子质量为 67kD 的未知蛋白，并将其命名为 BTN1A1。Heid 等(1983)利用凝胶电泳技术从人乳脂肪球膜分离出 BTN1A1，发现其与牛的 BTN1A1 相似，含有一个黏附在 MFGM 上的跨膜肽段。Taziahnini 等(1997)发现 BTN2A1、BTN2A2、BTN3A1、BTN3A2 和 BTN3A3 等其他 BTN1A1 家族成员。

嗜乳脂蛋白由一个 B30.2 结构域、一段信号肽序列和两个免疫球蛋白结构域组成(Mather, 2000)。嗜乳脂蛋白在调节乳脂滴的分泌中起着重要作用(Ogg et al., 2004)，因为有报道称嗜乳脂蛋白基因缺陷的小鼠泌乳严重受损。目前提出了两种乳脂分泌模型，较为流行的模型是脂滴表面的嗜乳脂蛋白、黄嘌呤过氧化物酶和脂肪酰亚胺组成的超分子复合物，可能引起脂滴的萌芽。该模型受到若干研究的挑战，有研究称嗜乳脂蛋白亲同性相互作用只负责从乳腺细胞中挤出脂肪球；也有报道称嗜乳脂蛋白和黄嘌呤氧化还原酶是通过 B30.2 结构域结合的(Jeong et al., 2009)。对于来自不同物种的 B30.2 结构域的同源性差异也存在争议，相关研究将小鼠的黄嘌呤氧化还原酶和人、牛的嗜乳脂蛋白的 B30.2 结构域结合，证明了这种结合是物种独立的(Jeong et al., 2009)。

嗜乳脂蛋白在乳脂的合成过程中有着至关重要的作用，乳脂滴的顶端分泌过程主要由 BTN1A1、黄嘌呤脱氢酶和脂肪分化相关蛋白(ADFP)共同作用，且这三种蛋白能够相互作用，结合成聚合物共同形成蛋白核心(Mcmanaman et al., 2007)。韩立强等(2012)研究表明，小鼠泌乳期乳腺细胞中的嗜乳脂蛋白在泌乳期的表达持续上调，在泌乳第 18d 上调高达 70 倍，因此可推测嗜乳脂蛋白对泌乳过程至关重要(Robenek et al., 2006)。

4. 乳凝集素

乳凝集素又称为脂肪球表面生长因子 8(MEGF8)或 PAS 6/7 糖蛋白，C 端部分有 12 个氨基酸的长序列，不同物种的序列同源性较高，可以达到 61%～94%(Mather, 2000)。乳凝集素的主要特征是蛋白质的 N 端区域中有两种 EGF 结构域，在第二个 EGF 结构域中有精氨酸-甘氨酸-天冬氨酸序列(RGD)。含有 150 个氨基酸的两个 C 端区域称为 F5/8 C 型或者 C1/C2 结构域。第二个 F5/8 的 C 端区域被证实通过磷脂酰丝氨酸的结合以负责膜结合(Shi et al., 2004; Shi and

Gilbert，2003)。

乳腺和其他组织中存在不同形式的乳凝集素，近来研究表明，山羊乳中的乳凝集素有一条多肽链，而牛乳有两条糖基化多肽链(Cebo et al.，2010)。此外，马乳中的乳凝集素有四条多肽链(Cebo and Martin，2012)。乳凝集素在物种之间的分子多样性是由肽骨架不同程度的糖基化导致的。

乳凝集素有着广泛的生物功能，包括细胞凋亡、泌乳后乳腺的退化以及后续泌乳。因此推测乳凝集素的基因遗传多样性可能会影响泌乳和乳成分。研究表明，乳凝集素有以下功能。

(1)促进多种组织内凋亡细胞的清除:乳凝集素在众多组织的凋亡细胞清除过程中起关键的调节作用。活化的巨噬细胞在凋亡细胞的刺激下分泌乳凝集素，其结构域集合在凋亡淋巴细胞表面的磷脂酰丝氨酸(PS)和磷脂酰乙醇胺残基上，而RGD 结构则结合在未成熟吞噬细胞表达的 α 和 β 趋化因子上(Leonardiessmann et al.，2005)。在乳凝集素缺乏的动物中，巨噬细胞对凋亡细胞的吞噬活性低于野生型；然而这些巨噬细胞仍然可以黏附凋亡细胞，这说明乳凝集素不仅引导巨噬细胞找到细胞碎片而且在吞噬过程中发挥作用(Hanayama et al.，2004)。RGD 突变为精氨酸-甘氨酸-谷氨酸，不影响 C 端结构域对凋亡细胞的间接黏附，进一步提示此过程中整合素的作用(Asano et al.，2004)。另外，乳凝集素缺乏的成年动物表现出一些自身免疫的特征，包括脾脏增大、血清抗 DNA 及抗核蛋白抗体显著增多，以及循环抗体在肾内免疫沉积引起肾小球肾炎等。在野生型小鼠体内注射RGE 突变型乳凝集素可模拟这种病理现象，其中 RGE 突变型乳凝集素充当显性失活蛋白，抑制巨噬细胞对自身抗原的吞噬。

除此之外，乳凝集素在泌乳期乳腺凋亡细胞清除过程中发挥相似作用。在腺体对合的最初 48h，凋亡细胞脱落进入管腔内，被非特异吞噬细胞所吞噬。在这期间，乳凝集素缺乏的小鼠管腔内凋亡细胞增多，而导管上皮细胞凋亡的频率与对照组无差异(Atabai et al.，2005)。同样，乳凝集素突变型小鼠乳腺上皮细胞的吞噬潜能也显著低于对照组。这说明乳凝集素缺乏的细胞吞噬功能降低。在腺体对合的后期，富含 PS 的残余乳脂肪球及凋亡细胞被高表达乳凝集素的巨噬细胞所清除。在缺乏乳凝集素的情况下，凋亡细胞及膜状物质聚积在乳腺导管内，导致导管扩张及乳腺炎(Hanayama and Nagata，2005)。

(2)维护肠上皮细胞:位于肠隐窝内的干细胞向绒毛表面迁移，同时分化为具有吸收功能的肠上皮细胞及分泌细胞，通过此过程，肠黏膜上皮得以不断更新代谢。研究已知，小鼠肠固有层巨噬细胞分泌乳凝集素，而外源性乳凝集素可结合到迁移细胞上，可能是与一些暴露的 PS 残基结合，导致一种肠囊肿细胞系(IEC-18)的迁移效率以蛋白激酶 C 依赖的形式增加(Miksa et al.，2006)。在体内试验中，肠损伤后的隐窝内发现乳凝集素，这也说明了其有潜在的上皮修复功能。

抗乳凝集素抗体可阻止溴脱氧尿苷标记的迁移细胞从隐窝内迁出，而在乳凝集素缺乏的小鼠中，隐窝细胞迁移减少也直接说明了这一点(Miksa et al.，2006)。另有文献报道，败血症时肠细胞从隐窝到绒毛表面的迁移减少，同时乳凝集素的表达也减少(Segura et al.，2005)。乳凝集素对败血症小鼠肠隐窝细胞迁移的调控作用是显而易见的，但其具体机制尚不明确，可能包括肌动蛋白相关蛋白 2/3 的再定位、肌动蛋白张力纤维的溶解以及新的片状伪足的建立等(Miksa et al.，2006)。

(3)促进树突状细胞(DC)的外泌小体功能：外泌小体是由细胞质膜释放出的一种由膜包绕的囊泡。乳凝集素是外泌小体的重要组成成分，且对其分泌起非常重要的作用。DC 是专职的抗原递呈细胞，其中未成熟 DC 具有很强的吞噬功能。在内环境稳定的情况下，未成熟 DC 有助于维持免疫耐受；而在检测到致病性抗原后 DC 开始成熟分化，将抗原-MHC 复合体及其他共刺激分子递呈至 T 细胞。DC 的功能取决于其成熟程度，不同成熟程度的 DC 分泌的外泌小体成分及活性并不相同。乳凝集素在成熟 DC 中高表达，而在幼稚 DC 中表达较少。成熟 DC 分泌的外泌小体诱导 T 细胞免疫应答的效力约为幼稚 DC 的 50～100 倍。一般认为，外泌小体通过向 DC 提供特异性抗原以供其递呈给 T 细胞的方式来扩大免疫应答(Segura et al.，2005)。

(4)促进乳腺分支形态的发生：除了在乳腺凋亡细胞清除过程中发挥作用外，乳凝集素也参与乳腺的发育。乳凝集素缺乏的女性乳腺明显萎缩，表现为从上皮导管及终末导管发出分支的数量减少且发育不良。在正常的乳腺发育过程中，上皮分支从双层上皮导管的腔上皮细胞层和肌上皮细胞层之间发出。上皮细胞附着在肌上皮细胞上，表达乳凝集素，引起细胞增殖和导管旁生。缺乏乳凝集素会导致肌上皮细胞活性几乎全部丧失，伴随细胞增殖降低及上皮分支的减少(Hidai et al.，1998)。

5. 脂肪酸结合蛋白

脂肪酸结合蛋白是编码 15kDa 蛋白质的多基因家族的成员，可以结合疏水生物分子，如脂肪酸。存在于哺乳动物中的脂肪酸不仅可以提供营养，也可以调节细胞代谢活动(Hotamisligil，2006；Saltiel and Kahn，2001)。因为脂肪酸具有高度的疏水性和细胞毒性，在体液中它们很少以游离的形式存在，而脂肪酸结合蛋白可以使这种疏水分子在体液中溶解存在，以确保代谢转运的顺利进行(Furuhashi and Hotamisligil，2008；Chmurzyńska，2006；Makowski and Hotamisligil，2005；Haunerland and Spener，2004；Hertzel and Bernlohr，2000)。目前在哺乳动物中已经发现了 9 种脂肪酸结合蛋白，根据它们在特定组织中的高表达特性，分为肝脏型、肠型、心脏型、脂肪型、表皮型、回肠型、脑型、髓鞘性和睾丸型，这些分型分别对应脂肪酸结合蛋白 1～9，而脂肪酸结合蛋白 10 和 11 被发现在非哺乳动物中表达(Alves-Costa et al.，2008；Karanth et al.，2008)。脂肪酸结合蛋白12是近年来新发现的一种类型，在啮齿类动物的视网膜和睾丸组织，以及人类视网膜母细胞瘤细胞系中均有表达(Liu et al.，2008)。牛乳MFGM中的脂肪酸结合蛋白是心脏型的，因为它具有脂肪酸转运功能，并且在哺乳期的乳腺中表达，因此脂肪酸结合蛋白3是筛选牛乳性状的候选基因。脂肪酸结合蛋白3中的SNP基因片段和产奶量、蛋白质及脂肪含量有关联，因此说明脂肪酸结合蛋白的基因型会影响乳脂(Calvo，et al.，2002)。脂肪酸结合蛋白3可能参与对抗氧化应激反应，在斑马鱼模型中发现特异性敲除脂肪酸结合蛋白 3 基因后将会导致线粒体功能障碍、活性氧生成增加和细胞凋亡的发生(Liu et al.，2013)。

6. CD36

CD36又称为PAS IV，属一种多功能细胞膜受体，直接影响动脉粥样硬化的形成。它于1976年首次被发现并被归属于一种抗蛋白酶血小板膜表面糖蛋白，研究人员根据它在 SDS-PAGE 电泳所获分子质量而命名为糖蛋白-Ⅳ，由于它与白细胞分化抗原CD36 相似，因此而得名(Okumura et al.，1976)。CD36是一类分子质量为88kDa 的细胞表面糖蛋白，在单核细胞、巨噬细胞、内皮层细胞、血小板、红细胞前板、脂肪细胞、肌肉细胞以及乳腺内皮层细胞中均有发现(Boullier et al.，2001；Calvo et al.，1998)。并且CD36与溶酶体膜结合蛋白(LIMPⅡ)、清道受体B1(SRB1)以及CLA1 共同构成一类新的基因家族(Ge and Elghetany，2005；Ikeda，1999)。CD36 蛋白为多肽单链，包含两个跨膜区域，且这两个区域具有棕榈酰化半胱氨酸残基(Tao et al.，1996)。CD36 肽链两个疏水末端作为与细胞膜结合的支柱，且两末端的最后 10 个氨基酸位于胞内，其余部分则暴露于细胞膜外周称为外周部分。它在膜外周区行使结构功能，具有许多受体结合部位，并具多个 *N*-连接的糖苷化位点，且 C 端可能参与受体激酶调节的信息传导作用(Huang et al.，1991)。

CD36具有以下功能。

(1)与胶原蛋白的黏附：CD36功能的初步研究是基于以下假设进行的：如果它作为一种受体参与血小板活化，则 CD36 的抗体会阻断受体的反应，从而抑制活化作用；或者是添加游离的CD36，与膜结合的CD36相互竞争，也会抑制活化(Tandon et al.，1989)。

(2)血小板反应蛋白(TSP)受体：作为胶原蛋白的受体(Mcgregor et al.，1989；Asch et al.，1987)，CD36还是TSP膜受体，单核细胞与巨噬细胞对血小板的TSP有依赖性黏附，并且炎症、动脉硬化和肿瘤转移也与TSP反应相关。

(3)信息传递：作为细胞表面受体，CD36 是一种信息传递分子。可与 CD36结合的蛋白质，如钳合蛋白、胶原和完整的 CD36 特异抗体，都可激活血小板，诱发单核细胞和血小板的氧化，释放反应产生的一系列氧原子，可反应形成过氧化氢钒和过氧化钒(Del et al., 1991)。

(4)细胞分化：在造血细胞的发生过程中，CD36的表达受不同方式的调节。在红细胞系，其体细胞的CD36表达水平高，而成熟红细胞则无CD36表达。而单核细胞和巨核细胞则相反。CD36的消失与红细胞系分化过程中纤合素受体消失相平行，可允许成熟红细胞通过髓血界面而迁移(Okumura et al., 1992)。

7. 脂肪酸合成酶

脂肪酸合成酶(FASN)是脂肪酸生物合成过程中将小分子碳单位聚合成长链脂肪酸的关键酶。脂肪酸的合成在细胞质中进行。其合成的最初物质来源是葡萄糖。葡萄糖首先在细胞质中通过糖酵解形成丙酮酸，丙酮酸进入线粒体经氧化脱羧生成乙酰辅酶A，在线粒体中产生的乙酰辅酶A可进一步形成柠檬酸，柠檬酸转运出线粒体，在ATP存在时，经裂解酶的作用，释放乙酰辅酶A，乙酰辅酶A经羧化酶的作用形成丙二酸单酰辅酶A。在还原型烟酰胺腺嘌呤二核苷酸磷酸(NADPH，由苹果酸通路和单磷酸己糖旁路产生)存在时，乙酰辅酶A和丙二酸单酰辅酶A经脂肪酸合成酶的作用合成脂肪酸。有数种酶参与脂肪酸的合成反应过程，其中脂肪酸合成酶是最重要的酶。哺乳动物脂肪酸合成酶是一种多功能酶，分子质量为260kD。功能性的脂肪酸合成酶为头尾相对排列的多肽链二聚体，每条多肽链除含有七个功能域(*β*-酮脂酰聚合域、丙二酸单酰转移域、水合域、烯酰还原域、*β*-酮还原区域、脂酰基载体蛋白、硫酯化域)以外，还含有一个4-磷酸泛酰氨基乙硫醇的辅基。脂肪酸合成酶的产物软脂酸是构成细胞的基本物质之一，具有构成生物膜结构、储存能量、参与信号转导和参与蛋白质酰化等功能(Smith, 1995)。

脂肪酸合酶的功能特性包括以下几个方面。

(1)脂肪酸合酶与肥胖：国内外研究均表明，脂肪酸合酶的抑制物C75具有令小鼠体重明显下降的作用，而其可能机制为通过抑制腺苷-磷酸蛋白激酶(AMPK)旁路影响摄食中枢的神经元感受能量状态，引起下丘脑神经肽表达的变化，起到降低食欲的作用(Landree et al., 2004)。此外，抑制脂肪酸合酶可使更多乙酰辅酶A进入三羧酸循环产生能量而被消耗，从而减少脂肪的合成和储存。Kim等(2004)研究表明，脂肪酸合酶的抑制剂C75可以通过激活CPT-1酶使得小鼠周围脂肪组织的β氧化活跃，增加机体的脂肪消耗。Loftus等(2000)研究表明，脂肪酸合酶抑制剂能逆转小鼠和鸡的脂肪肝。但在人体中，脂肪酸合酶在外周脂肪组织中表达较少，且合成新脂质能力较弱(Berndt et al., 2007)，抑制脂肪酸合酶是否能用于人类减肥，目前证据不多。奥利司他是一种已上市的减肥药，其减肥作用与不可逆抑制肠胰蛋白酶有关，但近年有研究表明，脂肪酸合酶的硫酯酶(TE)功能域也是其作用靶点之一(Cheng et al., 2008)，奥利司他可能通过抑制TE

功能域降低脂肪酸合酶的活性，从而减少体内新生脂肪酸的合成以及脂肪堆积而达到减肥的效果。作为目前唯一的人体内脂肪酸合酶抑制剂，奥利司他及其衍生物将成为今后脂肪酸合酶抑制剂研究的重要方向。

(2)脂肪酸合酶与炎症反应：炎症被认为是动脉粥样硬化发生发展的主要原因之一，炎症反应参与动脉粥样硬化斑块形成的全程，各种炎症因子水平持续升高可以导致血管内皮细胞损伤和脂质代谢紊乱，使炎性细胞浸润，同时增加巨噬细胞对低密度脂蛋白(LDL)的吞噬摄取，最终促进泡沫细胞形成并在内膜下堆积而导致动脉粥样硬化。众所周知，在肥胖等慢性炎症状态下，机体内白细胞介素6(IL-6)、C 反应蛋白(CRP)等炎症因子的表达增多。最近有研究表明，在肥胖或 2 型糖尿病患者的脂肪组织中脂肪酸合酶基因表达增多，而其中炎症因子 IL-6 在血清中的浓度与该类人群内脏脂肪组织中的脂肪酸合酶基因表达量成正比，并可作为脂肪酸合酶表达的独立预测因子(Berndt et al.，2007)。另外，抵抗素作为脂肪细胞因子，也可促发炎症反应。Rae 等(2008)通过人巨噬细胞 THP-1 体外培养发现，以抵抗素诱导炎症反应而导致巨噬细胞内的脂类聚积增多的效应可被脂肪酸合酶抑制剂 C75 部分阻断，该试验表明，加入 C75 干预后，巨噬细胞内的胆固醇酯及甘油三酯的含量均较不加 C75 干预组明显减少，说明抑制脂肪酸合酶活性可以减少因炎症反应引起的巨噬细胞内的脂类堆积，但其具体机制尚未阐明，仍有待进一步研究。

9.1.4　乳脂肪球膜蛋白随品种、哺乳期的变化

不同品种奶牛的乳脂球膜蛋白也有差异性。Murgiano 等(2009)对契安尼娜牛和荷斯坦牛的乳脂球膜蛋白进行比较，发现多聚免疫球蛋白受体、酶原颗粒膜糖蛋白-2、脂肪细胞分化相关蛋白和乳凝集素的表达量有差异。Ménard 等(2010)对水牛和奶牛的乳脂球膜在微观上进行了比较，发现水牛乳脂球直径大于奶牛乳脂球，表面电动电位也更低。隋顺超(2014)对 3 种转基因牛和 1 组克隆牛，以及 4 个品种奶牛的乳脂球膜蛋白进行了分析，评价了转基因与克隆对乳脂球膜蛋白的影响，并建立了中国荷斯坦牛、美国荷斯坦牛、中国水牛及娟珊牛的乳脂球膜蛋白质表达谱。上述对不同品种奶牛分泌乳的乳脂球膜蛋白从蛋白质水平进行的研究，有助于奶牛品种的研究和牛乳产品的优化。

Zou 等(2015)对奶牛初乳和常乳中乳脂球膜蛋白的差异进行了对比，发现不同泌乳天数、胎次也会对乳脂球膜蛋白产生影响。Reinhardt 和 Lippolis(2008)对比了第 7 d 泌乳和初乳的乳脂球膜蛋白质，发现与泌乳相关的 XO、BTN、ADPH 随着泌乳时间的延长而增加，另外第 7d 牛乳中含有较高含量的脂类代谢相关蛋白质，而载脂蛋白 A1、C-III、E 和 AIV 的含量在第 7d 较低。研究初步揭示了随着泌乳天数增加泌乳细胞代谢途径的变化，也反映了乳汁中乳脂球膜蛋白的成分和含量随时间变化的规律。

9.1.5 乳脂肪球膜蛋白的加工特性

超高温杀菌乳因货架期长，能够摆脱乳制品生产和消费的地区和季节限制，在我国液态奶市场上占有较高的比例。但由于超高温杀菌乳在加工过程中都要经过加热和均质，会导致乳脂肪球破裂，引起脂肪上浮。研究表明 MFGM 的组成和稳定性主要受加热和均质的影响。

1. 加热对 MFGM 蛋白的影响

加热对 MFGM 蛋白的影响分为两部分：对 MFGM 自身蛋白的影响以及 MFGM 蛋白与乳清蛋白的结合。牛乳在 50℃下加热 10min 后，MFGM 蛋白会损失 50%左右。目前不太清楚为什么在相对温和的加热条件下，MFGM 蛋白损失严重。利用荧光团标记的磷脂探针发现不同温度下，MFGM 上磷脂的质量分数会发生变化(Zou et al., 2015)，因此推测 MFGM 蛋白损失的原因可能是由于此温度下磷脂在 MFGM 表面会重新分布，MFGM 蛋白与磷脂分离，进入乳清体系中。

嗜乳脂蛋白在加热到 58℃时，发生变性，形成分子间二硫桥，黄嘌呤氧化还原酶通过二硫桥与之相结合形成二硫键；当温度>60℃时，这种结合强度逐渐变小；到 70℃时，两者之间的二硫键断裂，又被还原成单分子物质。组织糖蛋白高碘酸希夫 6/7 在加热过程中相对稳定。

许多研究表明，牛乳在加热过程中，乳清中的 β-乳球蛋白和 α-乳白蛋白会通过二硫键结合到 MFGM 蛋白上。Ye 等(2004)描述了 β-乳球蛋白和 a-乳白蛋白在 65～95℃温度范围内加热时与 MFGM 的结合情况。结果表明，β-乳球蛋白在 80℃以下和 80℃以上表现出不同的结合速率；65～85℃范围内，结合速率缓慢，且质量分数随温度升高和加热时间的延长而增加；在 85～95℃时，MFGM 上吸附的 β-乳球蛋白的质量在开始加热的几分钟内迅速增加达到最大值(推测原因可能是 β-乳球蛋白变性后暴露出更多的二硫键)，然后趋于稳定，而且最大值为 1mg/g，占乳中 β-乳球蛋白总量的 1%左右。同样，α-乳白蛋白与 MFGM 结合情况遵循相同的规律，只是温度节点在 80℃，达到的最大结合量为 0.25mg/g，占乳中 β-乳白蛋白总量的 0.8%左右(在不同的泌乳期，两者的最大值均没有显著差异)。目前还没有弄清楚 MFGM 为什么只结合 1%左右的乳清蛋白，但推测可能是因为酪蛋白胶束(直径 50～300nm)提供了一个比 MFGM(直径 0.5～10μm)更好的吸附表面，β-乳球蛋白和 α-乳白蛋白在变性时，可能最先发生的是自身的结合或者与酪蛋白胶束的结合，剩下的乳清蛋白再与 MFGM 进行结合。

2. 均质对 MFGM 蛋白的影响

均质过程中破裂的脂肪球表面会重新形成没有全部被脂肪球膜包裹的界面，因此乳中其他的一些活性蛋白成分会吸附到脂肪球表面，从而形成一个新的脂肪球膜。而酪蛋白就是主要的蛋白吸附片段，当均质时脂肪球与酪蛋白发生碰撞，酪蛋白胶束就会吸附到脂肪球上。由于均质会减小酪蛋白胶束的尺寸，因此，其与脂肪球的结合会非常容易。β-乳球蛋白是乳清蛋白中与脂肪球结合的主要蛋白质，同时还有一小部分 α-乳白蛋白的结合(Lee and Sherbon，2002)。在普通均质过程中，乳清蛋白占总吸附蛋白的5%，覆盖整个脂肪球20%的面积；当均质压力升高时，其比率会逐渐降低(Sharma，1994)。在商业化的超高温牛乳中，原有MFGM仍占整个脂肪球表面积的25%(Lopez，2005)。当采取微流化均质技术时，脂肪球表面的酪蛋白层会变薄，原因可能是酪蛋白胶束在微流化过程中会发生破裂。

3. 均质与加热的不同顺序对MFGM蛋白的影响

牛乳先加热后均质时蛋白质的反应过程：乳清蛋白先发生变性，然后与MFGM自身蛋白质(XO、BTN、PAS6/7)或酪蛋白胶束发生结合反应，最后 κ-酪蛋白-乳清蛋白复合物在均质过程中吸附到脂肪球表面，形成新的MFGM。而牛乳先均质后加热时蛋白质的反应过程为：均质后形成的酪蛋白胶束的碎片吸附到脂肪球表面，加热后变性的乳清蛋白通过二硫键与原有MFGM蛋白质和酪蛋白连接。

当牛乳先均质后再加热(至80℃)时，脂肪球上吸附的酪蛋白和乳清蛋白会比牛乳先加热再均质时吸附的少，可能原因是当牛乳进行加热处理时，酪蛋白和乳清蛋白进行结合，形成 κ-酪蛋白-乳清蛋白复合物，再通过均质产生的相互碰撞结合到新形成的MFGM上。而Sharma(1994)得出的结论恰好相反，他认为当牛乳先均质后加热时，有更多的乳清蛋白与脂肪球发生交互反应，这表明新形成的MFGM比原有MFGM提供更多的乳清蛋白和酪蛋白结合位点，如果先加热会造成蛋白质变性，与MFGM结合的倾向就会变小。针对两种截然不同的观点，我们需要针对乳清蛋白和酪蛋白与MFGM结合的机理进行深入研究。

在50℃下，用17MPa和3.5MPa的压力对牛乳进行二次均质会导致酪蛋白对MFGM的吸附，但是如果牛乳没有进行加热处理，就没有乳清蛋白的吸附。而MFGM上吸附的蛋白质总量(酪蛋白和乳清蛋白)对于加热处理前后是否经过均质并没有明显的不同(Michalski and Januel，2006)。

4. 高压均质对MFGM蛋白的影响

高压均质技术(HPH)工作原理同普通均质技术类似，但是均质压力为50～200MPa。它能分散不互溶的液相，使牛乳中脂肪球和酪蛋白胶束大小明显减小，因此经过高压均质的牛乳经过较长时间储存仍具有良好的乳化性和稳定性，同时高压能降低牛乳中碱性磷酸盐的质量分数，抑制乳过氧化物酶的活性(Hayes et al.，2005)，抑制微生物的生长(Thiebaud et al.，2003)。然而，高压均质后的牛乳会导致原有风味的改变，而且高压均质的设备成本较高，目前还没有应用到实际生产中。但是，高压均质技术有可能应用到牛乳均质-巴氏杀菌一体化技术当中（Hayes et al.，2005）。当第一次均质压力达到 300MPa 时，脂肪球会形成脂肪球串，使其上面的蛋白质更容易在 SDS 中分离，用 10%～20%的第一次均质压力对牛乳进行二次均质，则会抑制这种脂肪球串的形成（Thiebaud et al.，2003）。

5. 喷雾干燥对 MFGM 蛋白的影响

喷雾干燥前，脂肪球的直径大小取决于均质时的压力，当均质压力为 4MPa 时，脂肪球直径为（0.67±0.01）μm；当均质压力为 7MPa时，脂肪球直径为（0.61±0.01）μm。加热温度分别为 70℃和 90℃时，测量结果无显著性差异。然而，喷雾干燥后形成的乳粉具有相似的脂肪球大小，在上述均质压力和温度下，脂肪球直径均为（0.50±0.01）μm，且小于喷雾干燥前的脂肪球直径（Ye et al.，2007）。这说明乳粉的脂肪球大小与喷雾干燥前浓缩乳的脂肪球大小是不相关的，即在喷雾干燥的过程中，脂肪球破碎，然后又重新形成新的脂肪球，而造成脂肪球破碎的原因可能是浓缩乳在经过旋转圆盘分离时，受到剪切力的作用，使脂肪球破碎，而且破碎程度相当剧烈。

对乳粉脂肪球膜上分离出的蛋白质进行分析，发现蛋白质质量分数高于浓缩乳 MFGM 蛋白质的质量分数，同时，低压（4MPa）均质后的乳粉膜蛋白质量分数高于高压（7MPa）均质的乳粉膜蛋白质量分数。值得注意的是，在喷雾干燥前后，蛋白质在脂肪球膜上的覆盖面积基本无变化。大量的蛋白质电泳条带显示，乳粉 MFGM 上酪蛋白的质量分数比浓缩乳 MFGM 上酪蛋白（主要是 κ-酪蛋白）的质量分数稍微高一些，而前者 β-乳球蛋白、α-乳白蛋白和 MFGM 自身蛋白质的质量分数却略微低于后者。这说明在新的脂肪球膜重新形成的过程中，脂肪球膜上的蛋白质也在发生变化，可能原有 MFGM 蛋白质与 MFGM 分离，乳清中的其他蛋白质与 MFGM 发生结合。乳粉表面 κ-酪蛋白与 β-乳白蛋白的比例（0.65±0.03）略微高于浓缩乳中的比例（0.60±0.02），说明在新的脂肪球表面吸附的主要蛋白质为酪蛋白胶束，而且这种吸附作用导致 MFGM 自身蛋白质和 β-乳球蛋白、α-乳白蛋白的减少，同时也表明喷雾干燥不会引起 β-乳球蛋白、α-乳白蛋白与 MFGM 的结合。喷雾干燥对乳清蛋白的变性没有明显的影响，只有免疫球蛋白的质量分数出现不明显的下降，血清白蛋白有一小部分的损失。当浓缩乳离开喷雾圆盘，进入干燥空气中时，乳滴表面水分开始蒸发，可能会降低脂肪表面蛋白质的扩散速率，尤其是在未覆盖蛋白质的脂肪球表面，这可以解释为什么喷雾干燥后在新形成的乳粉颗粒表面 MFGM 自身蛋白质减少。

最近有研究表明，重新形成的乳滴脂肪球内表面在雾化后的干燥阶段存在少量蛋白质，但尚未确定存在的机理（Foerster et al.，2016），仍需进一步的研究。此外，乳粉颗粒表面的脂肪球与干燥乳滴空气-水表面相接触，会导致脂肪球膜的损失，进而造成脂肪在乳粉颗粒表面的扩散。乳粉表面脂肪和脂肪球的大小及分布具有重要的现实意义，目前已经用显微技术观察到表面脂肪在全脂乳粉和复原全脂乳颗粒上的分布，但是不清楚在脂肪-空气接触处是否有蛋白质单分子层的吸附。从激光扫描共聚焦显微镜（CSLM）镜像中观察到表面脂肪可能并没有被吸附的蛋白层覆盖，而这种表面脂肪的形成和喷雾干燥前的加工处理对脂肪球造成的破坏并没有相关性，但是由于表面脂肪的存在，乳粉颗粒在喷雾干燥后的处理（成团、储存）中会更容易形成较大的乳粉颗粒，对乳粉品质造成不良影响。因此，对于表面脂肪的形成过程还需要进行更深入更系统的研究，以便解决乳粉在加工后和储存中的品质问题。

9.2　乳脂肪球膜成分的分离制备

9.2.1　离心法

MFGM 分离分为四个主要的步骤：分离、除去脱脂乳成分、去稳定化和回收膜成分。最初的分离步骤可以通过离心或者奶油分离器便可以轻易地完成，但是在这之前的样品处理也会影响 MFGM 的分离效果，如牛乳的冷却和老化会造成磷脂成分的损失（Anderson et al.，1972）、MFGM 蛋白成分（Thompson et al.，1961）以及酶活的变化（Bhavadasan and Ganguli，1976）。

分离出乳脂后，将脱脂乳成分从乳脂中清洗除去，一般清洗三次就足够了（Anderson et al.，1977），如果清洗次数增加就会降低 MFGM 成分的提取率。洗涤乳脂肪的温度也很重要。研究表明，当洗涤温度为 4℃时可以在 MFGM 成分中检测到半乳糖基转移酶的活性，但是在 38℃～40℃的洗涤温度下无法检测到这种酶的活性。虽然清洗过程会对 MFGM 成分造成损失（Anderson and Brooker，1975），但是目前没有其他更为有效的分离方法。清洗过的脂肪球的去稳定化也会造成膜组分的损失。因此这一过程不应太过剧烈，防止引起膜结构变得松散。搅拌、离心或缓慢冻融是比较合适的方法。

可以通过离心或者调节 pH 沉淀来获取 MFGM 的成分（Huang and Keenan，1972），其中一个关键的步骤是除去黄油颗粒中夹带的物质。研究发现，高达 40% 的 MFGM 存在于奶油中，并且与释放到脱脂乳中的 MFGM 的成分有很大差异。一些报道中所提到的 MFGM 成分的不同可能是提取不完全导致的。其中一篇报道中表述了一种确保几乎完全提取出 MFGM 成分的方法（Kitchen，1977）。不同的研究人员使用不同的方法分离得到的 MFGM 成分差异较大。但是这些差异可能不仅是分离方法导致的，还与动物的饮食、品种、健康状况和哺乳期相关。

9.2.2 蔗糖、钠离子磷酸盐以及聚乙二醇辛基苯基醚分离法

马莺等(2013)的一项发明专利中提到一种牦牛乳乳脂肪球膜蛋白的分离方法。该专利是为了解决已有方法制备的牛乳中乳脂肪球膜蛋白的纯度低以及质量不稳定的问题。分离方法是，在牦牛牛乳中加入蔗糖(很多研究者使用蔗糖溶液作为洗涤剂，可以减少膜的损失，可能是增加了脂肪球的稳定性。与蒸馏水相比，使用蔗糖溶液清洗得到的 MFGM 成分中的葡萄糖-6-磷酸酶、酸性磷酸酶、碱性磷酸酶的活性更高，但是碱性磷酸酶活性有所降低)，通过离心获得乳脂肪初提物，然后用钠离子磷酸盐缓冲溶液和超纯水进行离心洗涤，最后用聚乙二醇辛基苯基醚溶液离心，得到牦牛乳乳脂肪球膜蛋白，这种制备牦牛乳如脂肪球膜蛋白的性质稳定，纯度可达 93.5%，解决了现有分离方法制备的牛乳乳脂肪球膜蛋白的纯度低以及性质不稳定的问题。这种发明使得牦牛乳乳脂肪球膜蛋白的大量生产成为可能。

9.2.3 超临界二氧化碳萃取

卡特里娜·弗莱彻等(2013)的一项发明专利提出了一种除去中性脂质和极性脂质的乳制品生产方法。通过使用超临界二氧化碳或二甲醚提取生产乳制品的方法，所得乳制品具有较低水平的中性脂质和极性脂质。并且这种方法适用于除去脂肪球中的脂质部分制备脂肪球膜蛋白。

9.2.4 过滤器辅助样品前处理法

目前，可以通过蛋白质组学的方法测定乳脂肪球膜蛋白的组成。其中，乳脂肪球膜蛋白由于疏水性往往不易被酶解，使其很难被鉴定出来，在测定过程中，需要加入表面活性剂(如 SDS)将膜蛋白进行溶解，但是在后续的质谱测定时必须将 SDS 脱除，否则会严重影响液相质谱对蛋白质的测定。过滤器辅助样品前处理法就是一种可以将 SDS 有效脱除的蛋白质前处理方法。另外，过滤器辅助样品前处理法使一个蛋白质样品只需进行一次液相质谱测定，避免了相对较麻烦且不易精确定量的二维双向电泳或一维电泳样品的多批次测定。根据乳脂肪球膜蛋白质的性质，芦晶等(2013)将过滤器辅助样品前处理法作为蛋白质组学测定的前处理方法。在乳脂肪球膜中分辨出 169 种蛋白质。

9.3 乳脂肪球膜蛋白的应用

9.3.1 婴儿配方奶粉

Claude 等(2014)在法国和意大利开展一项多中心随机双盲不干预对照试验，

将 199 名婴幼儿按照地点和性别进行分层随机分组，70 名婴幼儿给予富含类脂的牛乳脂肪球膜配方奶(MFGM-L，新西兰)，72 名婴幼儿给予富含蛋白质的牛乳脂肪球膜配方奶(MFGM-P，丹麦)，57 名婴幼儿给予普通配方奶(瑞士)作为对照。婴幼儿自出生 14 d 起进入研究，观察 14 周，即 4 月龄，在此期间不添加任何辅食。试验结束时，MFGM-L 组、MFGM-P 组和对照组分别有 50 人(71.4%)、53 人(73.6%)和 46 人(80.7%)完成试验($P = 0.48$)。三组的体重增长和身长增加没有差异，除湿疹的发生率较高的是 MFGM-P(13.9%)(对照组 3.5%，MFGM-L 组 1.4%，$P = 0.001$)，其他疾病或不良事件发生率三组类似。Timby 等(2015)的前瞻性随机双盲对照试验使用乳清来源的 MFGM，成分类似于 Billeaud 试验中的 MFGM-P，并未发现试验组婴幼儿的湿疹发病率增加。

除此之外，秘鲁一项随机对照双盲试验研究在 6～11 月龄婴儿每天 40 g 的辅食中添加不同来源的蛋白质，试验组蛋白质含有乳脂肪球膜蛋白，对照组给予脱脂乳蛋白，追踪 6 个月观察婴儿的腹泻发生率、贫血和微量元素水平。两组婴儿的血红蛋白含量、血清铁蛋白、锌含量和叶酸含量无差异，但腹泻的发生率存在明显差异，试验组和对照组分别为 3.84%和 4.37%($P < 0.05$)；校正贫血水平和饮用水卫生等因素后，补充 MFGM 蛋白可降低腹泻的发生[优势比(OR) = 0.54，$P = 0.025$] (Zavaleta et al.，2011)。另外有研究表明，乳脂球膜和益生菌结合则可以加快新生儿的免疫成熟、提高免疫保护(Favre et al.，2011)。

随着更多临床证据的出现，乳脂肪球膜蛋白将会作为多种活性蛋白的来源添加到婴幼儿食品中，以获得更好的喂养效果。

9.3.2　营养保健品

乳脂球膜蛋白可以调节动物和人的免疫和发育。Haramizu 等(2014)发现，乳脂球膜蛋白可以提高小鼠的耐力和肌肉运动能力。Kim 等(2015)针对日本老年女性的一项试验显示，补充乳脂球膜可以提高锻炼的效果。在体外试验中，乳脂球膜还可以通过影响脾细胞的增殖来调节免疫(Zanabria et al.，2014)。在结肠中，乳脂球膜蛋白可以发挥细胞毒性，使结肠癌细胞凋亡(Zanabria et al.，2013)。乳脂球膜蛋白中的 BTN、MFGE8、FABP 还可以抑制体外培养的产肠毒素大肠杆菌 F4ac 受体(Novakovi et al.，2015)。

上述研究证明，乳脂球膜蛋白可以提高身体机能、促进免疫系统发育、调节免疫系统、抗病毒感染和抑制癌细胞，对乳脂球膜蛋白进行深入研究，有利于理解其调节免疫和体质的机制，乳脂球膜蛋白可研制营养品和免疫增强剂。

9.3.3　特医食品

MFGM 中的磷脂组分和一些乳脂肪球膜蛋白都具有抗癌活性。研究表明，将

MFGM 作为食品补充剂可以有效抑制乳癌细胞的生长，特别是乳腺癌。例如，从 MFGM 中分离出来的脂肪酸结合蛋白在低浓度情况下能够抑制乳腺癌细胞的生长(Spitsberg and Gorewit，2002)。类似，在人和牛乳 MFGM 中提取的乳腺癌易感基因 1(BRCAl) 和乳腺癌易感基因 2(BRCA2) 也参与了抑制乳腺癌细胞的生长(Denic and Algazali，2002)。

幽门螺杆菌能造成细胞中红细胞凝聚，这一过程能够被糖蛋白所抑制，包括乳糖蛋白，这一发现更进一步激励了研究幽门螺杆菌对胃黏膜的影响。Wang 等(2001)证实了 MFGM 能够抑制幽门螺杆菌对小鼠胃黏膜的感染,不会造成小鼠细胞中红细胞凝聚。从牛酪乳中获得的 MFGM，通过氯仿-甲醇提取和脱脂肪，无论是脱脂肪还是不脱脂肪，都能同等抑制幽门螺杆菌对小鼠胃黏膜的感染，从而得出结论，在抑制幽门螺杆菌感染中起关键作用的是足够的 MFGM 蛋白。

因此，上述功能使得乳脂肪球膜蛋白作为一种特医食品成为可能。

关于 MFGM 的研究国外在近几年来引起了广泛的关注,越来越多的乳脂肪球膜蛋白在不断地被分离和鉴定。关于乳脂肪球膜蛋白的功能特性研究也取得了较快的进展。研究从原料奶中分离 MFGM 的技术显得尤为重要。这些技术需要不断提高和改善已确保分离提取的乳脂肪球膜蛋白的含量和特性不受损失。事实上，目前分离乳脂肪球膜蛋白和脂类的技术容易造成 MFGM 的变性和聚合。另外，应该进一步研究 MFGM 中相对含量较高的组分对人体的生理效应和加快它们的临床应用。

参 考 文 献

韩立强, 李宏基, 王月影, 等. 2012. 小鼠不同泌乳期乳腺脂肪合成相关基因的 mRNA 表达. 遗传, 34(3): 335-341.

韩立强, 杨国宇, 王月影, 等. 2006. 乳中黄嘌呤氧化还原酶的研究进展. 乳业科学与技术, 29(5): 212-214.

卡特里娜·弗莱彻, 欧文·卡奇波尔, 约翰·伯特拉姆·格雷, 等. 2013. β-乳清乳制品、除去中性脂质和/或富含极性脂质的乳制品以及它们的生产方法: CN101090635B.

芦晶, 刘鹭, 张书文, 等. 2013. 过滤器辅助样品前处理法测定乳脂肪球膜蛋白质的研究. 中国畜牧兽医, 40(s1): 93-100.

马莺, 姬晓曦, 李琳. 2013. 一种牦牛乳乳脂肪球膜蛋白的分离方法: CN, 102863526A.

隋顺超. 2014. 对转基因克隆牛乳脂肪球膜蛋白质及四种牛奶蛋白质组学研究. 中国农业大学博士学位论文.

张立新, 李春海. 2000. MUC1 粘蛋白的免疫生物学作用及其在肿瘤生物学治疗中的应用. 中国肿瘤生物治疗杂志, 7(3): 165-170.

Alves-Costa F A, Denovan-Wright E M, Thisse C, et al. 2008. Spatio-temporal distribution of fatty acid-binding protein 6 (fabp6) gene transcripts in the developing and adult zebrafish (*Danio rerio*). Febs Journal, 275(13): 3325-3334.

Anderson M, Brooker B E. 1975. Loss of material during the isolation of milk fat globule membrane. Journal of Dairy Science, 58(10): 1442-1448.

Anderson M, Brooker B E, Cawston T E, et al. 1977. Changes during storage in stability and composition of ultraheat treated aseptically packed cream of 18 percent fat content. Journal of Dairy Research, 44(1): 111-124.

Anderson M, Cheeseman G C, Knight D J, et al. 1972. Effect of ageing cooled milk on the composition of the fat globule membrane. Journal of Dairy Research, 39(1): 95-105.

Andrews A T, Anderson M, Goodenough P W. 1987. A study of the heat stabilities of a number of indigenous milk enzymes. Journal of Dairy Research, 23(2): 237-246.

Asano K, Miwa M, Miwa K, et al. 2004. Masking of phosphatidylserine inhibits apoptotic cell engulfment and induces autoantibody production in mice. Journal of Experimental Medicine, 200(4): 459-467.

Asch A S, Barnwell J, Silverstein R L, et al. 1987. Isolation of the thrombospondin membrane receptor. Journal of Clinical Investigation, 79(4): 1054-1061.

Atabai K, Fernandez R, Huang X, et al. 2005. Mfge8 is critical for mammary gland remodeling during involution. Molecular Biology of the Cell, 16(12): 5528-5537.

Aurand L W, Boone N H, Giddings G G. 1977. Superoxide and singlet oxygen in milk lipid peroxidation . Journal of Dairy Science, 60(3): 363-369.

Aurand L W, Chu T M, Singleton J A, et al. 1967. Xanthine oxidase activity and development of spontaneously oxidized flavor in milk. Journal of Dairy Science, 50(4): 465-471.

Berndt J, Kovacs P, Ruschke K, et al. 2007. Fatty acid synthase gene expression in human adipose tissue: association with obesity and type 2 diabetes. Diabetologia, 50(7): 1472-1480.

Bhavadasan M K, Ganguli N C. 1976. Dependance of enzyme activities associated with milk fat globule membrane on the procedure used for membrane isolation. Indian Journal of Biochemistry and Biophysics, 13(3): 252-254.

Bitman J, Wood D L. 1990. Changes in milk fat phospholipids during lactation. Journal of Dairy Science, 73(5): 1208-1216.

Boullier A, Bird D A, Chang M K, et al. 2001. Scavenger receptors, oxidized LDL, and atherosclerosis. Annals of the New York Academy of Sciences, 947(1): 214-223.

Calvo D, Gómezcoronado D, Suárez Y, et al. 1998. Human CD36 is a high affinity receptor for the native lipoproteins HDL, LDL, and VLDL. Journal of Lipid Research, 39(4): 777-788.

Calvo J H, Vaiman D, Saïdi-Mehtar N, et al. 2002. Characterization, genetic variation and chromosomal assignment to sheep chromosome 2 of the ovine heart fatty acid-binding protein gene(FABP3). Cytogenetic and Genome Research, 98(4): 270-273.

Cavaletto M, Giuffrida M G, Conti A. 2008. Milk fat globule membrane components—a proteomic approach. Advances in Experimental Medicine and Biology, 606(1): 129-141.

Cebo C, Caillat H, Bouvier F, et al. 2010. Major proteins of the goat milk fat globule membrane. Journal of Dairy Science, 93(3): 868-876.

Cebo C, Martin P. 2012. Inter-species comparison of milk fat globule membrane proteins highlights the molecular diversity of lactadherin. International Dairy Journal, 24(2): 70-77.

Cheng F, Wang Q, Quiocho M, et al. 2008. Molecular docking study of the interactions between the thioesterase domain of human fatty acid synthase and its ligands. Proteins Structure Function and Bioinformatics, 70 (4) : 1228-1234.

Chmurzyńska A. 2006. The multigene family of fatty acid-binding proteins (FABPs): function, structure and polymorphism. Journal of Applied Genetics, 47 (1) : 39-48.

Claude B, Giuseppe P, Elie S, et al. 2014. Safety and tolerance evaluation of milk fat globule membrane-enriched infant formulas: a randomized controlled multicenter non-inferiority trial in healthy term infants. Clinical Medicine Pediatrics, 8 (8) : 51-60.

Corredig M, Dalgleish D G. 1997. Isolates from industrial buttermilk: emulsifying properties of materials derived from the milk fat globule membrane. Journal of Agricultural and Food Chemistry, 45 (12) : 4595-4600.

Deeth H C. 1983. Homogenized milk and atherosclerotic disease: a review. Journal of Dairy Science, 66 (7) : 1419-1435.

Del P D, Menichelli A, De M W, et al. 1991. Hydrogen peroxide is an intermediate in the platelet activation cascade triggered by collagen, but not by thrombin. Thrombosis Research, 62 (5) : 365-375.

Denic S, Algazali L. 2002. Breast cancer, consanguinity, and lethal tumor genes: simulation of BRCA1/2 prevalence over 40 generations. International Journal of Molecular Medicine, 10 (6) : 713-719.

Elloly M M. 2011. Composition, properties and nutritional aspects of milk fat globule membrane—a review. Polish Journal of Food and Nutrition Sciences, 61 (1) : 7-32.

Enroth C, Eger B T, Okamoto K, et al. 2000. Crystal structures of bovine milk xanthine dehydrogenase and xanthine oxidase: structure-based mechanism of conversion. Proceedings of the National Academy of Sciences of the United States of America, 97 (20) : 10723-10728.

Evers J M. 2004. The milkfat globule membrane-compositional and structural changes post secretion by the mammary secretory cell. International Dairy Journal, 14 (8) : 661-674.

Favre L, Bosco N, Roggero I S, et al. 2011. Combination of milk fat globule membranes and probiotics to potentiate neonatal immune maturation and early life protection. Pediatric Research, 70 (2) : 439-439.

Foerster M, Gengenbach T, Woo M W, et al. 2016. The impact of atomization on the surface composition of spray-dried milk droplets. Colloids and Surfaces B: Biointerfaces, 140 (1) : 460-471.

Franke W W, Heid H W, Grund C, et al. 1981. Antibodies to the major insoluble milk fat globule membrane-associated protein: specific location in apical regions of lactating epithelial cells. Journal of Cell Biology, 89 (3) : 485-494.

Furuhashi M, Hotamisligil G S. 2008. Fatty acid-binding proteins: role in metabolic diseases and potential as drug targets. Nature Reviews Drug Discovery, 7 (6) : 489-503.

Ge Y, Elghetany M T. 2005. CD36: a multiligand molecule. Laboratory Hematology Official Publication of the International Society for Laboratory Hematology, 11 (1) : 31-37.

Godber B L J, Doel J J, Sapkota G P, et al. 2000. Reduction of nitrite to nitric oxide catalyzed by xanthine oxidoreductase. Journal of Biological Chemistry, 275 (11) : 7757-7763.

Hanayama R, Nagata S. 2005. Impaired involution of mammary glands in the absence of milk fat globule EGF factor 8. Proceedings of the National Academy of Sciences of the United States of

America, 102(46): 16886-16891.

Hanayama R, Tanaka M, Miyasaka K, et al. 2004. Autoimmune disease and impaired uptake of apoptotic cells in MFG-E8-deficient mice. Science, 304(5674): 1147-1150.

Haramizu S, Ota N, Otsuka A, et al. 2014. Dietary milk fat globule membrane improves endurance capacity in mice. American Journal of Physiology Regulatory Integrative and Comparative Physiology, 307(8): R1009-R1017.

Harrison R. 2002. Structure and function of xanthine oxidoreductase: where are we now? Free Radical Biology & Medicine, 33(6): 774-797.

Haunerland N H, Spener F. 2004. Fatty acid-binding proteins-insights from genetic manipulations. Progress in Lipid Research, 43(4): 328-349.

Hayes M G, Fox P F, Kelly A L. 2005. Potential applications of high pressure homogenisation in processing of liquid milk. Journal of Dairy Research, 72(1): 25-33.

Heid H W, Keenan T W. 2005. Intracellular origin and secretion of milk fat globules. European Journal of Cell Biology, 84(3): 245-258.

Heid H W, Winter S, Bruder G, et al. 1983. Butyrophilin, an apical plasma membrane-associated glycoprotein characteristic of lactating mammary glands of diverse species. Biochim Biophys Acta., 728(2): 228-238.

Hertzel A V, Bernlohr D A. 2000. The mammalian fatty acid-binding protein multigene family: molecular and genetic insights into function. Trends in Endocrinology & Metabolism, 11(5): 175-180.

Hidai C, Zupancic T, Penta K, et al. 1998. Cloning and characterization of developmental endothelial locus-1: an embryonic endothelial cell protein that binds the alpha vbeta 3 integrin receptor. Genes & Development, 12(1): 21-33.

Hofi A A, Hamzawi L F, Mahran G A, et al. 1977. Studies on buffalo milk fat globule membrane. Ⅰ. Effect of stage of lactation. Egyptian Journal of Dairy Science, 5(2): 235-240.

Hotamisligil G S. 2006. Inflammation and metabolic disorders. Current Opinion in Clinical Nutrition and Metabolic Care, 444(4): 459-464.

Houlihan A V, Goddard P A, Nottingham S M, et al. 1992. Interactions between the bovine milk fat globule membrane and skim milk components on heating whole milk. Journal of Dairy Research, 59(2): 187-195.

Huang C M, Keenan T W. 1972. Preparation and properties of 5′-nucleotidases from bovine milk fat globule membranes. Biochimica et Biophysica Acta-Biomembranes, 274(1): 246-257.

Huang M M, Bolen J B, Barnwell J W, et al. 1991. Membrane glycoprotein Ⅳ (CD36) is physically associated with the Fyn, Lyn, and Yes protein-tyrosine kinases in human platelets. Proceedings of the National Academy of Sciences of the United States of America, 88(17): 7844-7848.

Ikeda H. 1999. Platelet membrane protein CD36. Hokkaido Igaku Zasshi, 74(2): 99-104.

Jeong J, Lisinski I, Kadegowda A K, et al. 2013. A test of current models for the mechanism of milk-lipid droplet secretion. Traffic, 14(9): 974-986.

Jeong J, Rao A U, Xu J, et al. 2009. The PRY/SPRY/B30.2 domain of butyrophilin 1A1 (BTN1A1) binds to xanthine oxidoreductase: implications for the function of BTN1A1 in the mammary gland and other tissues. Journal of Biological Chemistry, 284(33): 22444-22456.

Karanth S, Denovan-Wright E M, Thisse C, et al. 2008. The evolutionary relationship between the duplicated copies of the zebrafish fabp11 gene and the tetrapod FABP4, FABP5, FABP8 and FABP9 genes. Febs Journal, 275(12): 3031-3040.

Keenan T W. 2001. Milk lipid globules and their surrounding membrane: a brief history and perspectives for future research. Journal of Mammary Gland Biology and Neoplasia, 6(3): 365-371.

Keenan T W, Heid H W, Stadler J, et al. 1982. Tight attachment of fatty acids to proteins associated with milk lipid globule membrane. European Journal of Cell Biology, 26(2): 270-276.

Keenan T W, Mather I H, Dylewski D P. 1999. Fundamentals of Dairy Chemistry. Gaithersburg: Aspen Publishers.

Kim E K, Miller I, Aja S, et al. 2004. C75, a fatty acid synthase inhibitor, reduces food intake via hypothalamic AMP-activated protein kinase. Journal of Biological Chemistry, 279(19): 19970-19976.

Kim H, Suzuki T, Kim M, et al. 2015. Effects of exercise and milk fat globule membrane (MFGM) supplementation on body composition, physical function, and hematological parameters in community-dwelling frail Japanese women: a randomized double blind, placebo-controlled, follow-up trial. Plos One, 10(2): e0116256.

Kitchen B J. 1977. Fractionation and characterization of the membranes from bovine milk fat globules. Journal of Dairy Research, 44(3): 469-482.

Landree L E, Hanlon, A L, Strong D W, et al. 2004. C75, a fatty acid synthase inhibitor, modulates AMP-activated protein kinase to alter neuronal energy metabolism. Journal of Biological Chemistry, 279(5): 3817-3827.

Lee S J, Sherbon J W. 2002. Chemical changes in bovine milk fat globule membrane caused by heat treatment and homogenization of whole milk. Journal of Dairy Research, 69(4): 555-567.

Leonardiessmann F, Emig M, Kitamura Y, et al. 2005. Fractalkine-upregulated milk-fat globule EGF factor-8 protein in cultured rat microglia. Journal of Neuroimmunology, 160(1): 92-101.

Liu R Z, Li X, Godbout R. 2008. A novel fatty acid-binding protein (FABP) gene resulting from tandem gene duplication in mammals: transcription in rat retina and testis. Genomics, 92(6): 436-445.

Liu Y Q, Song G X, Liu H L, et al. 2013. Silencing of FABP3 leads to apoptosis-induced mitochondrial dysfunction and stimulates Wnt signaling in zebrafish. Molecular Medicine Reports, 8(3): 806-812.

Loftus T M, Jaworsky D E, Frehywot G L, et al. 2000. Reduced food intake and body weight in mice treated with fatty acid synthase inhibitors. Science, 288(5475): 2379-2381.

Lopez C. 2005. Focus on the supramolecular structure of milk fat in dairy products. Reproduction Nutrition Development, 45(4): 497-511.

Makowski L, Hotamisligil G S. 2005. The role of fatty acid binding proteins in metabolic syndrome and atherosclerosis. Current Opinion in Lipidology, 16(5): 543-548.

Mather I H. 2000. A review and proposed nomenclature for major proteins of the milk-fat globule membrane. Journal of Dairy Science, 83(2): 203-247.

Mcgregor J L, Catimel B, Parmentier S, et al. 1989. Rapid purification and partial characterization of human platelet glycoprotein Ⅲb. Interaction with thrombospondin and its role in platelet aggregation. Journal of Biological Chemistry, 264(1): 501-506.

Mcmanaman J L, Neville M C. 2003. Mammary physiology and milk secretion. Advanced Drug Delivery Reviews, 55 (5) : 629-641.

Mcmanaman J L, Palmer C A, Wright R M, et al. 2010. Functional regulation of xanthine oxidoreductase expression and localization in the mouse mammary gland: evidence of a role in lipid secretion. Journal of Physiology, 545 (2) : 567-579.

Mcmanaman J L, Russell T D, Schaack J, et al. 2007. Molecular determinants of milk lipid secretion. Journal of Mammary Gland Biology and Neoplasia, 12 (4) : 259-268.

Ménard O, Ahmad S, Rousseau F, et al. 2010. Buffalo vs. cow milk fat globules: size distribution, zeta-potential, compositions in total fatty acids and in polar lipids from the milk fat globule membrane. Food Chemistry, 120 (2) : 544-551.

Michalski M C, Januel C. 2006. Does homogenization affect the human health properties of cow's milk. Trends In Food Science & Technology, 17 (8) : 423-437.

Miksa M, Wu R, Dong W, et al. 2006. Dendritic cell-derived exosomes containing milk fat globule epidermal growth factor-factor Ⅷ attenuate proinflammatory responses in sepsis. Shock, 25 (6) : 586-593.

Munckhof R J M V D, Vreelingsindelárová H, Schellens J P M, et al. 1995. Ultrastructural localization of xanthine oxidase activity in the digestive tract of the rat. Histochemical Journal, 27 (11) : 897-905.

Murgiano L, Timperio A M, Zolla L, et al. 2009. Comparison of Milk Fat Globule Membrane (MFGM) proteins of Chianina and Holstein cattle breed milk samples through proteomics methods. Nutrients, 1 (2) : 302-315.

Novakovi P, Charavarya math C, Moshynskyy L, et al. 2015. Evaluation of inhibition of F4ac positive *Escherichia coli* attachment with xanthine dehydrogenase, butyrophilin, lactadherin and fatty acid binding protein. Bmc Veterinary Research, 11 (1) : 328.

Ogg S L, Weldon A K, Dobbie L, et al. 2004. Expression of butyrophilin (Btn1a1) in lactating mammary gland is essential for the regulated secretion of milk-lipid droplets. Proceedings of the National Academy of Sciences of the United States of America, 101 (27) : 10084-10089.

Okumura I, Lombart C, Jamieson G A. 1976. Platelet glycocalicin. Ⅱ. Purification and characterization. Journal of Biological Chemistry, 87 (11) : 5950-5955.

Okumura N, Tsuji K, Nakahata T. 1992. Changes in cell surface antigen expressions during proliferation and differentiation of human erythroid progenitors. Blood, 80 (3) : 642-650.

Parmley R R, Gendler S J. 1998. Cystic fibrosis mice lacking Muc1 have reduced amounts of intestinal mucus. Journal of Clinical Investigation, 102 (10) : 1798-1806.

Patton S. 1999. Some practical implications of the milk mucins. Journal of Dairy Science, 82 (6) : 1115-1117.

Patton S, Gendler S J, Spicer A P. 1995. The epithelial mucin, MUC1, of milk, mammary gland and other tissues. Biochim Biophys Acta, 1241 (3) : 407-423.

Patton S, Keenan T W. 1975. The milk fat globule membrane. Biochimica et Biophysica Acta-Reviews on Biomembranes, 415 (3) : 273-309.

Perezvilar J, Hill R L. 1999. The structure and assembly of secreted mucins. Journal of Biological Chemistry, 274 (45) : 31751-31754.

Rae C, Graham A. 2008. Fatty acid synthase inhibitor, C75, blocks resistin-induced increases in lipid accumulation by human macrophages. Diabetes Obesity & Metabolism, 10(12): 1271-1274.

Reinhardt T A, Lippolis J D. 2008. Developmental changes in the milk fat globule membrane proteome during the transition from colostrum to milk. Journal of Dairy Science, 91(6): 2307-2318.

Riccio P. 2004. The proteins of the milk fat globule membrane in the balance. Trends In Food Science & Technology, 15(9): 458-461.

Robenek H, Hofnagel O, Buers I, et al. 2006. Butyrophilin controls milk fat globule secretion. Proceedings of the National Academy of Sciences of the United States of America, 103(27): 10385-10390.

Saltiel A R, Kahn C R. 2001. Insulin signalling and the regulation of glucose and lipid metabolism. Nature, 414(6865): 799-806.

Segura E, Amigorena S, Thery C. 2005. Mature dendritic ceus secrete exosomes with strong ability to induce antigen-specific effector immune responses. Blood Ceus Mdecules & Diseases, 35(2): 89-93.

Sharma S K. 1994. Effect of heat treatments on the incorporation of milk serum proteins into the fat globule membrane of homogenized milk. Journal of Dairy Research, 61(3): 375-384.

Shi J, Gilbert G E. 2003. Lactadherin inhibits enzyme complexes of blood coagulation by competing for phospholipid-binding sites. Blood, 101(7): 2628-2636.

Shi J, Heegaard C W, Rasmussen J T, et al. 2004. Lactadherin binds selectively to membranes containing phosphatidyl-L-serine and increased curvature. Biochimica et Biophysica Acta, 1667(1): 82-90.

Silanikove N, Shapiro F. 2007. Distribution of xanthine oxidase and xanthine dehydrogenase activity in bovine milk: physiological and technological implications. International Dairy Journal, 17(10): 1188-1194.

Smith S. 1995. The animal fatty acid synthase: one gene, one polypeptide, seven enzymes. Faseb Journal, 8(15): 1248-1259.

Snow D R, Jimenezflores R, Ward R E, et al. 2010. Dietary milk fat globule membrane reduces the incidence of aberrant crypt foci in Fischer-344 rats. Journal of Agricultural and Food Chemistry, 58(4): 2157-2163.

Spitsberg V L, Gorewit R C. 2002. Isolation, purification and characterization of fatty-acid-binding protein from milk fat globule membrane: effect of bovine growth hormone treatment. Pakistan Journal of Nutrition, 1(1): 43-48.

Tandon N N, Kralisz U, Jamieson G A. 1989. Identification of glycoprotein Ⅳ (CD36) as a primary receptor for platelet-collagen adhesion. Journal of Biological Chemistry, 264(13): 7576-7583.

Tao N, Wagner S J, Lublin D M. 1996. CD36 is palmitoylated on both N- and C-terminal cytoplasmic tails. Journal of Biological Chemistry, 271(37): 22315-22320.

Taziahnini R, Henry J, Offer C, et al. 1997. Cloning, localization, and structure of new members of the butyrophilin gene family in the juxta-telomeric region of the major histocompatibility complex. Immunogenetics, 47(1): 55-63.

Thiebaud M, Dumay E, Picart L, et al. 2003. High-pressure homogenisation of raw bovine milk. Effects on fat globule size distribution and microbial inactivation. International Dairy Journal, 13 (6) : 427-439.

Thompson M P, Brunner J R, Stine C M, et al. 1961. Lipid components of the fat-globule membrane. Journal of Dairy Science, 44 (9) : 1589-1596.

Timby N, Domellöf E, Hernell O, et al. 2014. Neurodevelopment, nutrition, and growth until 12 mo of age in infants fed a low-energy, low-protein formula supplemented with bovine milk fat globule membranes: a randomized controlled trial. American Journal of Clinical Nutrition, 99 (4) : 860-868.

Timby N, Domellöf M, Bo L, et al. 2015. Comment on "safety and tolerance evaluation of milk fat globule membrane-enriched infant formulas: a randomized controlled multicenter non-inferiority trial in healthy term infants" . Clinical Medicine Insights Pediatrics, 9 (8) : 63-64.

van Boekel M A J S van, Walstra P. 1989. Physical changes in the fat globules in unhomogenized and homogenized milk. Fluid Mechanics and Its Applications: 78 (3) : 293-298.

Veereman-Wauters G, Staelens S, Rombaut R, et al. 2012. Milk fat globule membrane (INPULSE) enriched formula milk decreases febrile episodes and may improve behavioral regulation in young children. Nutrition, 28 (7-8) : 749-752.

Vorbach C, Scriven A, Capecchi M R. 2002. The housekeeping gene xanthine oxidoleductase is necessary for milk fat droplet enveloping and secretion: gene sharing in the lactating mammary gland. Gene Dev, 16: 3223-3235.

Walstra P, Wouters J T M, Geurts T J. 2006. Dairy Science and Technology. Boca Raton: CRC Press.

Wang X, Hirmo S, Willén R, et al. 2001. Inhibition of *Helicobacter* pylori infection by bovine milk glycoconjugates in a BAlb/cA mouse model. Journal of Medical Microbiology, 50 (5) : 430-435.

Wiking L, Bjorck L, Nielsen J H. 2003. Influence of feed composition on stability of fat globules during pumping of raw milk. International Dairy Journal, 13 (10) : 797-803.

Ye A, Anema S G, Singh H. 2007. Behaviour of homogenized fat globules during the spray drying of whole milk. International Dairy Journal, 17 (4) : 374-382.

Ye A, Singh H, Oldfield D J, et al. 2004. Kinetics of heat-induced association of β-lactoglobulin and α-lactalbumin with milk fat globule membrane in whole milk. International Dairy Journal, 14 (5) : 389-398.

Ye A, Singh H, Taylor M W, et al. 2002. Characterization of protein components of natural and heat-treated milk fat globule membranes. International Dairy Journal, 12 (4) : 393-402.

Zanabria R, Tellez A M, Griffiths M, et al. 2013. Milk fat globule membrane isolate induces apoptosis in HT-29 human colon cancer cells. Food & Function, 4 (2) : 222-230.

Zanabria R, Tellez A M, Griffiths M, et al. 2014. Modulation of immune function by milk fat globule membrane isolates. Journal of Dairy Science: 97 (4) : 2017-2026.

Zavaleta N, Kvistgaard A S, Graverholt G, et al. 2011. Efficacy of an MFGM-enriched complementary food in diarrhea, anemia, and micronutrient status in infants. Journal of Pediatric Gastroenterology and Nutrition, 53 (5) : 561-568.

Zou X, Guo Z, Jin Q, et al. 2015. Composition and microstructure of colostrum and mature bovine milk fat globule membrane. Food Chemistry, 185: 362-370.

第 10 章　乳活性多肽

10.1　乳活性多肽的结构与性质

10.1.1　酪蛋白源生物活性肽

生物活性肽又称功能肽，是指具有一定生理功能的多肽化合物。近年来的研究表明，大量生物活性肽通过蛋白酶水解，从作为营养或储藏功能的蛋白质资源中分离出来并得到确认。20 世纪 90 年代已有大量从各种蛋白质中水解得到生物活性肽的报道，但研究最集中的还是动物乳蛋白，这不仅由于乳中的蛋白质在个体免疫保护与生长调节中所具有的生理功能，还由于乳中的蛋白质资源丰富，价格相对低廉，易进行工业化生产。研究表明，通过水解获得的生物活性肽，分子质量较小，在小肠内可以以完整肽段的形式被人体吸收，安全性好，不会引起人体的免疫排斥反应，加之其具有生理功能强、用量少的独特优势，已逐渐引起人们的重视，其工业化生产也成为当前功能性食品和生物医药行业发展的大趋势。

乳汁是幼小哺乳动物赖以生存的主要食物来源，酪蛋白作为乳汁的主要成分，约占牛奶蛋白总量的 80%，不仅为机体提供了丰富的氨基酸，而且是生物活性肽的主要来源，这是动物长期进化的自然结果。刚出生的婴儿部分生理功能尚未健全，需要从母体获得一些活性物质才完成其生理功能的调节作用，而这些活性物质，除了乳汁中本身含有的各种生长因子、调节因子和免疫球蛋白之外，酪蛋白来源的多种生物活性肽也是其完成生理功能所必不可少的重要成分。酪蛋白包括多种活性序列，这些生物活性肽均以无活性的形式存在于酪蛋白中，只有用适当的蛋白酶水解并从酪蛋白中释放出来，才能成为具有生理活性的肽段。近年来的研究结果表明，酪蛋白不仅在体内能够水解释放生物活性肽，在体外，调节适当的 pH、温度和酶解时间，也能够产生大量的生物活性肽，并将之应用于食品和医药行业。

1. 免疫活性肽

免疫活性肽具有多方面的生理功能，它不仅在生物体内起重要的免疫调节作用，增强机体的免疫力，而且还刺激机体淋巴细胞的增殖和增强巨噬细胞的吞噬能力，提高机体对外界病原物质感染的抵抗能力。一些免疫活性肽，如来源于

κ-酪蛋白的三肽片段能够显著增强人外周淋巴细胞的增殖能力，β-酪蛋白的193～202 残基片段也有类似的生理功能。动物试验表明，免疫活性肽能增强鼠腹腔巨噬细胞对绵羊红细胞的吞噬作用，注射24h后，能增强小鼠对肺炎克氏杆菌感染的抵抗能力，酪蛋白来源的免疫活性肽对人外周血淋巴细胞增殖具有刺激或抑制的作用。目前，免疫活性肽及其生理功能作用机制是研究热点。

2. 抗血栓活性肽

酪蛋白血小因子是来源于牛 κ-酪蛋白C端的一类生物活性肽，由于其能抑制ADP激活的血小板聚合作用，同时还能抑制人血纤维蛋白原 γ 链与血小板表面特异位点的结合，故具有抗血栓形成的生理功能。

3. 矿质元素结合肽

酪蛋白磷酸肽(CPPs)是目前研究最多的矿质元素结合肽。在体内，酪蛋白磷酸肽能与多种矿质元素结合形成可溶性的有机磷酸盐，充当许多矿质元素特别是钙离子在体内运输的载体，能够促进小肠对钙离子和其他矿质元素的吸收。近年来，研究已从 α_{s1}-酪蛋白、α_{s2}-酪蛋白和 β-酪蛋白的酶解物中获得多种酪蛋白磷酸肽。尽管这些酪蛋白磷酸肽的氨基酸序列各异，但它们具有共同的结构特征，大多数酪蛋白磷酸肽具有以下结构：Ser-Ser-Ser-Glu-Glu，现已证明，这种结构对于发挥其生理功能是必不可少的。不同结构酪蛋白磷酸肽结合钙离子的能力差异很大，这种差异可能与离磷酸结合位点较远的氨基酸残基的极性有关。

4. 酪蛋白糖巨肽

κ-酪蛋白是酪蛋白的一种，是酪蛋白中唯一含有糖成分的生物活性肽，在牛脱脂乳中含量约占酪蛋白总量的30%。酪蛋白糖巨肽是乳清中 κ-酪蛋白经凝乳酶降解产生的含有糖链的多肽片段，通常作为酪蛋白胶束的一部分，位于胶束的外缘部位。酪蛋白糖巨肽最早是在1953年引起研究人员的注意，Alais等(1953)发现经过凝乳酶处理的牛乳以及酪蛋白盐溶液中，12%三氯乙酸(TCA)溶液的可溶性氮含量明显增加。此后，人们主要关注凝乳酶对酪蛋白的作用机制。自从Waugh等(1956)发现了 κ-酪蛋白以后，有研究发现 κ-酪蛋白经凝乳酶在特定位置切断，生成不溶的副 κ-酪蛋白和TCA可溶的酪蛋白糖巨肽两部分。通常可溶性的多肽含有较多的糖链，称为“糖巨肽”，而酪蛋白来源的此类肽则统称为酪蛋白糖巨肽(CGMP)。

近年来酪蛋白源生物活性肽方面的研究进展迅速，其生理功能越来越引起人们的重视，并日趋成为乳品领域研究的焦点。到目前为止，已经发现了几十种具有重要生理功能的生物活性肽，这些肽类具有非常重要和广泛的生物学功能与调节功能，生物和营养方面的功能为其规模生产提供了广阔的市场。目前，一些生物活性肽已经能够进行大规模的工业化生产，但对于大多数酪蛋白来源的生物活性肽来说，其工业化生产还具有一定的难度，主要是因为这些生物活性肽在酪蛋白酶解液中分离和提纯难度较大，检测手段和技术不成熟，生理机制尚不清楚，对其生理机能还缺乏足够的证据。这些都是阻碍酪蛋白源生物活性肽工业化的主要因素，也是今后研究的重点所在。

10.1.2　乳清蛋白源生物活性肽

蛋白质是牛乳中主要的营养成分之一，其中 80%是酪蛋白，20%是乳清蛋白。沉淀分离酪蛋白时上清液中的多种蛋白质组分统称为乳清蛋白，包括 *α*-乳白蛋白、*β*-乳球蛋白、免疫球蛋白、乳铁蛋白、乳过氧化物酶、糖巨肽、生长因子、生物活性因子和酶等。经过特殊工艺浓缩精制可得不同蛋白质浓度的乳清浓缩蛋白或乳清分离蛋白。乳清蛋白营养价值高，容易被人体消化吸收，代谢效率和生物学价值高，被公认为人体优质蛋白质补充剂。近年来，乳源活性肽的研究与相关产品的开发逐渐兴起，乳清蛋白中越来越多的具有生物活性的潜在肽段被研究者发现。这可以促进乳清蛋白产品的营养功能提升，提高乳清蛋白产品的附加值，具有重大的现实意义。

1. 乳清蛋白抗氧化肽

随着营养学和生物技术的发展，研究者发现介于蛋白质和氨基酸之间的肽类与氨基酸、大分子蛋白质等其他生物分子相比，食用安全性更高，活性更强，与蛋白质和氨基酸相比，其抗氧化性往往更为显著。关于动、植物蛋白的酶解物抗氧化活性已有很多相关研究。例如，关于乳清蛋白酶解物在脂质氧化体系中抗氧化作用的研究，酶解乳清蛋白中的 *α*-乳白蛋白和 *β*-乳球蛋白制备抗氧化活性肽，以及将乳清水解物添加于熟肉制品中以抑制冷藏过程中的脂类氧化的报道。乳清蛋白肽的抗氧化作用日益成为研究的热点。彭新颜等(2009)利用碱性蛋白酶酶解乳清蛋白，对其水解产物在不同体系中的抗氧化活性进行研究。结果表明，乳清蛋白酶解条件为底物浓度 5%、蛋白酶添加量 2%、水解时间 5h 时，酶解产物具有最高的抗氧化能力。朴姗善(2012)采用胰蛋白酶水解乳清蛋白，以超氧阴离子的清除率为指标对酶解条件进行优化，得到酶解工艺的最佳参数，所得酶解产物对超氧阴离子的清除率为 16.08%，DPPH 自由基的清除率可达 43.56%。目前，乳清蛋白肽抗氧化机理尚未明确，但研究表明，酶解物的抗氧化活性与肽段中某些氨基酸的组成、数量及排列顺序有关。抗氧化肽可以与金属离子螯合、作为供氢体或供电子体清除自由基和促进过氧化物的分解，由此推测酶解过程破坏了乳清蛋白原有的紧密结构，在酶的不同作用位点产生了具有不同结构或不同末端氨基酸的多肽，从而具有自由基清除作用。除了对自由基清除外，多肽可以在脂质体周围形成物理屏障，有效阻断脂质氧化现象的发生。另外，膜的形成使得脂质体的表面特性改变，表层疏水性尾部加长，表面乳化稳定性增强，进而提高氧化稳定性。

2. 乳清蛋白ACE抑制肽

高血压是一种以动脉收缩压或舒张压升高为特征的临床综合征，随着生活水平的提高和社会生活节奏的加快，高血压患者呈年轻化趋势，这一现象引起了全社会的普遍关注。血管紧张素转化酶(ACE)是含锌二肽羧酶，在人体血压的调节中起着重要的作用，可以催化血管紧张素Ⅰ从C端裂解二肽形成血管紧张素Ⅱ，钝化舒缓激肽，导致血压升高。ACE抑制肽对ACE的亲和度高于血管紧张素Ⅰ或舒缓激肽，并且不易从ACE结合区释放，可以有效防止ACE催化血管紧张素Ⅰ转化为血管紧张素Ⅱ，催化舒缓激肽水解失活，达到降低血压的目的。自Ferreira首次从蛇毒中分离出一种具有抑制ACE活性的小肽，从各种天然原料中提取ACE抑制肽的研究引起人们广泛关注。目前，人们已从多种蛋白质中分离纯化得到结构、序列及大小不一的具有ACE抑制活性的小肽。乳源ACE抑制肽安全性高且无副作用，在高血压的防治中具有重要的研究和应用价值，目前已成为国内外学者研究的热点。Mullally 等(1997)利用胃蛋白酶、胰蛋白酶、胰凝乳蛋白酶、Corolase和PNT酶水解α-乳白蛋白、β-乳球蛋白和乳清浓缩蛋白，研究其水解物抑制ACE的活性，发现未水解的底物具有较低的ACE抑制率($<10\%$)，乳清蛋白水解后得到的水解物具有73%～90%的ACE抑制率。Anne 等(2000)利用胰蛋白酶、胰凝乳蛋白酶、胃蛋白酶水解乳清蛋白，发现胰蛋白酶水解物和复合蛋白酶水解乳清蛋白所得的水解物具有抑制ACE的活性，并通过超滤和反向液相色谱分离出8条ACE抑制肽，IC_{50}在77～1062μm。Conrelly 等(2002)利用二次正交旋转设计，研究预处理温度、底物浓度、pH、温度和水解时间等因素对胰蛋白酶乳清蛋白水解物抑制ACE活性的影响，发现通过调整这5个因素的条件可控制乳清蛋白水解物的ACE抑制率。

3. 乳清蛋白降胆固醇肽

研究证明，饮食中添加乳清蛋白可以降低血清中的胆固醇，包括极低密度脂蛋白胆固醇(VLDL-C)和低密度脂蛋白胆固醇(LDL-C)，有效预防动脉粥样硬化。因此，乳清蛋白源活性肽具有潜在的、巨大的研究价值。

目前，利用大豆蛋白和酪蛋白研究食物源蛋白生物活性肽对动物或人类血清胆固醇水平影响的研究较多，而有关牛乳清蛋白源生物活性肽对血液胆固醇水平的影响研究较少。乳清蛋白源降胆固醇活性肽作用机理还没有完全明确。通过对胆固醇代谢及肽类物质的吸收特点的分析，研究人员提出一种降胆固醇生物活性肽的作用机理的假设，即活性肽可在胆固醇肠肝循环途径中起作用，通过结合胆汁酸来抑制内源胆固醇的重吸收，从而降低血清胆固醇水平，乳清蛋白源降胆固醇活性肽同样适用这个假设。乳清蛋白源降胆固醇活性肽的另一个作用途径是减少外源胆固醇的吸收。

黄玉凤等（2011）以乳清为原料，乳清经胰蛋白酶水解后与茶汁调配成乳清多肽茶饮料，使多酚物质与乳清蛋白结合，减弱了茶汁的涩味和刺激性，制得的乳清多肽茶饮料具有茶香和奶香的融合香味，降解的乳清多肽更容易被人体消化吸收。齐海萍等（2010）利用菠萝汁中所含蛋白水解酶将乳清蛋白部分水解成功能性多肽，再进行脱苦，调配成菠萝乳清多肽饮料，提高了乳清蛋白的利用率，为乳清蛋白的深度开发利用提供参考。目前关于乳清蛋白的研究主要集中在营养特性和物理性质的方面，并对其酶解后多肽的抗氧化性及抗 ACE 活性有一定的研究。但是，伴随着研究的深入，仅研究乳清蛋白酶解物特定的生物活性已无法满足人们的需求。国内外对氨基酸和多肽金属螯合均有相关研究，若对乳清蛋白肽和金属离子螯合工艺进行研究，制备乳清蛋白肽-金属离子螯合物，便可充分发挥乳清蛋白肽和金属离子对人体的双重营养功效，为乳清蛋白的应用提供一条新思路，其必将拥有广阔的市场。

10.1.3　其他乳蛋白源生物活性肽

1. 阿片肽

乳汁作为幼小哺乳动物的主要食物来源，含有丰富的营养物质，生理功能较为全面。此外，乳由于各成分含量比例合理、蛋白质消化吸收率高，是一种理想的大众食品。因此，受到越来越多消费者的青睐。长期以来。人们对乳品化学及营养学的研究发现，牛乳蛋白是许多具有潜在生物活性物质的前体。通过物理、化学或生物分解作用，乳蛋白可被裂解成许多具有生物学功能的小肽。研究表明，小分子肽可在动物胃肠中被直接吸收，有时比游离氨基酸吸收容易。小分子肽在体内具有转运快、耗能低、不易饱和等特点，比等量游离氨基酸具有更高的生物活性和营养价值。目前，已从乳蛋白酶解产物中检测到了具有阿片活性、免疫调节活性、抗高血压活性、金属离子生物转化活性、抗凝血活性、舒张血管活性及抗菌活性等多种生物活性肽。其中，阿片活性肽（又称为吗啡样活性肽）是研究较早也是较多的一类活性肽。

阿片肽是一类具有阿片活性的小分子生物活性肽，必须与之相对应的受体结合才能发挥功能。阿片拮抗剂，如纳洛酮，可以抑制其作用。阿片肽结构含有典型的 N 端序列：Tyr-Gly-Gly-Phe，其中第一位 Tyr 十分重要，更换后将丧失与阿片受体的结合能力。根据获得途径不同，阿片肽有内源与外源之分。内源性阿片肽，如脑啡呔、内啡呔、孤啡肽和强啡呔，是存在于人体脑、神经末梢的吗啡样作用物质，它们能在体内合成，作为激素和神经递质。外源性阿片肽存在于外源性食物，如乳、小麦、大麦、玉米等，其中乳源阿片活性肽是外源性阿片肽的重要来源。在对乳源阿片活性肽的研究中发现，乳蛋白降解物对阿片样肽受体兼有兴奋和抑制的双重作用。通过分离发现，在乳蛋白降解产物中与阿片肽共存的还有多种同样具有放射受体活性，但与阿片肽相拮抗的肽类，称为阿片拮抗肽，它们与阿片肽共同存在。

Brantl 等(1979)报道豚鼠在饲喂一种蛋白酶解制剂时，回肠纵行肌毛细血管中存在一种阿片肽样活性物质。从此，乳源性活性肽方面的研究进展极为迅速，并日趋成为乳品领域的研究热点。目前，人们从牛乳酪蛋白水解液中已经发现了几十种具有重要生理功能的活性肽。乳中含有四种酪蛋白，分别是 α_{s1}-酪蛋白、α_{s2}-酪蛋白、β-酪蛋白、κ-酪蛋白，都含有活性肽的序列，其中来源于 β-酪蛋白的阿片活性肽研究最多。β-酪蛋白被酶水解后，其 60～70 氨基酸残基序列(Try-Pro-Phe-Pro-Gly-Pro-Ile-Pro-Asn-Ser-Leu)因水解程度不同而产生具有功用和活力不同的阿片活性肽，这一系列肽被命名为 β-酪啡肽(β-CM)，另外这些肽又可通过在 C 端酰胺化作用或被 D-氨基酸代替获得 β-酪啡肽的衍生物。研究发现，在人和水牛乳的 β-酪蛋白中也含有阿片活性肽序列，如从人乳分离到的阿片活性肽 β-外啡肽是 β-酪蛋白序列的 41～44 片段。目前对 β-酪啡肽的研究主要集中在 β-CM-5、β-CM-7 和 β-外啡肽-11(数字为残基数)。β-酪蛋白在消化道内被水解，首先产生的是 β-CM-7 和 β-CM-11，它们能抵抗胃蛋白酶、胰蛋白酶和胰凝乳蛋白酶的降解，这种特性与其富含脯氨酸有关。因此它们能够以完整的活性形式被机体吸收发挥作用。β-酪啡肽如果含有极性或芳香环侧链的氨基酸残基，则在一定程度上有抵抗微生物的作用；如果含有脯氨酸残基，则抗微生物作用能力就更强。在 β-酪啡肽系列中，β-CM-5 的生物学作用最强。若在 C 端酰胺化可增强阿片肽活性。

用胃蛋白酶水解牛和人的 α_{s1}-酪蛋白。可得到 α-酪啡肽。牛乳含有 2 种 α-酪啡肽：Agr-Tyr-Leu-Gly-Tyr-Leu 和 Agr-Tyr-Leu-Gly-Tyr-Leu-Glu，分别与 α-酪蛋白的 90～95 和 90～96 位氨基酸残基序列相同。人 α-酪啡肽(Tyr-Val-Pro-Phe-Pro)与人 α_{s1}-酪蛋白的 158～162 位氨基酸残基序列相同。

乳清蛋白也含有 α-乳啡呔和 β-乳啡呔，α-乳啡呔如人和牛 α-乳清蛋白 50～53 片段，β-乳啡肽如牛 β-乳球蛋白 102～105 片段。另从乳清蛋白中获得的多肽(serorphin)是来源于血清蛋白的 399～404 位的氨基酸片段(Tyr-Gly-Phe-Asn-Ala)，但它们的阿片活性与 β-酪啡肽相比较弱。通过对这些具有阿片活性的肽组成和序列分析发现，所有这些肽类均具有阿片肽所必需的结构，即 Tyr-X-Phe 或 Tyr-X1-X2-Phe(或 Tyr)。这一发现为科学研究和人工合成提供了理论基础。乳中的阿片拮抗剂能抑制或逆转阿片活性。从牛 κ-酪蛋白来源的酪新素是一类具有抗阿片活性的兴奋剂。有 A(Tyr-Pro-Ser-Tvr-Gly-Leu-Asp)、B(Tyr-Pro-Tyr-Tyr)、C(Tyr-Iso-

Pro-Iso-Gln-Tyr-Val-Leu-Ser-Arg）3 种，分别来自于 κ-酪蛋白的 35～41、58～61、25～34 片断。酪新素经过在 N 端甲氧基化学修饰之后表现出更强的活性。另外来源于人乳铁蛋白的乳铁蛋白 A、乳铁蛋白 B 和乳铁蛋白 C 也具有阿片拮抗肽作用。

研究发现，新生牛犊的血液含有大量的 β-CM-7 免疫反应物质。成年人饮用牛乳后，其小肠内容物中也发现有免疫反应性的 β-酪啡呔。在婴儿奶粉和酸奶中也可用放射免疫的方法检测到酪啡肽。可见。由乳源获得的阿片肽对人体是安全的，是一种有发展前景的治疗剂。

阿片肽具有许多生理功能，最突出的作用就是镇痛，常用于临床上灼伤等慢性疼痛的治疗。另外它也常用于镇静，有舒缓精神和减轻压力的作用。酪啡肽可用于促进婴儿的镇静和睡眠。研究发现，在预处理的婴儿乳制品中，高含量的 β-CM-7 及其衍生物能减少婴儿的啼哭并增加他们的睡眠。

乳源性酪啡肽可调节消化道运动、肠上皮细胞对离子的转运以及其消化液的分泌，具有延长胃肠蠕动和刺激胃肠激素的释放等功能，还有抗腹泻作用。饲喂酪蛋白或酪蛋白水解物可降低狗和牛消化道运动的振幅和频率，减缓大鼠胃的排空。Kil 等（1994）研究发现，动物食用乳蛋白或酪蛋白水解物后能降低牛胃收缩的幅度和频率，减慢大鼠胃排空和胃肠道内容的转换。Schusdziarra（1983）用含有 100mg β-CM-4 氨基化合物的食物喂狗，发现狗胃肠的蠕动受到抑制，50mg 剂量时可抑制人的肠蠕动。而后者的剂量相当于临床治疗腹泻的剂量，因此 β-CM 是临床治疗腹泻的潜在药物。

阿片活性肽能调节动物的采食量、影响营养素的吸收和代谢。一般认为，它通过调节胰岛素的分泌而刺激摄食，加强采食量。而阿片拮抗肽则相反。在湖羊饲喂添加有乳源活性肽的饲料试验中发现，随着食糜中活性物质含量的增加，粗料采食量增加 7.99%。

牛的酪蛋白水解液能够提高过氧化物酶对低密度脂蛋白的氧化作用，促进高脂肪食物的消化吸收。另外 β-酪啡肽能够与小肠上皮细胞的表面紧密接触，并能改变 L-亮氨酸穿过小肠壁绒毛膜刷状缘的动力常数 V_{max} 和 K_m，因此 β-酪啡肽被称作肠物质转运系统的化学信号。

阿片活性肽对机体内分泌有调节作用。β-酪啡肽可使血浆中生长激素（GH）和胰岛素生长因子（IGF）水平升高。雌性大鼠腹腔内注射 β-CM-7（10g/L），血中催乳素的浓度也明显得到提高（张源淑，2001）。近年来，随着对乳源活性肽研究的不断深入，人们发现它还可用于妇产科内分泌疾病的治疗，如痛经、子宫内膜异位症、更年期综合征等。而部分阿片拮抗肽已应用于治疗促排卵、闭经、不孕、溢乳症。

阿片肽在免疫系统内也起到多方面的调节作用。根据阿片肽浓度的不同及机体免疫状态的差别，阿片肽有增强或抑制免疫的功能（即双向调节功能）。具体的机理有待进一步探讨。另外，阿片活性肽可通过调节淋巴细胞增殖而促进胎儿免疫系统的发育。除上述功能外，阿片肽及其受体在心血管、呼吸系统、学习记忆、骨代谢等方面都存在一定的调节作用。

随着社会生活节奏的加快，人们在不断创造财富的同时，身体健康也在遭受一些疾病的困扰，如过度紧张、压力大、失眠、慢性疼痛等。通过适当的方法水解乳蛋白，将其转化成具有某种特定生理功能的小分子活性物，添加到每日膳食中，有助于减少和控制与饮食有关的慢性疾病。乳源阿片活性肽具有与阿片物质相似的功效，可以将其开发为具有舒缓紧张情绪、减轻压力、有助睡眠等功效的产品，因此有广阔的发展前景。目前开展针对乳源阿片活性肽研究、开发的学者和单位还较少，且普遍存在研究不够深入、难以工业化生成等问题。在阿片活性检测方面，定性分析方法较多，但定量分析的方法还有待更多的探讨和研究。另外一些技术如红外光谱、放射免疫等也可应用到阿片活性肽的检测中，这将有利于其作用机理和功能方面的基础研究，为今后的开发和应用提供理论依据。

2. 降血压肽

到目前为止，人们已从乳中发现并提取了许多重要的生理活性物质，如阿片样肽及具有抗高血压、免疫调节、抗血栓、抗菌、金属离子(Ca^{2+})生物转移等活性的肽。有证据证明，少量的完整的肽可直接吸收进入循环。其中降血压肽是研究的一个重要方向。现在，降血压肽的获取一般通过酶法和微生物法，来源涉及几乎所有的食品，其中乳源 ACE 抑制剂是研究最多，目前来看也是作用最强的。本书综述了来源于乳的降血压肽的研究情况，并对其研究及应用前景进行了展望，旨在促进降血压肽在我国的研究开发。

Maruyama 和 suzuki(1982)从牛乳酪蛋白的胰蛋白酶水解物中获得具有 ACE 抑制活性的十二肽，结构为 FFVAPFPEVFGK(CEI_{12})，IC_{50}(抑制 50%酶活的浓度)为 77μmol/L，经氨基酸分析发现此肽与 α_{s1}-酪蛋白 23～34 的序列相同，只是其中的谷氨酰胺换作了谷氨酸。Maruyama 等(1985)用脯氨酸专性内肽酶水解 CEI_{12} 得到了五肽(FFVAP，CEI_5)，它的 ACE 抑制活性是 CEI_{12} 的 13 倍。另外又从酪蛋白中分离出七肽(AVPYPQR，CEI_7)，经鉴定对应于 β-酪蛋白的 177～183 氨基酸片断。随后又在 1987 年从 α_{s1}-酪蛋白的胰蛋白酶水解物中获得了六肽(TTMPLW，CEI_6)，经动物试验证明，对大鼠(静脉注射)有降血压作用。同时合成了一些相关肽，说明 PLW 肽段可能对 CEI_6 的 ACE 抑制活性很重要。

Maruyama 等(1987)还通过液相合成法合成了 16 条肽，证实 ACE 中从 C 端起第 3 个氨基酸残基显示了高度的立体专一性，并发现 CEI_5 的 C 端三肽对于 ACE 抑制活性很重要。然而 CEI_{12} 的 C 端三肽和七肽的 ACE 抑制活性只有 CEI_{12} 的一半；CEI_7 的 C 端和 N 端肽片断均未显示强的 ACE 抑制活性。至此，肽的 C 端片断对肽 ACE 抑制活性的作用仍不很清楚。有研究以人 β-酪蛋白的某些片断为目标合成肽，共合成 69 条肽，且每个肽段都有一个脯氨酸，经体外活体证实，活性区域主要集中在(F39～52)区段。1990 年，研究人员又以人 κ-酪蛋白(F63～65)为目标，用分段固相法合成了 23 条肽，这些肽的 C 端是脯氨酸或疏水氨基酸残基，发现活性最强的区域在 β-酪蛋白(F43～52)区段，如果乳蛋白肽段 C 端带有脯氨酸残基则可能具有强有力的 ACE 抑制活性。

3. 免疫活性肽

免疫活性肽是指一类存在于生物体内具有能刺激巨噬细胞的吞噬能力、抑制肿瘤细胞生长功能的多肽，这种多肽在体内一般含量较低，结构多样，是一种细胞信号传递物质，它通过内分泌、旁分泌、神经分泌等多种作用方式行使其生物学功能，沟通各类细胞间的相互联系。乳源免疫活性肽就是利用蛋白酶水解乳蛋白并从其酶解液中获得的一种具有免疫增强作用的短肽，对免疫系统具有重要的调节功能。大量试验表明，乳蛋白含有许多免疫活性肽序列，乳蛋白酶解是目前获取免疫活性肽的主要来源。免疫活性肽具有多方面的生理功能，它能够增强机体免疫力，刺激机体淋巴细胞的增殖，增强巨噬细胞的吞噬功能，提高机体抵御外界病原体感染的能力，降低机体发病率，并具有抗肿瘤功能。

免疫活性肽影响机体免疫系统，同时影响免疫反应和细胞功能。国内外大量研究表明，乳中含有大量潜在的免疫活性肽。目前，研究比较多的乳蛋白源免疫活性肽主要有以下几类，其结构和功能如下。

1)乳清蛋白来源的免疫活性肽

乳清蛋白主要是 α-乳白蛋白和 β-乳球蛋白,还有少量的牛血清白蛋白(BSA)、免疫球蛋白(IgG)、乳铁蛋白(LF)、乳过氧化氢酶(LP)和蛋白胨(PP)等。水解 α-乳清蛋白可提高鼠对羊和人红细胞激素免疫反应，同时也调节 B 淋巴细胞和 T 辅助淋巴细胞活性。

2)乳酪蛋白来源的免疫活性肽

乳中酪蛋白可分为 α_s-酪蛋白、β-酪蛋白和 κ-酪蛋白三大类，国内外学者通过使用不同的酶对这三类酪蛋白进行酶解，进而得到了多种具有不同免疫功能的免疫活性肽，下面详细介绍不同酪蛋白来源的免疫活性肽序列及其功能。

(1) α_s-酪蛋白源免疫活性肽：α_s-酪蛋白主要包括 α_{s1}-酪蛋白、α_{s2}-酪蛋白两种成分，α_{s1}-酪蛋白是乳中主要的酪蛋白，α_{s2}-酪蛋白含量很少。α_{s1}-酪蛋白水解物具有调节免疫的功能，不同的酶水解有不同作用。

(2) β-酪蛋白源免疫调节肽：Clare等(2000)报道了牛β-酪蛋白酶解得到的Tyr-Gln-Gin-Pro-Val-Leu-Gly-Pro-Val-Arg能够诱导鼠淋巴细胞增殖，刺激动物产生淋巴细胞或促进巨噬细胞、淋巴细胞移动和淋巴因子的释放。胰蛋白酶酶解人β-酪蛋白产生的Val-Glu-Pro-He-Pro-Tyr(β-酪蛋白 54～59 片段)和Gly-Phe-Leu(β-酪蛋白 60～62 片段）以剂量方式刺激离体小鼠腹腔巨噬细胞吞噬绵羊红细胞（SRBC）和离体人单核巨噬细胞吞噬（HSRBC），腹腔和静脉注射可增强成年小鼠抗肺炎杆菌感染。Parker等从人酪蛋白酶解物中分离得到六肽Val-Gin-Pro-Ile-Pro-Tyr（人β-酪蛋白 54～59 片段），这种肽在很低的浓度条件下（0.1 μ mol/L），就能激活小鼠腹腔巨噬细胞对绵羊红细胞的吞噬作用。

（3）κ-酪蛋白源免疫调节肽：Otani 等（2000）报道了牛 κ-酪蛋白受凝乳酶或胃蛋白酶作用产生一种含糖肽，即 κ-酪蛋白糖肽（106～169 片段），在体外 κ-酪蛋白糖肽能够强烈抑制脂多糖（LPS）和植物凝集素（PHA）诱导的鼠脾淋巴细胞和兔派伊尔结细胞的增殖。Sutas 等（1996）研究发现，来自于 κ-酪蛋白胃蛋白酶-胰蛋白酶消化产物的肽能显著提高促分裂原诱导的人淋巴细胞的增殖，而且来源于 κ-酪蛋白胰蛋白酶酶解物的肽 Phe-Phe-Ser-Asp-Lys（κ-酪蛋白 17～21 片段）在体外能够促进抗体的产生以及具有增强鼠和人巨噬细胞的吞噬活性。此外，Tyr-Gly（κ-酪蛋白 38～39 片段）很容易通过胃肠道完整吸收进入血液循环从而到达其作用的靶细胞。Tyr-Gly 已用于人免疫缺陷病毒感染的免疫疗法。

乳蛋白是最富营养价值的蛋白质之一，也是人们研究生物活性肽类最为深入的一种蛋白质。国内外学者尽管已从乳蛋白酶解产物中分离鉴定出许多免疫活性肽，并对它们的免疫活性作用进行了大量研究。但目前关于免疫活性肽的研究多是在体外进行，对于许多肽在体内发挥其功效的研究还很匮乏。因此，在不断分离鉴定新的乳蛋白源免疫活性肽的同时，这些免疫活性肽的释放机制、受体结合、降解失活及类似物的结构和活性的关系有待于进一步深入研究，这些免疫活性肽安全性评价也是今后需要深入研究的课题之一。

4. 抗菌肽

母乳为新生儿提供各种各样的免疫分子，如大量的蛋白质（免疫球蛋白和溶菌酶等）、多种白细胞、岩藻寡糖和糖蛋白等，可以通过不同的作用方式对机体起到多重免疫保护作用，因此是新生儿，尤其是早产儿的理想食物。其中一类具有广谱抗菌活性的阳离子多肽（10～50 个氨基酸）——抗菌肽，是多细胞有机体天然免疫系统的重要组成部分，能够抵御入侵的病原体，包括细菌、病毒、真菌和寄生虫，在人体固有免疫和适应性免疫反应中发挥重要作用。近年来，抗菌肽由于具有将抗炎、抗菌和免疫刺激相结合的特性，在克服日益加剧的抗生素耐药性方面展现了潜在的应用价值，因此与其相关的研究也越来越受到瞩目。根据抗菌肽的氨基酸组成和二级结构的不同，它们可以被分为四组：①α螺旋性抗菌肽，目前此类成员最多，如杀菌肽、天蚕素、铃蟾肽等；②含 2～4 个二硫键的抗菌肽，多为β片层结构，如防御素等；③伸展性螺旋结构，不含半胱氨酸的抗菌肽，但在其结构中有 1 个或 2 个氨基酸残基（脯氨酸和精氨酸、色氨酸或组氨酸）反复出现，如从蜜蜂体内分离到的蜜蜂抗菌肽等；④C端含有一个分子内二硫键的环肽，目前此类成员最少，如青蛙皮肤细胞产生的brevinins和牛抗菌肽等。根据抗菌肽对细菌、真菌及肿瘤细胞的作用不同，可将抗菌肽分为抗细菌肽、抗真菌肽、抗肿瘤肽、既抗真菌又抗细菌的抗菌肽、既抗肿瘤又抗微生物的抗菌肽等。哺乳动物抗菌肽主要存在于中性粒细胞及皮肤和黏膜的上皮细胞中，母乳也具有相当高浓度的抗菌肽。哺乳动物抗菌肽主要分为两大类，即防御素和cathelicidins。其中防御素可分为 5 种类型，而人类只表达α-防御素和β-防御素两大类，来自于小肠潘氏细胞、中性粒细胞、巨噬细胞、上皮细胞、黏膜上皮细胞和角质形成细胞，代表了超过 5%的人嗜中性粒细胞的总蛋白。其中，α-防御素中的人类嗜中性粒细胞肽 1～3 和β-防御素中的人β-防御素（HBD）1～3 是一些最重要的防御素。cathelicidins是由蛋白质前体的C端蛋白水解产生的。人类的cathelicidins只有一个前体蛋白hCAP18，主要来自于白细胞和上皮细胞，在它水解产生的肽中研究较多的是LL-37，但其自身具有毒性，因此在抗感染治疗的应用中受到了限制。此外，哺乳动物抗菌肽还包括乳铁蛋白（LF）和杀菌/通透性增强蛋白（BPI）。

1）母乳中的防御素

人类 α-防御素是富含精氨酸的肽，含有 29～35 个氨基酸，由 3 个二硫键分别连接半胱氨酸 1-6、2-4 和 3-5。HBD 含有约 35 个氨基酸，其中包括 6 个半胱氨酸残基的特定空间模式，形成二硫键阵列（1-5、2-4、3-6）。母乳中的防御素种类主要是 HBD，其中 HBD1 的含量要高于 HBD2，并且初乳中防御素的含量要高于成熟乳。

体外研究显示，HBD1 对革兰氏阴性菌具有潜在的杀菌作用。HBD1 对大肠杆菌的最低有效浓度（MIC）为 2.9μg/mL，HBD2 使大肠杆菌、铜绿假单胞菌和白色念珠菌的菌落形成单位数减少 90%的浓度分别是 10μg/mL、10μg/mL 和 25μg/mL，使金黄色葡萄球菌菌落形成单位小于 102CFU/mL 的浓度是 100μg/mL。Singh 等研究表明，HBD1 使铜绿假单胞菌菌落形成单位数减少 50%的浓度是 1μg/mL。而 HBD2 不仅对革兰氏阴性菌和真菌具有潜在的杀菌作用，在高浓度下对革兰氏阳性菌也有抑菌作用。因此，初乳在抵抗细菌和真菌的感染中起重要作用。抗菌肽通过直接抑菌、杀菌和天然免疫调节来预防和控制细菌感染。直接抑菌、杀菌是通过破坏细菌细胞膜或易位到细菌内部影响其作用的靶点。两亲性阳离子抗菌肽结合到细菌细胞膜带负电荷的磷脂上，引起孔隙形成和非特异性的膜通透性增加，最终导致细菌细胞膜结构的破坏。此外，也有研究表明，细菌细胞表面的一些分子可以作为抗菌肽结合的靶点，诱导直接抑菌、杀菌作用。然而，免疫刺激特性还包括了抗菌肽功能的多样性，即细胞迁移、存活和增殖，诱导抗菌和免疫介质（如细胞因子或趋化因子），伤口愈合和血管生成。

2）母乳中的 cathelicidins

cathelicidins 是一种阳离子抗菌肽，其 N 端区域包括约 100 个氨基酸残基，即

cathelin域(一个高度保守的区域)；C端为抗菌域，由蛋白酶解加工后释放，具有抗菌活性。LL-37是迄今在人体发现的cathelicidins家族的唯一成员，是由hCAP18在蛋白水解酶作用下分解释放出的C端片段，因其有37个氨基酸残基和N端前2个氨基酸残基为亮氨酸而得名。LL-37存在于中性粒细胞的特异性颗粒中，由口腔、呼吸道、泌尿道和胃肠道等多种组织上皮细胞分泌产生。通过检测mRNA的表达，在母乳中也发现有LL-37的存在。LL-37具有广谱抗菌活性，对多种革兰氏阳性菌、革兰氏阴性菌以及真菌均有效。

3)母乳中的LF

LF是一种铁结合性糖蛋白，它的分子主体是由703个氨基酸残基构成的多肽链，分子质量约为80kD。LF的二级结构以α螺旋和β折叠为主，两者沿蛋白质的氨基酸顺序交替排列，而且α螺旋远多于β折叠。LF多肽链上结合有2条糖链，含量约为7%，糖的组成有半乳糖、甘露糖、*N*-乙酰半乳糖胺以及岩藻糖等。LF的立体结构主要呈“二枚银杏叶型”，分别在分子的N端和C端形成2个环状结构(N-叶和C-叶)，每叶在内部裂缝处有1个铁结合位点，每个位点可结合1个Fe^{3+}和1个HCO_3^-或CO_3^{2-}，所以每个LF分子可结合两分子Fe^{3+}和两分子的HCO_3^-或CO_3^{2-}。Fe^{3+}结合到LF后引起后者的构象发生变化，即Fe^{3+}进入敞开的裂隙内部后，结构域闭合，使LF的分子结构更趋紧凑。LF主要存在于哺乳动物乳清的球蛋白中，是母乳中含量第二多的蛋白质，占普通母乳蛋白质的10%。人乳中的LF质量浓度可达2.0g/L以上。人初乳中LF含量为6～8mg/mL，成熟乳为2～4 mg/mL。资料显示，人分娩后的第1d初乳中LF的质量浓度可高达14.0g/L，第3d为4.9g/L，第50d为2.1g/L，第210d仍可维持1.6g/L的水平，所以LF在整个泌乳期都具有重要的生理功能。

4)母乳中的BPI

BPI是一种存在于白细胞中的抗菌肽，对革兰氏阴性菌的脂多糖具有高亲和性。BPI的抗菌机制除了中和脂多糖，还包括改变细菌膜的通透性。BPI已在脓肿、腹膜炎或体液水平未感染的人群中进行了研究，脂多糖结合蛋白(LBP)和BPI可以阻碍内毒素与CD14的结合。与腹膜炎或体液水平未感染的人群相比，脓肿患者BPI/LBP比值显著增高。并且同为脓肿患者，革兰氏阳性菌感染者BPI的浓度高于革兰氏阴性菌感染者。因此研究认为，在革兰氏阴性菌引起的感染中，BPI可能减轻局部炎性反应和释放内毒素的毒性。

乳源性抗菌肽在婴幼儿肠道中发挥着抗菌和促进免疫的作用，在早期生长发育尤其是肠道的发育中具有十分重要的生理功能。除了具有较强的直接杀灭有害微生物的活性外，还具有许多其他生物学功能，如抑制肿瘤细胞、中和内毒素、抗炎等，在先天性免疫和获得性免疫反应之间起桥梁作用，提高机体抵抗微生物感染的获得性免疫水平。抗菌肽的体内生物学效应还需更多的试验加以评价和证实，以进一步扩大这些抗菌肽的应用。如在未来配方奶粉的研发中考虑添加一定浓度的抗菌肽，将会明显提高婴儿对病原微生物的抵抗力以及利于婴儿免疫系统的建立和发展，降低婴儿感染性疾病的发生率。另外，由于抗生素的广泛使用，抗生素的不良反应及耐药菌株开始出现。而抗菌肽具有抗菌谱广泛、能够较快杀灭病原微生物的特点，而且作为机体本身的一种活性物质，不具有免疫原性，对其具有抵抗性的细菌较少，病原菌也不易对其产生耐药性，有可能成为未来人类抗感染的新型药物。

5. 抗血栓肽

血液的凝集和乳的凝集有许多相似之处。牛乳中的 κ-酪蛋白与人血纤维蛋白原 γ 链在结构上具有相似性。血纤维蛋白原参与血小板的凝集和血纤维蛋白的形成。在血小板凝集过程中，血纤维蛋白原分子上有两个结合位点：一个为血纤维蛋白 γ 链的 C 端序列（十肽，His^{400}-His-Leu-Glu-A1a-Lys-G1y-Ala-CIy-Asp^{411}）；另一个（或两个）为血纤维蛋白原 α 链上 572～575 或 95～98 氨基酸序列的四肽（Arg-G1y-Asp-Ser-或 Arg-Gly-Asp-Phe）。这些肽可抑制血小板的凝集和血纤维蛋白原结合到 ADP 激活的血小板上。

与人乳转铁蛋白 39～42 氨基酸序列对应的肽（Lys-Arg-Asp-Ser），可抑制 ADP 诱导的血小板凝集，在用狗做的试验中，这种肽可抑制动脉血栓的形成，当与 RGDS 肽（Arg-Gly-Asp-Ser）同用时，具有协同效应。

血栓是活动物机体在心脏或血管内某一部分因血液成分发生析出、凝集和凝固所形成的固体状物质，它是引起心血管系统疾病的主要因素。在发酵乳制品中存在一类生物活性肽，能够抑制血栓的产生。大量研究发现，乳制品中的抗血栓肽大多源于 κ-酪蛋白。酪蛋白血小板因子就是一种源于 κ-酪蛋白的 C 端的抗血栓肽，它相当于 κ-酪蛋白 106～116 残基序列的十一肽。

6. 矿质元素结合肽

多数矿质元素结合肽中心位置含有磷酸化的丝氨酸基团和谷氨酰残基，与矿质元素结合的位点存在于这些氨基酸带负电荷的侧链一侧，其最明显的特征是含有磷酸基团。其与钙结合时需要含丝氨酸的磷酸基团以及谷氨酸的自由羧基基团，这种结合可增强矿物质——肽复合物的可溶性。酪蛋白磷酸肽（CPP）是目前研究最多的矿质元素结合肽，它能与多种矿质元素结合形成可溶性的有机磷酸盐，充当许多矿质元素，如 Fe^{2+}、Mn^{2+}、Cu^{2+}、Se^{2+}，特别是 Ca^{2+}，在体内运输的载体，能够促进小肠对 Ca^{2+}和其他矿质元素的吸收。

酪蛋白磷酸肽的分子内具有丝氨酸磷酸化结构，对钙的吸收作用显著。它是应用生物技术从牛乳蛋白中分离的天然生物活性肽，存在于牛乳酪蛋白中，有两种类型。由 α-酪蛋白制成的 α-酪蛋白磷酸肽是由 37 个不同氨基酸组成的磷肽，其中包含 7 个与磷酸基相结合的丝氨酸，相对分子质量为 46000。由 β-酪蛋白制成的 β-酪蛋白磷酸肽，是由 25 个不同氨基酸组成的磷肽，其中含有 5 个与磷酸基相结合的丝氨酸，相对分子质量为 3100。酪蛋白磷酸肽是一类含有 25～37 个氨基酸残基的多肽，在 pH 7～8 的条件下能有效地与钙形成可溶性络合物。

酪蛋白磷酸肽的生理功能主要有以下几个方面。

(1)促进成长期儿童骨骼和牙齿的发育。

(2)预防和改善骨质疏松症。

(3)促进骨折患者的康复。

(4)预防和改善缺铁性贫血。

(5)抗龋齿。

目前研究最多的矿物质结合肽是酪蛋白磷酸肽(CPPs)。CPPs 是一类磷酸化的酪蛋白，分布于 α_{s1}-酪蛋白、α_{s2}-酪蛋白和 β-酪蛋白的不同部位，通过水解相应的蛋白质而产生。CPPs 的氨基酸序列中含有带负电的磷酸基团，能够结合矿物质形成可溶性的复合物，从而避免了矿物质的磷酸化沉淀，促进机体对矿物质的吸收，所以在预防龋齿、骨质疏松、贫血及以钠盐调节的高血压等方面具有重要生理功能。酸奶中钙主要以离子形式存在，并且蛋白质在乳酸菌的作用下发生了一定程度的水解，因此酸奶中 CPPs 的含量比液态奶高，是 CPPs 的重要来源。雷彦荣等在运用改进工艺发酵的酸奶中检测到 CPPs 的最高含量达 385.2mg/100g。Cantile(2010)通过体内和体外试验研究认为，源于酸奶的 CPPs 能够有效地促进牙釉质重新钙化，预防龋齿功能显著，他们还对比人工合成的 CPPs 与酸奶中 CCPs 的生理功能，研究表明酸奶中 CCPs 的预防龋齿功能更强。

10.2　乳活性多肽的分离制备

10.2.1　乳活性多肽的制备方法

目前，生物活性肽的制备技术主要有水解法(主要包括化学水解法、酶水解法、微生物发酵法等)、定向合成法(主要包括化学合成、酶法合成、DNA 重组技术等)，以及从微生物、动植物生物体内直接提取分离纯化法等。定向合成法受设备投资大、产品成本高等因素的限制，当前其技术成熟度仅限于小分子寡肽的合成；直接提取法只适合于细菌、真菌、动植物中存在的一些天然功能性肽，但由于天然生物资源中这些肽的含量极微，其提取分离纯化成本高，难以大规模生产；化学水解法即采用酸、碱处理蛋白质，但其水解产物中小肽含量较低，绝大多数是游离氨基酸，营养损失大且存在产物有异味等缺点。

1. 酶水解

采用酶解技术水解蛋白质是目前制备食品级生物活性肽的主要方式。蛋白质是生物活性肽的前体，选择合适的蛋白酶水解蛋白质，即可使其中具有生物活性的肽段释放出来。酶法制备生物活性肽，具有其他制备技术无可比拟的优点，如反应过程温和、对蛋白质的营养价值破坏小、水解过程易于控制、避免了化学反应所要求的剧烈的化学和物理条件、产品安全性高、无氨基酸破坏或消旋现象、无有害物质产生、无环境污染等。但是，蛋白质的乳化性、起泡性、溶解性等功能特性在其加工过程中，如受热、pH 改变或其他环境因素条件下往往会遭到破坏，从而影响其在食品加工中应用。

2. 微生物发酵

微生物发酵法是通过微生物自身的复合酶系酶解原料释放出高浓度特定的活性肽。微生物的代谢、发酵可以合成许多复杂的初级代谢产物和次级代谢产物，但发酵制品中的蛋白质水解度低，生物活性肽含量少。若通过微生物发酵的方法生产目标活性肽，则应在菌种及生产工艺上进行改进和优化，提高其水解蛋白的能力，从而提高目标活性肽的产量。许多文献报道，在发酵乳制品中可分离得到类吗啡活性肽、降血压肽和酪蛋白磷酸肽。Yamamoto 等（1995）研究发现，乳杆菌 CP790 发酵的酸牛乳喂给原发性高血压大鼠（SHR），具有降血压作用，并从中分离和纯化出降血压肽 VPP 和 IPP。在干酪的成熟过程中，产生大量的肽段，其中的一些肽具有生物活性。干酪中含有酪蛋白磷酸肽，在其成熟过程中发生的次级蛋白水解也会产生其他生物活性肽，如降血压肽等。有研究报道，干酪中降血压肽的生成与干酪的成熟时间有关。

10.2.2 乳活性多肽的分离纯化

蛋白酶解物一般是肽和氨基酸的混合物，为得到其中的目的物，所采用的分离纯化方法既具有蛋白质等生物大分子分离方法的共性，同时又具有自身的特点。蛋白质类物质常用的分离纯化方法，根据溶解度的不同，有盐析（如硫酸铵沉淀法）、有机溶剂沉淀法，液-液分配色谱等；根据分子质量大小，有超滤、透析、凝胶过滤色谱、凝胶电泳等；根据电荷特性不同，有等电点沉淀、离子交换色谱、毛细管电泳等；根据分子间相互作用，有疏水作用色谱、吸附色谱；根据亲和作用，可采用亲和色谱。蛋白质酶解物的分离纯化方法，需要根据所得酶解物的组成、理化性质及目标产物性质等多种因素决定，通常采用柱层析、高效液相色谱等方法。对多肽的分析研究主要包括分子质量的测定、氨基酸的鉴定和氨基酸序列分析等，随着生命科学的进展和仪器分析手段的更新，尤其是质谱分析技术在多肽分析上的应用，使得多肽分析在近年来取得了相当大的成功。质谱分析在生物活性分子的研究方面具有灵敏度高、能有效地与色谱联用、适用于复杂体系中痕量物质的鉴定或结构测定等优点。其中连续流快原子轰击质谱和电喷雾离子化质谱分析技术非常适合多肽物质的分析，特别是当各种原理的质谱技术串联应用时，不但可以得到多肽的相对分子质量信息，还可以测定它的序列结构。

1. 膜分离技术

超滤技术是综合了过滤和透析技术的优点而发展起来的一种高效膜分离技术。超滤技术由于可以按膜的截留分子质量对物料进行分离，用于蛋白制品的纯化具有工艺流程短、耗用化学试剂少等优点，是较有前途的方法。近年来，超滤技术已经被应用于抗氧化肽的分离纯化，大大提高了抗氧化肽的品质。但是超滤膜在使用过程中的主要问题是浓差极化、膜孔堵塞及凝胶层出现等，随运行时间的延长膜通量会降低，因此要正确掌握和执行操作参数，维持超滤系统的长期、安全、稳定运行以及提高产物得率。

超滤技术主要依靠压力差和浓度差等作为驱动力，主要由孔径小于 0.1μm 的微孔膜组成，可有效阻挡分子质量大于 20kD 的微粒(如致病菌、病毒)滤出。超滤过程中不发生相的变化，也不会使样品的功能和活性发生改变，条件温和，不需要加热等处理，且过程中不会引入新的杂质，较适合热敏性以及具有生物活性的成分的分离纯化。超滤技术由于具有操作简便、易于掌握、处理量大、过膜样品处理简单、超滤后的膜经过清洗后可反复利用等特点，因而被广泛应用于众多领域，如污水处理、饮料、医药、电子等轻工业领域，通过超滤膜进行物质的分离、浓缩、净化和提纯。随着超滤膜技术的发展，超滤在蛋白质和多肽的分离纯化过程中的应用也日趋广泛和深入。例如，Silva 等(2014)通过超滤等分离技术，从乳清蛋白中获得具有降血压活性的生物活性肽。徐华民在豌豆分离蛋白生产的研究中，通过优化超滤工艺参数(压力、温度等)，使豌豆粗蛋白的得率提高到 85%～90%。

2. 离子交换色谱

离子交换色谱是分析和制备分离纯化混合物的液固相层析技术，是利用固定相偶联的离子交换基团和流动相解离的离子化合物之间发生可逆的离子交换反应而进行分离的方法。离子交换色谱介质是一种高分子的不溶性固体(载体)，其上引入具有活性的离子交换基团，即阳离子交换基团或阴离子交换基团，这些基团与溶液中相同电荷的基团进行交换反应。在一定的环境中，不同物质的解离度不同，分离或离子带电性的强弱不一样，与离子交换基团的交换能力也不同。张强等用离子交换色谱平衡缓冲液进行分段洗脱的方法对米糠抗氧化肽进行初步分离，再将收集液中抗氧化活性最高的峰进行凝胶过滤层析，达到了好的分离纯化效果，最终得到了较纯的米糠抗氧化肽。

3. 凝胶过滤色谱

凝胶过滤色谱也称分子筛层析或排阻层析，填料为某些化学惰性的多孔网状结构的物质凝胶，通过洗脱液的连续洗脱，使混合物中的各种物质按其分子大小不同得到分离。凝胶过滤色谱所需设备简单，操作方便、分离迅速，而且不影响样品的生物活性，被广泛应用于大分子物质的分离纯化和蛋白质去盐及分子质量的测定。抗氧化肽的分离纯化方法既可以单独使用凝胶过滤色谱，也可以几种方法联用。例如，选用芽孢杆菌产生的蛋白酶水解大豆蛋白，通过 Sephadex G-25 交联葡聚糖色谱制备、分离纯化后，经氨基酸序列检测确定短肽具有显著的抗氧化性，并提出具有抗氧化性多肽片段由 5～16 个氨基酸残基组成，相对分子质量分布在 600～1700 之间。严群芳采用凝胶柱色谱对大豆酶解物进行分离，利用亚油酸硫氰酸胺研究不同分子质量大豆肽的抗氧化能力，对抗氧化活性最佳的肽段进行进一步的分离得到了抗氧化较强的肽段。

4. 亲和色谱

亲和色谱利用一对能够可逆结合和解离的生物分子的一方作为配基(也称为配体)，与具有大孔径、亲水性的固相载体相偶联，制成专一的亲和吸附剂，再用此亲和吸附剂填充色谱柱。当含有被分离物质的混合物随着流动相流经色谱柱时，亲和吸附剂上的配基就有选择地吸附能与其结合的物质，而其他的蛋白质及杂质不被吸附，从色谱柱直接流出，随后使用适当的缓冲液使被分离物质与配基解吸附，即可获得纯化的目的产物。亲和色谱自其发展之初就决定了其在生物物理、生物医药研究中的重要意义，其源于生物分子间特异性相互作用的特点使其选择性高，可用于生物体等复杂体系中目标物质的分离纯化；所使用的基质材料的生物相容性使其对生物大分子的活性不致造成损失，因此待分离物质的生物活性回收率也较高。亲和色谱是利用蛋白质分子的生物学活性，而不是利用其物化特性来进行分离的，即以蛋白质和配体之间的特异性亲和力作为分离的基础，因而具有高度选择性，其纯化程度有时可高达 1000 倍以上，因此亲和色谱是一种非常有效的蛋白质纯化方法，多用于从大量的复杂溶液中分离少量的特定蛋白质，且这种纯化方法同时具有浓缩的效果。有时仅用亲和色谱一步分离过程，就能达到快速而且满意的蛋白质纯化效果，这是其他纯化方法所无法比拟的。

在磷酸化肽的富集中主要使用的方法包括金属氧化物亲和色谱(MOAC)、固定化金属离子亲和色谱(IMAC)和强阳离子交换色谱。其中，IMAC 是应用最广泛的方法之一，但由于 IMAC 在富集磷酸化肽时存在酸性肽段的非特异性干扰，因此降低了对磷酸化肽的富集选择性。这些酸性肽段含有多个酸性氨基酸，如天冬氨酸和谷氨酸，如何克服这些酸性肽段的干扰是 IMAC 材料富集磷酸化肽所面临的问题。

5. 反向高效液相色谱

反向高效液相色谱是指固定相的极性小于流动相的极性。因为在流动相组成改变的情况下，有机强溶剂能够迅速在固定相表面达到平衡，因此反向高效液相色谱特别适合于梯度洗脱。其具有分辨率高、重复性好、回收率高等优点，在蛋白质及多肽的分离分析中得到了极为广泛的应用，是目前液相色谱分离模式中使用最为广泛的一种分离分析模式。

6. 毛细管电泳

毛细管电泳又称高效毛细管电泳，是以高压电场为驱动力，以毛细管为分离通道，依据样品中各个组分在毛细管中分配行为和淌度的差异而进行高效、快速分离的一种新型液相分离分析技术。为满足对不同类型多肽分析的需求，科学家研发出多种毛细管电泳分离模式，推动了毛细管电泳技术的不断发展和完善。毛细管电泳技术主要有毛细管凝胶电泳、毛细管区带电泳、毛细管胶束电动色谱、毛细管等速电泳、毛细管电色谱、亲和毛细管电泳、非水毛细管电泳、毛细管阵列电泳、芯片毛细管电泳等。有些毛细管电泳还可以与其他分析方法联用，如毛细管电泳-二极管阵列、毛细管电泳-液相色谱、毛细管电泳-质谱、毛细管电泳-化学发光等。

毛细管电泳技术发展于 20 世纪 80 年代，由于其具有操作简单、样品和缓冲液用量少、分离快速高效、有多种分离模式等优点，很快成为一种常用的分离手段，可以用于分析无机离子、小分子、氨基酸、多肽和蛋白质，甚至是单细胞水平的分析，广泛应用于药物、生命科学、环境等领域。如今，毛细管电泳技术已经成为分析多肽最有吸引力的工具之一。薛洪宝等利用毛细管电泳建立了一种简单、快捷、高效的分析方法，并利用此法分离了 15 种氨基酸和 2 种多肽，获得了令人满意的结果。程燕等通过毛细管电泳技术分离了 16 种二肽，并研究了缓冲液浓度及 pH 对二肽衍生物分离的影响，在最优的试验条件下，14min 内成功分离 16 种咔唑-9-乙基氯甲酸酯二肽衍生物。

10.2.3　乳活性多肽的鉴定方法

1. 质谱分析

为了鉴定具有抗炎活性的多肽结构，研究者通常要对所获得的纯度较高的酶解物或者生物活性肽进行结构解析。超高效液相色谱与飞行时间质谱联用技术已成为现代科学研究中重要的测定物质结构的方法之一，也是目前测定多肽氨基酸序列结构的主要方法之一。

目前主要是通过对串联质谱数据的分析获取蛋白质及相关肽段的信息，其基本原理是：多肽物质在液相色谱中实现初步分离，然后在一级质谱中肽段被离子化，再选择合适的离子作为母离子，经碰撞诱导解离产生碎裂的子离子，碎裂离子在二级质谱中进行检测，得到串联质谱数据。其中只有带正电荷的碎裂离子才能被质谱仪检测出来。以正电荷位置在碎裂离子的C端或N端为区分标准，正电荷在碎裂离子C端的，为x，y，z序列离子，其下标数字代表其中的氨基酸残基数目，从C端起为1。如果正电荷在N端，则得到a，b，c序列离子，其下标数字同样代表对应的氨基酸残基数，但是应从N端数起。

通过对串联质谱所得数据的分析，可以得到多肽的氨基酸序列，常用的分析方法主要有三种：①利用所得图谱中较容易鉴定的离子序列，先鉴定出部分肽序列，再进行数据库搜索鉴定；②基于图论原理，对图谱直接从头读取肽序列，再进一步用于数据库搜索鉴定；③利用未解析的串联质谱，选取特定的计量方法，计算其与数据库中现存序列相似度，相似度最高者即判定为该多肽序列。

2. 核磁共振

与其他检测方法相比，核磁共振技术具有更强的规律性，可解析性较强。随着各学科交叉领域的不断扩大，核磁共振技术用于解析蛋白质及多肽结构，成为蛋白质化学领域必不可少的重要工具。

核磁共振是指处于外磁场中的物质原子核系统受到相应频率(兆赫数量级的射频)的电磁波作用时，在其磁能级之间发生的共振跃迁现象。检测电磁波被吸收的情况就可以得到核磁共振波谱。根据核磁共振波谱图上共振峰的位置、强度和精细结构可以研究分子结构。核磁共振技术在蛋白质和多肽结构的研究上具有以下优点：①应用范围广，用于各种体内和体外研究；②检测范围广，可检测几乎所有生物核素如^{1}H、^{2}H、^{13}C、^{13}P、^{15}N、^{17}O等；③可提供较大量的信息，因其研究辅助参数较多，可提供原子水平的信息量；④检测对象广泛，固体、液体均可。

核磁共振波谱主要有以下几种。第一种是一维谱，主要有氢谱(^{1}H)，主要用来测定分子中H原子种类、分布、个数比与核间关系等；碳谱(^{13}C)，主要提供碳核的类型、分布与核间关系等；极化转移谱(DEPT)，可提高对^{13}C的观测灵敏度，确定碳原子的类型。第二种是二维谱，主要有氢-氢化学位移相关谱(^{1}H, ^{1}H-COSY)，主要反映两个相邻碳原子上质子间的交叉峰；碳-氢化学位移相关谱(^{13}C, ^{1}H-COSY)，主要检测天然丰度大于20%的杂核之间的1键耦合；远程化学位移相关谱(COLOC)、氢检测的异核多量子相关实验(HMQC)，主要通过质子观察1键异核耦合；^{1}H检测的异核单量子相干实验(HSQC)，可以反映有质子相连的碳的谱峰；核欧沃豪斯效应谱(NOESY)，主要反映空间上接近质子之间的耦合；全相关谱(TOCSY)，可以反映自旋系统中所有质子之间的交叉峰；远程碳氢相关(HMBC)，主要通过质子观察2键或3键异核耦合。核磁共振技术可提供更多的结构信息，并具有很强的规律性，图谱可解析性较强。研究中，人们可以将几种谱图结合起来，甚至是与可确定蛋白质及多肽一级结构的质谱联用，从而更加全面地解析所获得化合物的结构。

3. 其他

近年来，电喷射离子化、基质辅助激光解析电离质谱和质谱逐渐被用来鉴定生物活性肽的结构。质谱能够精确测定分子质量和蛋白序列，也能鉴定蛋白质的降解产物和研究蛋白质的构象。分子过滤和分子排阻色谱还能用来提取特定分子质量的生物活性肽。各种方法都有其适用性和局限性，在实际使用中主要根据研究目的及效果进行选择和方法联用。

10.3　乳活性多肽的应用

食物蛋白经蛋白酶水解能释放出生物活性肽，而牛乳中的蛋白质是生物活性肽的重要来源，随着对乳及乳制品中生物活性肽的深入研究，越来越多的生物活性肽被发现，这些肽对心血管系统、免疫系统、消化系统及神经系统等均有作用。目前，乳蛋白是这些生物活性肽的最重要的来源，但是技术规模限制了乳源活性肽的商业化生产。膜分离技术为富集这些特定分子重量范围的活性肽提供了最合适的技术。纳滤和超滤技术现也用于工业上基于酪蛋白和乳清蛋白的水解物生成含有特定生物活性肽的材料。

10.3.1　在食品工业中的应用

人们用这些乳活性肽所具有的功能来制造功能食品和保健食品，来提高人类健康水平。生物活性肽作为不同的促进健康功能食品的重要替代品已经越来越吸引人们的兴趣。这些物质可以作为日常饮食的一部分，从而在降低疾病风险方面为健康带来好处(Schmidl，1993)。随着膜分离技术的快速发展，人们开始大批量地生产生物活性肽，与之相关的保健食品也逐步上市。目前，市面上流行的生物活性肽类保健食品有400多种，其中的活性肽主要源于乳蛋白。

在功能饮料方面，黄玉凤等(2011)以乳清为原料，经胰蛋白酶水解后与茶汁调配成乳清多肽茶饮料，使多酚物质与乳清蛋白结合，减弱了茶汁的涩味和刺激性，制得的乳清多肽茶饮料具有茶香和奶香的融合香味，降解的乳清多肽更容易被人体消化吸收。齐海萍等(2010)利用菠萝汁中所含蛋白水解酶将乳清蛋白部分水解成功能性多肽，再进行脱苦调配成菠萝乳清多肽饮料，提高了乳清蛋白的利用率，为乳清蛋白的深度开发利用提供参考。

在保健食品方面，活性肽可不经消化直接被吸收，这使得肽的大部分生理功能在食用后能得到保留，在机体中发挥作用，且生物活性肽来源广，因此被广泛应用于肽类保健食品的开发。生物活性肽可降低食欲预防肥胖、降血压及降血脂等，具有潜在预防代谢综合征、心脑血管疾病和糖尿病的作用，同时生物活性肽的抗菌及抗氧化活性还可延长食品的保质期。例如，酪蛋白的胰蛋白酶解物含有乙酰抑制肽，用以防止高血压。Sekyja 等(1992)对血压正常和轻度高血压志愿者进行研究，这些志愿者每天两次摄入 10g 的胰蛋白酶水解物即有显著效果。徐琳琳等(2011)利用分子质量集中在 180～1000U 范围内的乳清蛋白小分子肽混合物喂食小鼠，探讨乳清蛋白肽对 C57BL/6J 小鼠学习记忆能力的影响，结果显示，乳清蛋白肽 1.35%剂量组能显著提高试验动物的空间学习记忆能力。

Calpis 和 Evolus 就是两种由乳酸菌发酵而成的具有降压功能乳饮料。在这两种饮料中都检测出了源于 β-酪蛋白和 κ-酪蛋白的降压肽 VPP 和 IPP，同时，这两种饮料还被发现具有预防动脉粥样硬化的功能(Jauhiainen et al.，2007)。

10.3.2　在发酵工业中的应用

研究证明，添加乳清蛋白和酪蛋白酶解产物对乳酸菌具有增殖的效果。在乳酸菌培养介质中添加乳清蛋白、酪蛋白等可明显改善乳酸菌的生长，加入还原剂后不仅某些乳酸菌的耐氧效果提高，还可以显著延长酸奶中嗜酸乳杆菌和双歧杆菌的存活期限。白凤翎等(2010)利用胃蛋白酶水解乳清蛋白，对乳清蛋白酶解物促嗜酸乳杆菌增殖作用进行研究，发现水解度为 12.51%时，乳清蛋白水解物与经过超滤和凝胶过滤后的分离物对嗜酸乳杆菌 B 有较好的增殖作用。曲杜娟等(2009)研究了浓缩乳清蛋白的中性蛋白酶酶解物对酸奶发酵的影响，发现乳清蛋白水解物可以明显促进酸奶的发酵、缩短发酵时间，且能显著地增加储藏期酸奶中的乳酸菌总量。

10.3.3　乳活性多肽的其他应用

乳活性多肽在医疗领域还有应用。Gill 等(2000)证实了来源于牛乳蛋白的低分子质量肽可以调节人外周血液淋巴细胞的增生。Tsuruki 等(2005)发现，酪蛋白酶解后获得了 2 条具有刺激巨噬细胞活性功能的免疫调节肽，不仅可以在体外试验中刺激小眼吞噬细胞的活性，在人体内也可刺激巨噬细胞的吞噬活性。其他一些活性肽(如抗高血压肽、阿片肽等)也具有一定的免疫调节活性，在机体的免疫调节中发挥着重要作用。

研究发现，牛乳蛋白源免疫调节序列对应的二肽和三肽是正常供者透析白细胞提取物中的活性成分，该提取物被用于一项大型试验，以抑制 HIV 前期患者的感染发展。Hadden(1991)对 93 名 HIV 相关综合征患者进行两周治疗后，结果显示，进展到 HIV 或其临床相关终点的趋势显著降低。

另外，乳活性多肽还在畜牧业和动物饲养领域有发挥之处，如可以利用阿片类肽调节反刍动物的摄食情况，为提高家畜生产效率提供新的膳食方法(Froetschel, 1996)。

参考文献

白凤翎, 李晓东, 廖玲, 等. 2010. 乳清蛋白酶解物促嗜酸乳杆菌增殖作用研究. 食品科学, (9): 161-165.

顾浩峰, 张富新, 张怡, 等. 2013. 乳制品中生物活性肽的研究进展. 食品工业科技, 34(02): 370-375, 381.

郭丽丽, 潘道东. 2008. 乳清蛋白酶解制备促钙离子吸收肽条件的优化. 食品科学, (5): 332-336.

郭宇星, 陈庆森, 赵林森, 等. 2006. 酪蛋白水解物对发酵乳中乳酸菌增殖作用的研究. 中国食品添加剂生产应用工业协会会议论文集: 130-135.

侯振建. 2004. 食品添加剂及其应用技术. 北京: 化学工业出版社.

胡文琴, 王恬, 霍永久, 等. 2004. 酪蛋白酶解物体外抗氧化作用的研究. 食品科学, 25(4): 158-162.

胡源媛, 张守文. 2005. 乳铁蛋白的功能特性及其国内外的应用情况. 中国乳品工业, (12): 31-35.

黄玉凤, 索佳丽, 石光波, 等. 2011. 乳清多肽茶饮料的研究. 食品科技, (11): 96-98, 102.

刘铭, 刘玉环, 王允圃, 等. 2016. 制备、纯化和鉴定生物活性肽的研究进展及应用. 食品与发酵工业, (4): 244-251.

陆元庆, 曹笑梅, 陈婷, 等. 2016. 乳源性抗菌肽的研究进展. 江苏医药, 42(6): 686-689.

彭新颜, 孔保华, 熊幼翎, 等. 2009. 乳清蛋白水解物抗氧化活性的研究. 食品科学, 30(3): 166-171.

朴姗善. 2012. 乳清抗氧化肽的工艺探索与活性分析. 吉林大学硕士学位论文.

齐海萍, 胡文忠, 姜爱丽, 等. 2010. 菠萝乳清多肽饮料的研制. 食品与发酵工业, (7): 201-204.

曲杜娟, 赵谋明. 2009a. 乳清蛋白酶解物对酸奶中乳酸菌生长和储藏稳定性的影响. 食品与发酵工业, (12): 151-154.

曲杜娟, 赵强忠, 赵谋明. 2009b. 乳清蛋白中性蛋白酶酶解物对酸奶发酵的促进作用及其对酸奶品质的影响研究. 食品科技, (10): 59-63.

任发政. 2015. 乳蛋白及多肽的结构与功能. 北京: 中国农业科学技术出版社.

王海燕, 张佳程. 2001. 乳源 ACE 抑制剂(降血压肽)的研究现状. 食品与发酵工业, (11): 70-73.

王维君, 佟永薇, 石红. 2010. 酪蛋白生物活性肽的特性及应用前景. 食品研究与开发, (8): 211-214.

徐琳琳, 马奕, 许雅, 等. 2011. 乳清蛋白肽改善c57bl/6j小鼠学习记忆功能研究. 现代预防医学, 38(6): 1090-1092.

于晓芳, 张忠平. 2011. 毛细管电泳在蛋白多肽药物分析中的应用. 齐鲁药事, 30(7): 410-411.

张帆. 2012. 高血压危险因素的社区干预研究分析. 中国慢性病预防与控制, 20(3): 358-359.

张丽梅, 袁其朋, 东惠茹, 等. 2005. RP-HPLC检测血管紧张素转换酶抑制剂活性的浓度. 药物分析杂志, 5: 570-572.

张源淑, 邹思湘. 2001. 乳源阿片肽活性物质对动物消化、代谢的影响. 中国饲料, 13: 14-15, 21.

赵立娜, 汪少芸, 黄一帆. 2014. 乳清蛋白生物活性肽及其应用前景. 食品科学技术学报, (3): 48-53.

郑云峰, 王祖平, 徐云英. 2006. 几种免疫活性肽的研究进展. 饲料工业, (5): 7-9.

钟耀广. 2004. 功能性食品. 北京: 化学工业出版社.

Adams S, Bamett D, Walsh B, et al. 1991. Human IgE-binding synthetic peptides of bovine bold β-lactoglobulin and α-lactalhumin. *In vitro* cross-reactivity of the allergens. Immunology and Cell Biology, 69: 191-197.

Anne P L, Koskinen P, Piilola K, et a1. 2000. Angiotensin converting enzyme inhibitory properties of whey protein digists: concentration and characterization of active pepdides. Journal of Dairy Science, 67: 53-64.

Brantl V H, Teschemacher A, Lottspeich F, et al. 1979. Novel opioid peptide derived from casein (β-casomorphins). Hoppe-Seyler's Zeitschrift fur Physiologische Chemie, 360: 1211-1216.

Brule G, Roger L, Fauquant J, et al. 1982. Phosphopeptides from casein-based material: US, 4358465.

Clare D A, Swaisgood H E. 2000. Bioaetive milk peptides: a prospectus. Journal of Dairy Science, 83: l187-l195.

Conrelly V D V, Harry G, Dries B A, et a1. 2002. Optimisation of the angiotensin converting enzyme inhibition by whey protein hydrolysates using response surface methodology. International Dairy Journal, 12(10): 813-820.

DeFelice S L. 1995. The nutritional revolution: its impact on food industry R&D. Trends in Food Science & Technology, 6: 59-61.

Di P S, Zoumaro-Djayoon A, Peng M, et al. 2013. Finding the same needles in the haystack? a comparison of phosphotyrosine peptides enriched by immuno-affinity precipitation and metal-based affinity chromatography. Journal of Proteomics, 91: 331-337.

Ferrazzano G F, Cantile T. 2008. Protective effect of yogurt extract on dental enamel emineralization *in vitro*. Australian Dental Journal, 53(4): 314-319.

Flat A M, Migliore-samoar D, Jolles P. 1993. Biologically active peptides from milk proteins with emphasis on two examples concerning antithrombotie and immunomodulating activities. 76(1): 301-310.

Froetschel M A. 1996. Bioactive peptides in digesta that regulate gastrointestinal function and intake. Journal of Animal Science, 74(10): 2500-2508.

Gill H S, Doull F, Rutherfurd K J, et al. 2000. Immunoregulatory peptides in bovine milk. British Journal of Nutrition, 84(S1): S111-S117.

Hadden J W. 1991. Immunotherapy of human immunodeficiency virus infection. Trends in Pharmacological Sciences, 12(3): 107-111.

Jauhiainen T, Korpelaa R, Vapaataloa H, et al. 2007. *Lactobacillus* helveticus fermented milk reduces arterial stiffness in hypertensive subjects. International Dairy Journal, 17(10): 1209-1211.

Kil S J, Froetschel M A. 1994. Involvement of opioid peptides from casein on reticular motility and digesta passage in steers. Journal of Dairy Science, 77: 111-123.

Korhonen H. 2009. Milk-derived bioactive peptides: from science to applications. Journal of Functional Foods, 1(2): 77-87.

Kunst A. 1992. Process to isolate phosphopeptides: EP, 0467199 A.

Maruyama S, Mitachi H, Awaya J. 1987. Angiotensin Ⅰ-converting enzyme inhibitory activity of the C-terminal hexapeptide of α_s1-casein. Agricultural and Biological Chemistry, 51(9): 2557-2561.

Maruyama S, NakagomI K, Tomizuka N. 1985. Effects of zinc ion on inhibition by angiotensin iconverting enzyme inhibitor derived from casein. Agricultural and Biological Chemistry, 49(5): 1405-1409.

Maruyama S, Suzuki H. 1982. A peptide inhibitor of angiotensin Ⅰ converting enzyme in the tryptic hydrolysate of casein. Agricultural and Biological Chemistry, 46(5): 1393-1394.

Mullally M M, Meisel H, FitzGerald R J, et a1. 1997. Angiotensin convening enzyme inhibitory activities of gastric and pancreatic proteinasea digests of whey proteins. Intenrational Dairy Journal, (7): 299-303.

Otani H, Ham I. 1995. Inhibition of prokfferative responses of mouse spleenlymphoeytes and rabbit Peyer's patch cells by bovine milk caseins and their digests. Journal of Dairy Research, 62: 339-348.

Pilizota V, Sapers G M. 2004. Novel browning inhibitor formulationfor fresh-cut apples. Journal of Food Science, 69(4): 140-143.

Schlimme E. 2010. Bioactive peptides derived from milk proteins. structural, physiological and analytical aspects. Nahrung, 39(1): 1-20.

Schmidl M K. 1993. Food products for medical purposes, Trends in Food Science & Technology, 4: 163-168.

Schusdziarra V. 1983. Effect of β-casomorphins on somatostatin release in dogs. Endocrinology, 112(6): 1948-1951.

Sekyja S, Kobayashi Y, Kita E, et al. 1992. Antihypertensive effects of tryptic hydrolysates of casein on normotensive and hypertensive volunteers. Journal of the Japanese Society of Nutrition and Food Science, 45: 513-517.

Silva M R, Silvestre M P C, Silva V D M, et al. 2014. Production of ACE-inhibitory whey protein concentrate hydrolysates: use of pancreatin and papain. International Journal of Food Properties, 17(5): 1002-1012.

Sutas Y, Soppi E, Korhonen H. 1996. Suppression of lymphocyte proliferation *in vitro* by bovine caseins hydrolysed with *Lactobacillus* GG-derived enzymes. Journal of Allergy and Clinical Immunology, 98: 216-224.

Takahiro T, Masaaki Y. 2005. Anti-alopecia effect of Gly-Leu-Phe, an immunostimulating peptide derived from α-lactalbumin. Bioscience Biotechnology and Biochemistry, 69(8): 1633-1635.

Yamamoto N, Akino A, Takano T, et al. 1995. Presence of active and inactive molecules of a cell wall-associated proteinase in *Lactobacillus* helveticus cp790. Applied and Environmental Microbiology, 61(2): 698-701.

索　引